STM32F767을 이용한

임베디드시스템 기초와 응용

양 오 지음

공감북스

머 리 말

이제는 정보의 홍수 속에서 4차 산업혁명 시대에 접어들었고 특히 사물 간에 데이터를 통신하는 시대가 되었다. 이것을 IOT(Internet of Things)라 말하고 있으며 이를 위해서는 임베디드시스템이 절대적으로 핵심 요소가 되고 있다. 즉 IOT는 각종 사물에 센서와 통신 기능을 내장하여 인터넷에 연결하는 기술이며 사물들이 데이터를 주고받아 스스로 분석하고 학습한 정보를 사용자에게 제공하거나 사용자가 이를 원격 조정할 수 있는 인공지능 기술이다. 여기서 사물이란 가전제품, 모바일 장비, 웨어러블 디바이스 등 다양한 내장형 시스템(Embedded system)이 된다. 본 과목은 이러한 시대적 요구에 부응하고자 펌웨어(firmware)를 작성하여 시스템을 설계하는 능력을 키우고자 한다. 특히 컴퓨터 언어 중 C언어에 대한 지식이 필요하다. 비약적인 반도체 기술의 발달과 C언어에 최적화된 임베디드시스템의 출현으로 대부분 펌웨어를 C언어를 사용하고 있는 추세이기도 하다.

산업 현장에서는 펌웨어를 이용한 시스템 설계자의 수요가 꾸준히 증가하고 있으므로 본 교과에서 다루는 STM32F767ZGT6을 충분히 숙지한다면 한층 더 IOT를 응용하는데 자신감을 가질 수 있으리라 확신한다.

본 교과목의 주요 구성은 STM32F767ZGT6의 내부구조를 다루었고 펌웨어를 작성하기 위한 CubeIDE, Keil uVision, IAR을 사용한 컴파일 환경 구축 방법을 소개하였다.

또한, MCU(STM32F767ZGT6)의 입출력 사용 방법과 인터럽트 사용 방법 및 타이머 사용과 타이머의 응용 예를 다루었다.

그리고 다양한 응용을 위하여 Bar LED, 12비트 A/D 변환기와 이를 응용한 온도계 측에 대한 알고리즘을 제시하여 온도제어에 응용할 수 있도록 하였다. 또한, 7-세그먼트, 도트 LED, Key, 부저(Buzzer) 등을 다루었으면 Text-LCD, TFT-LCD의 사용방법과 응용을 추가하여 다양한 표시 방법 등을 제시하였다.

아울러 최근 들어 시리얼 통신에 대한 중요성이 대두되고 있으므로 RS232C, RS485, RS422, 스마트폰과 연동되는 블루투스(Bluetooth) 통신 등을 다루어 한층 사물인터넷 시대에 다가가도록 하였다. 아울러 통신프로토콜을 제시하여 다양한 통신에 응용할 수 있도록 하였다.

본 교재에서 다루고 있는 설명과 예제들을 독자들이 하나하나 따라서 공부하다 보면 자신도 모르는 사이에 문제해결 능력이 생길 수 있도록 교재를 구성하였다. 즉, 기본적이면서 쉬운 예제 프로그램에서부터 응용프로그램까지 단계별로 여러 가지 예제를 제시함으로써 다양한 분야에 응용할 수 있도록 교재를 구성하였다.

목 차

제 2 부 Cortex-M 기초

제 3 부 Cortex-M 응용

제 4 부 부록

제 1 부 ARM Cortex-M 프로세서

제1장 ARM Cortex-M 프로세서 개요

1.1 ARM Cortex-M 프로세서의 발전

ARM 프로세서는 영국의 ARM 사에서 개발한 RISC(Reduced Instruction Set Computer) 구조를 가지는 일련의 32bit, 또는 64bit의 프로세서 군을 가리키는 용어이다. ARM 프로세서는 1985년 처음으로 ARM1이 개발된 이후 현재의 Cortex에 이르기까지 계속해서 발전해 왔다. ARM 프로세서는 동작 속도가 빠르고 내장된 주변 장치가 많아 고성능이면서도 전력 소비가 작은 특성이 있어 여러 가지 Mbed 시스템의 프로세서로 많이 사용되고 있다. 특히 고성능이면서 낮은 전력 소비량이 중요한 개발 목표가 되는 스마트폰, 각종 Mbed 시스템 또는 모바일 기기 등의 저전력 시스템에 ARM 프로세서가 가장 많이 사용되고 있다.

1.1.1 ARM 프로세서의 탄생

1977년 미국의 애플사에서 8bit 프로세서인 MOS Technology 6502를 장착한 Apple2 컴퓨터를 출시한 후에 개인용 컴퓨터에 관한 관심이 커지기 시작하였으며, 1981년 미국의 IBM사에서 8bit인 8088에서 시작하여 16bit 프로세서인 Intel 8086을 장착한 IBM-PC가 시장에 선을 보이면서 개인용 컴퓨터가 급속히 보급되기 시작하였다. 또한, 영국의 아콘 사에서는 영국의 방송사인 BBC에서 추진한 개인용 컴퓨터의 교육과정 개발에 참여하여 MOS Technology 6502를 장착한 BBC Micro라는 개인용 컴퓨터를 개발하였다. 이후, 아콘 사에서는 급속히 발전하는 마이크로프로세서 기술에 발맞추어 개인용 컴퓨터에 내장할 수 있는 새로운 프로세서의 개발을 시작하였다. <Ar corn RISC Machine 프로젝트>라고 이름 지어진 이 개발 과제는 1983년 시작되어 1985년 4월에 32bit의 새로운 RISC 프로세서가 개발되었다. 이때 개발된 프로세서는 연구과제의 첫 글자를 따서 ARM1 프로세서라고 명명되었으며, 이것이 ARM 프로세서의 첫 모델이 되었다.

ARM1은 원래의 개발 목적에 따라 BBC Micro 컴퓨터의 보조 프로세서(co-processor)로 사용되었다.

1.1.2 ARM 패밀리

1) ARM2에서 ARM6 패밀리까지

ARM1이 개발된 이후 1986년에 ARMv2 아키텍처(Architecture)를 사용한 ARM2 프로세서가 개발되었다. ARM2는 32bit의 데이터 버스, 26bit의 어드레스 버스와 16개의 32bit 레지스터를 가졌으며 동작 속도는 8MHz 클럭에서 4MIPS의 성능을 보였다. 또한, 이 프로세서는 아콘사의 PC인 아르키메데스에 보조 프로세서로 사용되었다.

ARM2는 약 30,000개의 트랜지스터로 구성되었는데, 이것은 모토롤라(Motorola)사의 32bit CPU인 68000이 약 70,000개, 인텔사의 32bit CPU인 80386이 약 275,000개의 트랜지스터로 구성된 것과 비교해보면 매우 작은 수의 트랜지스터가 사용되었음을 알 수 있다. 이것은 RISC 구조를 채택하고 캐시(cache)를 생략하는 등의 단순화된 설계에 의한 것이며, 이러한 구조 단순화의 결과로 소비 전력의 최소화를 실현할 수 있었다.

ARM3도 ARMv2 아키텍처를 사용하였으며 동일한 아키텍처를 가진 ARM4와 ARM5는 아쉽게도 상품화되지 않았다.

1980년대 후반 아콘사는 애플사와 공동으로 새로운 버전의 ARM 아키텍처를 개발하기 시작하였으며, 1990년에 아콘사로부터 분리되어 <Advanced RISC Machines>라는 새로운 회사로 출발하였다. 이 회사의 이름 때문에 ARM이라는 이름이 <Advanced RISC Machines>의 약자가 되었다.

또한 1992년에 발표된 새로운 버전의 ARMv3 아키텍처는 ARM6 패밀리에 사용되었으며 대표적인 프로세서로는 ARM610이 있다. 이 프로세서의 동작 속도는 20MHz 클럭에서 17MIPS였으며, 애플사의 Newton PDA에 사용되었다. ARM6는 약 35,000개의 트랜지스터로 구성되었다. 이후 동일한 버전의 아키텍처를 사용한 ARM7 패밀리의 ARM710, ARM7500 프로세서가 개발되었으며 이들은 아콘사의 RISC PC에 사용되었다.

ARM 프로세서는 구조가 간단하고 단순하여 전력 소모가 매우 적을 뿐 아니라 제조 단가도 싸다는 큰 장점이 있었으므로 원래의 개발 목적인 PC대신 모바일 기기에 많이 적용하게 되었다.

2) ARM7 패밀리

1993년 ARMv4T 아키텍처를 사용한 ARM7TDMI가 출시되었다. 이 프로세서는 게임기, 아이팟 등의 열풍을 타고 소니사의 게임보이 어드밴스, 닌텐도사의 DC, 애플사의 아이팟 등 여러 가지 모바일 기기에 사용되면서 대성공을 거두었으며, 이를 통하여 ARM사는 모바일용 프로세서 시장의 최강자로 부상할 수 있게 되었다.

이 프로세서의 동작 속도는 16.8MHz 클럭에서 약 15MIPS이었다. 이후 ARMv4 아키텍처를 사용한 ARM810이 나왔으나 이는 그다지 널리 사용되지는 못하였다.

한편, 이 무렵 미니급 컴퓨터에서 DEC(Digital Equipment Corporation)는 ARM사의 라이선스를 받아 저전력이면서도 고성능의 ARM 아키텍처 기반의 CPU를 개발하기 시작하였으며, 이 결과 스트롱 암(Strong ARM)이라고 이름 붙여진 프로세서가 탄생하였다. 이 프로세서는 ARMv4 아키텍처를 사용하였으며 동작 속도는 203MHz 클럭에서 약 200DMIPS였다. 이 모델은 애플의 Newton 2X00 시리즈 PDA에 사용되었다.

그러나 ARM사는 마이크로프로세서를 직접 만드는 회사(fabless)가 아니라, 프로세서 코어를 설계해서 마이크로프로세서를 제조하는 삼성전자, ST Microelectronics, NXP, Texas Instrument 등에 프로세서 코어의 설계 내용을 IP(Intellectual property : 지적 재산권) 형태로 판매하는 회사이다. 따라서 ARM사의 코어를 구입한 회사는 여기에 각종 주변 장치인 범용 입출력(GPIO), 타이머(Timer) 등을 추가하여 완성된 형태의 마이크로프로세서를 설계, 제작하여 판매하게 되었다. 가장 성공적인 프로세서인 ARM7DMI도 코어 형태로 판매되었으며, 여러 칩 제조 회사에서 이 코어를 기반으로 한 마이크로프로세서가 생산되었다.

3) ARM9 ~ ARM11 패밀리

ARMv4 아키텍처를 사용한 ARM9 패밀리의 프로세서로는 ARM9TDMI 및 ARM 920T가 있다. 이 중 ARM 920T는 삼성, LG, 노키아 등의 휴대폰 등에 많이 사용되었다. 새로운 버전인 ARMS5 아키텍처를 사용한 ARM9 패밀리의 프로세서는 ARM926, ARM946 및 ARM966 등이 있으며, 이들은 ARMv4 아키텍처의 프로세서보다 우수한 성능을 보이며 각종 휴대폰과 PDA 등에 많이 사용되었다.

역시 ARMv5 아키텍처를 사용한 ARM10 패밀리의 프로세서도 발표되었으나 널리 사용되지는 못하였다. 한편 인텔은 1997년 DEC로부터 스트롱 암을 인수하였으며 이를 통해 ARMv5 아키텍처를 사용한 CPU인 엑스스케일(XScale) 프로세서를 개발하였다. 이 프로세서는 주로 인텔의 공장에서 생산되었으며 윈도우 CE를 운영체제로 사용하였다. 이 프로세서는 PXA라는 모델명을 사용하였으며, 주요 제품으로는

PXA210, PXA250, PXA271 및 PXA272 등이 있다. ARMv6 아키텍처를 사용한 ARM11 패밀리의 프로세서는 ARM1136, ARM1156T 및 ARM1176 등이 있다. 이 중 ARM1136은 각종 휴대폰에 많이 사용되었으며, ARM1176은 애플의 아이폰과 아이팟 터치 등에 사용되었다.

4) Cortex 프로세서

ARMv6 아키텍처의 후속으로 ARMv7 아키텍처가 개발되었는데, ARM사에서는 이전과는 달리 ARMv7 아키텍처를 사용한 프로세서에 Cortex라는 새로운 패밀리 네임을 사용하였다. Cortex 프로세서의 출시 초기에 ARM사에서는 ARMv7 아키텍처의 코어를 갖는 Cortex 프로세서라는 이름을 사용하며, 차세대 아키텍처를 사용한 프로세서에는 또 다른 이름을 부여할 예정이라고 발표하였다. 그러나 ARMv8 아키텍처의 코어를 가지는 프로세서에도 Cortex라는 이름을 사용한 것으로 보아 향후에 상당기간은 Cortex 프로세서라는 이름을 사용할 것으로 예상된다.

Cortex 프로세서는 A(Application) 시리즈, R(Real-time) 시리즈, M(Microcontroller) 시리즈의 3가지가 있다. Cortex-A 프로세서는 가장 고성능의 프로세서를 주로 스마트폰과 같은 모바일 기기의 응용 프로세서(Application Processor)로 많이 이용되며, Cortex-R 프로세서로는 고성능의 실시간(Real-Time) Mbed 시스템용의 프로세서이다. 그리고 Cortex-M 프로세서는 마이크로컨트롤러(Microcontroller) 용도로 개발된 프로세서이다.

그림 1-1-1은 ARM 프로세서의 기능별 주요 발전 단계를 나타내고 있다. 그림을 통해 알 수 있듯이 점점 성능과 기능이 향상함을 알 수 있다. 또한, 그림 1-1-2는 프로세서에 대한 로드맵을 나타내고 있다.

5) Cortex 프로세서의 주요 발전 단계

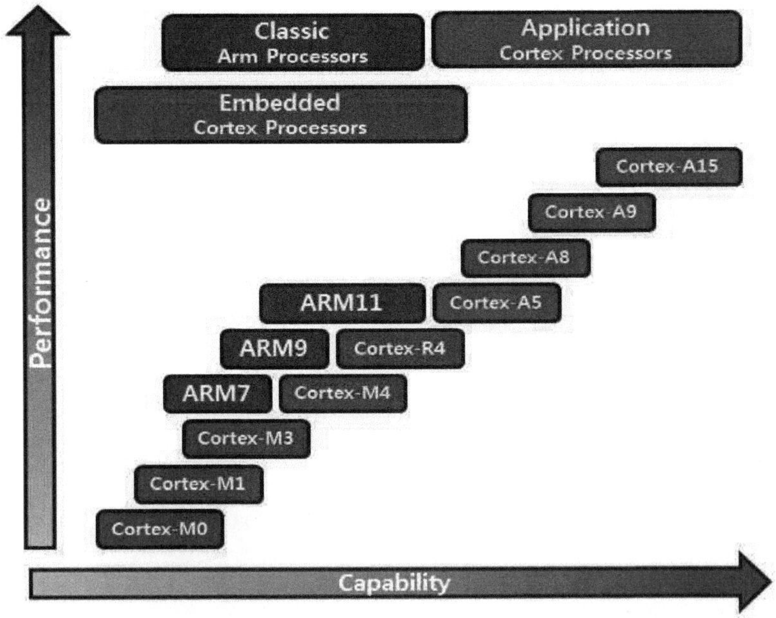

그림 1-1-1 ARM 프로세서의 주요 발전 단계

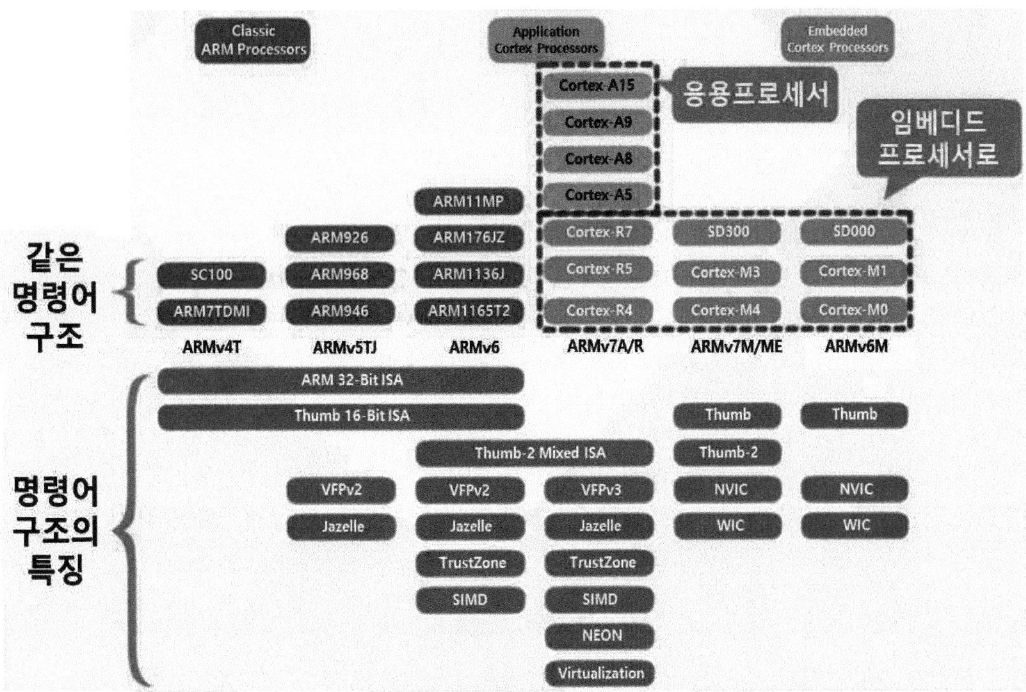

그림 1-1-2 프로세서 로드맵

1.2 ARM Cortex-M 프로세서의 종류

1.2.1 Cortex 프로세서의 종류

Cortex 프로세서에는 크게 A(Application) 시리즈, R(Real-Time) 시리즈, M (Microcontroller) 시리즈의 3가지가 있다. 프로세서의 모델명은 시리즈별로 1에서 10의 숫자를 사용하여 표시하는데, 이 숫자는 클수록 해당 프로세서의 성능이 고성능임을 의미한다. 따라서 시리즈 및 모델명을 보면 해당 프로세서의 성능을 대략 알 수 있다. 모델명의 예를 들면 Cortex-A9, Cortex-A15, Cortex-M3 등으로 주어진다.

Mbed 키트(Embedded Kit) 교육용 교제에서는 M 시리즈의 마이크로컨트롤러를 다루기 때문에 M 시리즈에 대한 개요와 성능들만 설명한다.

1.2.2 Cortex-M 시리즈

그림 1-2-1 Cortex-M0 및 Cortex-M3 마이크로컨트롤러 IC

2000년대 초반까지만 해도 ARM의 제품 개발 전략은 단일 코어 개발방식을 고수하였다. 예를 들어 ARM920이라는 애플리케이션 프로세서용 제품을 하나 개발해 놓고 거기에서 메모리 계층을 RTOS에 적합하도록 변경하여 ARM940 등의 이름으로 출시하는 방식을 고수하였고 MCU용 제품 라인업은 따로 개발을 하지 않고 구형의 ARM7TDMI 코어에 의존하였다. 이러한 개발방식이 Cortex 라인업 단계로 넘어오면서 크게 전환 되었다. 이때부터 ARM사는 애플리케이션 프로세서/리얼타임 프로세서/마이크로컨트롤러 계열의 제품을 완전히 분리하여 동시에 개발하는 방식을 유지하였다. 이러한 정책에 따라 2004년 이후 ARM사의 제품에 대한 라인업은 폭발적으로 증가하게 되었고 Cortex-M도 예외는 아니라서 2004년에서 2014년까지 5개의 라인업이 출시되었다. 2014년 기준으로 Cortex-M 생산 라이센스 계약을 체결한 업체는 220개가 넘으며 관련 제품은 3000개, 생산량은 누적 160억개에 이르는 폭발적인 대량생산이 되고 있다.

1.2.3 Cortex-M0

1) 개요

Cortex-M0 프로세서 시리즈는 개발자가 광범위한 장치에 대해 비용에 민감하고 전력이 제한된 솔루션을 만들 수 있도록 설계되었다. 특히 크기가 중요한 스마트하고 연결된 Mbed 애플리케이션용으로 특화된 Cortex-M0는 사용 가능한 가장 작은 ARM 프로세서로 간단하고 비용에 민감한 시스템에 사용하기에 아주 많이 이상적인 특징을 가지고 있다.

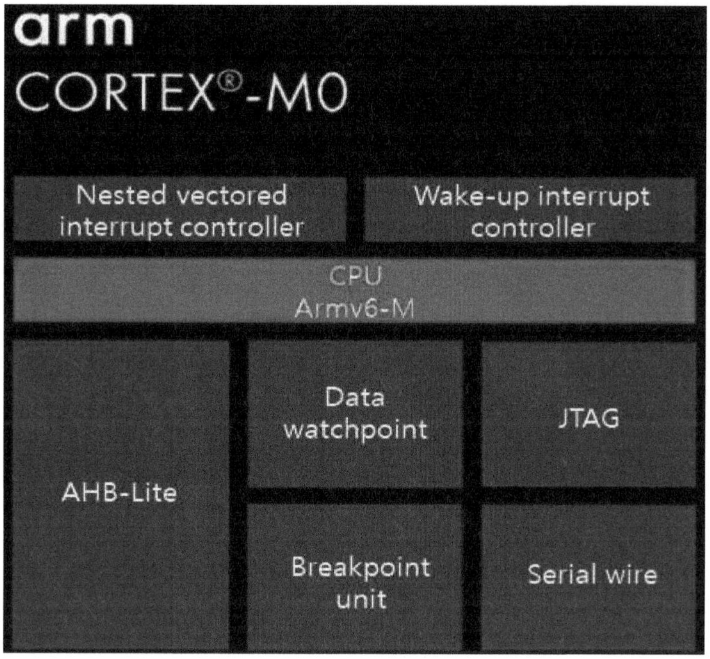

그림 1-2-2 Cortex-M0 시스템 구성도

2) 특징

- 32bit 아키텍처 : Cortex-M0는 32bit 아키텍처를 기반으로 하며, 32bit 명령어와 데이터 버스를 지원한다. 이는 8bit 또는 16bit 마이크로컨트롤러와 비교하여 높은 성능과 정확도를 제공한다.
- 저전력 디자인 : Cortex-M0는 저전력 응용을 위해 최적화된 설계로, 배터리 수명을 연장하고 에너지의 효율성을 향상시켰다. 이로 인해 배터리 구동 장치나 센서 네트워크와 같은 응용 분야에서 많이 사용되고 있다. 또한, Cortex-M0는 활성 및 비활성 상태에서의 전력 소모를 최소화하며 저전력 응용 분야에 적합하다.

- 작은 코드 크기 : Cortex-M0는 코드 크기를 최소화하도록 설계되어 있어 메모리 요구사항을 낮추고 시스템 비용을 절감할 수 있다.
- 단순한 명령어 세트 : Cortex-M0의 명령어 세트는 상대적으로 단순하며, C 프로그래밍과 같은 고수준 언어와 쉽게 통합된다.
- 저렴한 가격 : Cortex-M0 기반의 마이크로컨트롤러는 저렴한 가격으로 제공되므로 대량 제조 및 저렴한 Mbed 시스템에 적합하다.
- 처리 능력 : Cortex-M0는 다양한 인터럽트 소스에서 발생하는 인터럽트를 효과적으로 처리할 수 있는 능력을 제공한다. 이는 실시간 응용 분야에서 적합하다.
- 내장된 디버깅 지원 : 대부분의 Cortex-M0 기반 마이크로컨트롤러는 내장된 디버깅 기능을 제공하여 개발자가 소프트웨어 디버깅 및 테스트를 용이하게 사용할 수 있다. 이러한 특징들로 인해 Cortex-M0 코어는 주로 센서 제어, Mbed 시스템, 의료 기기, 자동차 시스템, 가전제품 및 IoT (사물인터넷) 장치와 같은 분야에서 사용된다.

3) 주요 특징

- 게이트(gate) 수가 12k부터 시작
- 코어 : Armv6-M 아키텍처
- 타이머 : 24bit SysTick 타이머 제공
- ARMv6-M 아키텍처는 32bit 하드웨어 곱셈기를 포함
- 인터럽트 : 1 ~ 32개의 인터럽트와 NMI
- 3단계 명령어 파이프라인
- 명령어 세트

  Thumb -1(대부분), CBZ, CBNZ, IT가 누락됨

  Thumb -2(일부), BL, DMB, DSB, ISB, MRS, MSR만 해당

  32bit 하드웨어 정수 곱셈과 32bit 결과

4) 주요 제조사 및 모델(다음 마이크로컨트롤러는 Cortex-M0 코어를 기반으로 한다.)

- ST Microelectronics사의 STM 32 F0 시리즈
- NXP사의 LPC1100, LPC1200 시리즈
- Cypress Semiconductor사의 PS0C 4
- Infineon Technologies사의 XMC
- 사이프러스 PSoC 4000, 4100, 4100M, 4200, 4200 DS, 4200L, 4200M
- DA 1458x, DA 1468x 대화상자
- 인피니온 XMC 1100, XMC 1200, XMC 1300, XMC 1400, TLE984x
- Nuvoton NuMicro

1.2.4 Cortex-M0+

1) 개요

Cortex-M0+는 Cortex-M0의 최적화된 상위 세트이다. Cortex-M0+는 Cortex-M0과 완전한 명령어 세트 호환성을 갖추고 있으므로 동일한 컴파일러 및 디버그 도구를 사용할 수 있다. Cortex-M0+ 파이프라인을 3단계에서 2단계로 줄여 전력 사용량을 낮췄다. Cortex-M0+에는 기존 Cortex-M0의 디버그 기능 외에도 간단한 명령어 추적 버퍼를 제공하는 MTB(Micro Trace Buffer)라는 실리콘 옵션을 추가할 수 있다. Cortex-M0+에는 메모리 보호 장치(MPU), 벡터 테이블 재배치 등 실리콘 옵션으로 추가할 수 있는 Cortex-M3 및 Cortex-M4 기능도 포함되었다.

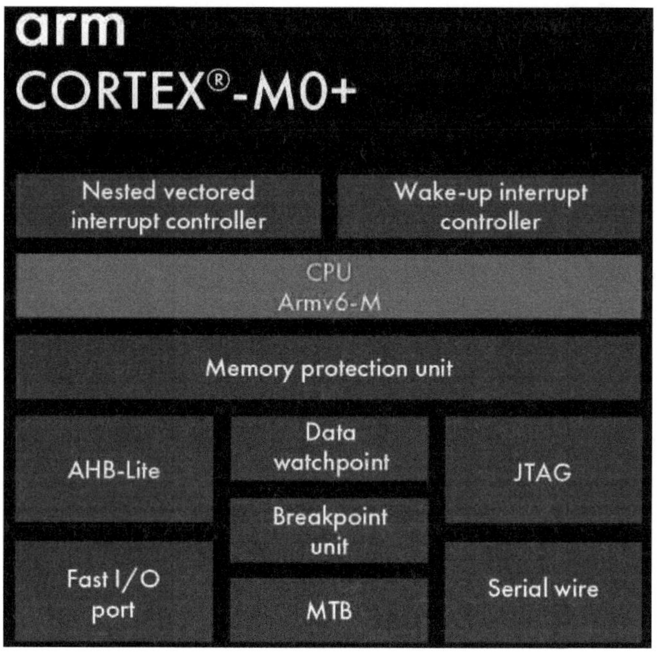

그림 1-2-3 Cortex-M0+ 시스템 구성도

2) 특징

- 32bit 아키텍처 : Cortex-M0+는 32bit 아키텍처를 기반으로 하며, 32bit 데이터 버스와 32bit 레지스터를 지원하여 높은 성능을 제공한다.
- 저전력 운영 : 이 코어는 저전력 운영이 중요한 배터리 구동형 장치 및 에너지 효율성이 필요한 응용 분야에서 사용하기에 이상적이다.
- 간단한 명령 집합 : Cortex-M0+는 간단한 명령 집합 아키텍처(RISC)를 사용하며, 명령의 실행이 빠르고 효율적이다.
- 3 Harvard 아키텍처 : 데이터와 명령 메모리가 별도로 구분되는 Harvard 아키텍처를 사용하여 메모리 액세스의 병목 현상을 최소화한다.
- 개선된 전처리기와 파이프라인 : Cortex-M0+는 개선된 명령 전처리기와 3단계 파이프라인을 갖추고 있어 처리량을 최대화한다.
- Thumb-2 명령 집합 : Thumb-2 기술을 지원하여 16bit Thumb 명령과 32bit ARM 명령을 조합하여 높은 코드 효율성을 제공한다.
- Low Latency 핀 인터럽트 : 저전력 모드에서도 빠른 깨움이 가능한 Low Latency 핀 인터럽트 기능을 제공한다.

3) 주요 특징

- ARMv6-M 아키텍처
- Harvard 아키텍처 : 데이터와 명령 메모리가 별도로 구분되는 Harvard 아키텍처를 사용하여 메모리 액세스의 병목 현상을 최소화한다.
- 개선된 전처리기와 파이프라인 : Cortex-M0+는 개선된 명령 전처리기와 3단계 파이프라인을 갖추고 있어 처리량을 최대화한다.
- 1~32개의 인터럽트 및 NMI
- 속도 : 0.93D MIPS/MHz
- 하드웨어 정수 곱셈 속도 : 1 또는 32 사이클
- 8영역 메모리 보호 장치(MPU) : M3 및 M4와 동일
- 벡터 테이블 재배치(M3, M4와 동일)
- 단일 사이클 I/O 포트(M0+/M23에서 사용 가능)
- MTB(마이크로 추적 버퍼)(M0+/M23/M33/M35P에서 사용 가능)

4) 주요 제조사 및 모델

- ABOV 반도체 A31G11x, A31G12x, A31G314
- 사이프러스 PSoC 4000S, 4100S, 4100S+, 4100 PS, 4700S, FM0+
- 엡손 S1C31W74, S1C31 D01, S1C31 D50

- 홀텍 HT32F52000
- 마이크로칩 SAM C2, D0, D1, D2, DA, L2, R2, R3 및 PIC 32CMJH
- NXP LPC800, LPC11E60, LPC11U60
- NXP (프리스케일) Kinetis E, EA, L, M, V1, W0, S32K11x
- Raspberry Pi RP2040 (M0+ 코어 2개)
- 르네사스 S124, S128, RE, RE01
- 실리콘랩스 (에너지 마이크로) EFM32 제로, 해피
- ST STM32L0, G0

1.2.5 Cortex-M1

1) 개요

Cortex-M1은 ARM Holdings에서 개발한 32bit 마이크로컨트롤러 코어 아키텍처 중 하나다. 이 코어는 저전력 및 리소스가 제한된 Mbed 시스템에 적합하도록 설계되었다. Cortex-M1은 주로 FPGA(Field-Programmable Gate Array)와 같은 Mbed 시스템에서 구현되는 것이 일반적이며, 하드웨어 가속기와 같은 특수한 용도로 사용될 수도 있다.

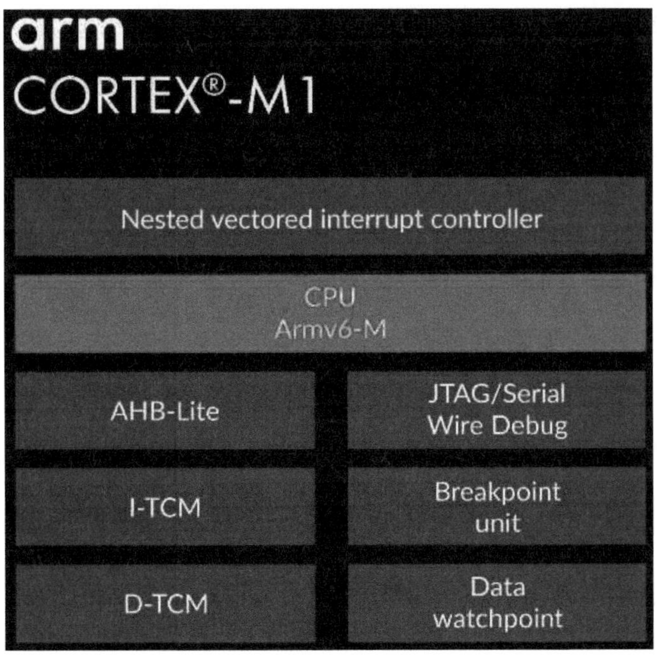

그림 1-2-4 Cortex-M0 시스템 구성도

2) 특징

- FPGA 구현 : Cortex-M1은 주로 FPGA와 같은 프로그래밍 가능한 로직 디바이스에 구현되며, 다양한 FPGA 플랫폼에서 사용할 수 있다.
- 간단한 명령 집합 : Cortex-M1은 간단한 명령 집합 아키텍처(RISC)를 사용하여 명령 실행을 빠르게 한다.
- 저비용 제품 : Cortex-M1은 상대적으로 작은 실리콘 영역에 최적화되어 있으며, 저비용의 FPGA 기반 제품에 사용된다.
- 개발 생태계 : Cortex-M1은 ARM의 개발 생태계와 통합되어 있으며, ARM의 개발 도구와 소프트웨어 라이브러리를 활용할 수 있다.
- Cortex-M1은 주로 사용자 지정 Mbed 시스템 디자인과 FPGA 개발에 적합하며, 특정 응용 분야에 맞게 프로그래밍 가능한 컴퓨팅 논리를 구축하는 데 사용된다. ARM의 다른 Cortex-M 시리즈 코어와 함께 사용되어 전체 시스템의 성능 및 효율성을 향상 시킨다.

3) 주요 특징

- ARMv6-M 아키텍처
- 0.8D MIPS/MHz
- Harvard 아키텍처 : 데이터와 명령 메모리가 별도로 구분되는 Harvard 아키텍처를 사용하여 메모리 액세스의 병목 현상을 최소화한다.
- 3단계 파이프라인
- 명령어 세트 : Thumb-1(대부분), CBZ, CBNZ, IT가 빠졌다.
  Thumb-2(일부), BL, DMB, DSB, ISB, MRS, MSR만 해당한다.
  32bit 하드웨어 정수 곱셈과 32bit 결과
- 1~32개의 인터럽트와 NMI
- 데이터 엔디안 : 리틀 엔디안 또는 BE-8 빅 엔디안
- 하드웨어 곱셈 속도 : 3 사이클 또는 33 사이클

4) 주요 제조사 및 모델

- 알테라 사이클론-II, 사이클론-III, Stratix-II, Stratix-III
- 액텔 / 마이크로세미 / 마이크로칩 퓨전, IGLOO/e, PROSAIC 3L, PROSAIC 3/E
- 자일링스 스파르탄-3, Virtex-2, Virtex-3, Virtex-4, Artix-7

1.2.6 Cortex-M3

1) 개요

Cortex-M3는 ARM Holdings에서 개발한 32bit 마이크로컨트롤러 코어 아키텍처 중 하나다. 이 코어는 저전력 및 중간 수준의 리소스를 가진 Mbed 시스템에 적합하도록 설계되었다. Cortex-M3는 고성능과 낮은 전력 소모를 결합하여 다양한 응용 분야에 사용된다. 또한, Cortex-M3 프로세서는 ARMv7-M 아키텍처를 기반으로 하면서, 높은 레지스터를 효율적으로 활용할 수 있는 많은 32bit 명령어를 포함하는 훨씬 많은 명령어 세트를 지원한다.

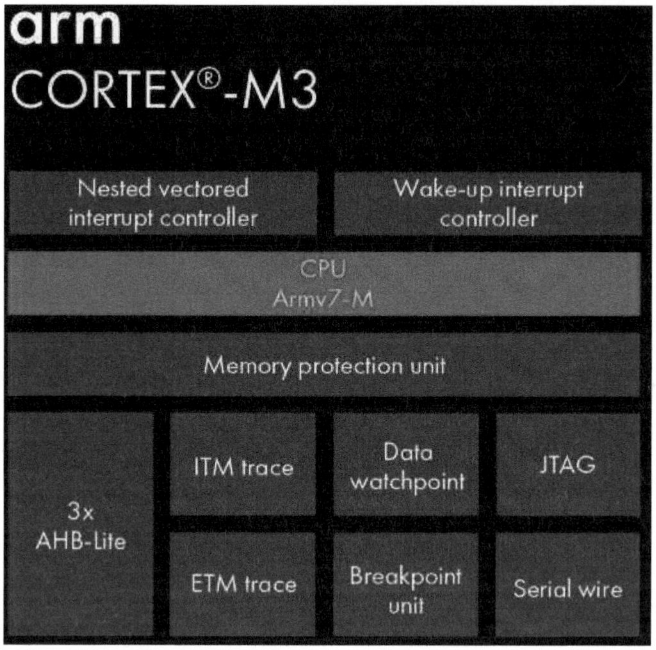

그림 1-2-5 Cortex-M3 시스템 구성도

2) 주요 특징

- 코어 : ARMv6-M 아키텍처
- 속도 : 0.8M IPS/MHz
- 분기 추측이 포함된 3단계 파이프라인
- 명령어 세트
  -Thumb-1(전체), Thumb-2(전체)
  -32bit 곱셈은 1 사이클이지만 64bit 곱셈 및 MAC 명령어에는 추가 사이클이 필요하다.

- 1~240개의 인터럽트와 NMI
- 12 사이클 인터럽트 대기 시간
- 32bit 하드웨어 정수 나누기(2~12 사이클)

3) 주요 제조사 및 모델

- ABOV AC 33Mx128, AC 33Mx064
- Actel / Micro semi / Microchip Smart Fusion, Smart Fusion 2 (FPGA)
- 아날로그 디바이스 AD CUM 360, AD CUM 361, AD CUM 3029
- Broadcom Wi-Fi 칩 BCM4319XKUBG
- 사이프러스 PSoC 5000, 5000 LP, FM3
- 인피니온 TLE9860, TLE987x
- 마이크로칩(Atmel) SAM 3A, 3N, 3S, 3U, 3X
- NXP LPC1300, LPC1700, LPC1800
- 리얼텍 RTL8710
- 실리콘랩스 Precision32
- Silicon Labs, EFM32 Tiny, Gecko, Leopard, Giant
- ST STM 32 F1, F2, L1, W
- TDK-미크로나스 HVC4223F
- Texas Instruments F28, LM3, TMS 470, OMAP 4, Simple Link 무선 MCU(CC1310 · Sub-GHz 및 CC2650 BLE + Zig bee + 6L OW PAN)
- Cortex-M3가 보조 코어 : Samsung Exynos 7420, Apple A9

1.2.7 Cortex-M4

1) 개요

Cortex-M4는 ARM Holdings에서 개발한 32bit 마이크로컨트롤러 코어 아키텍처 중 하나다. 32bit Arm® Cortex®-M4 프로세서 코어는 부동 소수점 장치(FPU) 옵션을 포함한 전용 DSP(디지털 신호 처리) IP 블록을 특징으로 하는 Cortex-M 제품군의 첫 번째 코어이다.

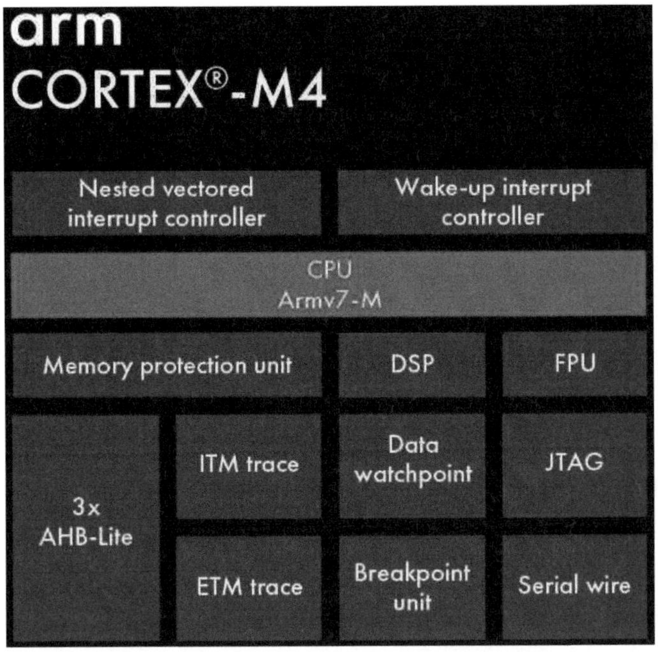

그림 1-2-6 Cortex-M4 시스템 구성도

2) 특징

- Armv7E-M 아키텍처
- 버스 인터페이스 3x AMBA AHB-lite 인터페이스, CoreSight 디버그 구성
- Thumb/Thumb-2 하위 집합 명령어 지원
- 3단계 파이프라인
- DSP 확장 : 단일 주기 16/32bit MAC, 단일 주기 이중 16bit MAC, 8/16bit SIMD 산술, 하드웨어 분할
- 옵션 단정밀도 부동 소수점 단위(FPU), IEEE 754 호환
- 하위 영역 및 배경 영역이 있는 8개의 MPU 영역(선택 사항)
- 통합 bit 필드 처리 명령어 및 버스 레벨 bit 밴딩
- 마스크 불가 인터럽트 및 8~256 우선순위 수준의 1~240 물리적 인터럽트
- 웨이크업 인터럽트 컨트롤러
- 통합 WFI 및 WFE 지침 및 종료 시 슬립 기능, 슬립 및 딥 슬립 신호, 암 전원 관리 키트가 포함된 선택적 유지 모드
- 선택적 JTAG 및 직렬 와이어 디버그 포트. 최대 8개의 중단점 및 4개의 감시점
- 선택적 명령어 추적(ETM), 데이터 추적(DWT) 및 계측 추적(ITM)

3) 기능

- BAM(일괄 수집 모드) 이 있는 동적 효율성 라인
- 전원 공급 : 1.7V~3.6V
- 동작 온도 범위 : -40℃ ~ 85/105/125℃
- 코어 : FPU가 있는 Arm ® 32bit Cortex ® -M4 CPU, 플래시 메모리에서 대기 상태 실행을 허용하지 않는 적응형 실시간 가속기(ART Accelerator™), 최대 84MHz의 주파수, 메모리 보호 장치, 105D MIPS/1.25D MIPS /MHz(Dhrystone 2.1) 및 DSP 명령어
- 메모리 : 최대 256KB의 플래시 메모리, 512바이트의 OTP 메모리 최대 64KB의 SRAM
- POR, PDR, PVD 및 BOR, 4~26MHz 수정 발진기, 내부 16MHz, 교정 기능이 있는 RTC용 32kHz 발진기, 교정이 포함된 내부 32kHz RC
- 디버그 모드 : 직렬 와이어 디버그(SWD) 및 JTAG 인터페이스 Cortex ® -M4 Mbed 트레이스 Macrocell™
- 인터럽트 기능이 있는 최대 81개의 I/O 포트, 모든 IO 포트 5V 허용
  최대 42MHz의 고속 I/O 최대 78개
- 최대 11개의 통신 인터페이스
  최대 3개의 I2C 인터페이스(1Mbit/s, SM BUS/PM BUS)
  최대 3개의 USART(2 x 10.5Mbit/s, 1 x 5.25Mbit/s), ISO 7816 인터페이스, LIN, IrDA, 모뎀 제어, 내부 오디오 PLL 또는 외부 클록을 통해 오디오 클래스 정확도를 달성하기 위해 최대 4개의 SPI(fCPU = 84MHz에서 최대 42Mb its/s), 다중 전이 중 I2S가 있는 SPI2 및 SPI3 SDIO 인터페이스
- RTC : 1초 미만의 정확도, 하드웨어 캘린더

4) 주요 제조사 및 모델

- 아날로그 디바이스 ADSP-CM40x
- 마이크로칩(Atmel) SAM 4L, 4N, 4S
- NXP (프리스케일) Kinetis K, W2
- 텍사스 인스트루먼트 Simple Link Wi-Fi CC32 xx, CC 32x MOD
- 아날로그 디바이스 AD CUM 4050
- Cypress 6200(Cortex-M4F 1개 + Cortex-M0+ 1개), FM4
- 인피니언 XMC4000
- 마이크로칩(Atmel) SAM 4C(듀얼 코어 : Cortex-M 4F 1개 + Cortex-M4 1개), SAM 4E, SAM 4L, SAM 4N, SAM 4S, SAMG5, SAMD5/E5x

- Nuvoton NuMicro M480
- NXP LPC4000, LPC4300 (Cortex-M4F 1개 + Cortex-M0 1개), LPC54000
- NXP(프리스케일) Kinetis K, V3, V4, S32K14x
- 르네사스 S3, S5, S7, RA4, RA6
- Silicon Labs (에너지 마이크로) EFM32 Wonder
- ST STM32 F3, F4, L4, L4+, G4, WB(Cortex-M4F 1개 + Cortex-M0+ 1개)
- 텍사스 인스트루먼트 LM4F, TM4C, MSP432 , CC13x2R, CC1352P, CC26x2R

1.2.8 Cortex-M7

1) 개요 : Cortex-M7은 이전 Cortex-M4보다 전력 효율이 거의 두 배에 달하는 고성능 코어다. 분기 예측이 포함된 6단계 수퍼스칼라 파이프라인과 단정밀도 및 선택적으로 배정밀도 작업이 가능한 선택적 부동 소수점 장치가 특징이다. 명령 및 데이터 버스는 이전 32bit 버스에 비해 64bit 너비로 확장되었다. 코어에 FPU가 포함되어 있으면 Cortex-M7F라고 하고, FPU가 없으면 Cortex-M7이라고 한다.

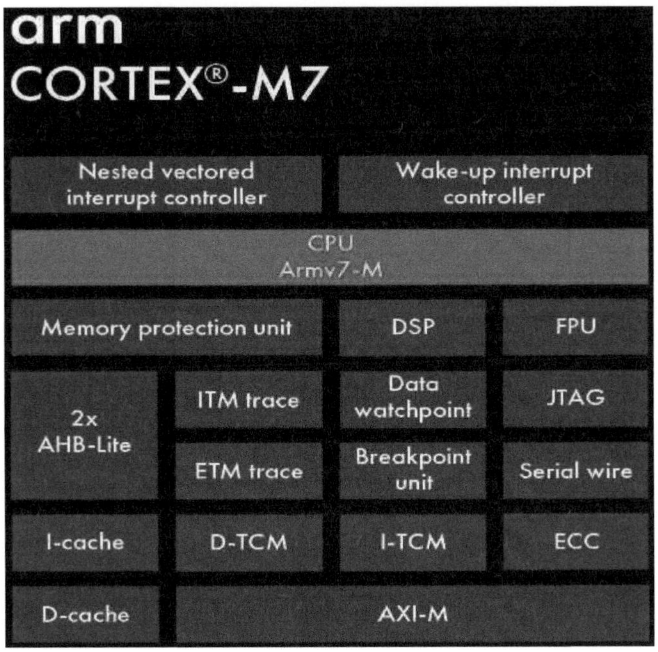

그림 1-2-7 Cortex-M7 시스템 구성도

2) 특징

- 속도 2.14D MIPS/MHz
- Armv7E-M 아키텍처
- DSP 확장 : 싱글 사이클 16/22-bit MAC
싱글 사이클 듀얼 16-bit MAC
8/16 bit SIMD 연산
- Thumb/Thumb-2 하위 집합 명령어 지원
- 3단계 파이
- 1~240개의 인터럽트와 NMI
- 선택적 부동 소수점 단위(FPU) : (단정밀도) 또는 (단정밀도 및 배정밀도), 둘 다 IEEE-754-2008 규격을 준수한다. 이를 FPv5 확장이라고 한다.
- 선택적 CPU 캐시 : 0~64KB 명령어 캐시, 0~64KB 데이터 캐시, 각각 선택적 ECC 포함
- 옵션 TCM(Tightly-Coupled Memory) : 0~16MB 명령어-TCM, 0~16MB 데이터-TCM, 각각 옵션 ECC 포함
- 선택적 메모리 보호 장치(MPU) : 8개 또는 16개 영역
- 선택적 ETM(Embedded Trace Macrocell) : 명령 전용 또는 명령 및 데이터
- 절전 모드를 위한 선택적 보존 모드(Arm 전원 관리 키트 포함)

3) 주요 제조사 및 모델

- 마이크로칩(Atmel) SAM E7, S7, V7
- NXP (프리스케일) Kinetis KV5x, i.MX RT, S32K3xx
- ST STM32F7, H7

1.2.9 Cortex-M23

1) 개요

Cortex-M23 코어는 2016년 10월에 발표되었으며, 2015년 11월에 이전에 발표된 ARMv8-M 아키텍처를 기반으로 한다. Cortex-M23은 Cortex-M0+에 정수 나누기 명령어 및 TrustZone을 더한 것과 유사하다. 또한, 보안 기능을 갖추고 있으며 2단계 명령 파이프라인을 갖추고 있다.

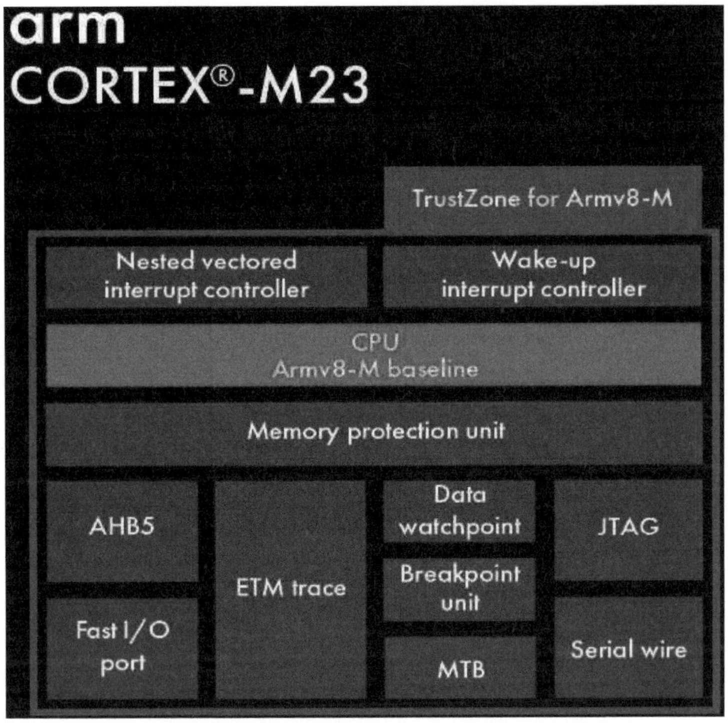

그림 1-2-8 Cortex-M7 시스템 구성도

2) 특징

- 동작 속도 : 0.98 DMIPS/MHz, 2.50 CoreMark/MHz
- ARMv8-M 기본 아키텍처
- 2단계 파이프라인(Cortex-M0+와 유사)
- Trust Zone 보안 지침 (M23/M33/M35P에서만 사용 가능)
- 32bit 하드웨어 정수 나누기(17 또는 34사이클)

- 스택 제한 경계(SAU 옵션에서만 사용 가능) (M23/M33/M35P에서 사용 가능)
- 하드웨어 정수 곱셈 속도 : 1 또는 32사이클
- 하드웨어 정수 분할 속도 : 최대 17 또는 34사이클
- 선택적 SAU(보안 귀속 단위) : 0, 4, 8개 지역
- 단일 사이클 I/O 포트(M0+/M23에서 사용 가능)
- MTB(마이크로 추적 버퍼)(M0+/M23/M33/M35P에서 사용 가능)

3) 주요 제조사 및 모델

- 기가디바이스 GD32E230
- 마이크로칩 SAM L10, L11 및 PIC 32cm-LE 32cm-LS
- Nuvoton M2351
- 르네사스 S1JA, RA2A1, RA2L1, RA2E1, RA2E2

1.2.10 Cortex-M33

1) 개요 : Cortex-M33 코어는 2016년 10월에 발표되었으며, 2015년 11월에 이전에 발표된 ARMv8-M 아키텍처를 기반으로 한다. Cortex-M33은 Cortex-M4와 Cortex-M 23과 유사하다. 또한 3단계 명령 파이프라인도 있다.

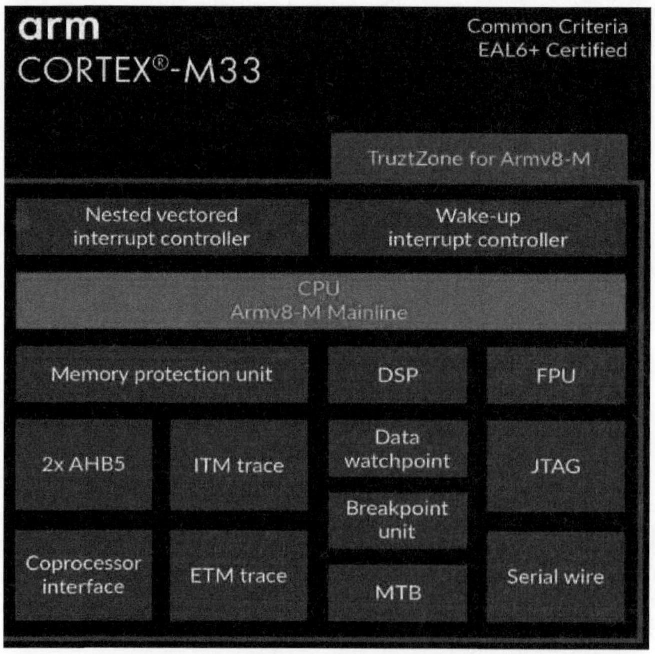

그림 1-2-9 Cortex-M23 시스템 구성도

2) 특징

- ARMv8-M 메인라인 아키텍처
- 3단계 파이프라인
- TrustZone 보안 지침(M23/M33/M35P에서만 사용 가능)
- 32bit 하드웨어 정수 나누기(최대 11 사이클) (M0/M0+/M1에서는 사용할 수 없음)
- 스택 제한 경계 (SAU 옵션에서만 사용 가능) (M23/M33/M35P에서 사용 가능)
- 옵션 부동 소수점 단위(FPU) : 단정밀도 전용 IEEE-754 규격
- 옵션 메모리 보호 장치(MPU) : 0, 4, 8, 12, 16개 지역
- 선택적 SAU(보안 귀속 단위) : 0, 4, 8개 지역
- MTB(마이크로 추적 버퍼)(M0+/M23/M33/M35P에서 사용 가능)

3) 주요 제조사 및 모델

- 아나로그디바이스 ADUCM410, ADUCM420
- 대화상자 DA1469x
- 기가디바이스 GD32E50x, GD32W515
- 노르딕 nRF91, nRF5340
- NXP LPC5500, i.MX RT600
- RSL15 사용
- 르네사스 RA4, RA6
- ST STM32 H5, L5, U5, WBA
- Silicon Labs 무선 Gecko 시리즈 2

1.3 ARM Cortex-M 프로세서의 특징

1.3.1 Cortex-M 아키텍처 특징

1) Cortex-M 프로세서 제품군의 프로그래머 모델은 매우 유사성이 있다. 예를 들어 R0~R15, PSR, CONTROL 및 PRIMASK는 모든 Cortex-M 프로세서에서 사용이 가능하다. 2개의 특수한 레지스터(FAULTMASK와 BASE PRI)는 Cortex-M3, Cortex-M4, Cortex-M7 및 Cortex-M33에서만 사용이 가능하며, 부동 소수점 레지스터 뱅크와 FPSCR(부동 소수점 상태 및 제어 레지스터)은 옵션인 부동 소수점 처리 장치가 있는 Cortex-M4/M7/M33에서만 사용이 가능하다.

2) BASEPRI 레지스터를 통해 특정 우선순위 레벨 또는 낮은 우선순위의 예외 처리 및 인터럽트를 차단할 수 있다. Cortex-M3, Cortex-M4, Cortex-M7 및 Cortex-M33 프로세서들은 많은 우선순위 레벨을 가질 수 있으므로, 이러한 기능은 ARMv7-M 프로세서들과 ARMv8M에서 중요할 수 있다. 일반적으로 FAULTMASK는 복잡한 오류 처리기(Fault Handler)에서 사용이 된다. 권한이 없는(Unprivileged) 실행 레벨은 ARMv6-M에서 옵션이지만, ARMv7-M과 ARMv8-M에서는 항상 사용할 수 있다. Cortex-M0+에서는 옵션이며, Cortex-M0과 Cortex-M1에서는 사용할 수 없다. 이러한 차이점은 CONTROL 레지스터가 다른 Cortex-M 프로세서 간에 작은 차이를 가질 수 있음을 의미한다. 또한, FPU 옵션은 그림 1-3-1에서 보는 바와 같이 CONTROL 레지스터에도 영향을 준다.

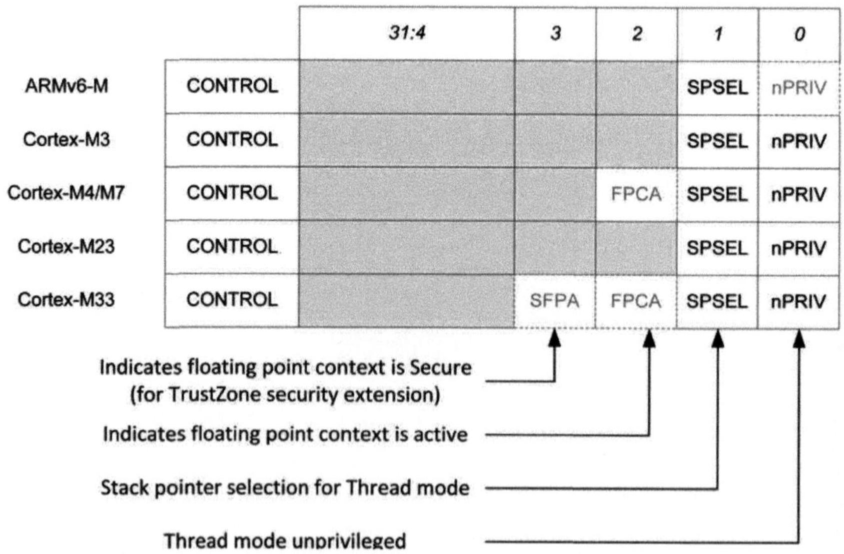

그림 1-3-1 CONTROL 레지스터

3) 프로그래머 모델 간의 다른 점은 프로그램 상태 레지스터(PSR : Program Status Register)의 세부사항이다. 모든 Cortex-M 프로세서에서 PSR은 애플리케이션 PSR(APSR), 실행 PSR(EPSR) 및 인터럽트 PSR(IPSR)로 구분이 된다.

4) APSR의 Q bit 와 EPSR의 ICI/IT bit는 ARMv6-M과 ARMv8-M에서는 사용할 수 없으며, GE bit는 ARMv7E-M과 ARMv8-M에서 사용이 가능하다. 또한, IPSR에서 인터럽트 번호의 넓이는 ARMv6-M에서 더 작은 범위를 가지게 된다. 이것은 그림 1-3-2에서 표시되어 있다.

	31	30	29	28	27	26:25	24	23:20	19:16	15:10	9	8	7	6	5	4:0
ARMv6-M (Cortex-M0/M0+)	N	Z	C	V			T									Exception Number
ARMv7-M (Cortex-M3)	N	Z	C	V	Q	ICI/IT	T			ICI/IT		Exception Number				
ARMv7E-M (Cortex-M4/M7)	N	Z	C	V	Q	ICI/IT	T		GE[3:0]	ICI/IT		Exception Number				
ARMv8-M Baseline (Cortex-M23)	N	Z	C	V			T					Exception Number				
ARMv8-M Mainline (Cortex-M33)	N	Z	C	V	Q	ICI/IT	T		GE[3:0]	ICI/IT		Exception Number				

그림 1-3-2 PSR 차이점

5) Cortex-M의 프로그래머 모델은 ARM7TDMI와 같은 기존의 ARM 프로세서와는 다르다. 레지스터 뱅크 이외에 기존 ARM 프로세서의 '모드' 및 '상태'에 대한 정의는 Cortex-M과 다르다. Cortex-M에는 스레드(Thread)와 처리기(Handler)의 2가지 모드만 있으며, Cortex-M 프로세서는 Thumb 상태에서 항상 작동한다.

1.3.2 Cortex-M 예외 처리 모델과 NVIC

1) 모든 Cortex-M 프로세서에는 중첩 백터형 인터럽트 컨트롤러(NVIC)가 포함되어 있으며 같은 예외 처리 모델을 공유한다. 예외 처리가 발생하며 현재 레벨보다 우선순위가 높고, 마스킹 레지스터에 의해 차단되지 않을 때 프로세서는 인터럽트/예외 처리를 허용하고, 현재 스택(Stack)에 다수의 레지스터를 저장한다. 이 저장(stack) 메커니즘은 인터럽트 처리기(Interrupt Handler)를 일반 C 함수로 쓸 수 있게 하며, 또한 스태킹 기능이 필요하지 않기 때문에 인터럽트 기능을 통해 실제 작업을 바로 시작할 수 있다.

2) ARMv7-M/ARMv8-M Mainline에서 사용 가능한 일부 인터럽트 및 시스템 예외 처리는 ARMv6-M/ARMv8-M Baseline에서는 사용할 수 없다. 예를 들어 Cortex-M0,

M0+ 및 M1에서는 인터럽트 수가 32까지 제한적이고, 디버그 모니터 예외 처리는 없으며 오류 예외 처리는 중고장(HardFault)으로 처리된다.

3) Cortex-M23, Cortex-M3, Cortex-M4 및 Cortex-M7 프로세서는 최대 240개의 주변 장치 인터럽트를 지원한다. Cortex-M33 프로세서는 최대 480개의 인터럽트를 지원한다. 또 다른 차이점은 사용 가능한 우선순위 레벨의 수다.

① ARMv6-M 아키텍처 : ARMv6-M 아키텍처에서 인터럽트/예외 처리의 우선순위 레벨에는 (NMI 및 Hard Fault 등) 2개의 고정된 레벨과 4개의 프로그래밍 가능한 레벨(우선순위 레벨 레지스터 당 2bit)이 포함되어 있다. 이것은 대부분의 마이크로컨트롤러 애플리케이션에 충분하다.

② ARMv7-M 아키텍처 : 8레벨(3bit)에서 256레벨(8bit) 범위까지 프로그래밍이 가능한 우선순위다.

4) 실제로 대부분의 디바이스는 실리콘 면적 때문에 단지 8레벨(3bit)에서 16레벨(4bit)까지만 구현한다. 또한, ARMv7-M에는 우선순위 그룹화 기능이 있기 때문에 이 기능을 통해 우선순위 레벨 레지스터를 그룹 우선순위와 하위 우선순위로 세분할 수 있을 뿐만 아니라 선점(Preemption) 동작을 자세하게 정의할 수도 있다.

① ARMv8-M Baseline - ARMv6-M과 유사하게, ARMv8-M Baseline도 역시 2bit 우선순위 레벨 레지스터를 가지고 있다. 옵션인 TrustZone 보안기능 확장으로, 보안 소프트웨어는 비보안 인터럽트의 우선순위 레벨을 우선순위 레벨 공간의 하반부로 이동할 수 있으며, 이를 통해 보안 예외 처리/인터럽트 중 일부는 비보안 인터럽트보다 항상 높은 순위를 가지는 것이 가능하다.

② ARMv8-M Mainline-8에서 256 인터럽트 우선순위 레벨과 우선순위 그룹화 기능을 가질 수 있는 ARMv7-M과 비슷하다. 또한, ARMv8-M Baseline에서와 같이 우선순위 레벨 이동을 지원한다.

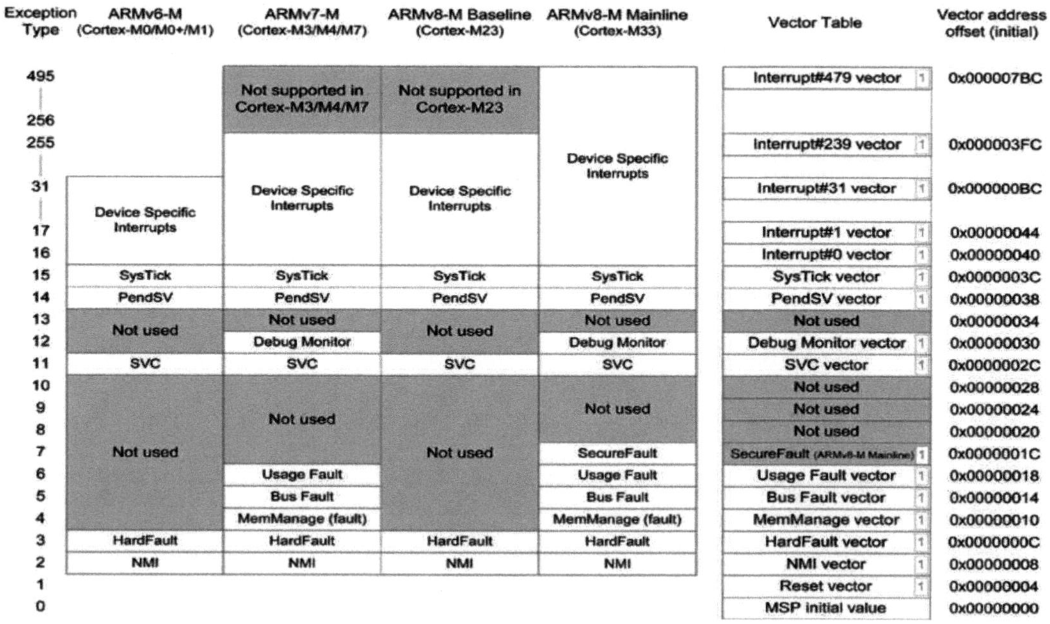

그림 1-3-3 Cortex-M 프로세서의 예외 유형

5) 모든 Cortex-M 프로세서는 예외 처리 중 벡터 테이블에 의존하게 된다. 벡터 테이블은 예외 처리기의 시작 주소를 저장한다. 벡터 테이블의 시작 주소는 벡터 테이블 오프셋 레지스터(VTOR)라고 불리는 레지스터에 의해 정의된다.

① Cortex-M0+, Cortex-M3 및 Cortex-M4 프로세서 : 기본적으로 벡터 테이블은 메모리 맵(주소 0x0)의 시작 부분에 있다.

② Cortex-M7, Cortex-M23 및 Cortex-M33 프로세서 : VTOR의 기본값은 칩 설계자에 의해 정의된다.

6) Cortex-M23 및 Cortex-M33 프로세서는 보안 및 비보안 예외 처리/인터럽트에 대해 2개의 분리된 벡터 테이블을 가질 수 있다.

Cortex-M0 및 Cortex-M1은 프로그래밍이 가능한 VTOR을 구현하지 않으며 벡터 테이블의 시작 주소는 항상 0x00000000이다.

7) VTOR은 Cortex-M0+ 및 Cortex-M23 프로세서에서 옵션이다. VTOR이 구현되면 VTOR를 프로그래밍하여 벡터 테이블 시작 주소를 변경할 수 있다. 이것은 다음과 같은 경우에 유용한 기능이다.

① 동적으로 변하는 예외 처리기의 진입점을 허용하기 위해 벡터 테이블을 SRAM으로 재배치
② 좀 더 빠른 벡터 인출(Vector Fetch)을 위해 벡터 테이블을 SRAM으로 재배치 (플래시 메모리가 느린 경우)
③ 벡터 테이블을 ROM(또는 플래시)의 다른 테이블로 재배치해 프로그램 실행의 다른 단계에서 다른 예외 처리기를 가질 수 있다.

	Cortex-M0	Cortex-M0+	Cortex-M1	Cortex-M3/M4/M7	Cortex-M23	Cortex-M33
인터럽트의 수	최대 32	최대 32	최대 32	최대 240	최대 240	최대 480
NMI	Y	Y	Y	Y	Y	Y
SysTick	Y(옵션)	Y(옵션)	Y(옵션)	Y	Y(옵션)	Y
오류 처리기	1(HardFault)	1(HardFault)	1(HardFault)	4	1(HardFault)	4
VTOR	-	Y(옵션)	-	Y	Y(옵션)	Y
디버깅 모니터	-	-	-	Y	-	Y
프로그래밍이 가능한 우선순위 레벨	4	4	4	8~256	4	8~256
소프트웨어 트리거 인터럽트 레지스터	-	-	-	Y	-	Y
인터럽트 활성화 상태	-	-	-	Y	Y	Y
레지스터 접근	32비트	32비트	32비트	8/16/32비트	32비트	8/16/32비트
동적 우선순위 변경	-	-	-	Y	Y	Y

그림 1-3-4 Cortex-M 프로세서의 NVIC 프로그래머 모델 및 기능의 차이점

8) 대부분의 경우 NVIC의 인터럽트 제어 기능에 대한 접근은 마이크로컨트롤러 공급업체의 디바이스 드라이버 라이브러리에 포함된 CMSIS-CORE에 제공된 API에 의해 처리된다. Cortex-M3/M4/M7/M23/M33에서는 활성화된 경우에도 인터럽트의 우선순위를 변경할 수 있다. 이와 같은 동적 우선순위 레벨 변경은 ARMv6-M에서 지원되지 않으므로 우선순위 레벨을 변경할 때에는 일시적으로 인터럽트를 비활성화해야 한다.

1.3.3 Cortex-M OS 지원 기능

1) Cortex-M 프로세서를 위한 아키텍처는 OS를 중심으로 설계되었다. OS 지원에 대한 주요 기능은 아래와 같다.

① 그림자 스택 포인터(Shadowed Stack Pointer)
② SVC 및 PendSV 예외
③ SysTick 타이머 - 시간 유지와 작업 관리를 위해 정기적으로 OS 예외 처리를 생성하는 24bit 다운 카운터
④ Cortex-M0+/M3/M4/M7/M23/M33의 권한 없는(Unprivileged) 실행 레벨 및 메모리 보호 장치(MPU)

2) SVC 예외 처리는 권한이 없는 상태(Unprivileged State)에서 실행 중인 애플리케이션 작업이 권한이 있는 OS서비스(Priviliged OS Service)를 트리거할 수 있도록 하기 위해 SVC 명령어에 의해 트리거 된다.

3) PendSV 예외 처리는 컨텍스트 스위칭과 같이 중요하지 않은 연산을 예약하기 위해 OS에 유용하다. Cortex-M1을 일부 소형 FPGA 디바이스에 적합하도록 Cortex-M1에서 이러한 모든 OS 지원 기능을 옵션으로 만들었다. Cortex-M0, Cortex-M0+ 및 Cortex-M23 프로세서에서 SysTick 타이머는 옵션이다.

4) 일반적으로 OS 지원은 모든 Cortex-M 프로세서에서 가능하다. Cortex-M0+, Cortex-M3, Cortex-M4, Cortex-M7, Cortex-M23 및 Cortex-M33 프로세서에서의 애플리케이션 작업은 권한 없는 실행 레벨에서 실행할 수 있으며 메모리 접근 위반을 방지하기 위해 MPU 옵션인 메모리 보호 장치와 함께 동작한다. 이것은 시스템의 견고성 즉 신뢰성을 향상시킬 수 있다.

1.3.4 Cortex-M OS TrustZone 보안 기능 확장

1) 지난 몇 년간 사물 인터넷(IoT)은 Mbed 시스템 설계자에게 매우 뜨거운 주제였다. 사물 인터넷 시스템이 더욱 정교해지고 시장 진입 압박이 증가함에 따라 Mbed 시스템은 시스템의 보안을 보장하는 더 좋은 방법이 필요한 반면, 동시에 소프트웨어 개발자가 쉽게 구현할 수 있어야 한다.

2) 일반적으로 소프트웨어를 권한이 있는 부분과 권한이 없는 부분으로 분리하여 권한이 있는 소프트웨어가 권한이 없는 애플리케이션이 보안에 민감한 정보를 비롯해서 중요한 시스템 리소스에 접근하는 것을 방지할 수 있도록 메모리 보호 장치(MPU)를 활용할 수 있다.

3) 이러한 방식은 다양한 사물 인터넷 시스템에서 제대로 동작하지만 어떤 경우에는 2개의 분할만으로도 충분하지 않다. 특히 복잡한 권한 있는 소프트웨어 구성 요소가 많이 포함된 시스템의 경우 권한 있는 코드 중 하나의 취약점으로 인해 해커가 시스템을 완전히 장악할 수 있다.

4) ARMv8-M 아키텍처에는 TrustZone이라는 보안 기능 확장이 포함되어 있으며 이는 보안 및 비보안 상태의 직교 분할(Orthogonal Partitioning)을 추가한다.

   ① 비보안 상태는 일반 애플리케이션용이다.
   ② 보안 상태는 소프트웨어 구성 요소 및 보안 리소스용이다(예 : 보안 저장공간, 암호화 가속기, 순수 난수 생성기(TRNG)).

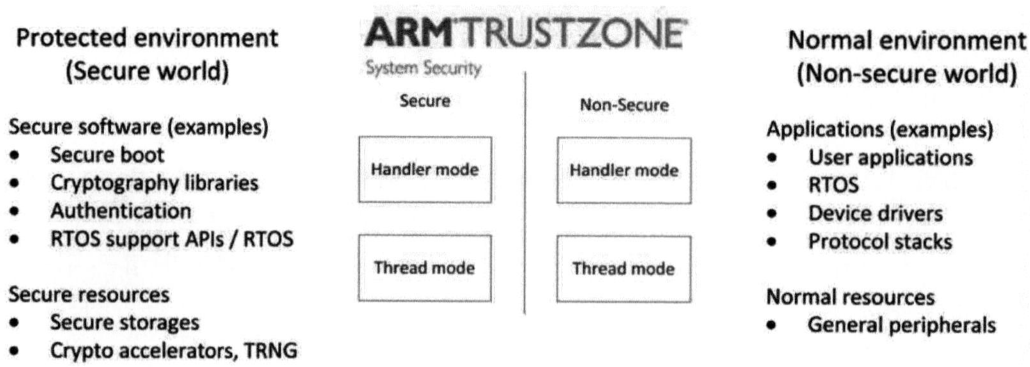

그림 1-3-5 Cortex-M 보안 및 비보안 상태의 분리

5) 비보안 소프트웨어는 비보안 메모리와 주변 장치에만 접근할 수 있으며, 보안 소프트웨어는 양쪽 모두에 있는 리소스에 접근할 수 있다.

6) 이러한 방식으로 소프트웨어 개발자는 이전과 같이 비보안 환경에서도 자신의 애플리케이션을 개발할 수 있다. 동시에 칩 벤더가 제공하는 보안 통신 라이브러리에 의존하여 안전한 사물인터넷 연결을 수행할 수 있다.

7) 비보안 권한 소프트웨어에 취약성이 있더라도 TrustZone 보호 메커니즘을 통해 해커가 전체 디바이스를 장악하지 못하게 함으로써 공격의 영향을 제한할 뿐만 아니라 잠재적으로 시스템을 원격으로 복구할 수 있다. 또한, ARMv8-M 아키텍처는 추가 보안 조치를 좀 더 쉽게 구현하기 위해 스택 제한 검사(Stack Limit Checking)와 향상된 MPU 설계를 도입하였다.

8) 보안 아키텍처는 시스템 레벨로 확장이 되며 각 인터럽트는 보안 또는 비보안으로 할당될 수 있다. 인터럽트/예외 처리 시퀀스는 보안 정보가 유출되지 않도록 하기 위해 레지스터에 보안 데이터를 자동으로 저장하고 복원한다. TrustZone 보안 기능 확장은 시스템이 실시간으로 시스템 요구 사항을 지원하고 사물인터넷 애플리케이션에 대해 견고한 보안 기반을 제공할 수 있도록 해주며 소프트웨어 개발자가 애플리케이션을 쉽게 개발할 수 있도록 도와준다.

9) TrustZone은 Cortex-M23와 Cortex-M33 프로세서에서는 옵션이다. ARMv8-M 프로세서의 TrustZone에 대한 자세한 내용은 스마트 연결 시대를 위한 Mbed 프로세서의 발전 과정에 있는 다음 단계에서 찾을 수 있다.

1.3.5 Cortex-M 오류 처리

1) ARM 프로세서와 일부 다른 마이크로컨트롤러 아키텍처의 차이점 중 하나는 오류 처리 기능이다. 오류가 감지될 때 해당 소프트웨어가 적절한 조치를 수행할 수 있도록 오류 예외 처리가 트리거 되며 오류는 다음과 같다.

① 정의되지 않은 명령어(예 : 손상된 플래시 메모리)
② 잘못된 주소 공간(예 : 스택 포인터 손상)에 대한 접근 또는 MPU 접근 위반
③ 잘못된 연산(예 : 프로세서가 SVC보다 이미 높은 인터럽트 우선순위에 있을 때 SVC 예외 처리를 트리거하려는 시도)

2) 오류 처리는 Mbed 시스템이 다양한 문제에 대해 훨씬 빠르게 대응할 수 있도록 도와준다. 그렇지 않으면 시스템이 멈춘 경우 워치독 타이머가 시스템을 초기화하는 데 오랜 시간이 걸릴 수 있다.

3) ARMv6-M 아키텍처에서 모든 오류 이벤트는 Hard Fault 처리기(오류 예외 처리)를 트리거하며, 우선순위 레벨은 -1이다. 또한, 모든 프로그래밍이 가능한 예외 처리보다 높은 우선순위지만 마스크가 불가능한 인터럽트 NMI 바로 아래이다. 모든 오류는 복구 불가능한 것으로 간주하며 일반적으로 오류 보고를 수행하고 잠재적으로 Hard Fault 처리기 내에서 자체 초기화를 생성한다.

4) ARMv8-M Baseline은 단 하나의 오류 예외 처리(Hard Fault)를 가지고 있는 ARMv6-M과 비슷하다. 그러나 TrustZone 보안 기능 확장이 구현될 때 Hard Fault의 우선순위 레벨은 -1 또는 -3이 될 수 있다.

5) ARMv7-M 및 ARMv8-M Mainline에는 Hard Fault 외에도 몇 가지 구성 가능한 오류 처리기가 있다.

① Management(메모리 관리 오류)
② 버스 오류(버스는 오류 응답을 반환)
③ 사용 오류(정의되지 않은 명령어 또는 다른 잘못된 연산)
④ Secure Fault(TrustZone 보안 기능 확장의 보안위반 처리를 위한 ARMv8-M Mainline에만 해당)

6) 예외 처리들은 프로그래밍이 가능한 우선순위 레벨을 가지고 있으며 개별적으로는 활성화 또는 비활성화를 할 수 있다. 또한, 필요에 따라 Hard Fault와 동일한 레벨로 우선순위를 높일 수 있도록 FAULT MASK 레지스터를 사용할 수 있다. 뿐만 아니라 오류 예외 처리를 트리거한 것에 대한 힌트를 제공하는 다양한 오류 상태 레지스터와 디버깅을 쉽게 하도록 오류를 트리거한 전송 주소를 정확히 찾는데 사용될 수 있는 오류 주소 레지스터가 있다.

7) ARMv7-M과 ARMv8-M의 추가 오류 처리기는 좀 더 유연한 오류 처리 기능을 제공하며 오류 상태 레지스터는 오류 이벤트를 쉽게 찾아 디버그할 수 있도록 했다. 상용 개발 제품군에 있는 여러 개의 디버거에는 오류 상태 레지스터를 사용하여 오류 이벤트를 진단하는 기능이 포함되어 있다. 또한, 잠재적으로 런타임 중에 오류 처리기는 일부 처리 조치를 수행할 수 있다.

	ARMv6-M(Cortex-M0, Cortex-M0+, Cortex-M1) 및 ARM v8-M Baseline(Cortex-M23)	ARMv7-M(Cortex-M3, Cortex-M4, Cortex-M7) 및 ARMv8-M Mainline(Cortex-M33)
Hard Fault	Y	Y
MemManage	-	Y
사용 오류	-	Y
버스 오류	-	Y
SecureFault	-	ARMv8-M Mainline 용
오류 상태 레지스터	- (디버그만을 위한 하나의 디버그 FSR)	Y
오류 주소 레지스터	-	Y

그림 1-3-6 Cortex-M 보안 및 비보안 상태의 분리

제2장 ARM Cortex-M7 STM32F시리즈의 구조

2.1 ARM Cortex-M7 프로세서

ARM Cortex-M7 프로세서는 에너지 효율이 높은 Cortex-M 프로세서 제품군 중 최고 성능을 자랑하는 제품이다. Cortex-M7을 사용하면 정교하고 다양한 MCU 및 Mbed SoC를 구축할 수 있다. ARMv7-M 아키텍처의 뛰어난 응답성과 사용자 편의성을 유지하면서 매우 높은 수준의 성능을 제공하도록 설계되었다. 동종 업계 중 최고의 고성능 및 유연한 시스템 인터페이스는 자동차, 산업 자동화, 의료 기기, 고급 오디오, 이미지 및 음성 처리, 센서 융합 및 모터 제어를 포함한 응용 분야에 이상적이다.

2.1.1 ARM Cortex-M7 프로세서의 특징

32bit Arm® Cortex-M7 프로세서 코어는 Cortex-M 라인업 중에서 최고의 성능을 제공한다. 이는 이중 정밀도 부동 소수점 장치(FPU) 옵션을 포함한 전용 디지털 신호 처리(DSP) IP 블록을 갖추고 있다. Arm Cortex-M7 코어의 고성능 기능은 복잡한 운영체제 없이도 효율적이고 사용하기 쉬운 제어가 필요한 까다로운 디지털 신호 제어 애플리케이션을 완벽하게 처리한다. 일반적인 애플리케이션 예로는 IoT, 모터 제어, 전력 관리, 음성 인식을 포함한 Mbed 오디오, 산업 및 홈 자동화, 의료, 웰니스 애플리케이션 등이 있다.

2.1.2 ARM Cortex-M7 주요 기능

- 코어 : Cortex-M7 코어는 2.14 DMIPS/MHz 및 5.01 CoreMark/MHz 스레드
- Armv7E-M 아키텍처
- 버스 인터페이스 : 64bit AMBA4 AXI, 32bit AHB 주변 장치 포트, TCM에 액세스하기 위한 외부 마스터(예 : DMA 컨트롤러)용 32bit AMBA AHB 슬레이브 포트, CoreSight 디버그 구성 요소용 AMBA APB 인터페이스
- 명령어 캐시 : 0~64KB, ECC 옵션과 양방향 인터페이스
- 데이터 캐시 : 0~64KB, ECC 옵션과 4방향 인터페이스
- 명령어 TCM : ECC 인터페이스 옵션이 있는 0~16MB 공간
- 데이터 TCM : ECC 인터페이스 옵션이 있는 0~16MB 공간

- Thumb/Thumb-2 하위 집합 명령어 지원
- DSP 확장 : 단일 사이클 16/32bit MAC, 단일 사이클 듀얼 16bit MAC, 8/16bit SIMD 산술, 하드웨어 분할
- IEEE 754 표준을 준수하는 선택적 단정밀도 및 배정밀도 부동 소수점 장치(없음, 단정밀도만 선택, 단정밀도 및 배정밀도 선택)
- 마스크 불가능 인터럽트 및 1~240개의 물리적 인터럽트
- 옵션 JTAG 및 직렬 와이어 디버그 포트. 최대 8개의 중단 점과 4개의 감시점
- 선택적 명령 추적(ETM), 데이터 추적(DWT) 및 계측 추적(ITM). ET를 통한 선택적 전체 데이터 추적
- DCLS(듀얼 코어 잠금 단계) 지원

2.1.3 ARM Cortex-M7 주요 장점

1) Armv7E-M 아키텍처

- 명령어 및 데이터 캐시와 결합한 분기 예측 기능을 갖춘 6단계 슈퍼 스칼라 파이프라인이다. 캐시는 내부 콘텐츠를 실행하거나 액세스할 때뿐만 아니라 외부 메모리 인터페이스에 연결된 외부 콘텐츠를 사용할 때도 성능을 향상시킨다. 애플리케이션 프로세서와 마찬가지로 Cortex-M7 코어 기반 MCU를 사용하는 개발자는 더 큰 코드를 사용하고 내부 리소스의 한계를 넘어 데이터를 확장하여 고급 미들웨어 및 서비스(인공 지능 모델, 클라우드 연결 및 서비스, 다중 프로토콜 지원)를 추가할 수 있다. MCU 개발자는 익숙한 소프트웨어 패키지와 설계 환경을 계속 활용할 수 있으며, DDR 메모리가 필요 없는 내장형 PMIC(전력 관리 장치 IC) 덕분에 더욱 단순해지고 비용이 절감되는 고집적 MCU의 이점을 누릴 수 있다.
- 더 깊은 6단계 파이프라인 아키텍처 덕분에 달성할 수 있는 더 높은 CPU 주파수는 3단계 파이프라인을 포함하는 Cortex-M4에 비해 상당한 개선을 제공한다.
- 0-wait 실행을 허용하는 명령 및 데이터 TCM(Tightly Coupled Memory) : 캐시는 내부 및 외부 메모리 성능을 향상시키는 반면, 캐시 누락으로 인해 대기 시간이 발생하여 하드 실시간 애플리케이션에 문제가 발생할 수 있다. TCM에서 가장 중요한 루틴과 데이터를 매핑하면 해당 애플리케이션에서 0-wait 성능이 보장된다.
- 외부 메모리 컨트롤러, 그래픽 IPS, GPU, 내부 메모리 등과 같은 고대역폭 주변 장치를 추가하는 64bit AMBA4 AXI 인터페이스다.

- SIMD(Single Instruction Multiple Data) 처리, 포화 산술 명령어, 광범위한 단일 주기 MAC 명령어, 배정밀도 부동 소수점 연산을 지원하는 옵션 FPU와 같은 추가 DSP 확장이다.

2) 디지털 신호 처리

- Cortex-M7 기반 마이크로컨트롤러는 내장된 고급 DSP 하드웨어 가속기를 사용하여 수학적 계산을 통해 신호를 처리한다. DSP 하드웨어 가속기는 마이크의 출력 신호, 모터 제어 시스템에 내장된 센서의 피드백 또는 센서 융합 애플리케이션의 출력과 같은 모든 아날로그 신호를 처리할 수 있다.

- 디지털 신호 처리 덕분에 제어 루프 알고리즘을 실행하는 데 필요한 사이클이 줄어들어 애플리케이션의 성능과 전력 효율성에 기여한다. 고정 소수점 및 배정밀도 부동 소수점은 모두 Cortex-M7에서 실행되는 MCU의 하드웨어로 구현된다. 일반적으로 Cortex-M4 기반 MCU보다 훨씬 더 높은 성능을 제공하여 FFT, DFT, FIR, IIR 및 기타 주요 알고리즘의 성능 수준을 두 배로 높인다.

- 향상된 DSP 성능과 더 높은 달성 가능한 최대 주파수를 갖춘 Cortex M7은 오디오 및 음성 인식, 모터 제어, 디지털 전력, 인공지능 및 센서 융합을 포함하여 가장 까다로운 신호처리 애플리케이션의 요구사항을 충족한다.

- 모든 STM32 Cortex-M7 MCU에는 배정밀도 부동 소수점 옵션이 포함된 DSP가 내장되어 있다.

3) 확장성 및 전력 효율성

- Arm Cortex-M7 기반 마이크로컨트롤러는 CMSIS(Cortex 마이크로컨트롤러 소프트웨어 인터페이스 표준)를 지원하므로 개발자는 향후 프로젝트를 위해 다른 마이크로컨트롤러로 코드를 포팅하거나 다른 마이크로컨트롤러에서 코드를 포팅할 수 있다. 또한, 이 인터페이스는 타사 소프트웨어의 통합을 용이하게 하여 출시 시간을 단축하는 데 도움이 된다.

- Cortex-M7 아키텍처의 유연성과 확장성을 통해 설계자는 대부분의 최신 기계 학습 알고리즘을 실행할 수 있다. 전력 효율성이 매우 뛰어난 Cortex-M7 마이크로컨트롤러는 IoT 에지 컨트롤러, 배터리로 작동되는 센서 허브, 전자 장치, 전자 자전거를 위한 탁월한 선택이다.

- Cortex-M7 코어는 대부분 단일 코어 MCU에 내장되어 있다. 그러나 차세대 멀티 코어 마이크로컨트롤러는 시스템 통합 및 성능 최적화의 한계를 뛰어넘어 두 가지 작업 분할 사용 사례를 구현한다.
  ① Cortex-M7은 실시간 Cortex-M4 코어(통신프로토콜, 센서 획득, 실시간 제어)와 연결된 주제어 코어로 사용할 수 있다.
  ② Cortex-M4 코어를 Cortex-M7 코어의 컴퓨팅 성능에 대한 실시간 범용 동반 코어로 사용할 수 있다. 이는 고급 그래픽, 복잡한 디지털 신호 처리 알고리즘, 인공지능 알고리즘을 처리할 수 있다.

2.1.4 Arm Cortex-M7 기반 STM32 마이크로컨트롤러

1) Arm Cortex-M7 코어와 고유한 독점 저전력 실리콘 기술, 비휘발성 Mbed 메모리 기술 전문 지식을 결합한 하드웨어 가속기(삼각법 및 쌍곡선 계산용 Cordic, 필터링용 FMAC, 암호화 및 해시 엔진, 그래픽 처리 장치), JPEG 인코더 및 디코더), 고성능 아키텍처 및 연결성을 갖춘 ST Microelectronics는 엔지니어가 해결해야 하는 많은 기술 및 상업적 과제에 대한 솔루션으로 STM32 Arm Cortex-M7 MCU를 제공한다.
2) STM32 Cortex-M7 MCU는 STM32Cube 개발 환경에 완전히 통합되어 있으며 ST의 광범위한 파트너 네트워크가 제공하는 도구와 솔루션을 활용한다.

단일 코어 시리즈	속도 (MHz)	성능 (CoreMark)	플래시 (kB)	RAM(KB)	전원 공급 장치(V)	패키지	연결성	비슷한 물건
STM32F7	216	1082	64~248	256~512	1.7~3.6	LQFP64/100/144/176,208, UFBGA144/176, TFBGA100/216, WLCSP143/180	공통 연결 + CAN, 카메라 인터페이스, SDIO, 듀얼 쿼드 SPI, FMC, 2D GPU, TFT, MIPI DSI, JPEG 코덱	예
STM32H7	550	2778	128~2048	564~1400	1.62~3.6	VFQFPN68, LQFP64/100/144/176,208, UFBGA144/169/176, TFBGA100/216/225/240, WLCSP115/132/156	공통 연결 + FDCAN, 카메라 인터페이스, SDIO, 듀얼 Quad 및 Octo SPI, FMC, 2D GPU, TFT, MIPI DSI, JPEG 코덱	고급 아날로그

그림 2-1-1 M7 코어 시리즈에 대한 사양(F7, 고성능 H7)

듀얼 코어 시리즈 - 고성능	Cortex M7 속도 (MHz)	프로세서 2	플래시(kB)	RAM(KB)	전원 공급 장치 (V)	패키지	연결성	비슷한 물건
STM32H7	480 + L1	피질 - M4@240 MHz	128~2048	1024	1.62~3.6	LQFP144/176,208, UFBGA169/176, TFBGA240, WLCSP156	공통 연결 + FDCAN, 카메라 인터페이스, SDIO, 듀얼 Quad 및 Octo SPI, FMC, 2D GPU, TFT, MIPI DSI, JPEG 코드	고급 아날 로그

그림 2-1-2 M7 코어 시리즈에 대한 사양(저성능 H7)

2.2 ARM Cortex-M7 프로세서 패밀리 STM32F7 시리즈

2.2.1 STM32F7시리즈의 개요

1) STM32F765xx, STM32F767xx, STM32F768Ax 및 STM32F769xx 장치는 최대 216MHz 주파수에서 작동하는 고성능 Arm ® Cortex ® -M7 32bit RISC 코어를 기반으로 한다. Cortex ® -M7 코어는 Arm ® 배정밀도 및 단정밀도 데이터 처리 명령과 데이터 유형을 지원하는 부동 소수점 장치(FPU)를 갖추고 있다. 또한, 전체 DSP 명령 세트와 메모리 보호 장치(MPU)를 구현하여 애플리케이션 보안을 강화한다.
2) STM32F765xx, STM32F767xx, STM32F768Ax 및 STM32F769xx 장치는 최대 2MB의 플래시, 512KB의 SRAM(중요한 실시간 데이터를 위한 128KB의 데이터 TCM RAM 포함), 16KB의 명령 TCM RAM을 갖춘 고속 Mbed 메모리를 통합한다. 중요한 실시간 루틴용, 최저 전력 모드에서 사용 가능한 4KB의 백업 SRAM, 2개의 APB 버스, 2개의 AHB 버스, 32bit 다중 AHB 버스에 연결된 광범위한 향상된 I/O 및 주변 장치 매트릭스와 내부 및 외부 메모리 액세스를 지원하는 다층 AXI 상호 연결이 있다.
3) 이 장치는 12bit ADC 3개, DAC 2개, 저전력 RTC 1개, 모터 제어용 PWM 타이머 2개를 포함한 범용 16bit 타이머 12개, 범용 32bit 타이머 2개, 실제 난수 생성기(RNG) 1개를 제공한다. 또한, 표준 및 고급 통신 인터페이스도 갖추고 있다.
   ① 최대 4개의 I2C
   ② 반이중 모드의 SPI 6개, I2S 3개. 오디오 클래스 정확도를 달성하기 위해 I2S 주변 장치는 전용 내부 오디오 PLL 또는 외부 클록을 통해 클록킹되어 동기화를 허용할 수 있다.
   ③ 4개의 USART와 4개의 UART
   ④ USB OTG 전속 기능을 갖춘 고속 USB OTG(ULPI 포함)
   ⑤ Cortex-M7은 실시간 Cortex-M4 코어(통신프로토콜, 센서 획득, 실시간 제어)와 연결된 3개의 CAN
   ⑥ 2개의 SAI 직렬 오디오 인터페이스
   ⑦ 2개의 SDMMC 호스트 인터페이스
   ⑧ 이더넷 및 카메라 인터페이스
   ⑨ 2개의 SDMMC 호스트 인터페이스
   ⑩ LCD-TFT 디스플레이 컨트롤러
   ⑪ 2개의 SDMMC 호스트 인터페이스

⑫ 크롬-ART 가속기
⑬ SPDIFRX 인터페이스
⑭ HDMI-CEC

4) 고급 주변 장치에는 SDMMC 인터페이스 2개, FMC(Flexible Memory Control) 인터페이스, Quad-SPI 플래시 메모리 인터페이스, CMOS 센서용 카메라 인터페이스가 포함된다.
5) STM32F765xx, STM32F767xx, STM32F768Ax 및 STM32F769xx 장치는 1.7~3.6V 전원 공급 장치의 -40~+105℃ 온도 범위에서 작동한다. 더 다양한 전원 공급 장치 선택을 위해 LQFP100을 제외한 모든 패키지에서 USB(OTG_FS 및 OTG_HS) 및 SDMMC2(클록, 명령 및 4bit 데이터) 전용 공급 입력을 사용할 수 있다.
6) 외부 전원 공급 장치 감시 장치를 사용하면 공급 전압이 1.7V까지 떨어질 수 있다. 포괄적인 절전모드 세트를 통해 저전력 애플리케이션을 설계할 수 있다.
7) STM32F765xx, STM32F767xx, STM32F768Ax 및 STM32F769xx 장치는 100핀~216핀 범위의 11개 패키지로 장치를 제공한다. 포함된 주변 장치 세트는 선택한 장치에 따라 변경된다.
8) STM32F765xx, STM32F767xx, STM32F768Ax 및 STM32F769xx 마이크로컨트롤러는 다양한 애플리케이션에 적합하다.

① 모터 구동 및 애플리케이션 제어
② 의료 장비
③ 산업 응용 분야 : PLC, 인버터, 회로 차단기
④ 프린터, 스캐너
⑤ 경보 시스템, 비디오 인터콤 및 HVAC
⑥ 가정용 오디오 기기
⑦ 모바일 애플리케이션, 사물 인터넷
⑧ 웨어러블 기기 : 스마트워치

2.2.2 STM32F7시리즈의 기능

1) ST의 최첨단 특허 기술 포함
2) 코어 : DPFPU, ART 가속기 및 L1 캐시가 포함된 Arm ® 32bit Cortex ® -M7 CPU : 16KB I/D 캐시, 내장 플래시 및 외부 메모리에서 0-대기 상태 실행 가능, 최대 216MHz, MPU, 462 DMIPS/2.14 DMIPS/MHz(Dhrystone 2.1) 및 DSP 내장

3) 메모리 :
  ① 쓰기 중 읽기가 가능한 최대 2MB의 플래시가 2개의 뱅크로 구성됨
  ② SRAM : 512KB(중요한 실시간 데이터를 위한 128KB의 데이터 TCM RAM 포함) + 16KB의 명령어 TCM RAM(중요한 실시간 루틴용) + 4KB의 백업
  ③ 최대 32bit 데이터 버스를 갖춘 유연한 외부 메모리 컨트롤러 : SRAM, PSRAM, SDRAM/LPSDR SDRAM, NOR/NAND 메모리
4) 듀얼 모드 쿼드-SPI
5) 그래픽
  ① 향상된 그래픽 사용자 인터페이스를 지원하는 그래픽 하드웨어 가속기인 DMA2D(Chrom-ART Accelerator)
  ② 하드웨어 JPEG 코덱
  ③ 최대 XGA 해상도를 지원하는 LCD-TFT 컨트롤러
  ④ 최대 720p 30Hz 해상도를 지원하는 MIPI® DSI 호스트 컨트롤러
6) 시계, 재설정 및 공급 관리
  ① 1.7~3.6V 애플리케이션 공급 및 I/O
  ② POR, PDR, PVD 및 BOR
  ③ 전용 USB 전원
  ④ 4~26MHz 수정 발진기
  ⑤ 내부 16MHz 공장 조정 RC(정확도 1%)
  ⑥ 교정된 RTC용 32kHz 발진기
7) 저전력
  ① 절전, 정지 및 대기 모드
  ② RTC용 BAT 공급, 32×32bit 백업 레지스터 + 4KB 백업 SRAM
8) 3×12bit, 2.4MSPS ADC : 최대 24개 채널
9) 시그마 델타 변조기(DFSDM)용 디지털 필터, 8채널/4필터
10) 2×12bit D/A 변환기
11) 범용 DMA : FIFO 및 버스트 지원 기능을 갖춘 16-스트림 DMA 컨트롤러
12) 최대 18개의 타이머
13) 디버그 모드
  ① SWD 및 JTAG 인터페이스
  ② Cortex ® -M7 Trace Macrocell™
14) 인터럽트 기능이 있는 최대 168개의 I/O 포트
  ① 최대 108MHz의 빠른 I/O 최대 164개
  ② 최대 166개의 5V 허용 I/O

15) 최대 28개의 통신 인터페이스
   ① 최대 4개의 I2C 인터페이스(SMBus/PMBus)
   ② 최대 4개의 USART/4 UART(12.5Mbit/s, ISO7816 인터페이스, LIN, IrDA, 모뎀 제어)
   ③ 최대 6개의 SPI(최대 54Mbit/s), 3개는 오디오용 다중화 단순 I2S 포함
   ④ 2 x SAI(직렬 오디오 인터페이스)
   ⑤ 3 × CAN(2.0B 활성) 및 2x SDMMC

16) 고급 연결성
   ① 온칩 PHY를 갖춘 USB 2.0 전속 장치/호스트/OTG 컨트롤러
   ② 전용 DMA, 온칩 전속 PHY 및 ULPI를 갖춘 USB 2.0 고속/전속 장치/호스트/OTG 컨트롤러
   ③ 전용 DMA가 있는 10/100 이더넷 MAC : IEEE 1588v2 하드웨어, MII/RMII 지원

17) 8~14bit 카메라 인터페이스, 최대 54Mbyte/s

18) 진정한 난수 생성기, CRC 계산 기능 내장

19) RTC : 1초 미만의 정확도, 하드웨어 캘린더 기능 내장

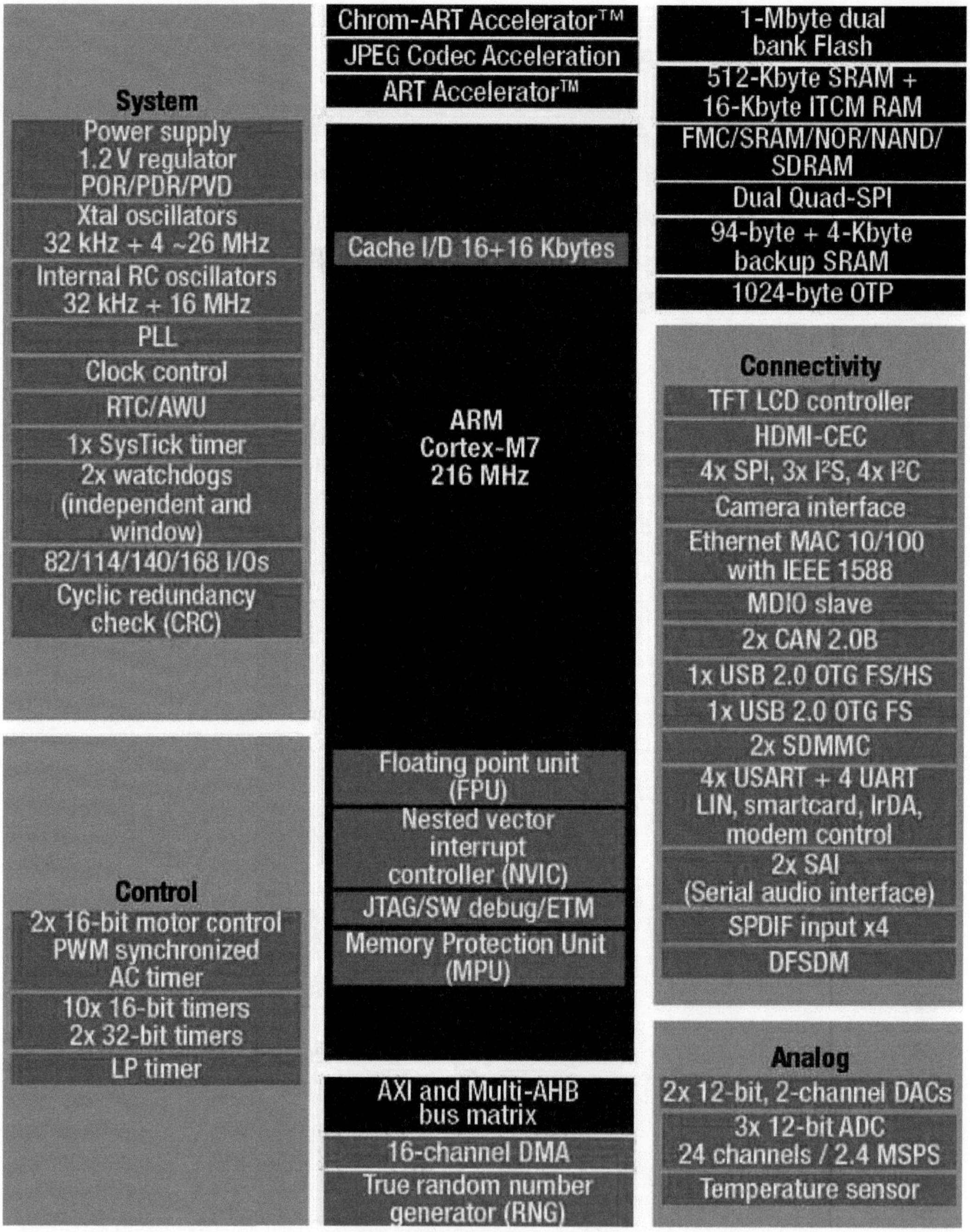

그림 2-2-1 STM32F7시리즈 내부구조

제3장 Mbed Kit 개요

본 장에서는 ST사에서 개발한 STM32F767ZGT6 MCU를 탑재한 실습 보드를 사용한다. Mbed 시스템은 크게 MCU, MMI(Man Machine Interface), USB 통신 등 3개 부분으로 구성되어 있다. Mbed 시스템을 구현하기 위하여 STM32F767ZGT6 MCU를 중심으로 통신, Key 인터페이스, 데이터변환(Data conversion) 및 모터 제어하는 MPU 부분과 온도 센서, CO2 센서, 초음파를 이용한 거리 센서, TFT-LCD, DOT-LED, 7-Segment, 텍스트 LCD, Buzzer를 제어하는 Logic IC로 구성된 MMI 부분으로 나뉘어 있다.

3.1 Mbed Kit 구성도

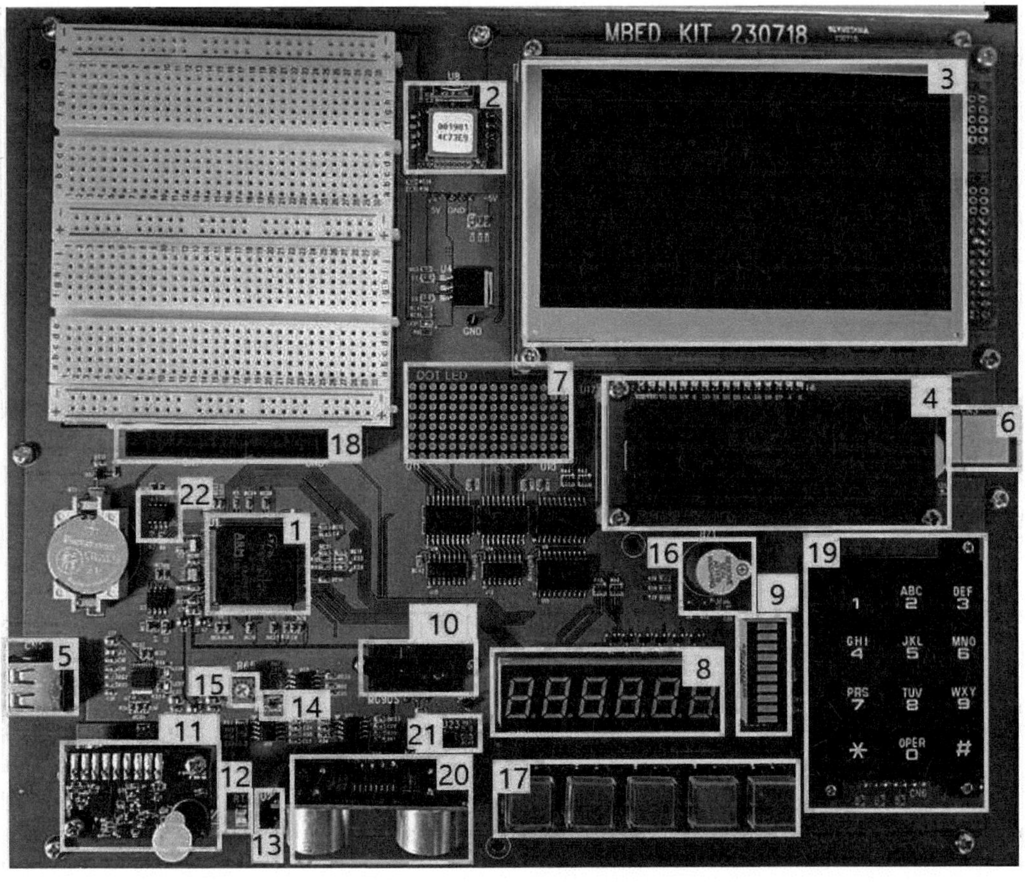

그림 3-1-1 Mbed Kit의 구성

Mbed Kit의 구성은 그림 3-1-1과 같이 크게 STM32F767ZGT6 메인 MCU를 중심으로 블루투스 통신, Key 인터페이스, Key 패드, Dot LED, Bar ELD, 7-Segment, 4.2 Inch TFT-LCD, Text-LCD, Servo 모터, CO2 센서, 조도 센서, 가변저항, 거리 센서, 온도 센서 등으로 구성 되어있다.

3.2 Mbed Kit 기능

3.2.1 Main Part 구성 및 기능

1) Main Part MCU인 STM32F767ZGT6는 각 Part 내의 각 디바이스를 제어하고 각 디바이스로부터의 입출력 데이터를 처리한다. 또한 논리회로 소자는 MCU와 더불어 보조제어 역할을 할 수 있는 디지털 로직들로 설계되어 있는데, 7-세그먼트의 구동, DOT-LED 구동, 펄스폭변조(PWM)를 이용한 모터 속도 제어, 각종 제어 및 드라이브 신호 생성 기능들이 구현되어 있다. MCU에 대한 기능 및 사양은 다음과 같다.

STM32F767ZGT6 MCU의 사양

① 제조사 : STMicroelectronics (그림 3-1-1의 1번 참조)
② 패키지 : LQFP-176(176핀)
③ Core : ARM Cortex-M7
④ Program Memory Size : 1MB
⑤ Data Bus Width(한 번에 전송할 수 있는 데이터의 수) : 32 Bit
⑥ ADC 분해능 : 12bit, 3채널
⑦ 최대 동작 주파수 : 216MHz
⑧ I/O Number : 144
⑨ MCU 동작 허용 전압 : 1.7V~3.6V
⑩ MCU 동작 허용 온도 : -40℃ ~ 85℃
⑪ 아날로그 공급 전압 : 3.3V
⑫ DAC 분해능 : 12bit, 3채널
⑬ 메모리 타입
- 읽기 쓰기 허용 2개의 BANK로 분할된 2Mbyte Flash 메모리
- 총 512Kbyte 중 주요 실시간 데이터 128Kbyte, 16Kbyte의 명령어 TCM RAM 실시간 루틴 내장

- 4Kbyte의 Backup Ram 내장
- 최대 32bit 데이터 버스를 갖춘 유연한 외부 메모리(SRAM, PSRAM, SDRAM/LPSDR SDRAM, NOR/NAND 메모리) 컨트롤러 내장

⑭ 인터페이스 타입 : UART, SPI, I2C 내장

⑮ 18개의 타이머 : 13개의 16bit 타이머 및 2개의 32bit 타이머, 2개의 IC/OC, PWM 또는 펄스 카운터 내장, 모든 타이머는 최대 216MHz까지 가능

⑯ 클럭, 리셋

- 4 ~ 26MHz 크리스탈 오실레이터
- 내장 16MHz 제조공정에서 설정된 R/C
- 32 KHz RTC 시계용 오실레이터
- 내부 32KHz R/C 시계용

2) UART 블루투스 통신 Part

Mbed Kit에서는 UART(Universal Asynchronous Receiver Transmitter)를 제공하며 그 중 블루투스에 대한 설명 및 사양은 다음과 같다.

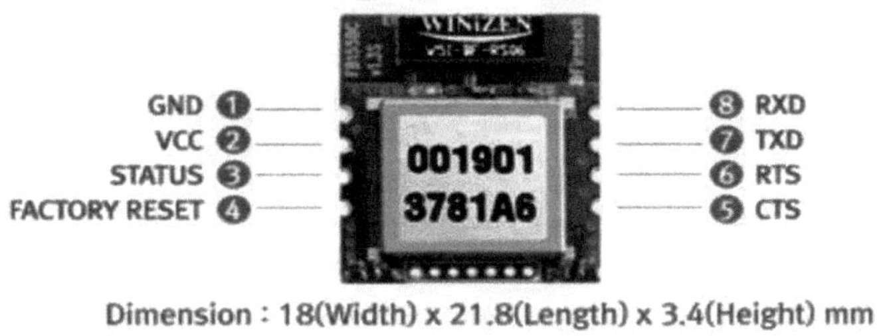

핀 번호	신호선	설명	신호 레벨	입/출력 방향
1	GND	Ground		
2	VCC	3.3V DC		입력
3	STATUS	Status LED	TTL	출력
4	FASET CONFIG SELECT	Factory Reset PC Configuration Select	TTL	입력
5	CTS	Clear To Send	TTL	입력
6	RTS	Ready To Send	TTL	출력
7	TXD	Transfer Data	TTL	출력
8	RXD	Received Data	TTL	입력

그림 3-2-1 FB155BC 블루투스

① 품명 : ㈜ 펌테크 FB155BC(그림 3-1-1의 2번 참조)
② 블루투스 규격 : V2.1
③ 주파수 대역 : 2.4GHz ISM Band
④ 송신 출력 : +2dBm (Typical)
⑤ 수신 감도 : -83dBm (Typical)
⑥ 입력 전원 : 3.3VDC (±0.2V)
⑦ 통신 거리 : 10M 이내(Class 2)
⑧ 통신 속도 : F/W v1.3 : -1,200 ~ 115,200 bps
F/W v2.0 : -2,400 ~ 230,400 bps
⑨ UART(Baudrate-Data-bit-Parity bit-stop bit) : 9600-8-N-1
⑩ Role : Slave
⑪ Pin Code(Pass Key) : btwin
⑫ 통신 기기 이름 : FB155vXX

3) Display Part

MMI는 사용자에게 어떠한 상태나 정보를 알 수 있도록 표시해 주는 부분으로 LED-bar, 7-segment, Text-LCD, 4.3 inch TFT-LCD, DOT-LED로 구성되어 있다. 각 디바이스에 대한 사양은 다음과 같다.

가. 4.3인치 TFT-LCD
① LCD Type : Digital TFT(그림 3-1-1의 3번 참조)
② Display Color : 256/56K
③ Screen Size : 4.3inch
④ Dots의 수 : 480(RGB) × 272
⑤ LCD 컨트롤러(Controller) : RA8875
⑥ 인터페이스(Interface) : 8/16 bit 8080/6800 또는 4-wire SPI

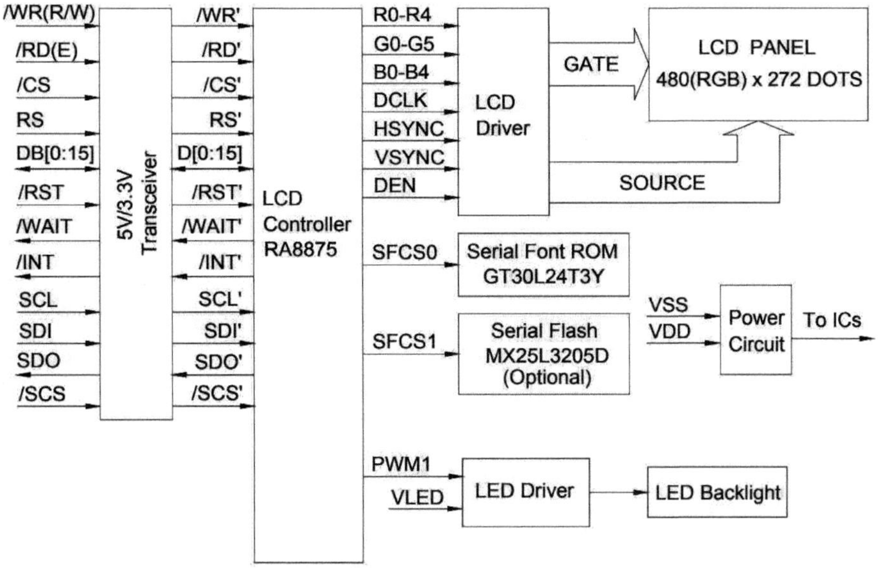

그림 3-2-2 LT043C-50A Block Diagram

나. Text-LCD

① 품명 : LC1622-BMDWH6-D(그림 3-1-1의 4번 참조)

② Display 포맷 : 16글자 x 2줄

③ Dot Size(WxH) : 0.92 x 1.10

④ 컨트롤러 : SPLC780D1-001A

⑤ 인터페이스 : 4-bit 또는 8-bit parallel (6800 series MPU)

⑥ 전원 공급(V) : 2.7V ~ 5.5V

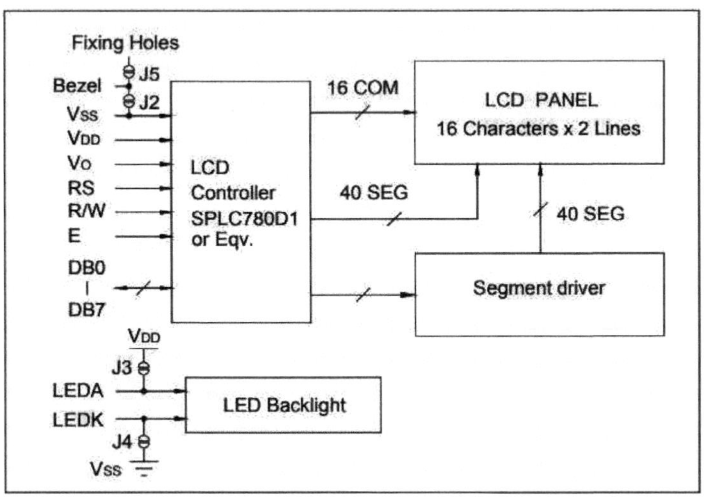

그림 3-2-3 Text-LCD Block Diagram

<table>
<tr><th>핀 숫자</th><th>Symbol</th><th>레벨</th><th>기능</th></tr>
<tr><td>1</td><td>VSS</td><td>0V</td><td>접지</td></tr>
<tr><td>2</td><td>VDD</td><td>2.7V to 5.5v</td><td>LCD 작동 전압의 범위</td></tr>
<tr><td>3</td><td>Vo</td><td>-</td><td>액정 표시 장치의 동작 전압을 조절하여 대조 조절</td></tr>
<tr><td>4</td><td>RS</td><td>H/L</td><td>H : Data(데이터 전송) L : Intruction(동작 제어)</td></tr>
<tr><td>5</td><td>R/W</td><td>H/L</td><td>R : 읽기 W : 쓰기</td></tr>
<tr><td>6</td><td>E</td><td>H, H->L</td><td>읽기에서는 ‘Enable’ 신호가 활성화된 동안에 데이터를 Read
쓰기에서는 ‘Enable’ 신호의 하강 에지에서 데이터가 래치되어 Wirte</td></tr>
<tr><td>7</td><td>DB0</td><td>H/L</td><td rowspan="8">데이터 버스 동작 모드에 따라 데이터 비트가 사용되는 방식은 “8-bit mode“, “4-bit mode“두 가지다.</td></tr>
<tr><td>8</td><td>DB1</td><td>H/L</td></tr>
<tr><td>9</td><td>DB2</td><td>H/L</td></tr>
<tr><td>10</td><td>DB3</td><td>H/L</td></tr>
<tr><td>11</td><td>DB4</td><td>H/L</td></tr>
<tr><td>12</td><td>DB5</td><td>H/L</td></tr>
<tr><td>13</td><td>DB6</td><td>H/L</td></tr>
<tr><td>14</td><td>DB7</td><td>H/L</td></tr>
<tr><td>15</td><td>LEDA</td><td>5V</td><td rowspan="2">LED 백라이트의 전원공급</td></tr>
<tr><td>16</td><td>LEDK</td><td>0V</td></tr>
</table>

그림 3-2-4 Text-LCD 핀 기능

다. DOT-LED(그림 3-1-1의 7번 참조)

① 품명 : SLD0888HRC1BD

② 제조사 : SUNLIGHT

③ 내부구조 : Common Cathode

④ LED 구조 : 8x8 Red Plug in LED Displays - DOT Matrix

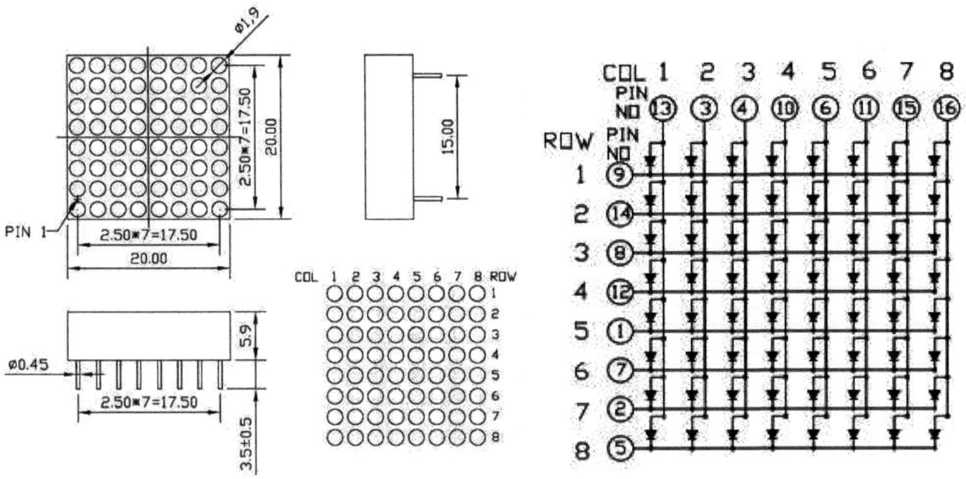

그림 3-2-5 DOT-LED 도면 및 회로도

라. 7-Segment

① 품명 : SR-SND-640A(그림 3-1-1의 8번 참조)

② 제조사 : 삼광반도체

③ 내부구조 : Common Cathode

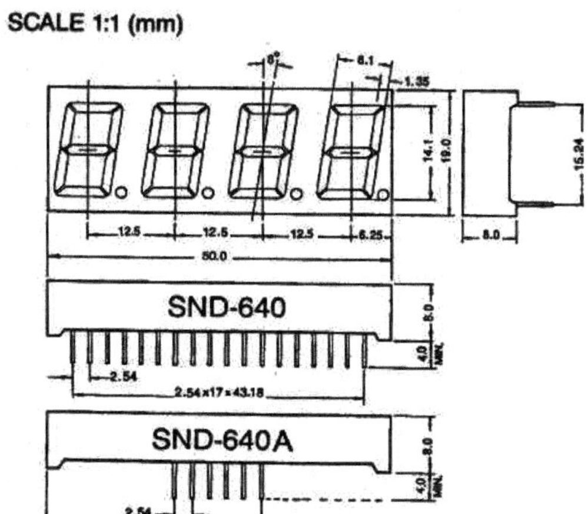

그림 3-2-6 7-Segment 도면

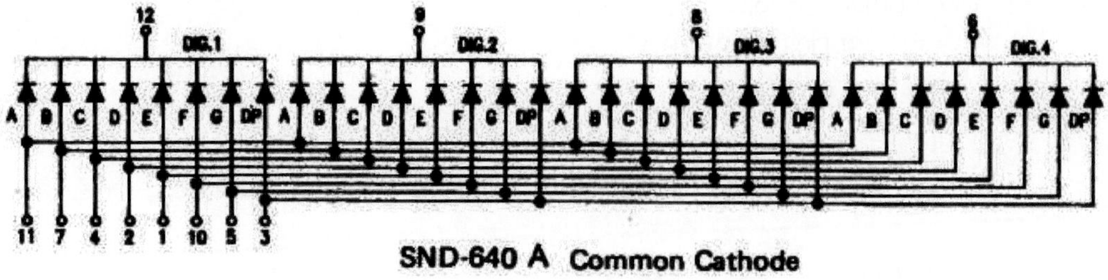

그림 3-2-7 7-Segment 내부 구조(회로도)

마. BAR LED

① 품명 : B-1010SR(그림 3-1-1의 9번 참조)

② 색상 : RED

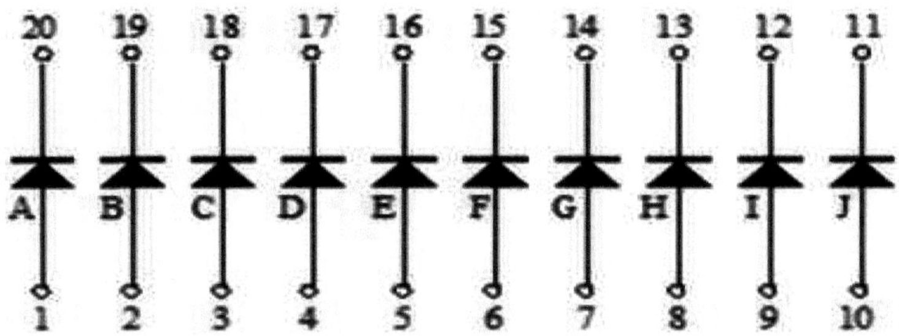

그림 3-2-8 BAR-LED 도면 및 회로도

4) Connector Part

가. USB_A Type Connector

① 품명 : NW3-USBC-002(그림 3-1-1의 5번 참조)

② USB 인터페이스 IC : FT230XS

③ 타입 : USB(2.0) to UART

④ 데이터 전송 속도 : 12Mb/s

⑤ 전원 공급(V) : 2.97V to 5.5V

나. ST-LINK V2

① 커넥터 : USB_B Type(그림 3-1-1의 6번 참조)

② MCU : STM32F103CBT6

③ 사용 : ST-LINK/V2를 통해서 PC에서 작업한 소스를 MCU에 프로그래밍/디버깅

④ 데이터 전송 속도 : 12Mb/s

⑤ 전원 공급(V) : 2.97V to 5.5V

5) 모터제어부(Motor Control Part)

모터제어부는 MCU의 기능 중 PWM 출력 기능을 이용한 것으로 PWM을 출력하여 간단한 DC 모터나 스텝 모터 제어에 응용할 수 있다. PWM에 대한 사양과 서보 모터에 대한 사양은 그림 3-2-9와 같다.

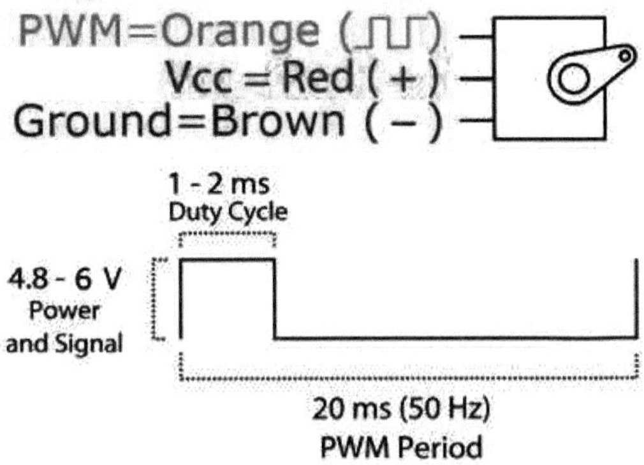

그림 3-2-9 서보모터

서보모터 및 PWM 사양

① 품명 : MG90S(그림 3-1-1의 10번 참조)
② 동작 전압 : 4.8V ~ 6.0V
③ Dead band Width : 5 us
④ Position = 1.5ms Pulse -> 0(middle)
~2ms Pulse -> 90(Right)
~1ms Pulse -> -90(Left)
⑤ Timer4 채널1 사용 : 동작 주파수 108MHz
⑥ DC 또는 BLDC 모터 제어 가능
⑦ 출력 파형 반전, 비반전 선택 가능

6) 데이터변환 부(Data Conversion Part)

Data Conversion Part는 아날로그값과 디지털 값 사이에 변환을 수행하는 것으로 우리가 일상생활에서 접하게 되는 것은 대부분 아날로그 물리량이고 마이크로프로세서가 처리할 수 있는 것은 디지털 값이기 때문에 이 둘 사이에 변환이 필요하게 된다. ADC는 아날로그값을 디지털 값으로 변환하는 것으로 전압, 전류, 저항, 온도, 습도, 광량 및 마이크로 값 등을 측정하는 계측기에 응용될 수 있다. Mbed Kit의

AD 변환기 구성에 대한 사양은 그림 3-2-10과 같다.

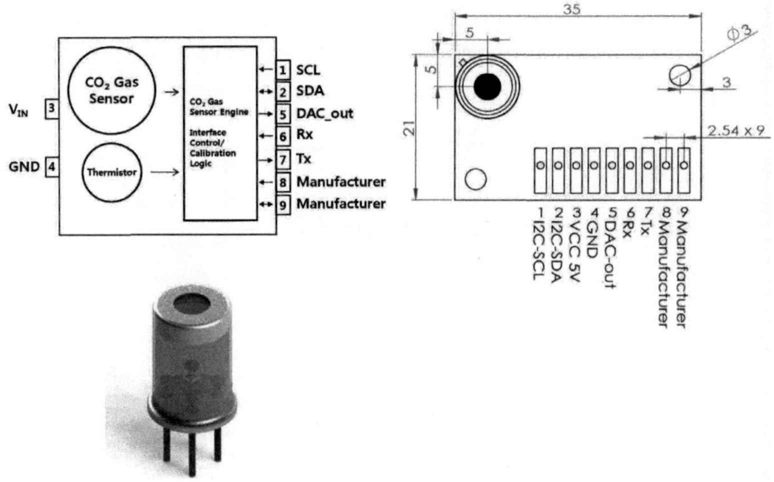

그림 3-2-10 CO2 Sensor

가. CO2_Sensor ADC3

① 품명 : HX-105N(그림 3-1-1의 11번 참조)

② 12bit ADC 3 동작 주파수 : 108MHz

③ ADC 입력전압 범위 : 0V ~ 3.3V

④ 5V/120mA(0.6W)

⑤ CO2 센서 출력 전압 범위 : 0.4(Vnor) ~ 4.4V(Vnor)

⑥ CO2 ppm 계산 : CO2 ppm = Vnor x 1000

⑦ Warm up : 4.7V

⑧ 동작 전압 5V, 소비전류 120mA, 소비 전력 0.6W

나. 조도 센서(GT36528) ADC3

① 품명 : GT36528(그림 3-1-1 12번 참조)

② ADC 입력전압 범위 : 0V ~ 3.3V

③ 12bit ADC 3 동작 주파수 : 108MHz

④ 조도 측정 : Dark = 0.5M ohm ---> 3.2V

8K ohm(1.5V) ~20k ohm(2.2V)

⑤ 작동온도 범위 : -30℃ ~ 70℃

다. 불꽃 감지 센서 ADC3

① 품명 : YG1006(그림 3-1-1의 13번 참조)
② ADC 입력전압 범위 : 0V ~ 3.3V
③ 12bit ADC 3 동작 주파수 : 108MHz
④ 조도 측정

라. 서미스터(온도 센서)

① 품명 : NTC-10KD-3J1(그림 3-1-1의 14번 참조)
② ADC 입력전압 범위 : 0V ~ 3.3V
③ 12bit ADC3 동작 주파수 : 108MHz
④ 25도 -> 10K ohm
⑤ 온도 측정 : 0도 -> 2.53V
25도 -> 1.65V

그림 3-2-11 서미스터(온도 센서)

마. 가변저항(10K ohm)

① 품명 : GF063P(그림 3-1-1의 15번 참조)
② ADC 입력전압 범위 : 0V~3.3V
③ 12bit ADC3 동작 주파수 : 108MHz

7) GPIO 입/출력 활용

STM32F767 MCU의 GPIO(General Purpose Input/Output)에서 MCU에서 사용되는 해당 포트를 출력으로 활성화해 부저 및 BLUE_LED, RED_LED ON/OFF 제어가 가능하며, MCU에서 입력 가능한 핀을 활성화해 택트 스위치 사용이 가능하고 입/출력을 모두 사용하는 4×3 KeyPad로 활용이 가능하다.

가. BUZZER(부저)

① 품명 : ALP1205S(그림 3-1-1의 16번 참조)

② ADC 입력전압 범위 : 0V~5V

나. 택트 스위치

품명 : 택트 스위치(그림 3-1-1의 17번 참조)

다. 20Pin 커넥터

① 히로세사의 20Pin 핀 커넥터 2개(그림 3-1-1의 18번 참조)

② 활용 : 20Pin 커넥터를 활용해 3.3V, GND 등의 전원 활용이 가능하며, MCU의 핀을 커넥터에 연결하여 해당 핀을 사용자의 목적에 맞게 활용도 가능하다.

라. 4×3 KeyPad

① 히로세사의 20Pin 핀 커넥터 2개(그림 3-1-1의 19번 참조)

② 기능 : 0~9, 와 *,# 입력 가능

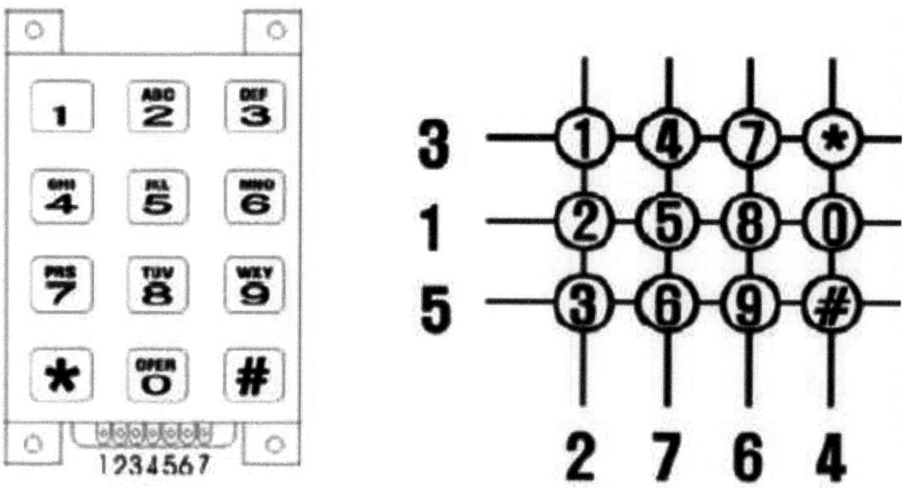

그림 3-2-12 키패드 배선도

8) 거리 측정 센서

안정적인 성능과 높은 거리 측정 정확도로 전자 시장에서 인기 있는 모듈이다. Sharp IR 거리 측정 모듈과 비교하면 HC-SR04가 더 저렴하지만 동일한 거리 측정 정확도와 더 긴 측정 거리를 가지고 있다.

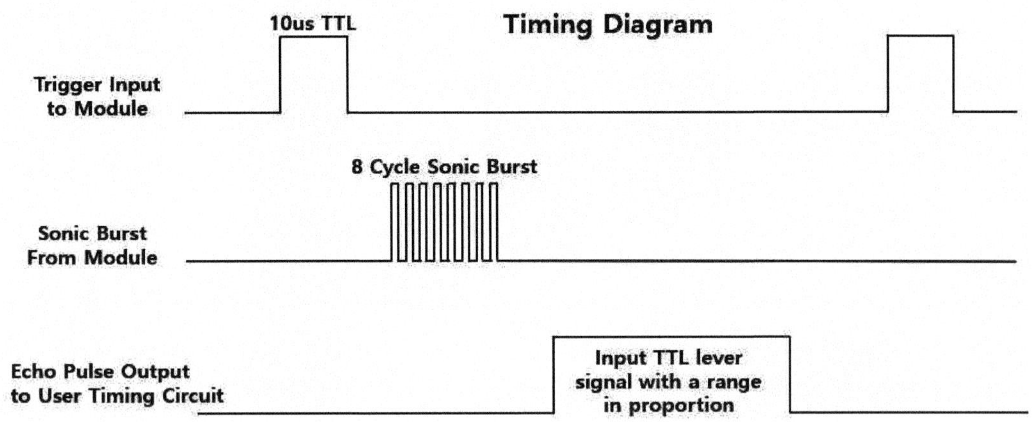

그림 3-2-13 거리 센서 타이밍도

초음파(거리) 센서

① 품명 : HC-SR04(그림 3-1-1의 20번 참조)
② 동작 전압 5V, 소비전류 15mA, 소비 전력 0.075W
③ Min/Max Range : 2cm/4m
③ 40KHz의 초음파로 8bit의 신호를 Echo 핀에서 발생
④ 거리 공식 : us/58 = cm, us/148 = Inch
⑤ 최소 Trigger 간격 : 60ms 이상
⑥ 측정 순서 : Trigger 핀에 10us 이상의 High -> Echo에서 발생하는 High Latch와 LOW Latch 사이의 델타 시간을 측정
⑦ 타이머 : 108MHz Time5 CH1

9) I2C - 온도 센서

TMP117AIDRVT 온도센서는 Inter-Integrated Circuit(I2C) IC 사이 통신 링크를 제공하는 양방향 2(Wire)와이어 직렬 버스를 사용하여 온도를 계산한다.

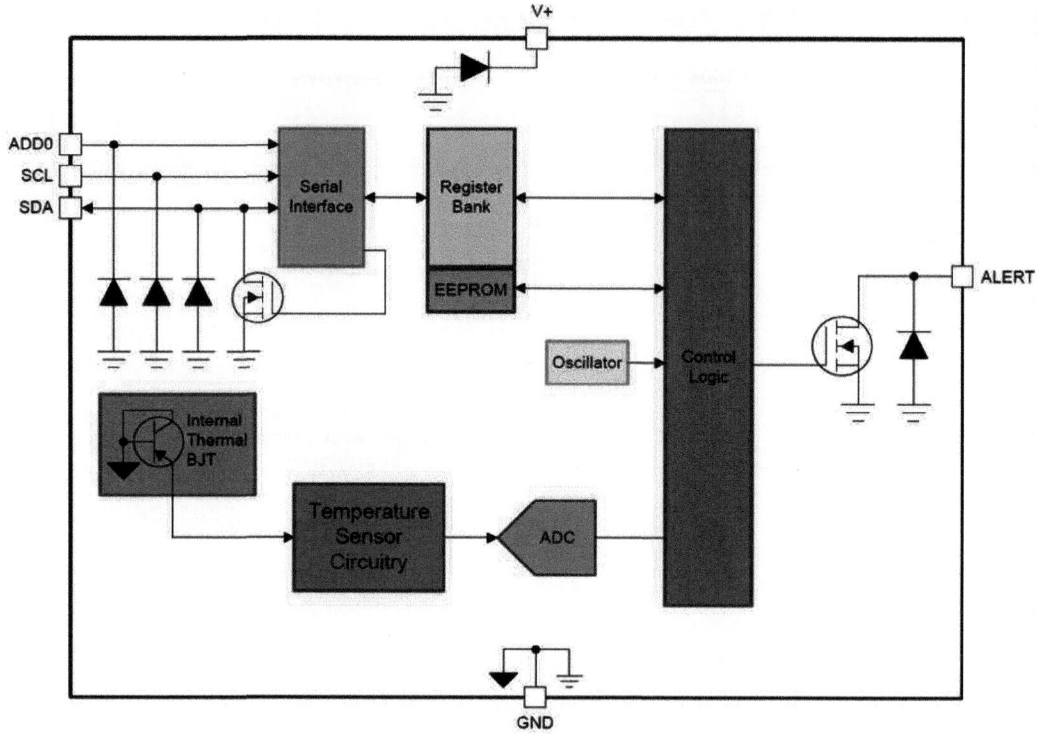

그림 3-2-14 TMP117 온도 센서 IC 내부 회로도

온도 센서

① 품명 : TMP117AIDRVT(그림 3-1-1의 21번 참조)

② 동작 전압 1.7V~5.5V, 소비전류 3.5uA

③ 정확도 : ±0.1℃(최대) : -20~+50℃

±0.15℃(최대) : -40~+70℃

±0.2℃ 최대) : -40~+100℃

±0.25℃(최대) : -55~+125℃

±0.3℃(최대) : -55~+150℃

④ 분해능 : 16bit 분해능, 0.0078℃ (1LSB)

10) Fram(Memory Part)

Figure 1. 8-pin SOIC pinout

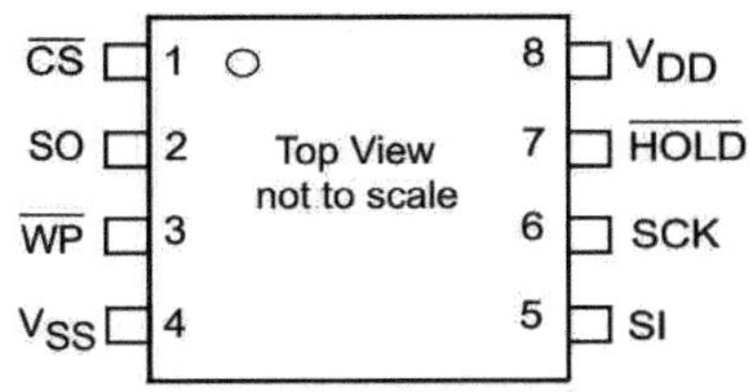

그림 3-2-15 Fram 핀 배치

PIN	I/O Type	설명
CS	Input	Chip Select : CS는 활성화가 필요한 경우 LOW로 설정된다. 반대로, CS가 HIGH로 설정되면 디바이스는 저전력 대기 모드로 진입하고 다른 입력을 무시하며 출력을 비활성화한다.
SCK	Input	SCK는 시리얼 클럭으로서, 디바이스의 모든 입출력 동작이 이 클럭에 동기화된다.
SI	Input	Serial Input은 디바이스로 데이터를 입력하는 데 사용되는 핀입니다. 이 핀은 외부로부터의 데이터 입력을 수신하는 역할을 한다.
SO	Output	Serial Output은 데이터를 출력하는 데 사용되는 핀입니다. 이 핀은 외부로부터의 데이터 출력을 송신하는 역할을 한다.
WP	Input	Write Protect가 HIGH인 상태에서는 쓰기 작업을 방지한다. 이 핀은 사용되지 않을 경우 VDD에 연결 되어야한다.
HOLD	Input	Hold : HOLD 핀은 호스트 CPU가 다른 작업을 수행하기 위해 메모리 작업을 중단해야 할 때 사용된다. HOLD가 LOW일 때, 현재 작업이 일시 중지된다. 사용하지 않을 경우 VDD에 연결
Vss	Power supply	Ground
Vdd	power supply	2.7V ~ 3.65V
EXPOSED PAD	No connect	8핀 DFN 패키지의 하단에 있는 노출된 패드(EXPOSED PAD)는 다이(Die)에 연결되어 있지 않는다.

그림 3-2-16 Fram 핀과 기능

FRAM

① 품명 : FM25CL64B(그림 3-1-1의 22번 참조)

② 동작 전압 2.7V ~ 3.65V

③ 메모리 크기 : 64Kbit(8Kbyte)

④ 20MHz frequency : 이 SPI 인터페이스는 최대 20MHz의 주파수로 동작할 수 있다. 이것은 데이터 bit를 초당 200만번 전송할 수 있다는 것을 의미한다.

제4장 펌웨어(Firm Ware) 개발환경 구축

4.1 Keil MDK 개발환경 구축

4.1.1 Keil MDK 개요

MDK-ARMTM는 마이크로컨트롤러 애플리케이션을 위해 개발되었으며 코드의 프로그래밍, 디버깅 및 최적화가 가능한 동시에 Keil RTOS 운영체제의 강력한 힘을 발휘한다. ARM C/C++ 컴파일러는 작은 크기의 어셈블리 코드를 생성하며 다른 컴파일러 대비 효율이 뛰어나다.

ULINKpro 디버깅 어댑터를 이용하여 실행된 모든 Cortex-M 명령을 기록할 수 있으므로 애플리케이션의 효율성을 매우 상세하게 파악할 수 있다. MDK-ARMTM이 제공하는 강력한 분석 툴과 함께 사용하여 그래픽 논리 분석기, 코드 커버리지, 실행시간 및 프로그램의 변수를 출력하는 printf 스타일 디버깅을 이용할 수 있다.

MDK-ARMTM는 애플리케이션 개발을 쉽게 시작할 수 있도록 다양한 예제가 함께 제공된다. MDK-프로페셔널 버전에는 FLASH 파일 시스템용 미들웨어, TCP/IP, USB (호스트 + 기기), CAN, GUI가 포함된다. MDK-ARM 프로 버전은 ARM 컴파일러용 TUV 인증이 제공되어 안전이 매우 중요한 애플리케이션에서도 이용할 수 있다.

4.1.2 Keil MDK 설치

1) 오른쪽 모서리의 ‘Downloads’ 버튼을 클릭한다.

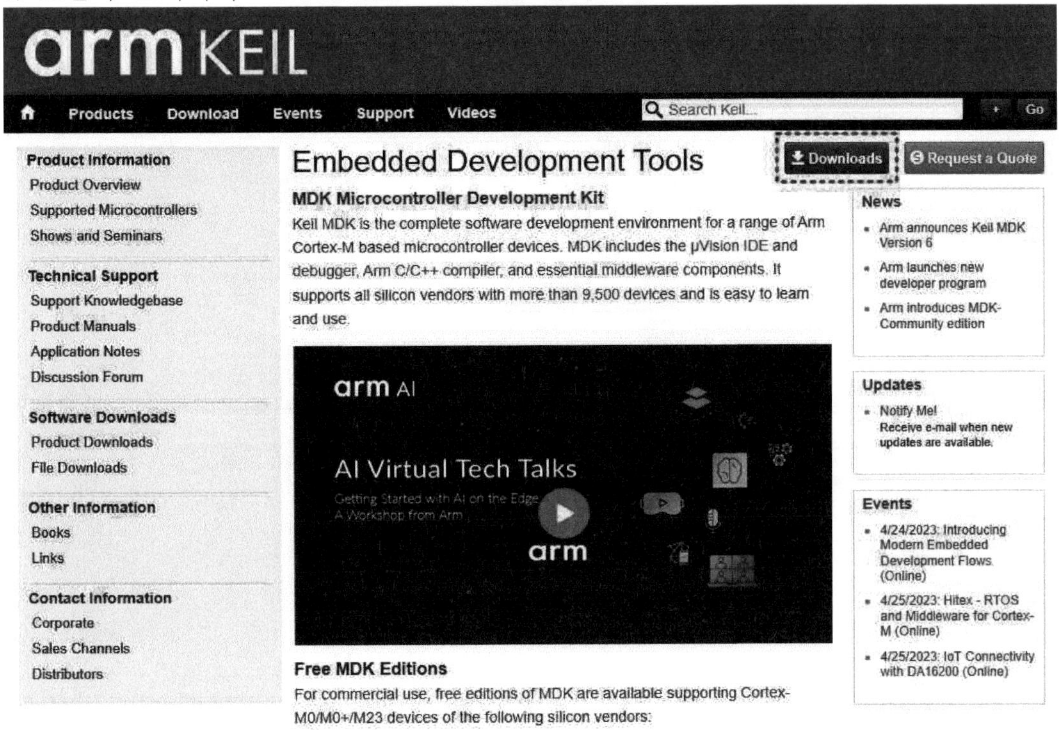

그림 4-1-1 ARM-Keil 홈페이지

2) DownLoad Products에서 MDK-ARM을 선택한다.

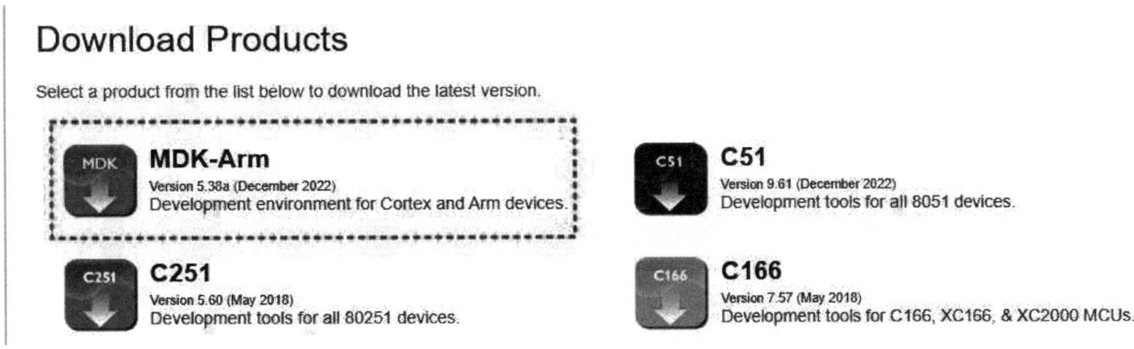

그림 4-1-2 ARM-Keil 제품 다운로드

3) 정보를 입력해주고, 아래 'submit' 버튼을 클릭한다.

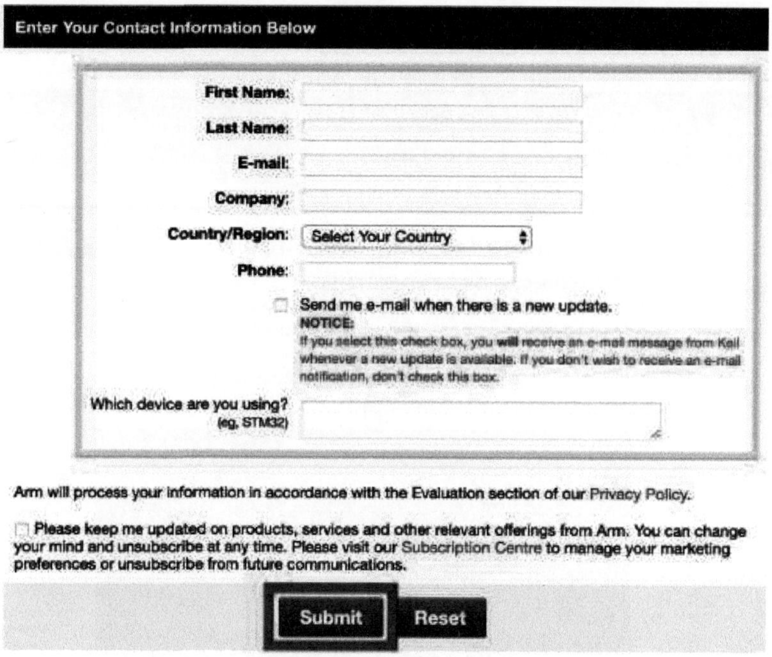

그림 4-1-3 ARM-Keil 정보입력

4) MDK538A.EXE를 클릭해서 다운 받는다.

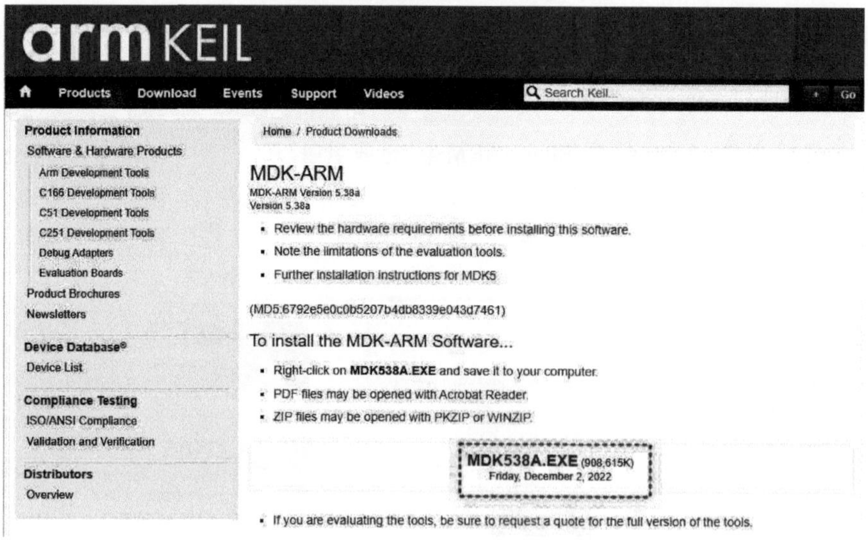

그림 4-1-4 ARM-Keil MDK538버전 다운로드

5) 설치된 파일을 실행시킨다.

그림 4-1-5 설치된 MDK실행 파일

6) 라이센스에 동의를 하고 Next 클릭

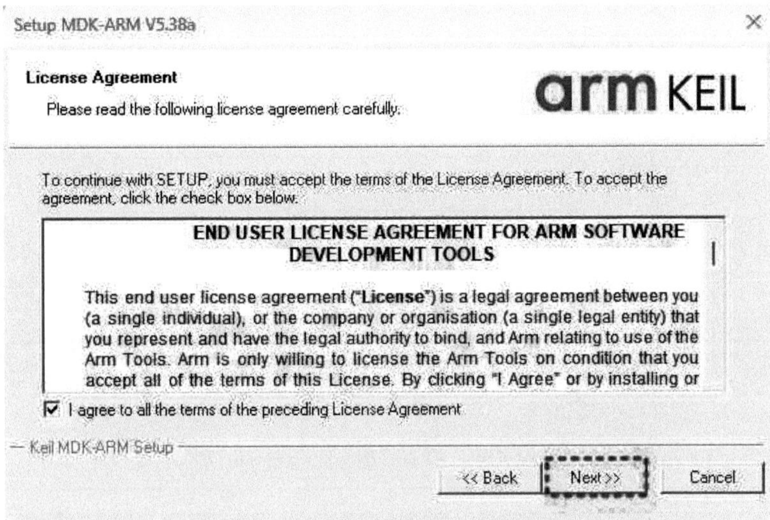

그림 4-1-6 ARM-Keil Next 화면

7) Keil 프로그램 저장 위치를 설정하고 Next

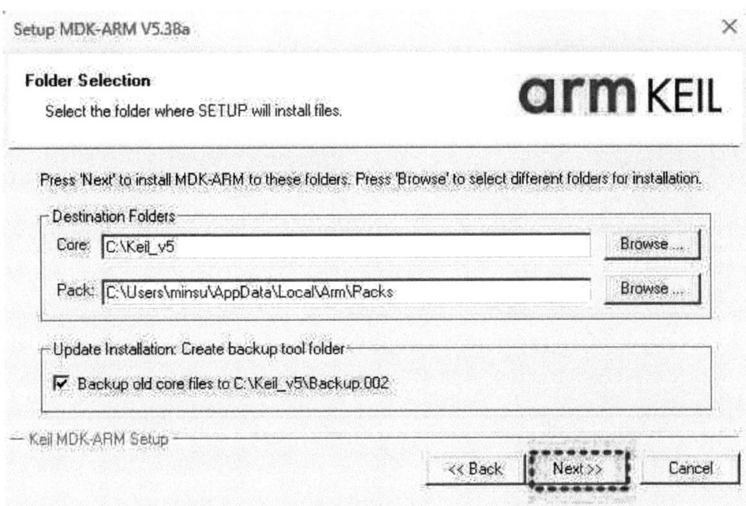

그림 4-1-7 ARM-Keil Next 화면

8) 이름과 회사, 이메일 등의 정보를 입력하고 넘어간다.

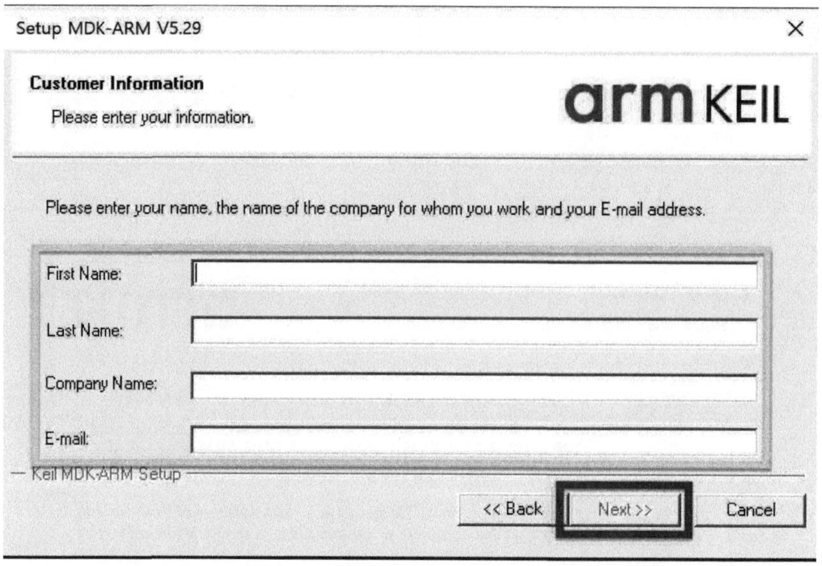

그림 4-1-8 ARM-Keil 사용자 정보입력 화면

9) 설치가 끝나면 그림 1-4-1-9와 같은 창이 뜨는데 설치 클릭

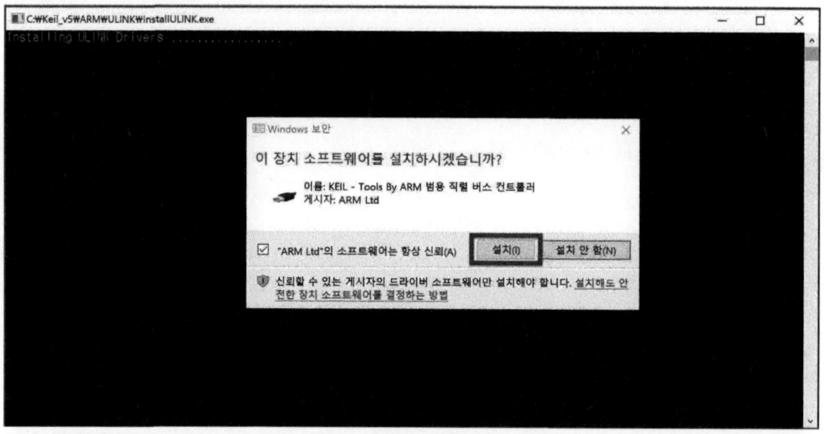

그림 4-1-9 ARM-Keil 설치 화면

10) 설치를 마치기 위해 'Finish' 클릭

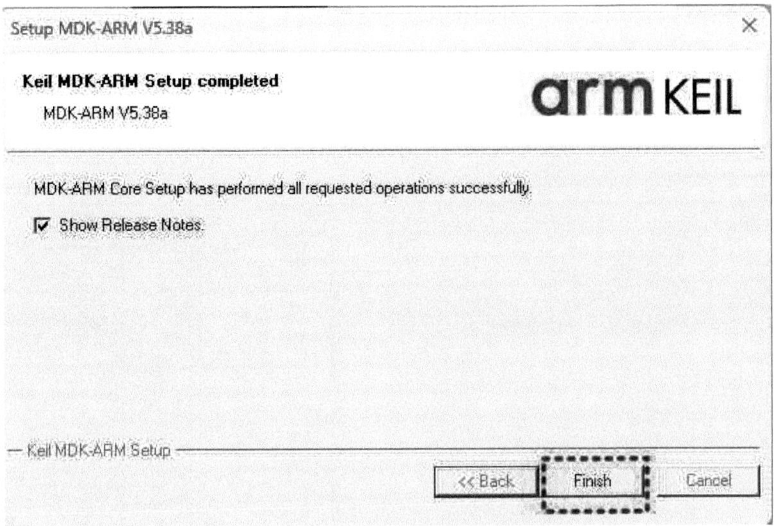

그림 4-1-10 ARM-Keil 설치 화면

11) 설치 후 그림 4-1-11와 같은 창에서 자동 실행 -> 'OK' 클릭

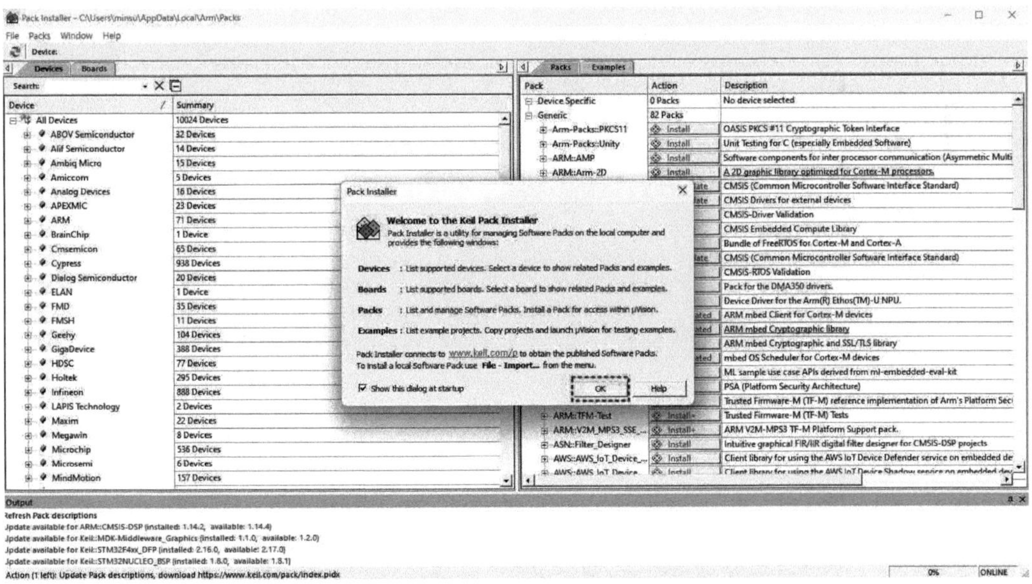

그림 4-1-11 ARM-Keil 'Pack Installer' 창 실행 화면

12) 사용하는 Mbed Kit의 MCU(STM32F767ZI) 검색 -> 해당 MCU를 사용하는 데 필요한 팩들을 보여준다. 여기서 사용되는 PACK들을 Install/Update.
(‘update’ 항목은 모두 찾아서 업데이트 해야 함)

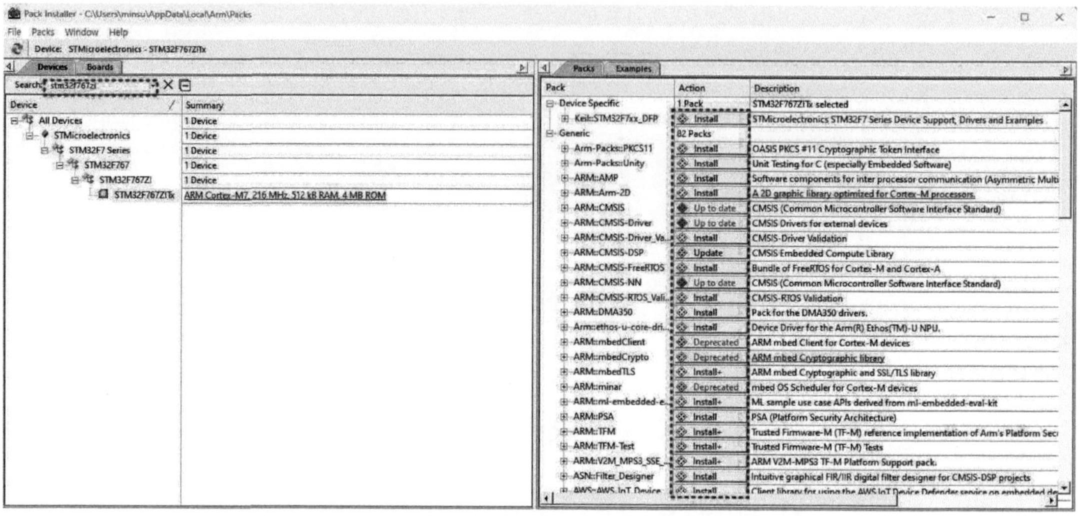

그림 4-1-12 ARM-Keil ‘Pack Installer’ 창 실행 화면

13) 설치를 눌러주면 우측 하단에 현재의 다운로드 상황을 표시

그림 4-1-13 ARM-Keil ‘Pack Installer’

14) 설치 완료 후 그림 4-1-14 창에서 ‘예’를 클릭

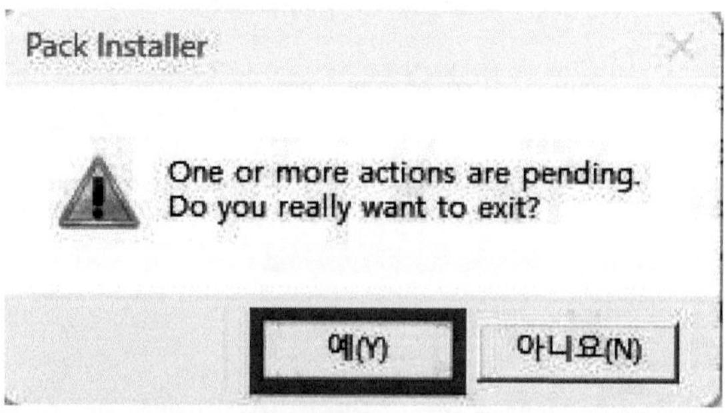

그림 4-1-14 ARM-Keil ‘Pack Installer’

15) 설치 완료된 Keil uVision5 실행

그림 4-1-15 ARM-Keil 실행 아이콘

16) ‘Project’ -> “New uVision Project” 를 클릭하여 프로젝트 실행

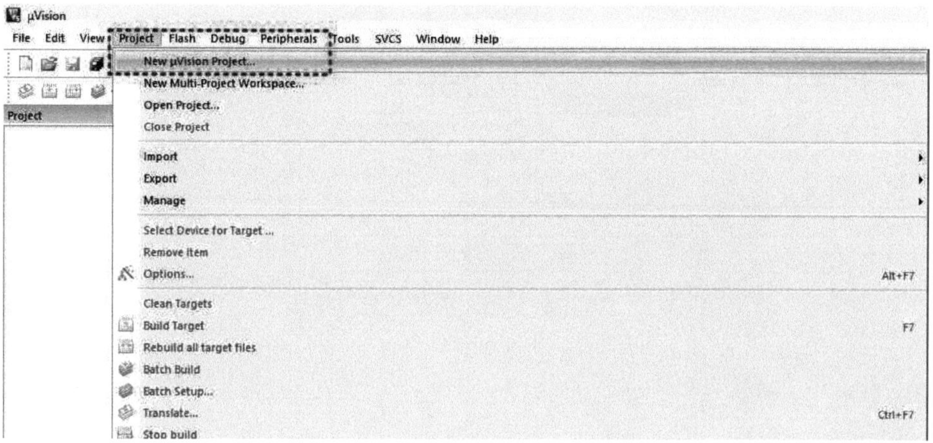

그림 4-1-16 “New uVision Project”

17) 프로젝트의 이름과 저장 위치를 입력한다.

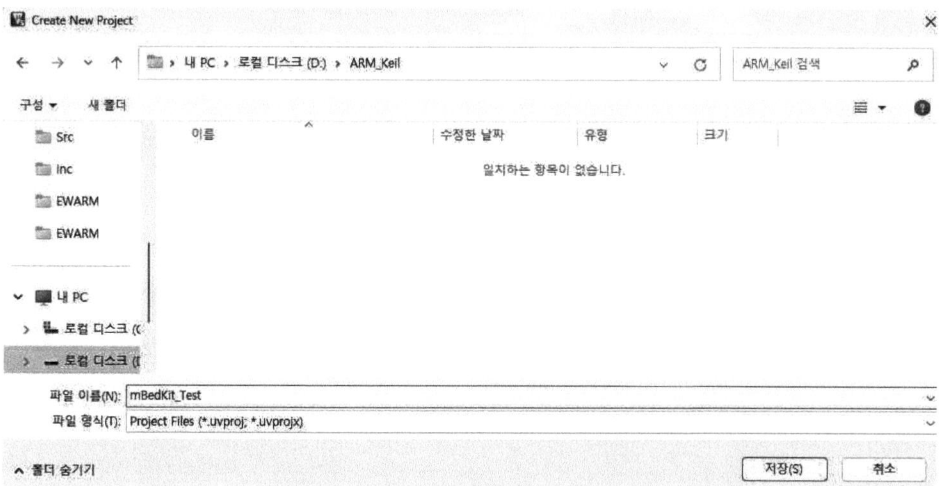

그림 4-1-17 프로젝트 저장

18) 저장 위치를 정한 후 Mbed Kit의 MCU ‘STM32F767Z’ 검색 -> ‘OK’

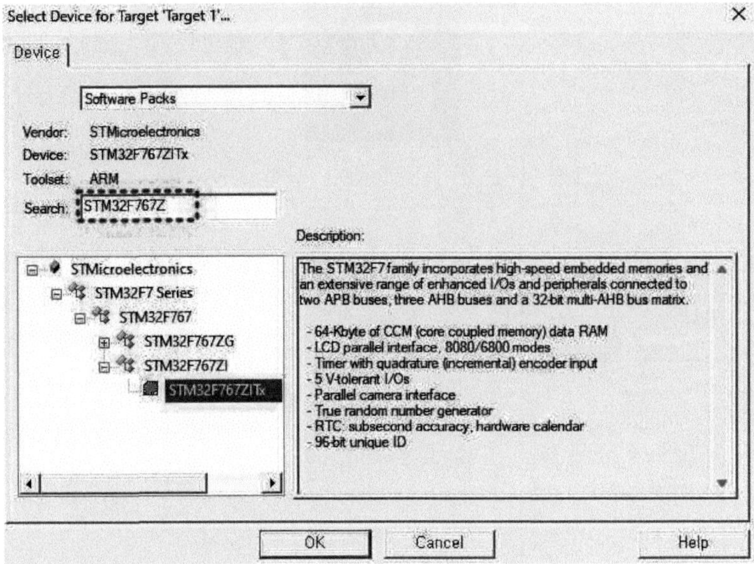

그림 4-1-18 프로젝트 저장

19) ‘OK’ 클릭

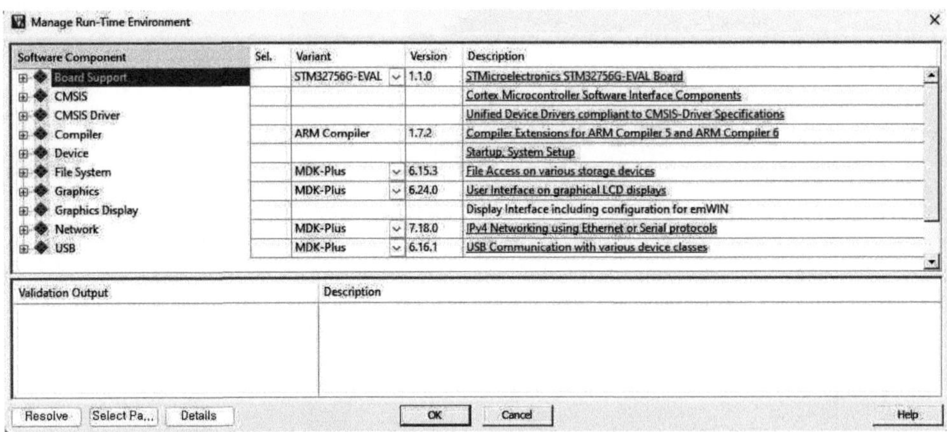

그림 4-1-19 “Manage Run-Time Environment” 창

20) "Manage Run-Time Environment" 는 프로젝트 생성 후에도 설정 가능한 것이므로 이 단계에서는 선택하지 않고 추후에 필요에 따라 설정할 경우 그림 4-1-20과 같이 필요한 항목을 설정한다.

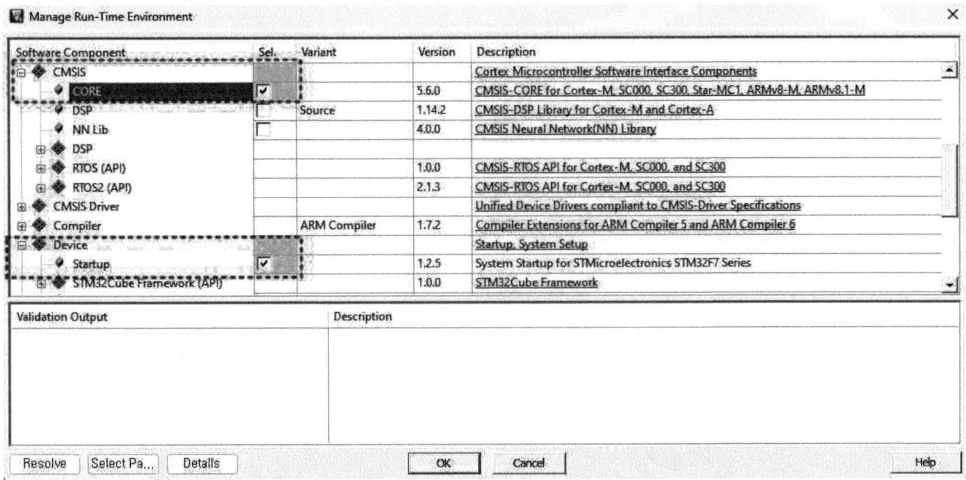

그림 4-1-20 "Manage Run-Time Environment" 창

21) 그림 4-1-21과 같이 'CMSIS', 'Device' 항목들이 추가된 것을 확인할 수 있다.

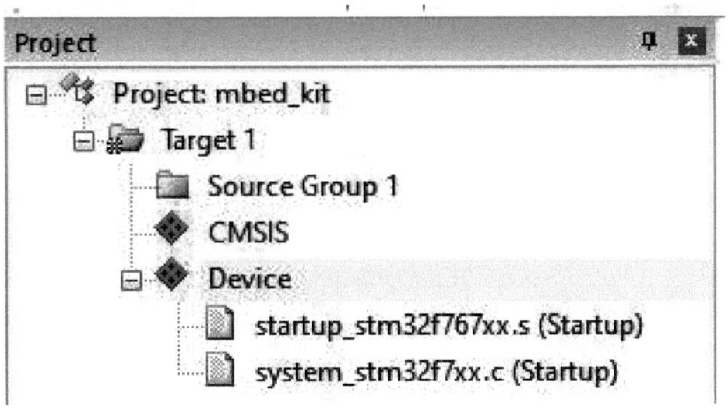

그림 4-1-21 'CMSIS', 'Device'

22) 추가된 'CMSIS', 'Device' 확인 후 'Main.c' 파일을 추가하기 위해 "Source Group 1" -> "Add Item to Group 'Source Group1' " 클릭

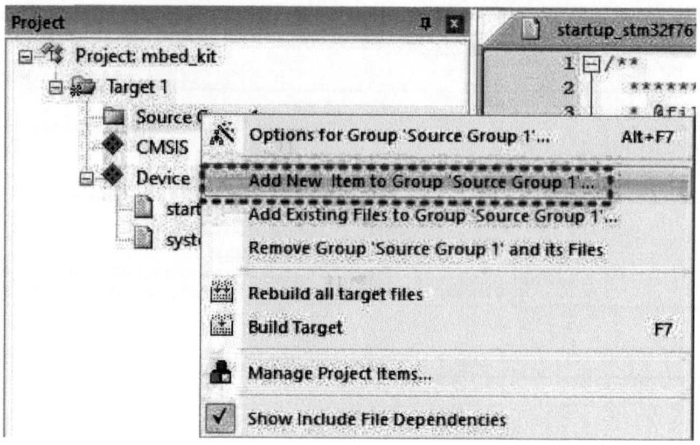

그림 4-1-22 Main.c 추가

23) C 파일 추가하기 : C File(.c) -> Name을 'main' 으로 해주고 'Add' 클릭

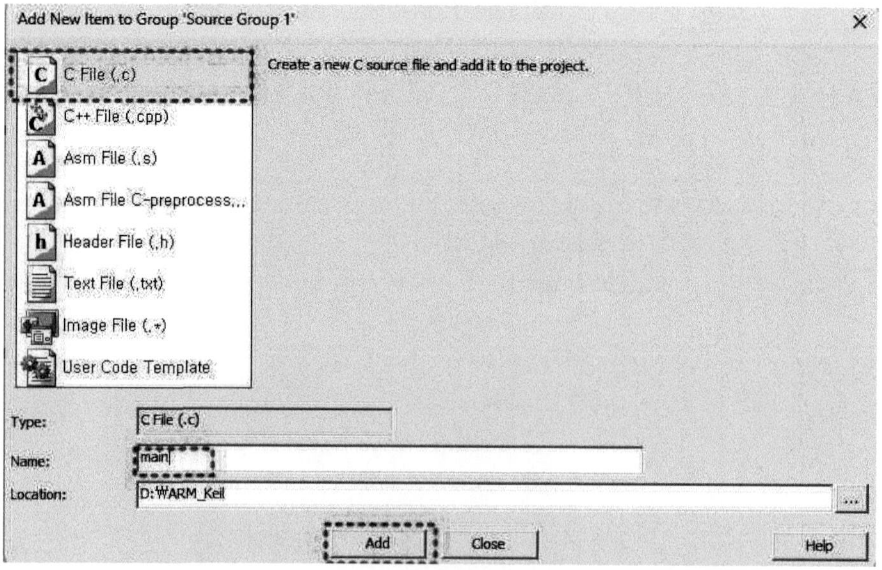

그림 4-1-23 Main.c 추가

24) h(헤더파일) 추가하기 : Header File(.h) -> Name을 'Cheongju'로 설정 -> 'Add' 클릭

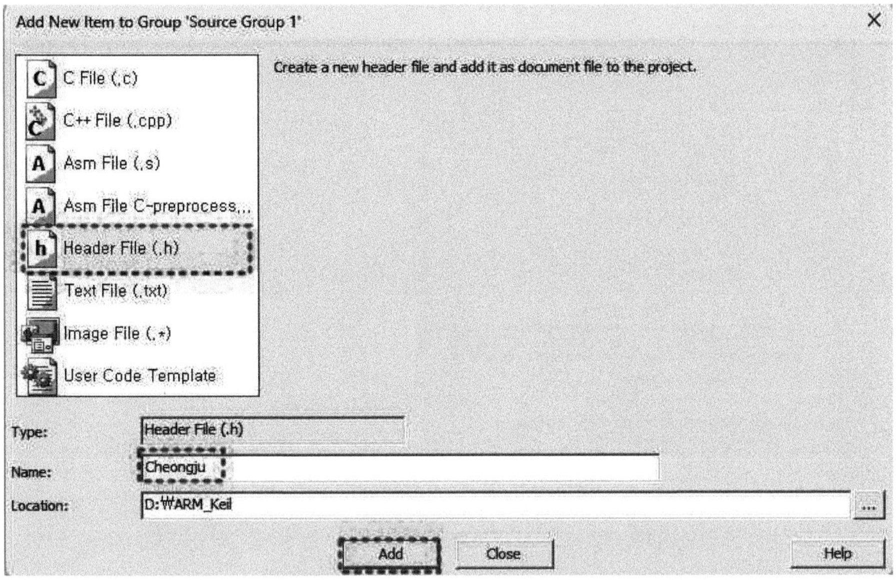

그림 4-1-24 헤더파일 추가

25) 추가된 'main.c', 'Cheongju.h'

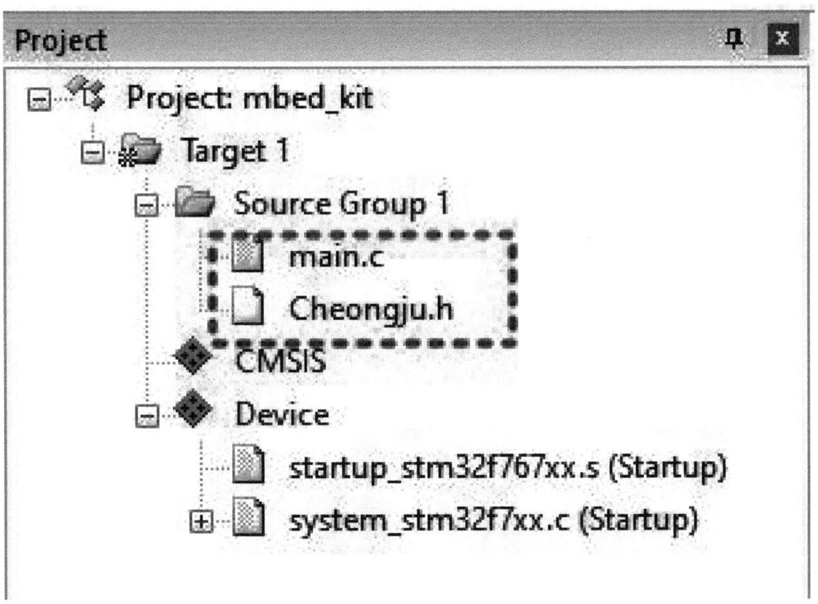

그림 4-1-25 c, h 파일

26) 프로그램 'Build'를 하기 위해 'Source Group1' 우클릭 -> 'main.c' -> 'Build Target' 클릭

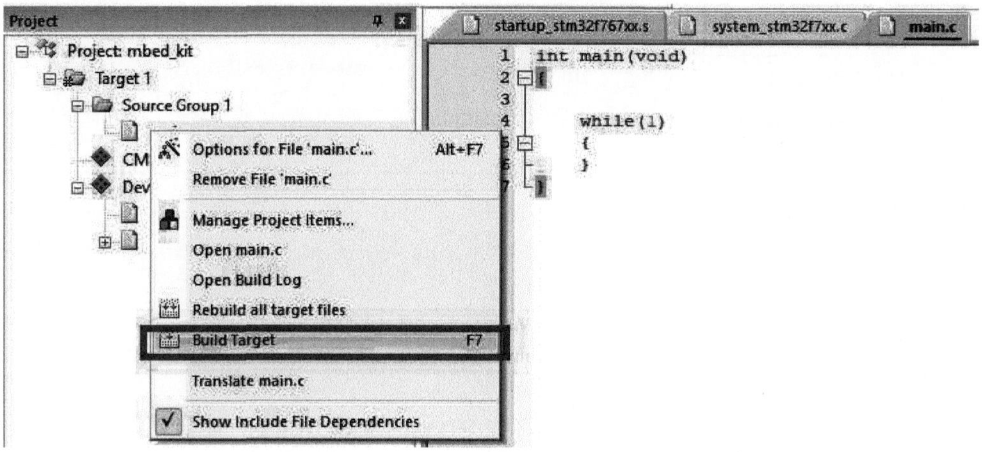

그림 4-1-26 "Build Target"

27) 빌드 성공

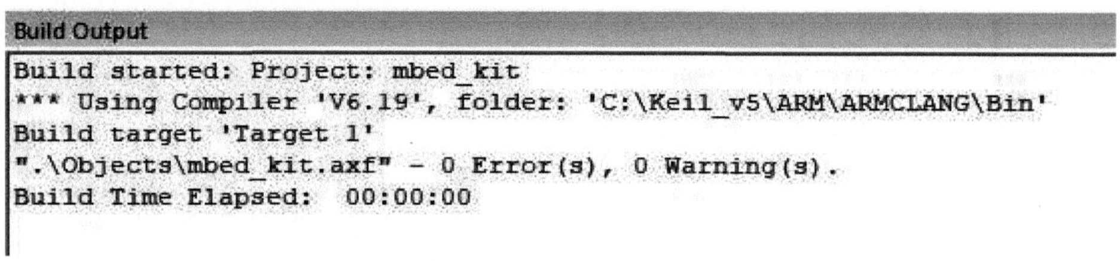

그림 4-1-27 "Build Target"

28) 간단한 코드 작성

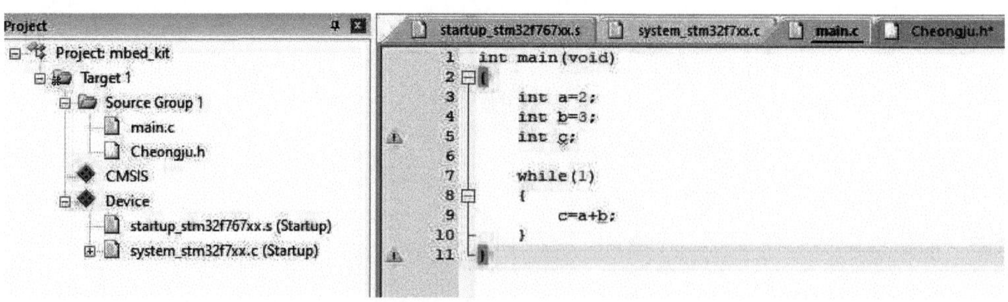

그림 4-1-28 간단한 코드

'Build' 실패 시 '프로젝트 이름' 우클릭 -> 'Option for Target' -> 'Target' -> 'ARM Compiler' -> 'Use default compiler version 6' 변경 -> 'OK'

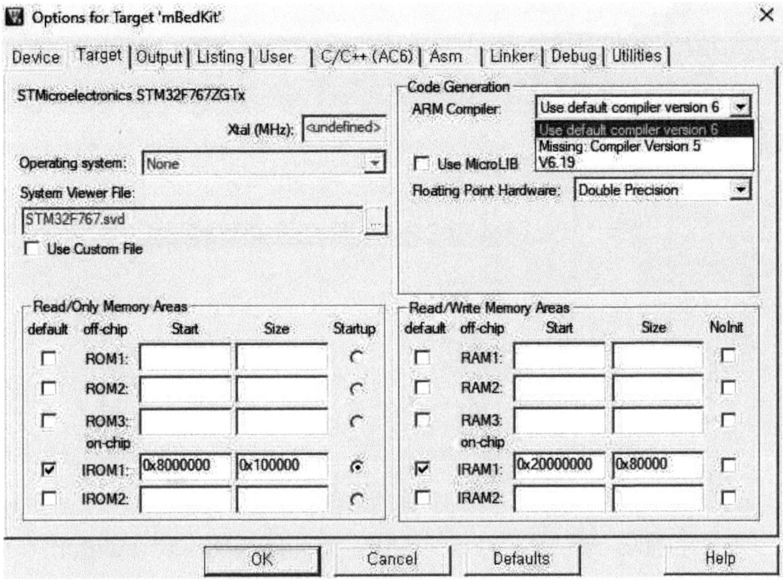

29) 그림 4-1-29의 'Start/Stop Debug session' 클릭

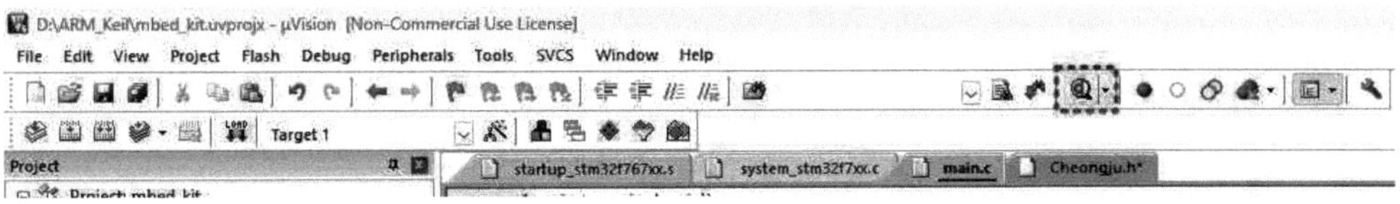

그림 4-1-29 "Start/Stop Debug session"

30) 다운로드 성공 후 실시간 변숫값 확인을 위한 'View' -> "Watch Windows" -> 'Watch1' 클릭

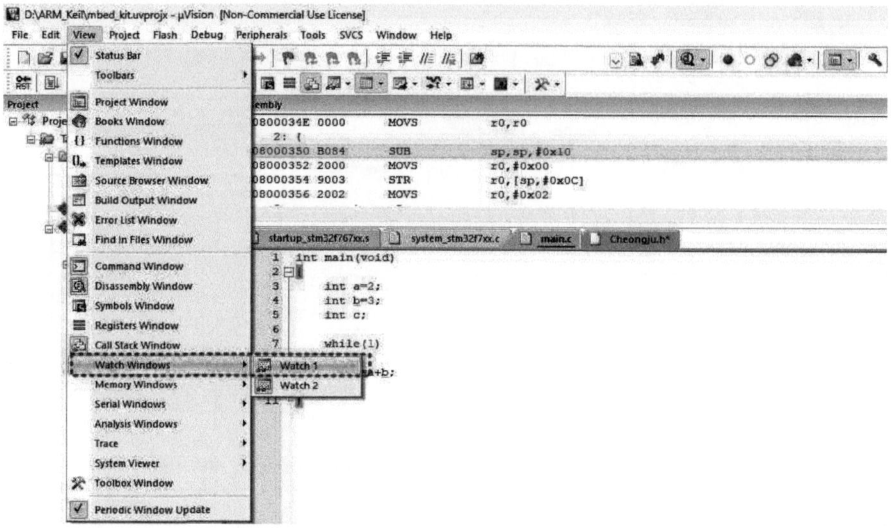

그림 4-1-30 'View' -> 'Watch Windows' -> 'Watch1'

31) 프로그램 동작을 위한 'Run' 클릭

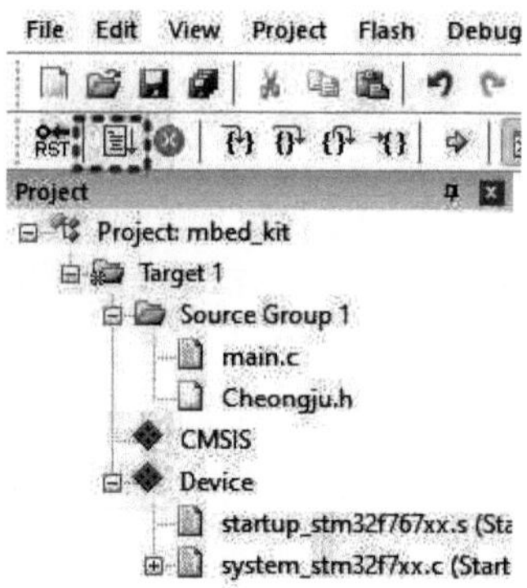

그림 4-1-31 'Run'

32) <Enter expression> -> 'c' 입력 후 실시간 'Value' 값 확인

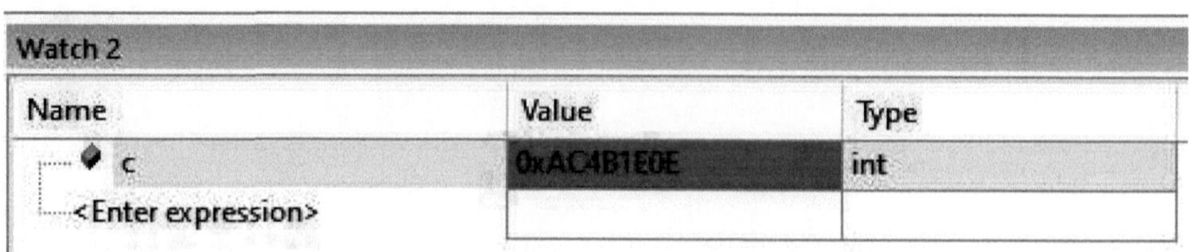

그림 4-1-32 실시간 'Value' 값

4.2 IAR 개발환경 구축

4.2.1 IAR 개요

IAR Embedded Workbench는 어셈블러, C 그리고 C++을 이용하여 Mbed 애플리케이션을 빌드하고 디버깅 하는 개발툴이며, IDE Tools, Build Tools, 그리고 IAR C-SPY Debugger 등 3개 부분으로 구성되어 있다.

많은 개발자들이 사용하는 Eclipse IDE에 대한 플러그인을 제공하고 있어 보다 편리한 IDE 환경을 제공한다. 또한, 사용자가 손에 익은 외부의 편집기를 기본 편집기로 지정하여 사용할 수도 있으며 소스코드 관리 시스템(Source Code Control System)과 연동 기능이 있어 여러 팀원 간의 공동 작업에서 소스코드를 효율적으로 관리 할 수 있다. 단, 소스코드 관리 시스템이 설치되어 있어야만 사용할 수 있다.

그림 4-2-1 IAR사 로고

1.4.2.2 IAR 설치

1) IAR 홈페이지 -> 제품 -> 'ARM' 클릭

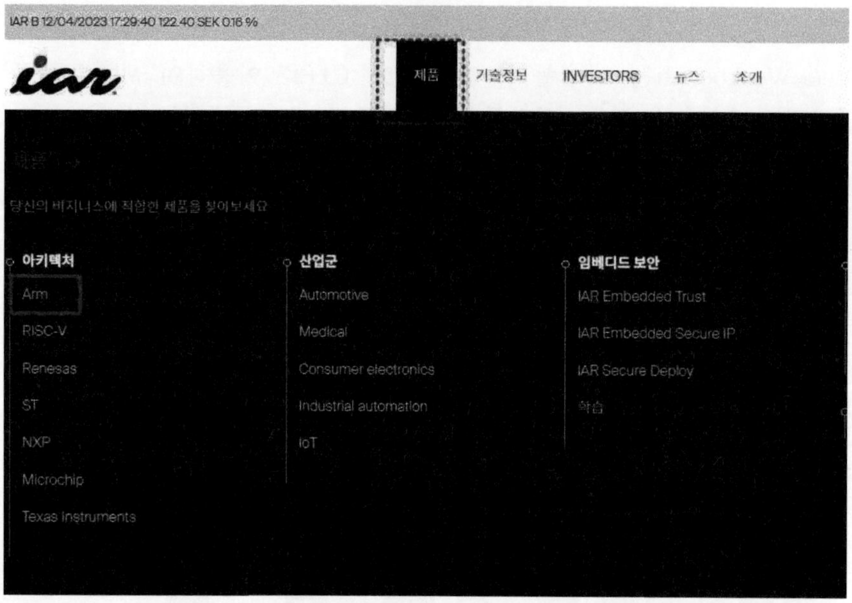

그림 4-2-2 IAR사 홈페이지

2) 'IAR Embedded Workbench for ARM' 무료 체험판 클릭

그림 4-2-3 개발 툴체인

3) ‘다운로드’ 클릭

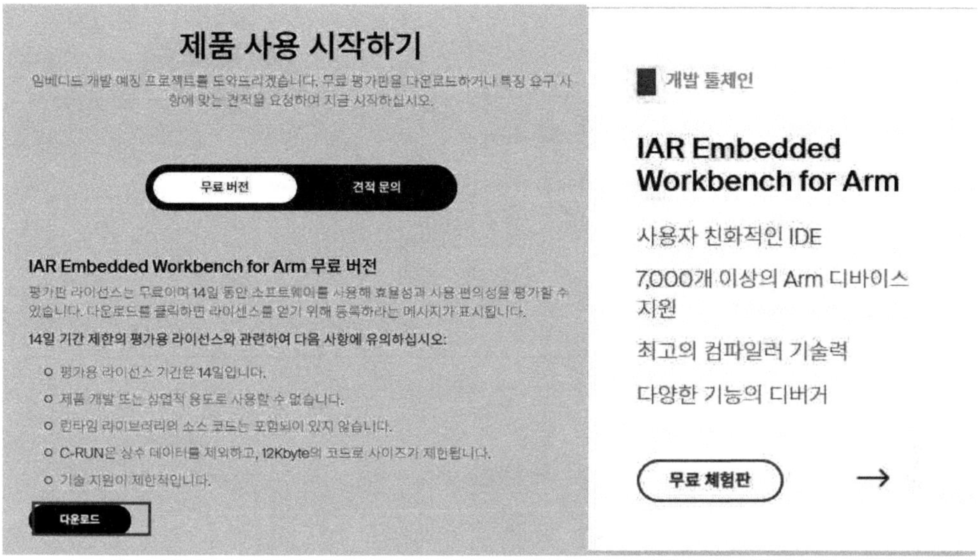

그림 4-2-4 다운로드

4) 그림 4-2-5의 개인정보 항목들을 입력 -> ‘Submit Registration’ 클릭

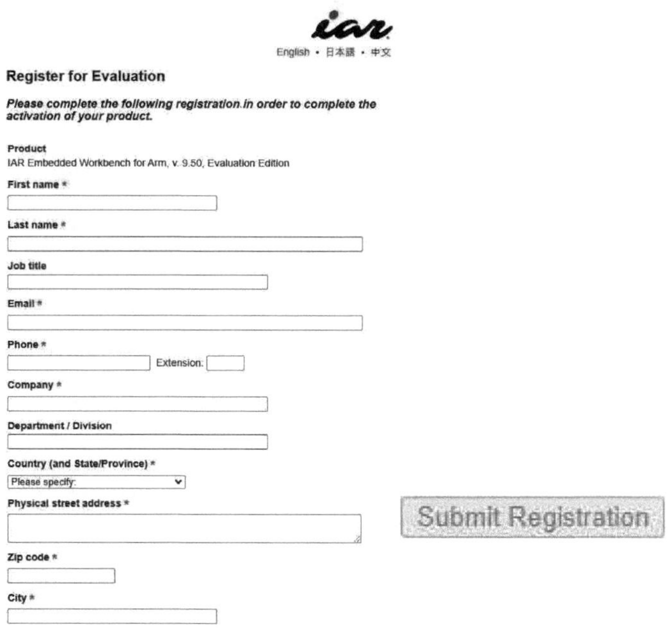

그림 4-2-5 개인정보 입력

5) 그림 4-2-6 창 확인

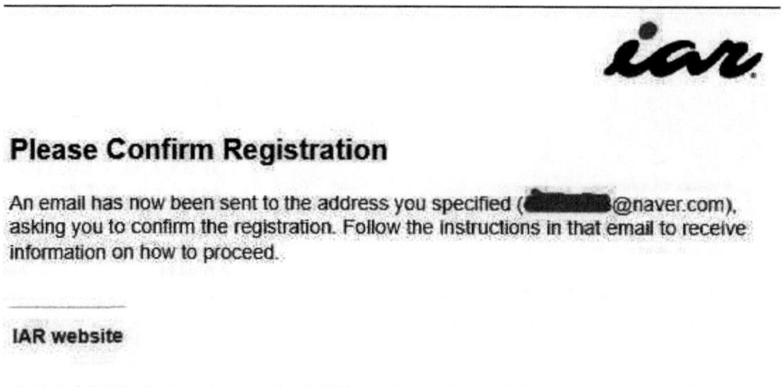

그림 4-2-6 메일 첨부

6) 그림 4-2-7, 4-2-8 'Install a new instance of this application' -> 'Next' 클릭

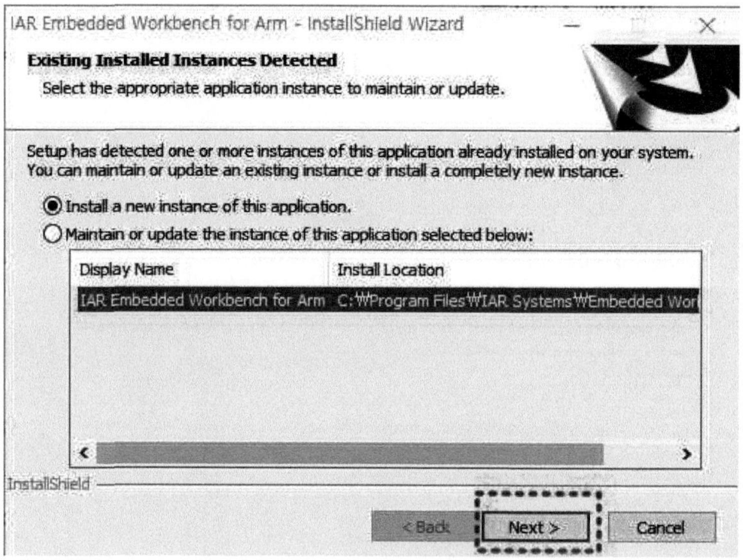

그림 4-2-7 InstallSheild Wizard

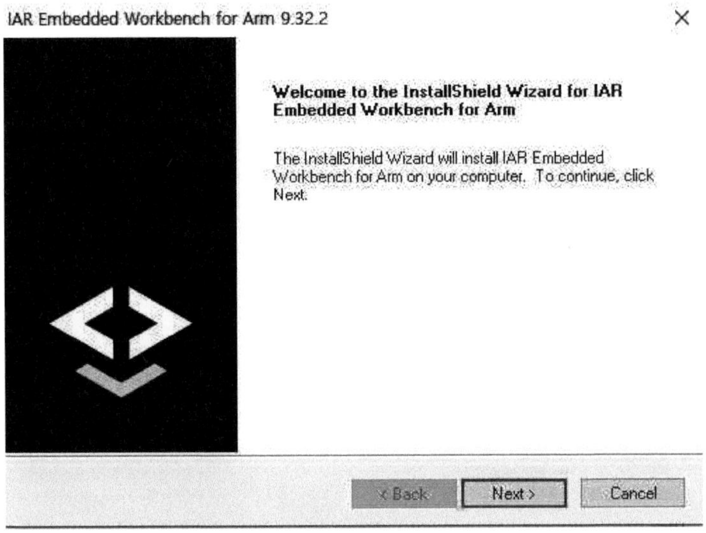

그림 4-2-8 Next

7) 'I accept the terms of the license agreement' -> 'Next' 클릭

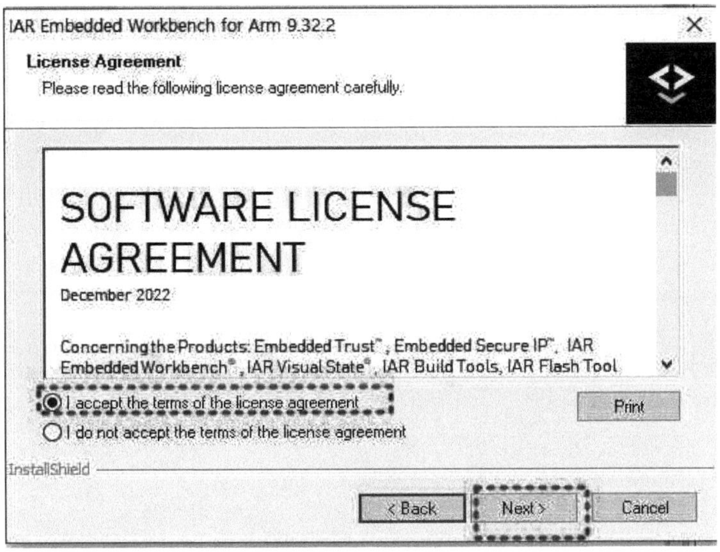

그림 4-2-9 Next

8) 'IAR' 프로그램 저장 위치를 정해준 후 'Next' 클릭

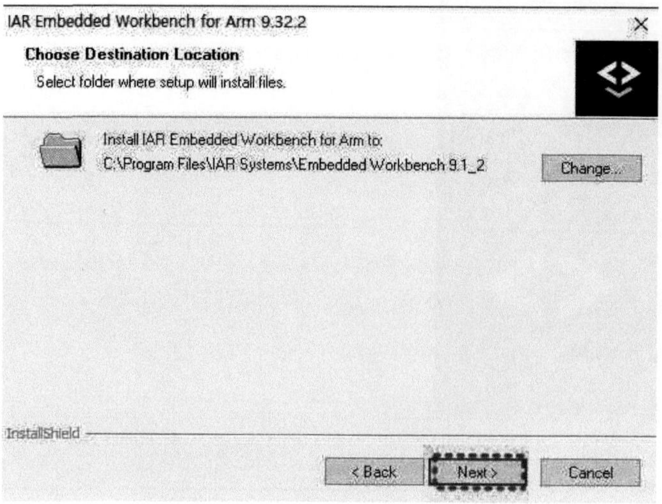

그림 4-2-10 프로그램 저장

9) Mbed Kit는 ST-Link를 사용한다. ST-Link를 제외한 나머지를 체크 해제하고 'Next' 클릭

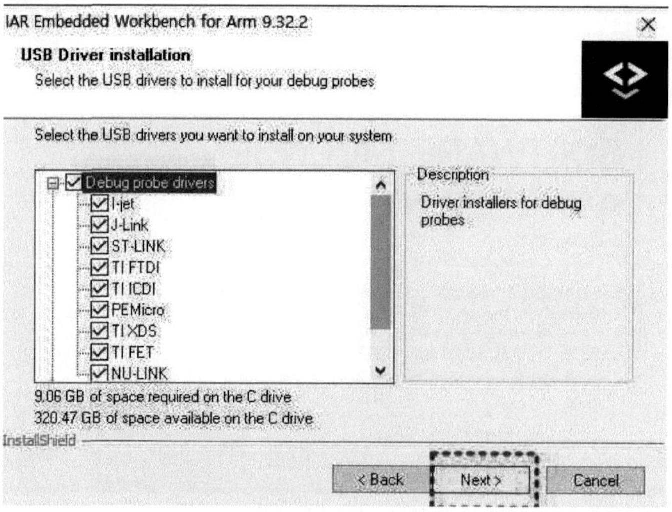

그림 4-2-11 프로그램 저장

11) 'Next' 클릭

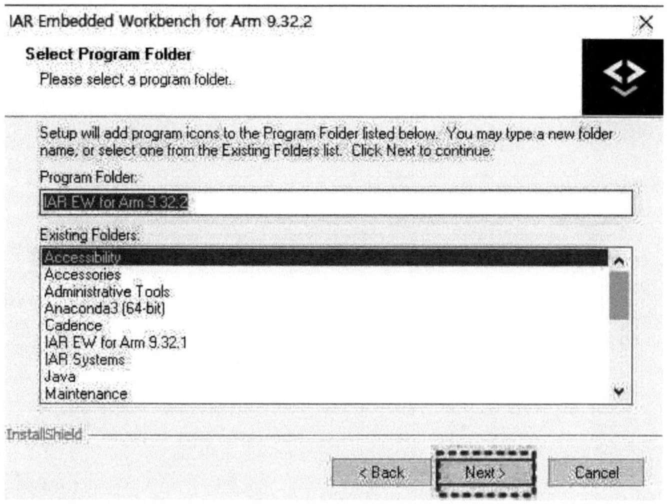

그림 4-2-12 Next

12) 'Install' 클릭

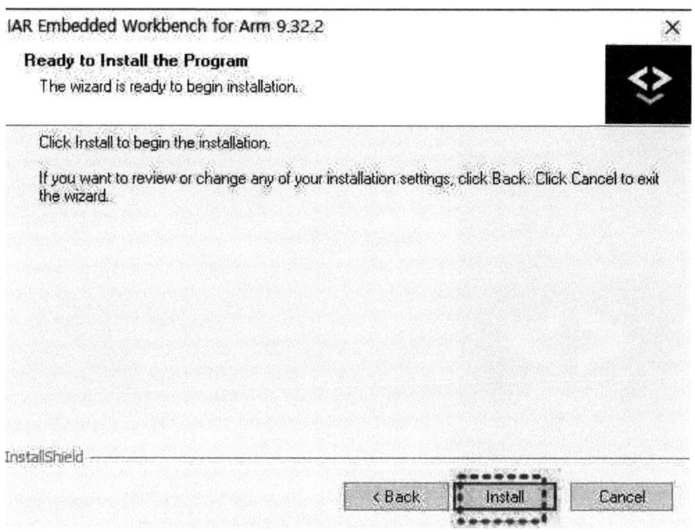

그림 4-2-13 "Install the Program"

13) 설치 진행

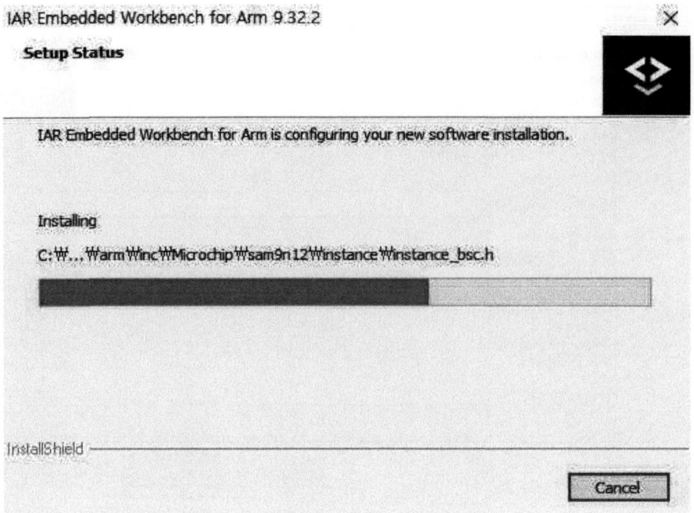

그림 4-2-14 "Install the Program"

14) 다운로드 완료 'Finish' 클릭

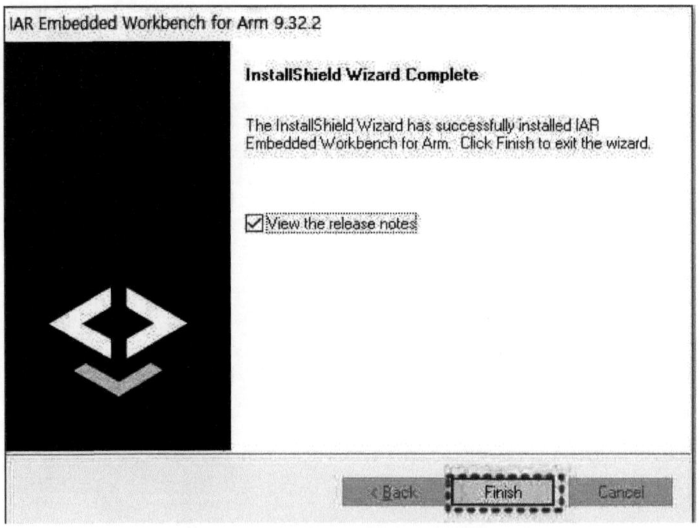

그림 4-2-15 다운로드 완료

4.3 Cube IDE 개발환경 구축

4.3.1 Cube IDE 개요

1) STM32CubeIDE는 STM32Cube 소프트웨어 에코시스템의 일부인 올인원 다중 OS 개발 도구이다.

2) STM32CubeIDE는 STM32 마이크로컨트롤러 및 마이크로프로세서를 위한 주변 장치 구성, 코드 생성, 코드 컴파일, 디버그 기능을 갖춘 고급 C/C++ 개발 플랫폼이다. Eclipse ® /CDTTM 프레임워크와 개발용 GCC 툴체인, 디버깅용 GDB를 기반으로 한다. Eclipse ® IDE의 기능을 완성하는 수백 개의 기존 플러그인을 통합할 수 있다.

3) STM32CubeIDE는 STM32CubeMX의 STM32 구성 및 프로젝트 생성 기능을 통합하여 올인원 도구 경험을 제공하고 설치 및 개발 시간을 절약한다. 보드 선택이나 예제 선택에서 빈 STM32 MCU 또는 MPU 또는 사전 구성된 마이크로컨트롤러 또는 마이크로프로세서를 선택한 후 프로젝트가 생성되고 초기화 코드가 생성된다. 개발 중 언제든지 사용자는 주변 장치 또는 미들웨어의 초기화 및 구성으로 돌아가 사용자 코드에 영향을 주지 않고 초기화 코드를 다시 생성할 수 있다.

4) STM32CubeIDE에는 사용자에게 프로젝트 상태 및 메모리 요구사항에 대한 유용한 정보를 제공하는 빌드 및 스택 분석기가 포함되어 있다.

5) STM32CubeIDE에는 CPU 코어 레지스터, 메모리, 주변 장치 레지스터 보기, 실시간 변수 감시, 직렬 와이어 뷰어 인터페이스 또는 오류 분석기를 포함한 표준 및 고급 디버깅 기능도 포함되어 있다.

4.3.2 Cube IDE 설치

1) https://www.st.com/ STMicroelectronics사의 홈페이지 접속 -> 검색창에 'STM32cubeIDE' 검색

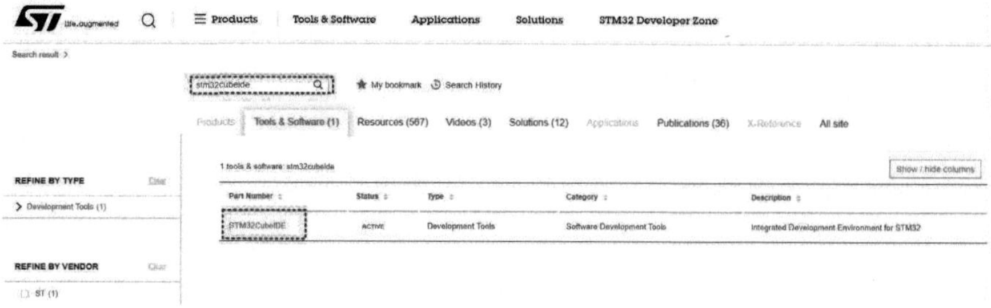

그림 4-3-1 STM사 홈페이지

2) 페이지 하단 "Window Installer 1.12.0 버전" -> "Get latest" 클릭

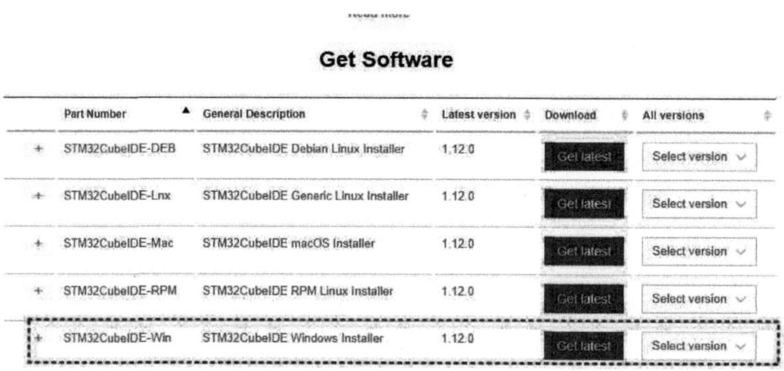

그림 4-3-2 STM사 홈페이지

3) 'Accept' 클릭

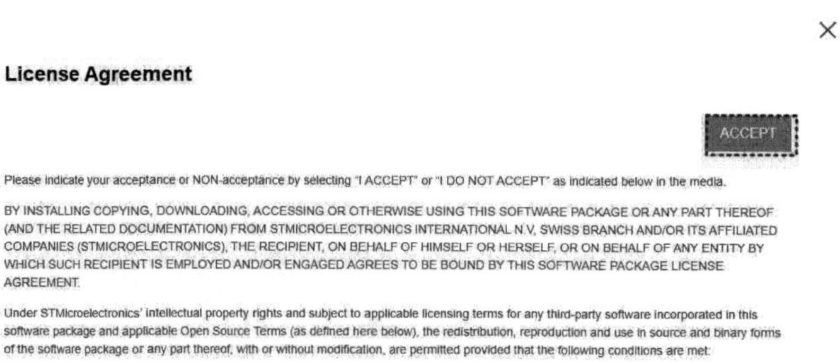

그림 4-3-3 STM사 홈페이지

4) 개인정보 등록 후 'DownLoad' 클릭

그림 4-3-4 개인정보 등록

5) 등록에 성공 후 'ST' 로부터 발송된 메일 확인

그림 4-3-5 메일 확인

6) 'Download now'

그림 4-3-6 메일 확인

7) 다운로드 받은 압축 폴더 풀기

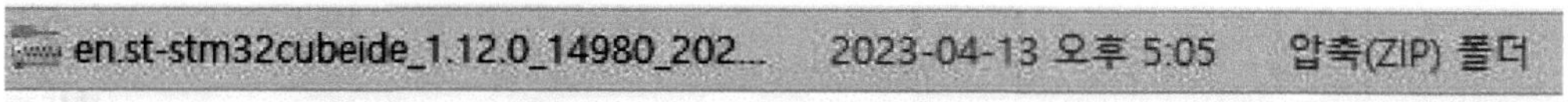

그림 4-3-7 압축 폴더

8) 압축 해제한 파일 클릭 후 다음과 같이 실행한다.

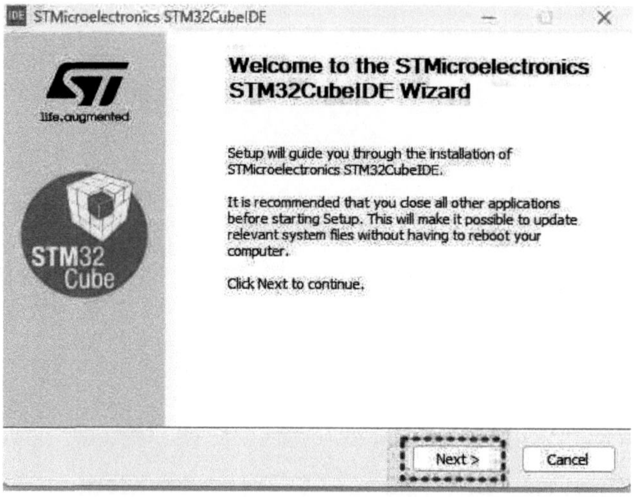

그림 4-3-8 'Next'

9) 'I Agree' 클릭

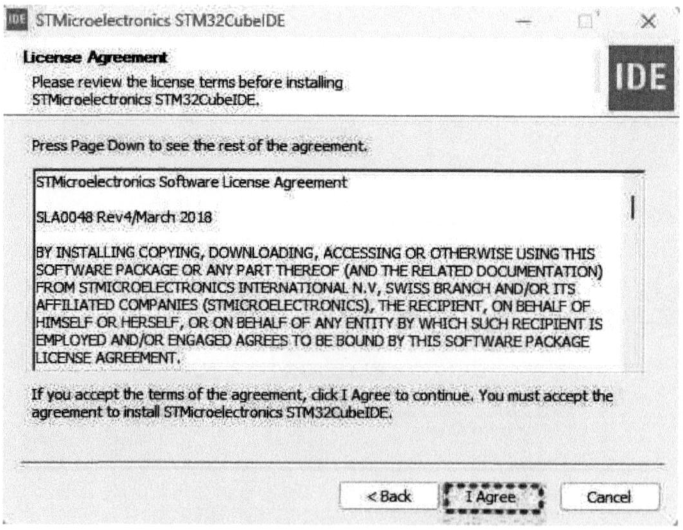

그림 4-3-9 'I Agree'

10) IDE 설치 파일 위치를 정한 후 'Next' 클릭

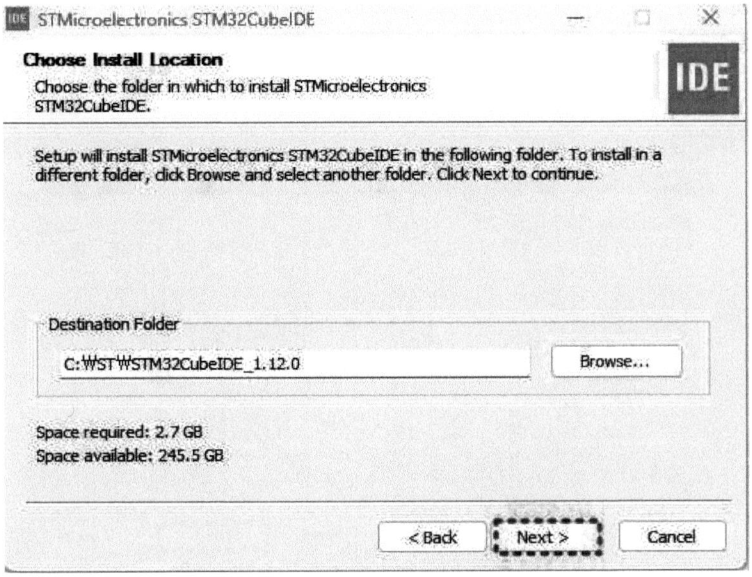

그림 4-3-10 'Next'

11) "ST-Link Driver" 선택 후 'Install'

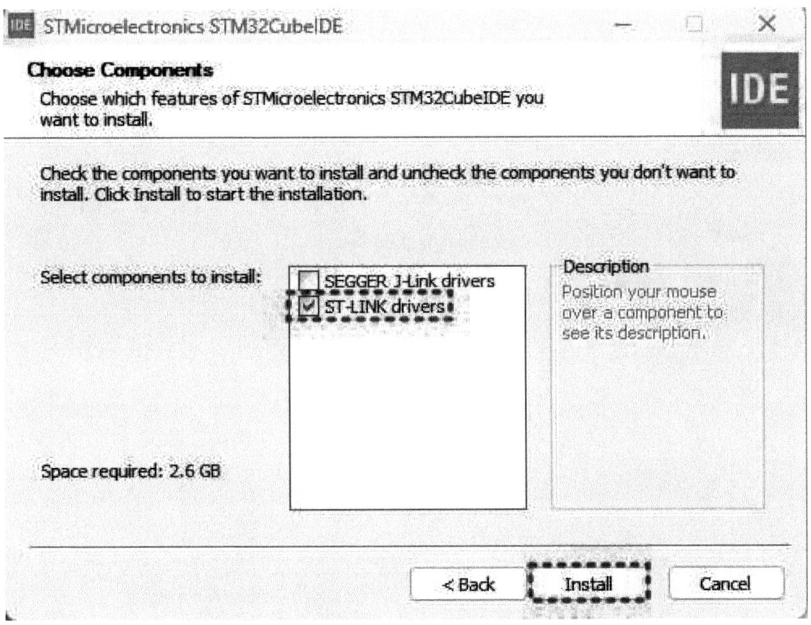

그림 4-3-11 'Install'

12) 'Next' 클릭

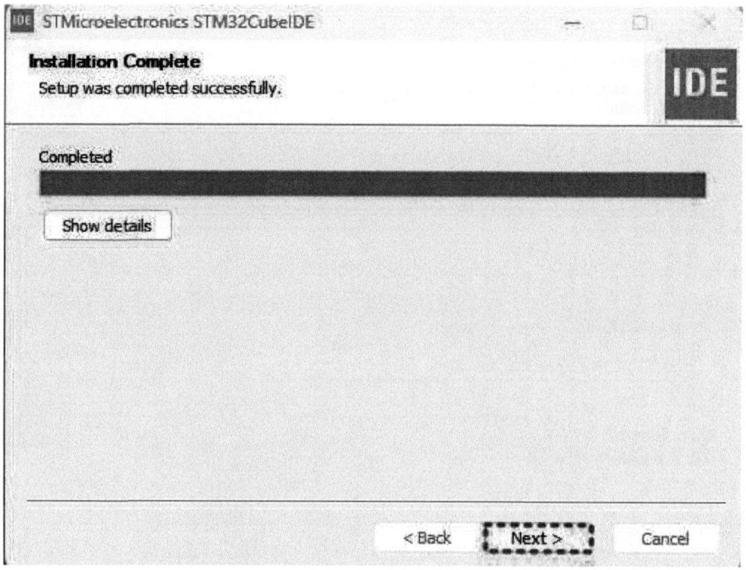

그림 4-3-12 'Next'

13) 'Finish' 클릭

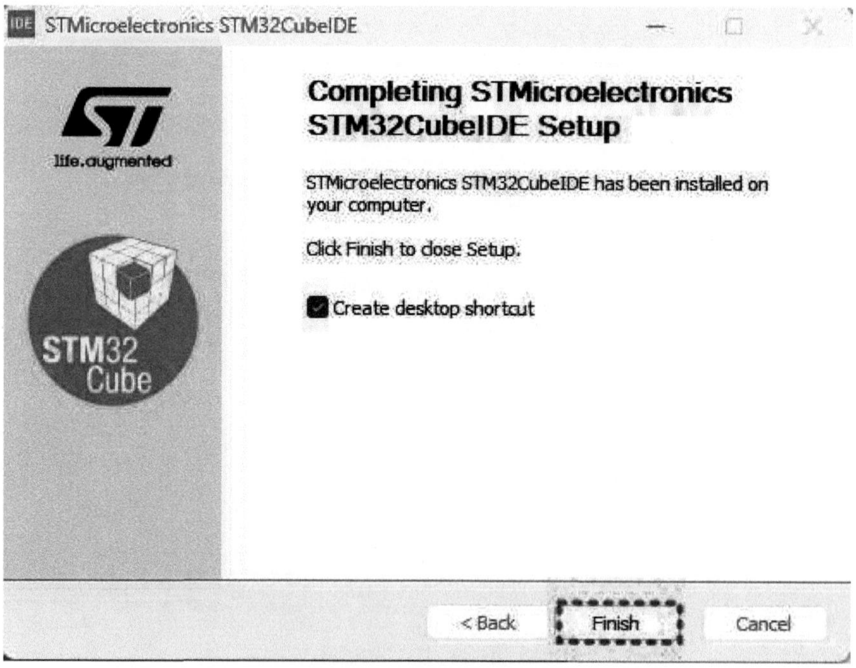

그림 4-3-13 'Finish'

14) 프로그램 실행

그림 4-3-14 "Cube IDE 아이콘"

15) 'Launch' 클릭

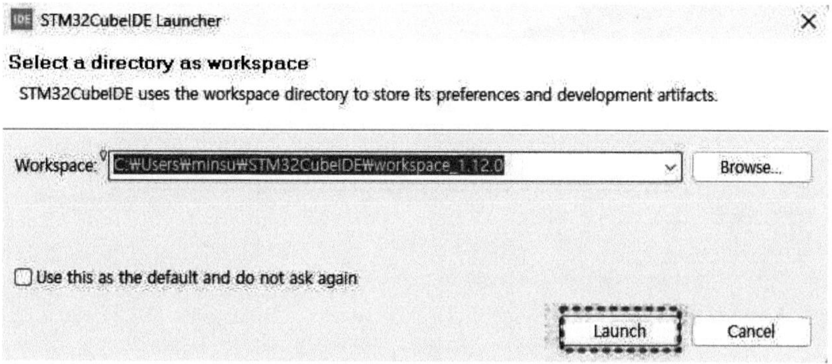

그림 4-3-15 'Launch'

16) 'Finish' -> 'New' -> 'STM32 Project' 클릭

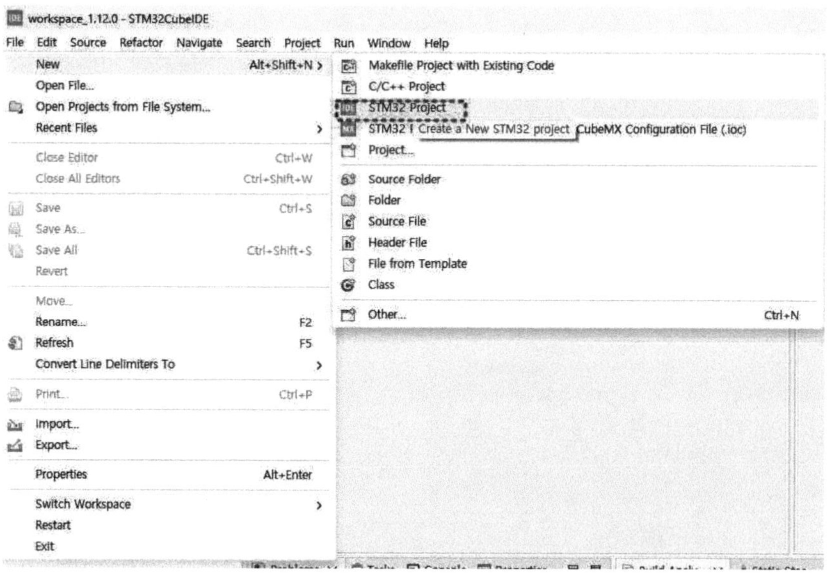

그림 4-3-16 STM32 Project

17) 'Target selection' 창이 뜨면 'Part Number'에 'STM32F767ZI' -> 'STM32F767ZIT6' -> 'Next' 클릭

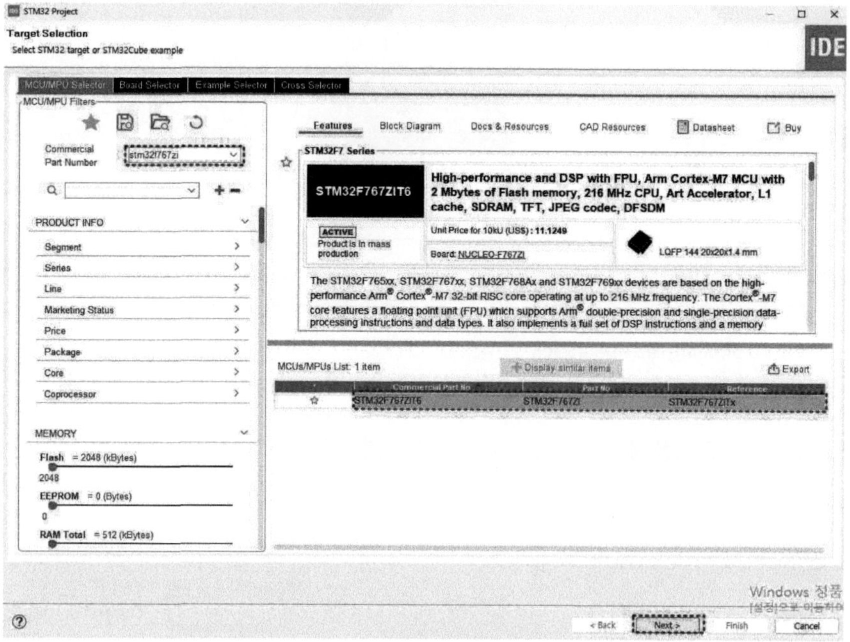

그림 4-3-17 MCU 검색

18) 'Project Name'을 정해주고 다음과 같이 저장공간을 설정한다. 저장위치를 C 혹은 D 폴더에 할 경우 'Use default location'을 해제 후 'Browse'클릭하여 사용자가 원하는 저장 위치를 설정 -> 'Next' 클릭

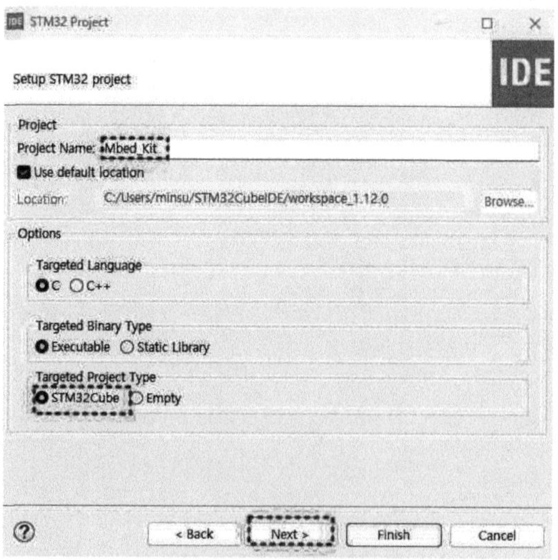

그림 4-3-18 저장

19) ‘Finish’ 클릭

그림 4-3-19 “Firmware Library Package Setup”

20) ‘Yes’ 클릭

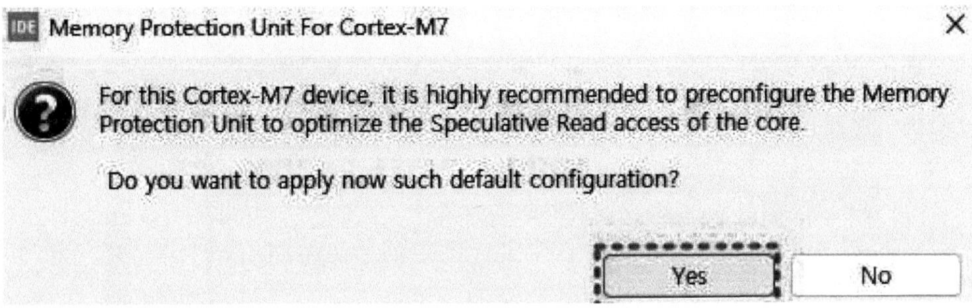

그림 4-3-20 Yes

21) CubeMX 실행 후 'Code Generator' 에서 Re-Generating(재실행)할 경우 전에 작성된 코드를 불러오기 위해 그림 1-4-3-20에 "Back previously generated file when re-generating" 을 체크해 준다.

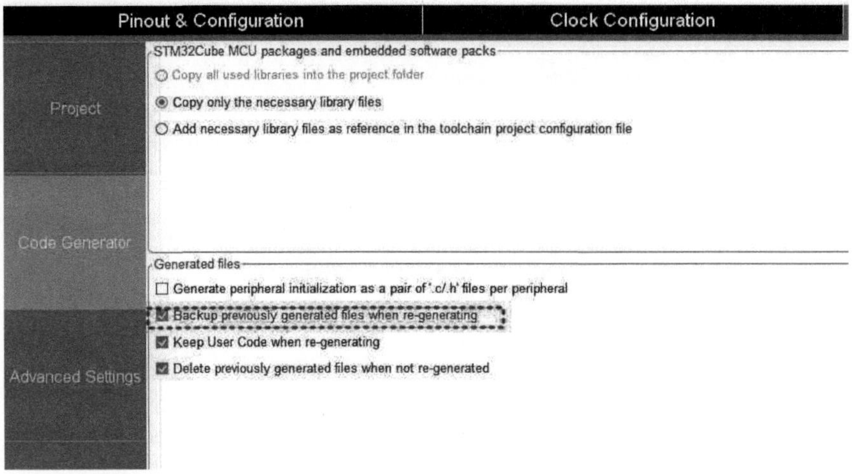

그림 4-3-21 "Backup previously generated files when re-generating"

22) 프로그램의 클럭을 설정하기 위해 'System Core' -> 'RCC' 에서 'HSE' -> 'BYPASS Clock Source' 로 'LSE' -> 'Crystal/Ceramic Resonator' 설정한다. 'RCC_IRQHandler' 를 생성 시키기 위해 'Configuration' -> 'NVIDC setting' -> 'Enable' 체크

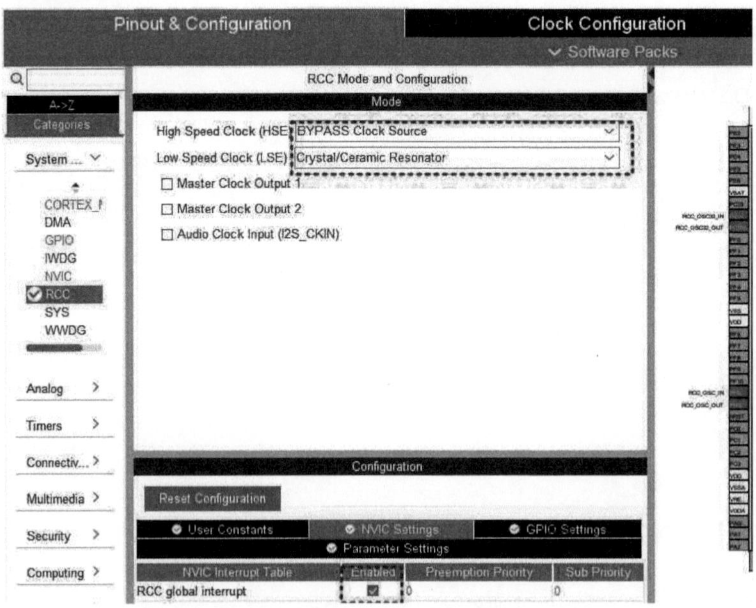

그림 4-3-22 RCC 설정

MBed Kit는 20MHz인 (HSE) 외부 클럭 오실레이터와 32.768KHz인 (LSE)외부 클럭 크리스탈로 구성되어 있고 STM32F767 MCU의 (HSI) 내부 클럭 16MHz로 구성되어 있다.

23) NVIC 설정 후 'Clock Configuration' 클릭 -> 빨간색 원의 HSE 체크 -> 'Input frequency'를 20MHz로 설정 -> HSE에 의해 파생된 클럭 'PLLCLK'로 설정한 후 'MHz Max' -> 216MHz로 변경 -> 주황색의 'Generate CODE' 클릭하여 프로그램 실행

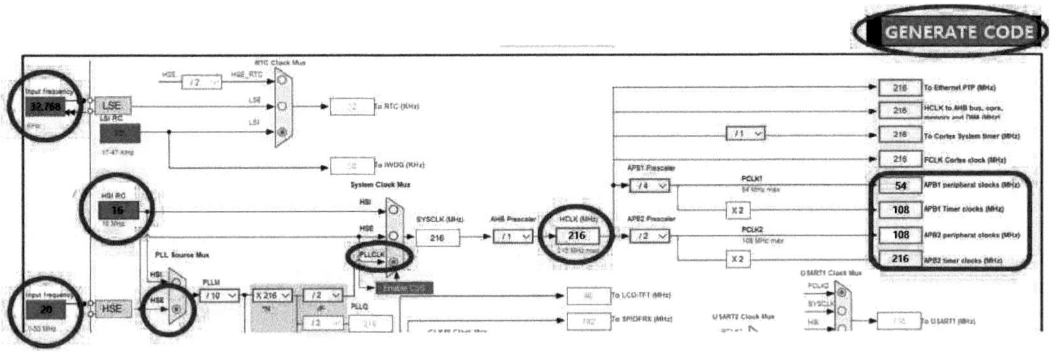

그림 4-3-23 Clock Configuration

24) 'Yes' 클릭

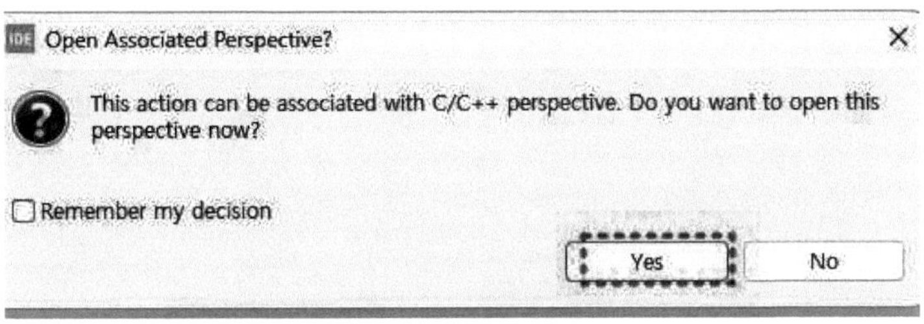

그림 4-3-24 Yes

25) Cube IDE로 생성된 파일들을 확인할 수 있다.

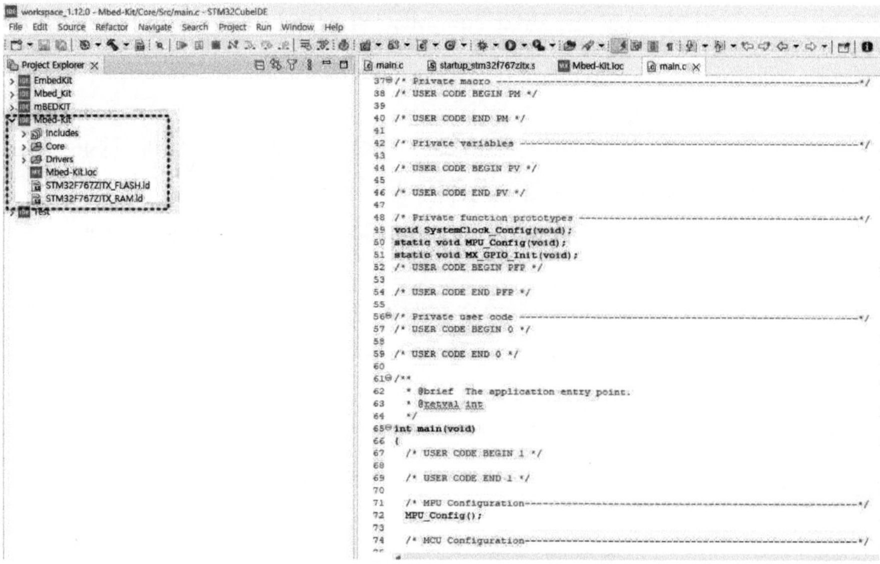

그림 4-3-25 프로그램 실행

26) 프로젝트 빌드를 위해 프로젝트 파일명 “Mbed-Kit” 우클릭 -> “Build Project” 클릭

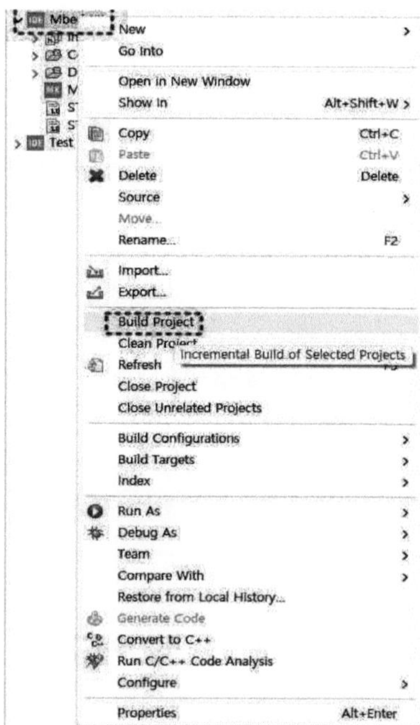

그림 4-3-26 Build Project

27) 0 errors, 0 warnings 정상 확인

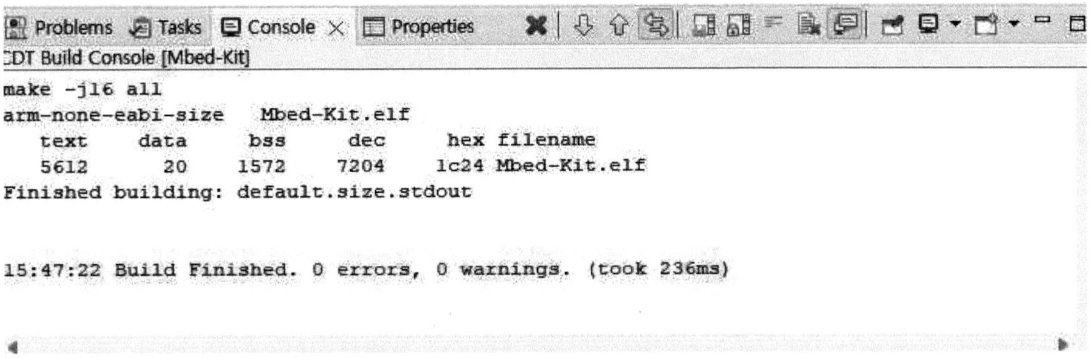

그림 4-3-27 Build Project 오류 체크

28) 'Window' -> 'Preference' -> 'C/C++' -> 'Code style' -> 'Formatter' 클릭

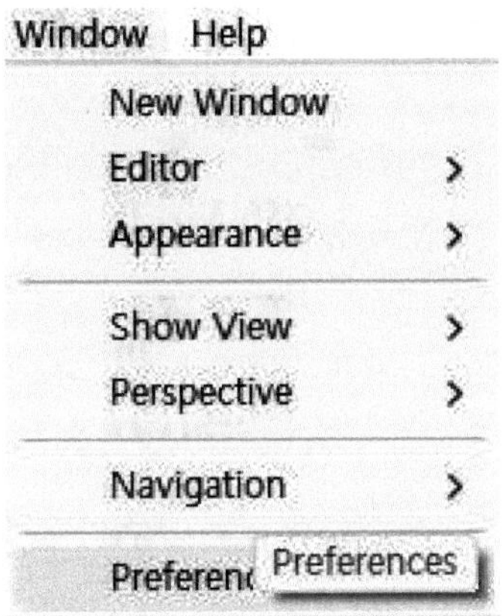

그림 4-3-28 Preferences

29) 그림 4-3-29을 통해 코드 작성 중 실행되는 자동 인텐트나 괄호의 위치 등을 사용자 설정할 수 있다.

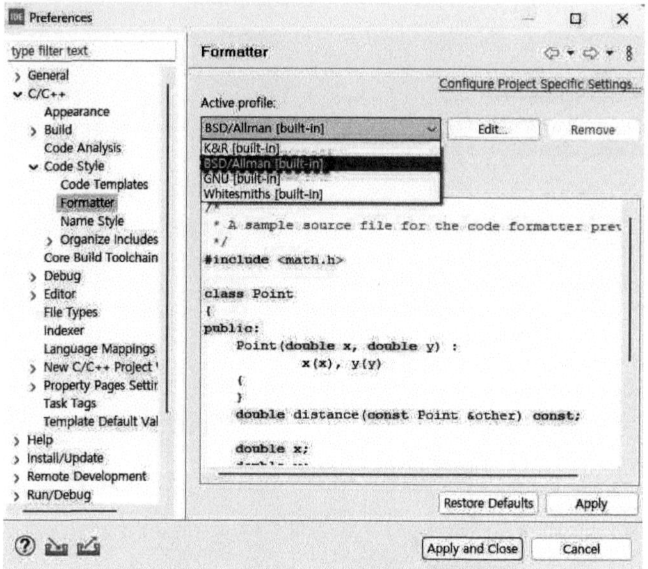

그림 4-3-29 Preferences

30) 디버깅 전 간단한 코드를 'Code Begin'과 'Code End' 사이에 입력한다.

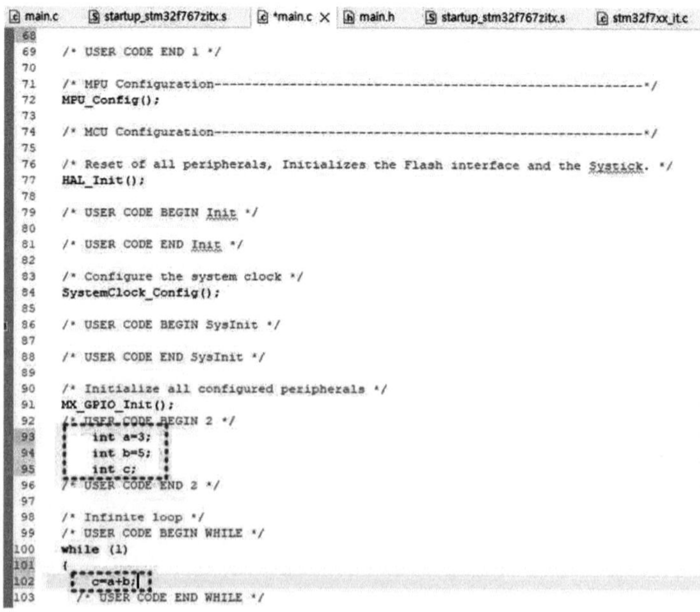

그림 4-3-30 Main.c 코드

31) 디버깅의 경우 'Run' -> 'Debug Configuration' 클릭

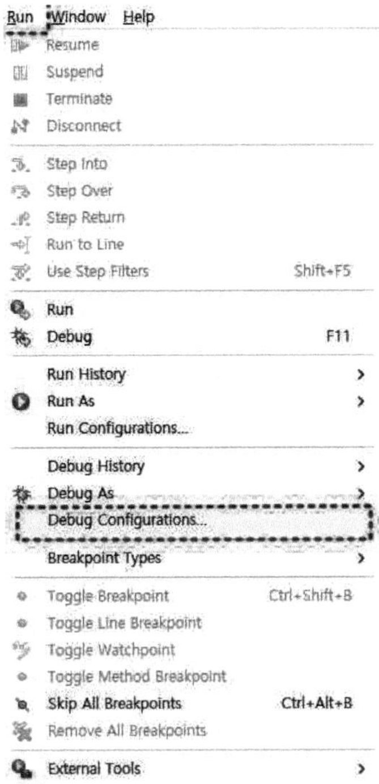

그림 4-3-31 디버깅

31) 'Serial Wire Viewer' -> 'Enable' 체크 -> 'Debug'

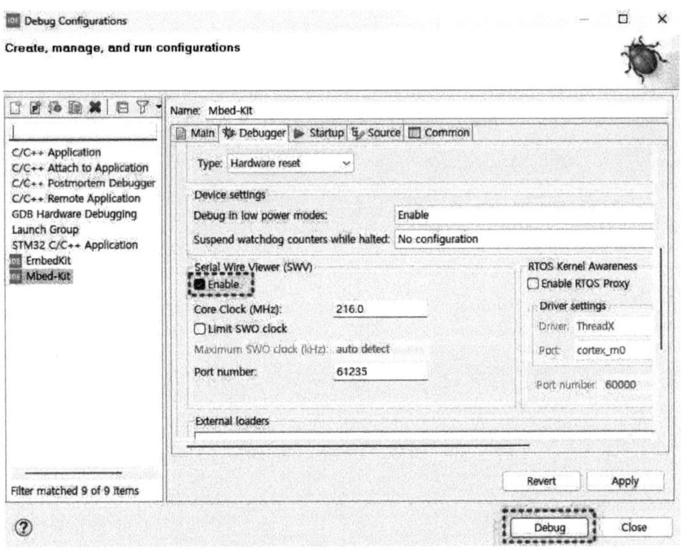

그림 4-3-32 디버깅

32) 'Switch' 클릭

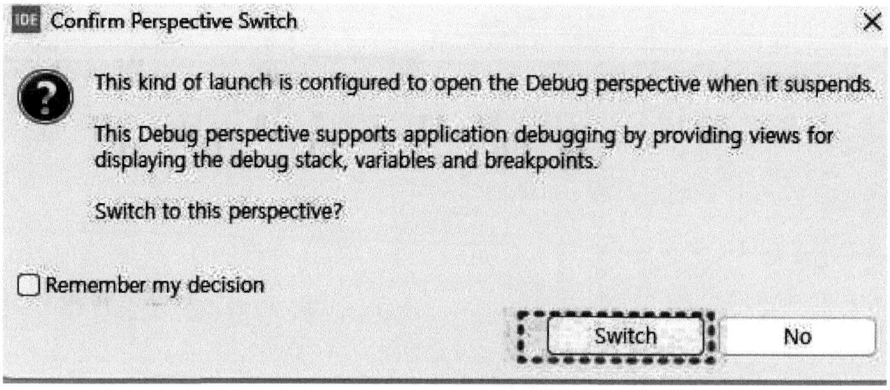

그림 4-3-33 디버깅

33) 다운로드 성공

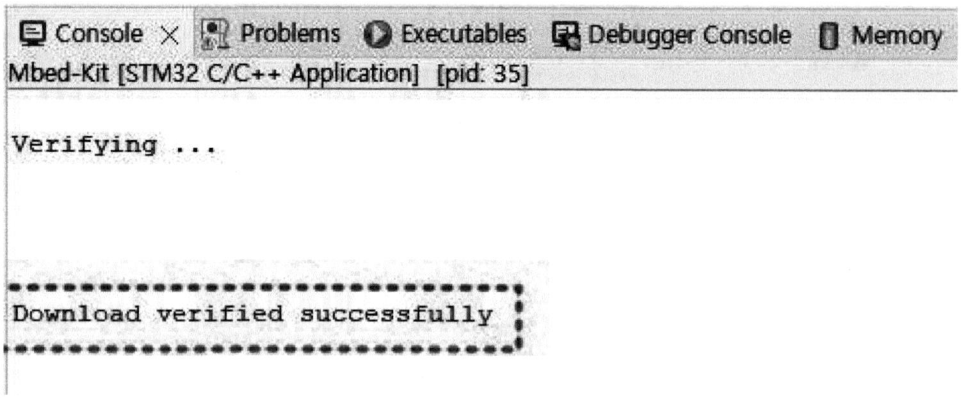

그림 4-3-34 디버깅

4.4 Cube MX 개발환경 구축

4.4.1 Cube MX 개요

STM32CubeMX는 사용자가 STM32 Microcontroller를 사용하는 프로젝트를 시작하는데 있어 사용자에게 편리한 인터페이스 환경에서 Clock, Peripheral, Middleware를 설정하여 초기화 C 코드를 생성함으로써 노력, 시간 그리고 비용을 감소시켜 개발자들이 쉽게 개발할 수 있도록 도와주는 툴이다.

1) 모든 STM32 포트폴리오를 포함하고 있어 Microcontroller를 쉽게 선택 가능.
2) 그래픽한 인터페이스 환경에서 pin, clock, peripheral, middleware를 쉽게 설정하고 일치하는 초기화 C 코드를 생성
3) Standalone 또는 Eclipse plug-in으로 사용 가능
4) 설정 상태를 보고서 형태의 문서로 생성 가능
5) 소모전류에 대한 시뮬레이션 가능
6) 초기화 C 코드를 준비되어있는 IDE tool chain(IAR, KEIL, GCC …)으로 선택하여 C 코드 생성 가능

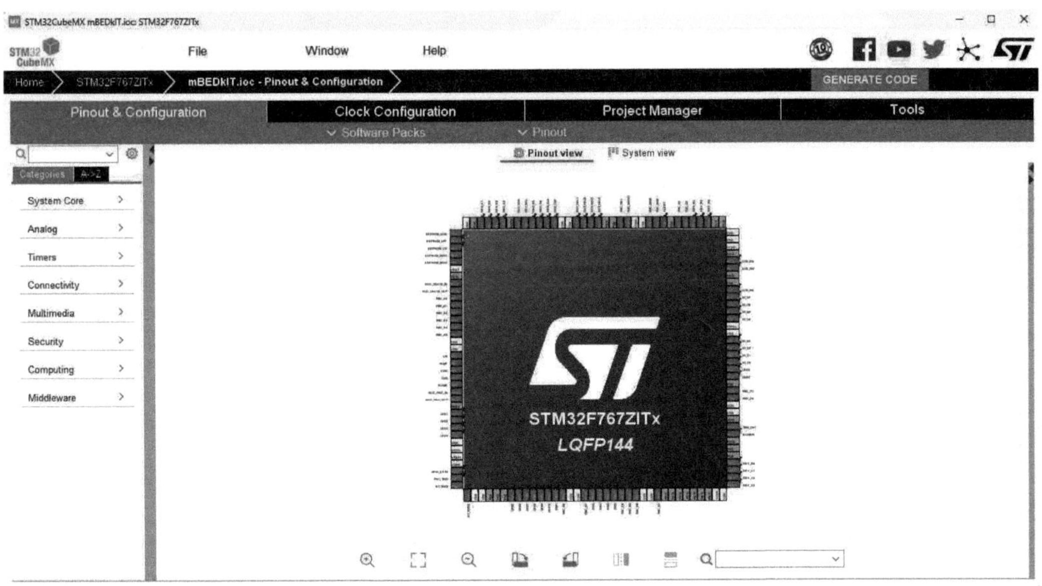

그림 4-4-1 STM사의 CubeMX 실행 화면

4.4.2 Cube MX 설치

1) /https://www.st.com/ ST사의 홈페이지 접속 -> 검색창 CubeMX 검색

그림 4-4-2 STM사의 CubeMX 검색화면

2) ‘STMCubeMX’ 클릭

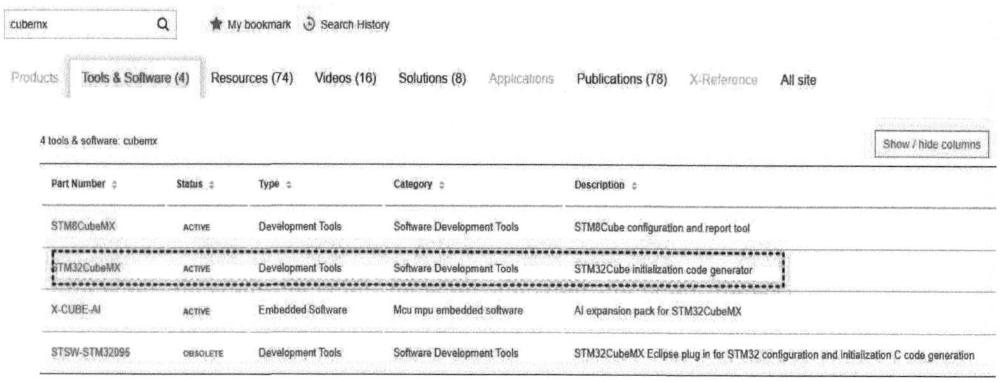

그림 4-4-3 STM사의 CubeMX 검색화면

3) 페이지 하단 ‘Get Software’ -> ‘Windows’ 용 6.8.0 버전 “Get latest” 클릭

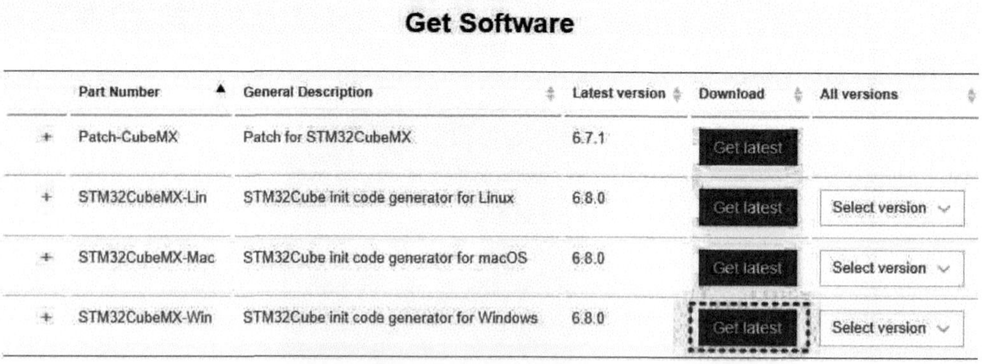

그림 4-4-4 STM사의 CubeMX 6.8.0 버전

4) 'ACCEPT' 클릭

그림 4-4-5 ACCEPT

5) 개인정보 등록 후 'DownLoad' 클릭

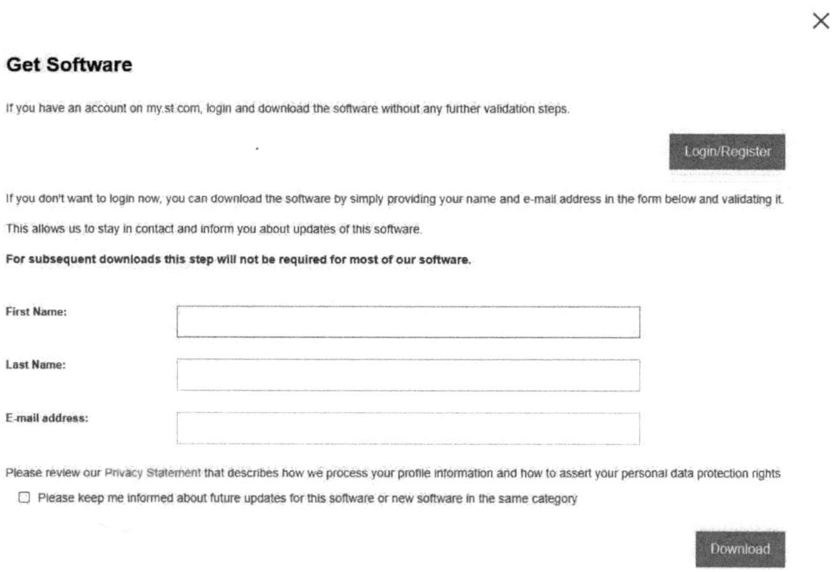

그림 4-4-6 개인정보 등록

6) 등록에 성공 후 'ST' 사로부터 발송된 메일을 확인 -> 'Download Now' 클릭

그림 4-4-7 메일 발송

life.augmented

Start your software download

Hi park

Please click on this button to validate your email address and start the download of the requested software:

Download now

If you have any further issues, please send your request to our online support using the subject line: Software download issues.

Thank you,

STMicroelectronics

그림 4-4-8 발송된 메일 확인

7) 압축된 파일 풀기

그림 4-4-9 압축파일

8) 프로그램 실행

그림 4-4-10 STM CubeMX 설치 아이콘

9) 'Next' 클릭

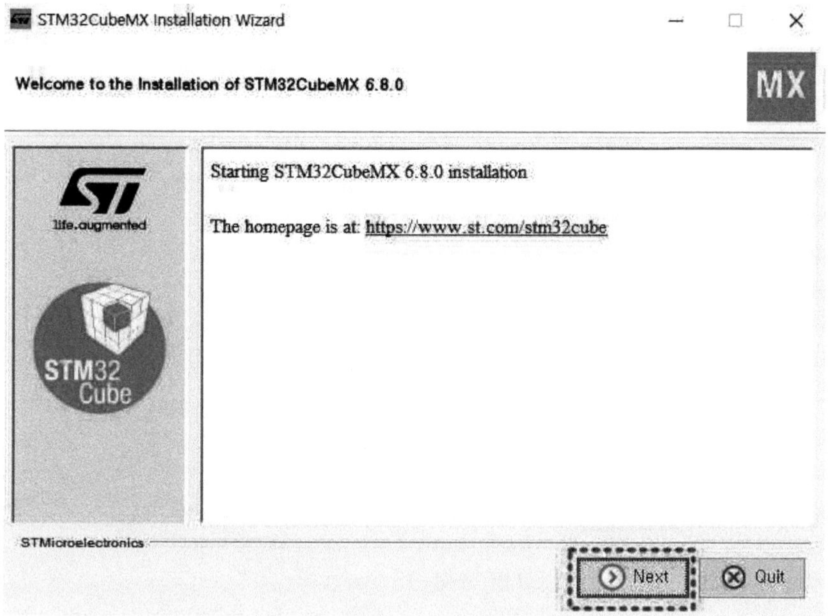

그림 4-4-11 Next

10) 'License accept' 체크 -> 'Next' 클릭

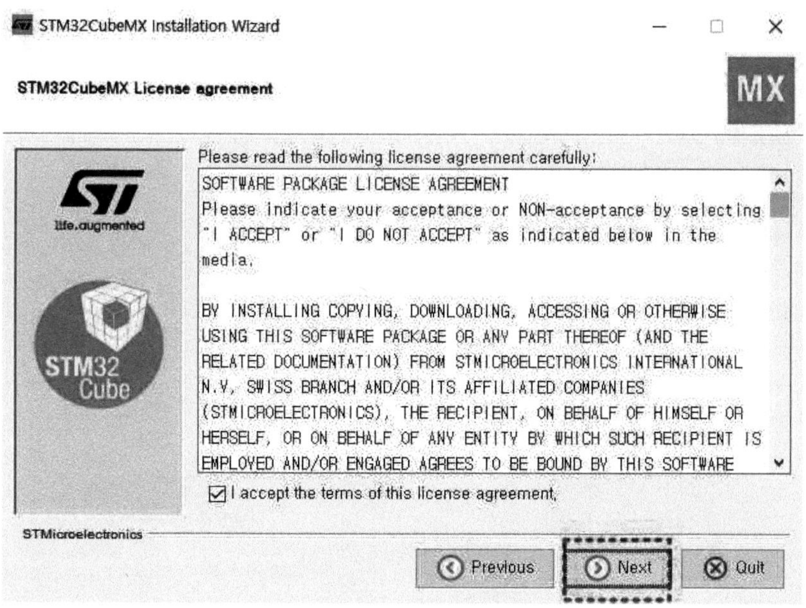

그림 4-4-12 Next

11) 'I have read and understood' 클릭 -> 'Next' 클릭

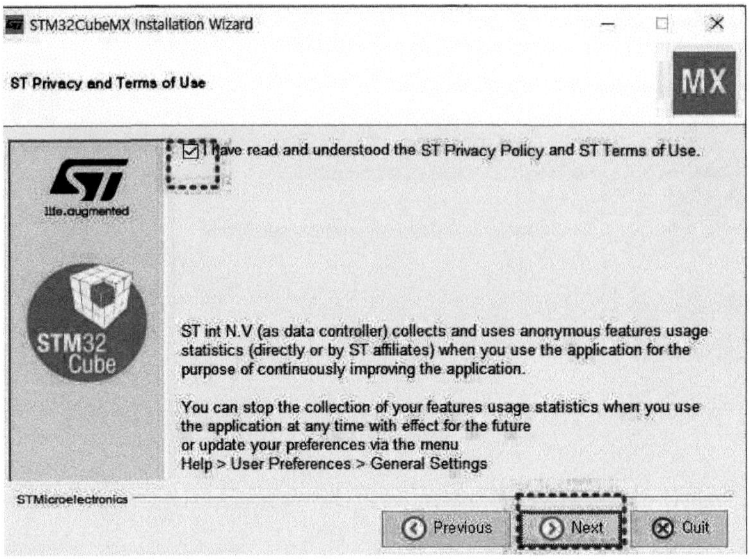

그림 4-4-13 Next

12) 'Next' 클릭

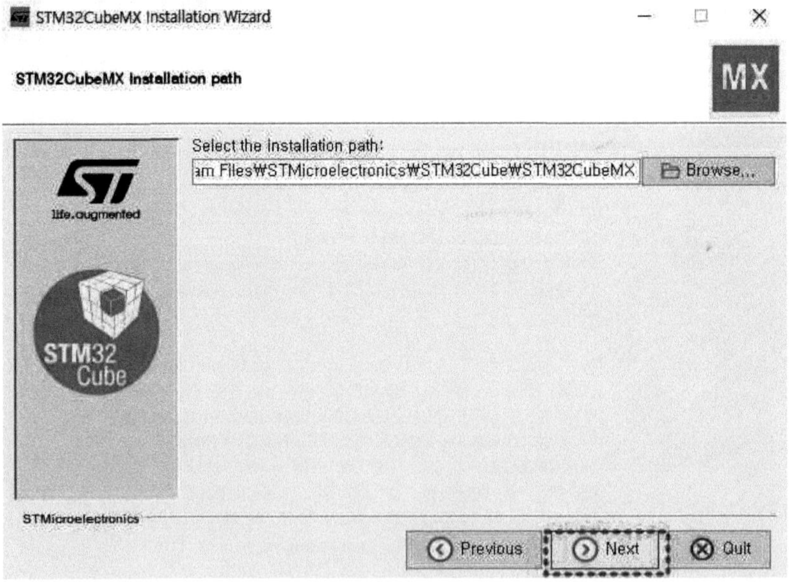

그림 4-4-14 Next

13) 기본값으로 'Next' 클릭

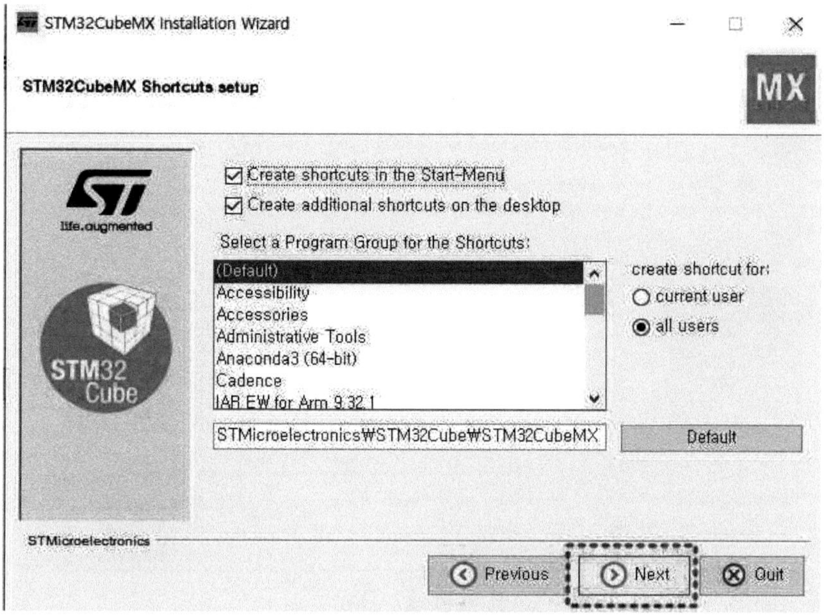

그림 4-4-15 Next

14) 'Next' 클릭

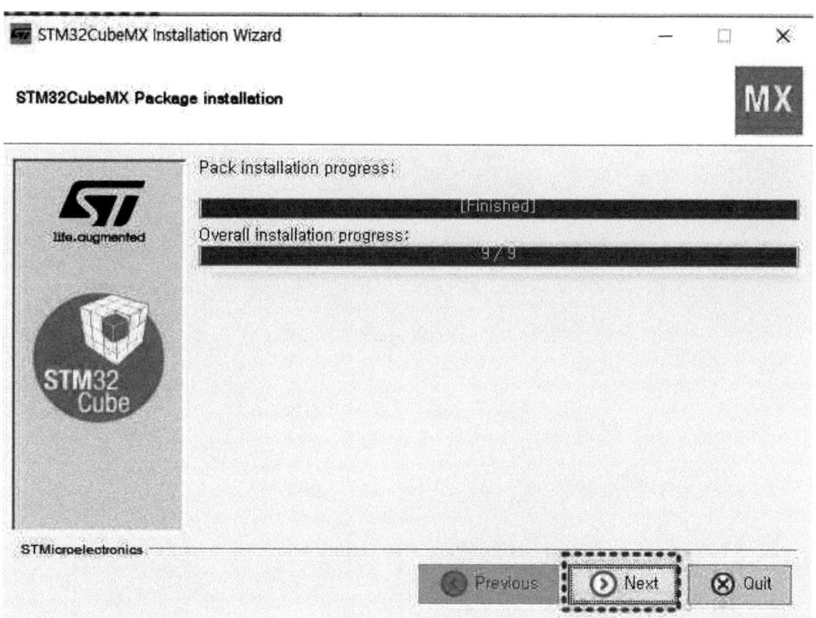

그림 4-4-16 Next

15) 'Done' 클릭

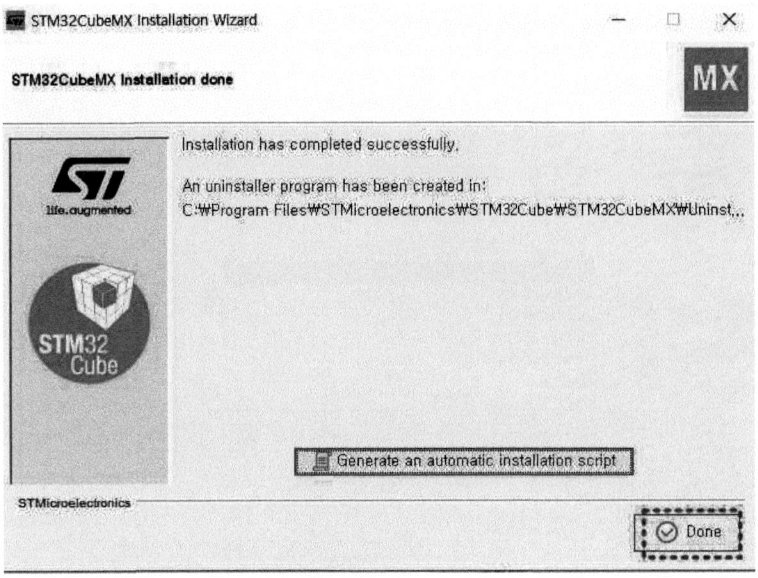

그림 4-4-17 Done

16) STM32CubeMX 실행

그림 4-4-18 STM32CubeMX 아이콘

17) 그림 4-4-19의 STM32CubeMX 실행 화면에서 프로젝트에 대한 설정을 위해서 'File' -> 'New Project' 클릭하면 그림 4-4-20와 같은 'MCU Filters' 창 생성

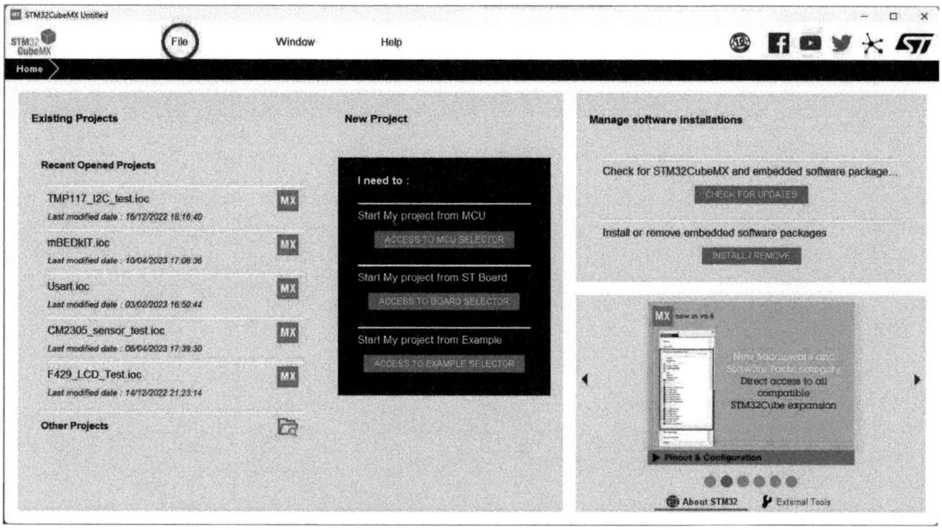

그림 4-4-19 STM32CubeMX 실행 화면

18) Mbed Kit의 MCU인 STM32F767ZGT를 선택하기 위해 그림 4—4-20의 "Part Number" 검색창에 'STM32F767ZG' 검색

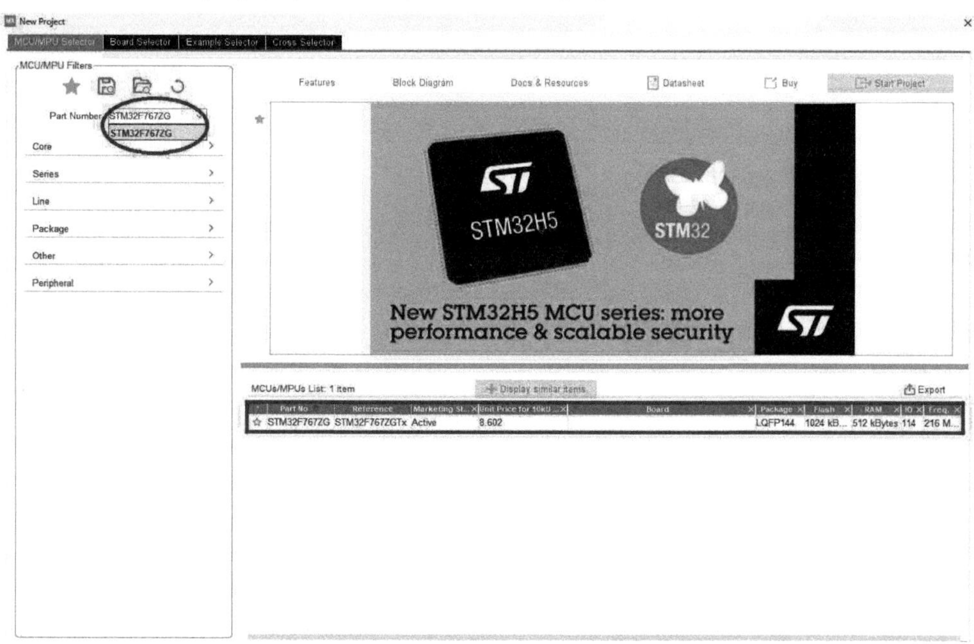

그림 4-4-20 STM32CubeMX 실행 화면

19) 'Project manager' -> 'Project' -> 'Project Name' 설정 -> 'Browse' 클릭 -> 프로젝트 저장 위치선택

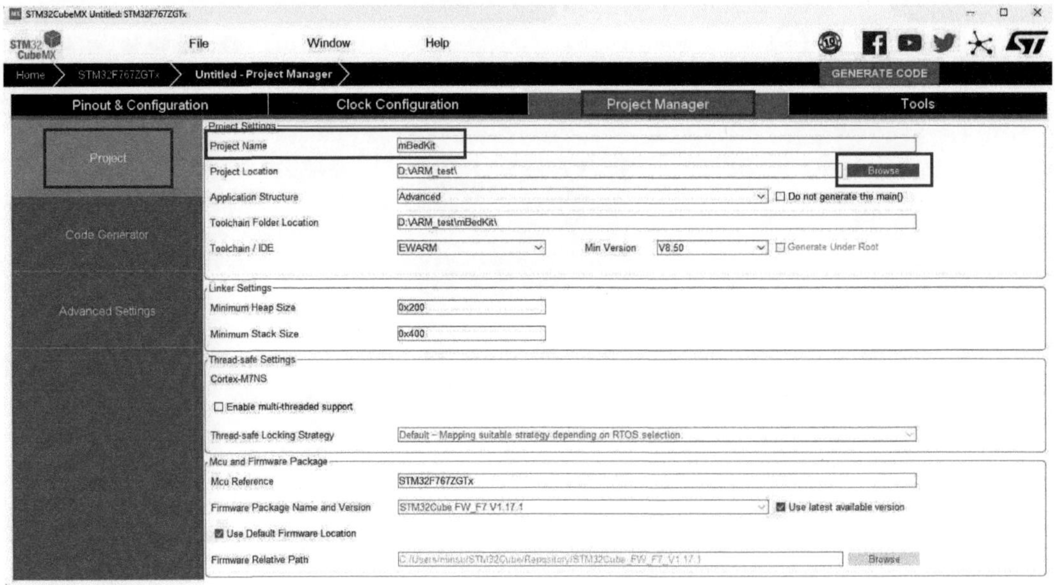

그림 4-4-21 STM32CubeMX 실행 화면

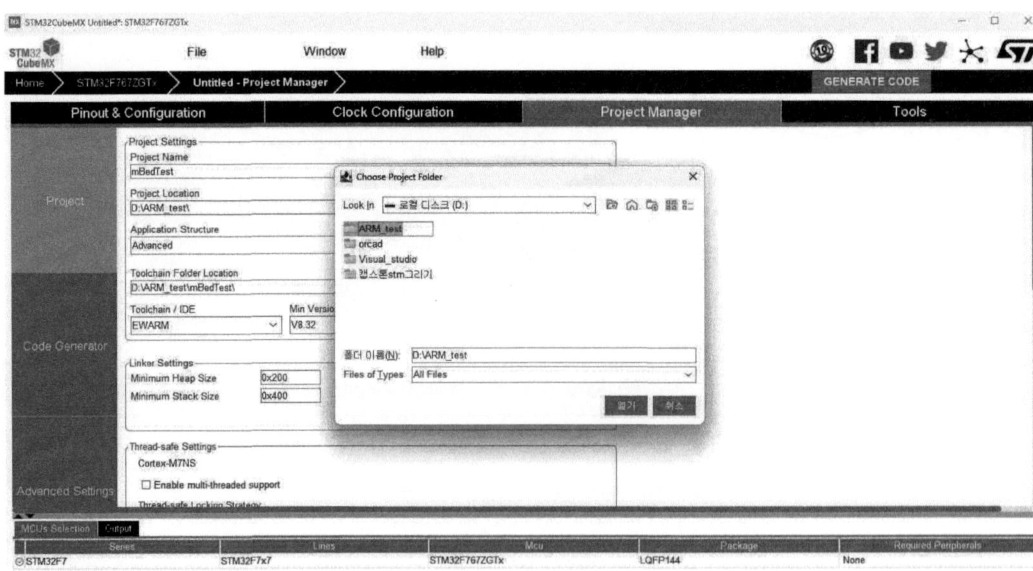

그림 4-4-22 프로그램 저장

20) 'Re-Generating' 할 경우 전에 작성한 소스코드를 불러오기 위한 설정인 'Backup Previously generated file when re-generating' 체크

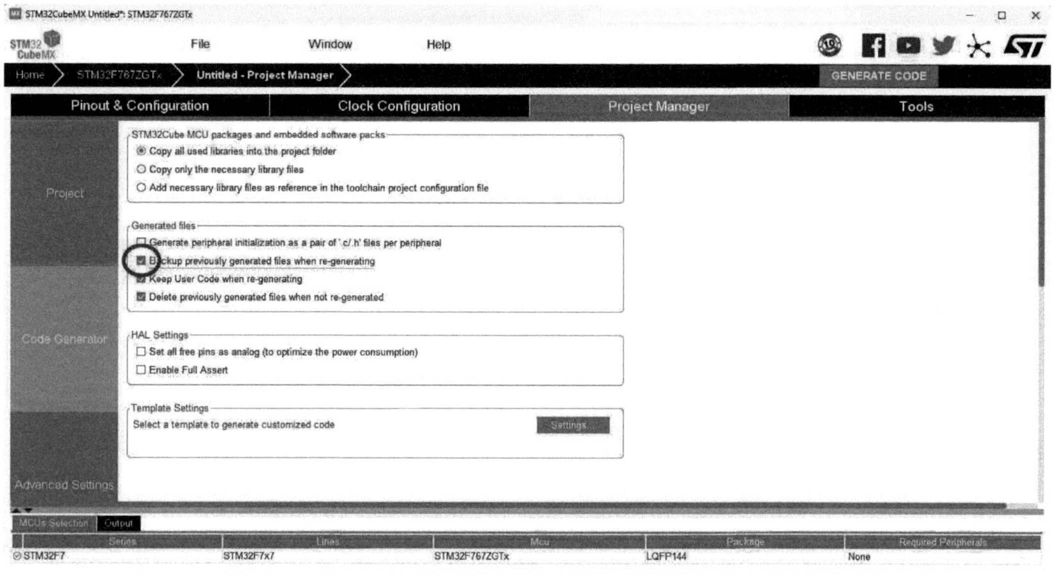

그림 4-4-23 'Backup Previously generated file when re-generating' 설정

21) 프로그램의 클럭 설정 : 'System Core' -> 'RCC' HSE를 'BYPASS Clock Source', LSE 'Crystal/Ceramic Resonator' 설정

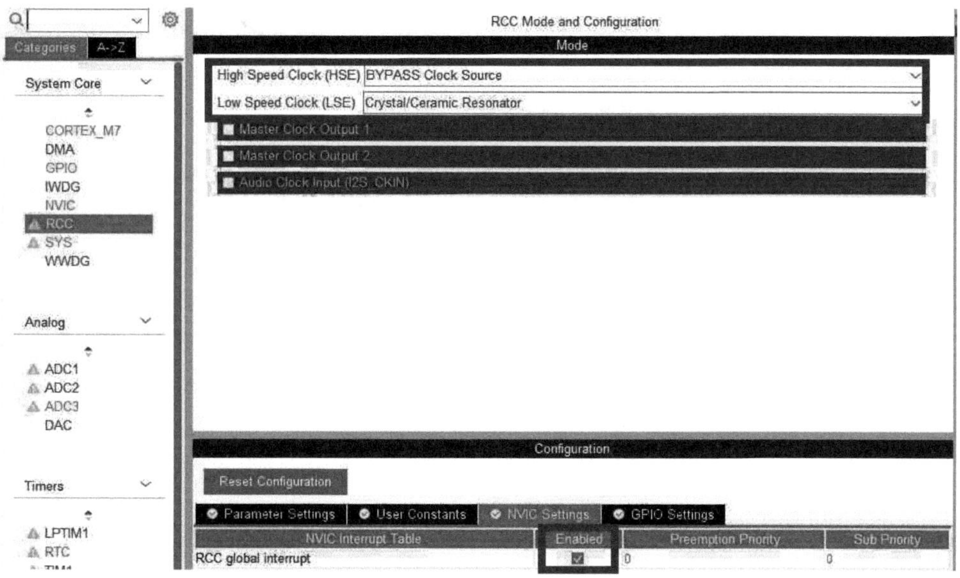

그림 4-4-24 HSE, LSE 설정

22) 프로그램상에서 'RCC_IRQHandler'를 활성화시키기 위한 'Configuration' -> 'NVIC Setting' -> 'Enable' 체크

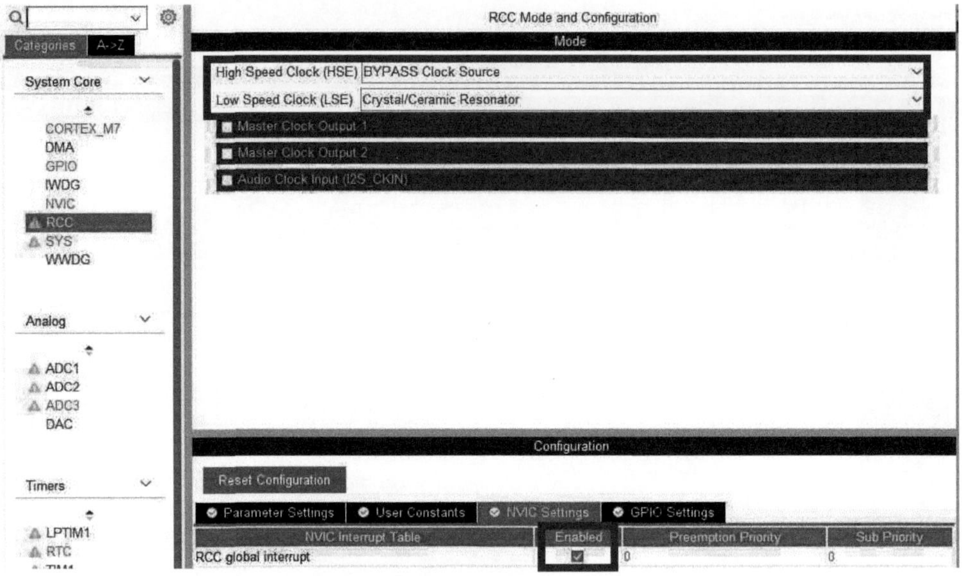

그림 4-4-25 'NVIC' 설정

Mbed Kit는 20MHz (HSE) 외부클럭 오실레이터와 32.768KHz (LSE)외부클럭 크리스탈이며, STM32F767 MCU의 16MHz (HSI) 내부클럭으로 구성되어 있다.

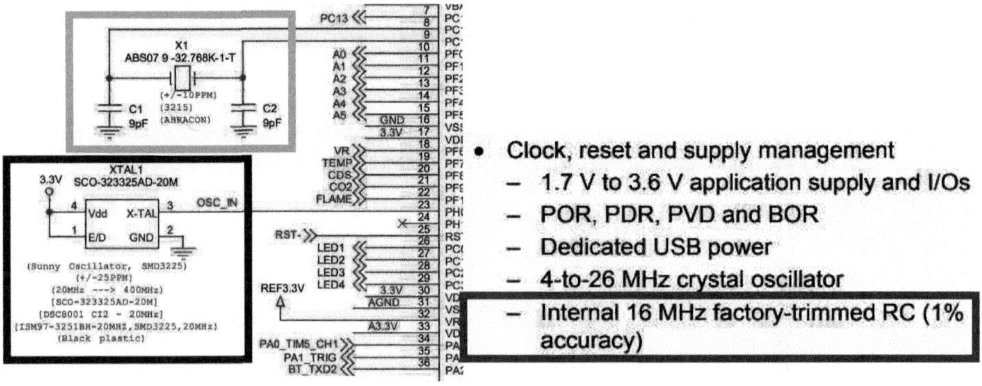

그림 4-4-26 주파수 설정

23) 'Clock Configuration' 창에서 그림 4-4-27과 같은 설정으로 변경

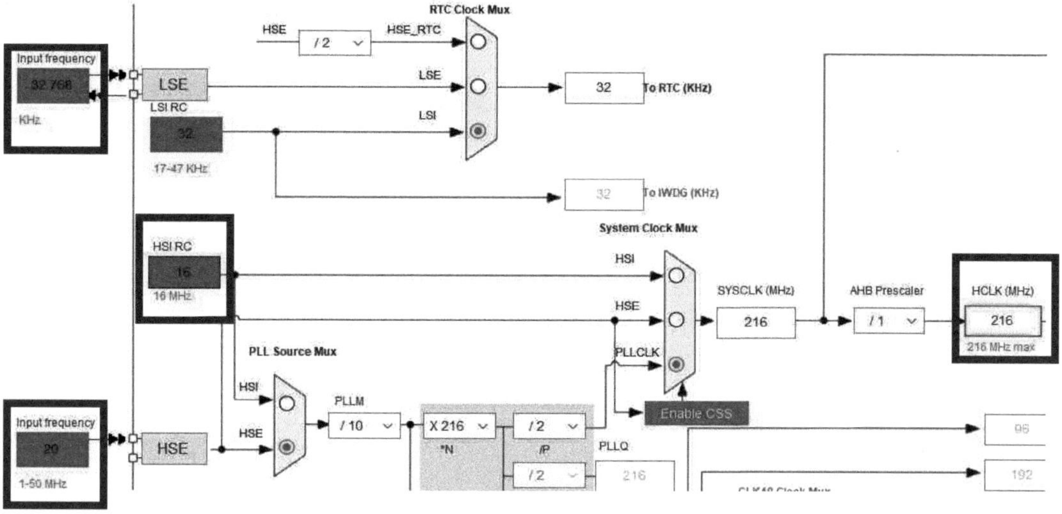

그림 4-4-27 'Clock Configuration' 주파수 값 설정

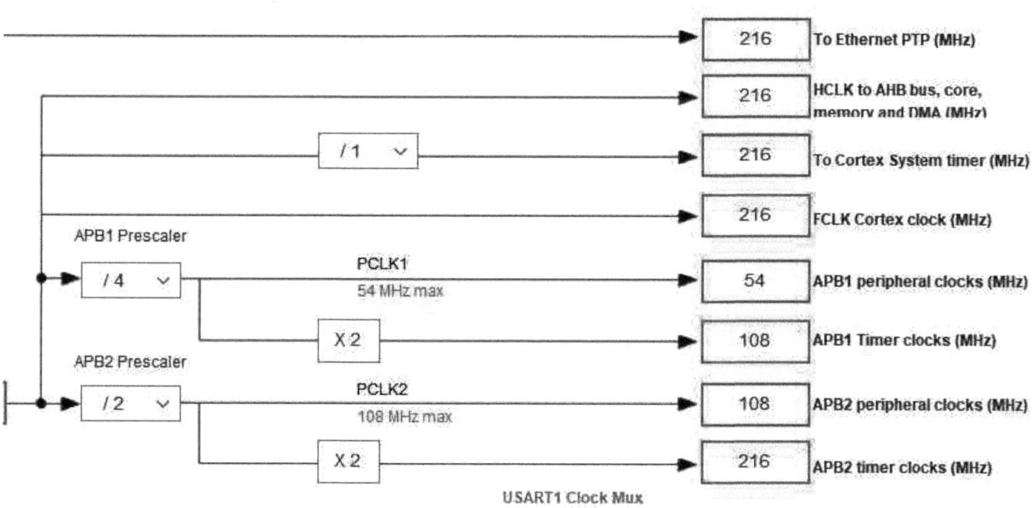

그림 4-4-28 'Clock Configuration' 주파수 값 설정

24) ‘Project Manager’ -> ‘Project’ -> ‘ToolChain / IDE’ -> 각 연결 프로그램에 맞는 실행 프로그램 선택 [IAR = EWARM], [keil = MDK-ARM], [STMCubeIDE = CUBEIDE]

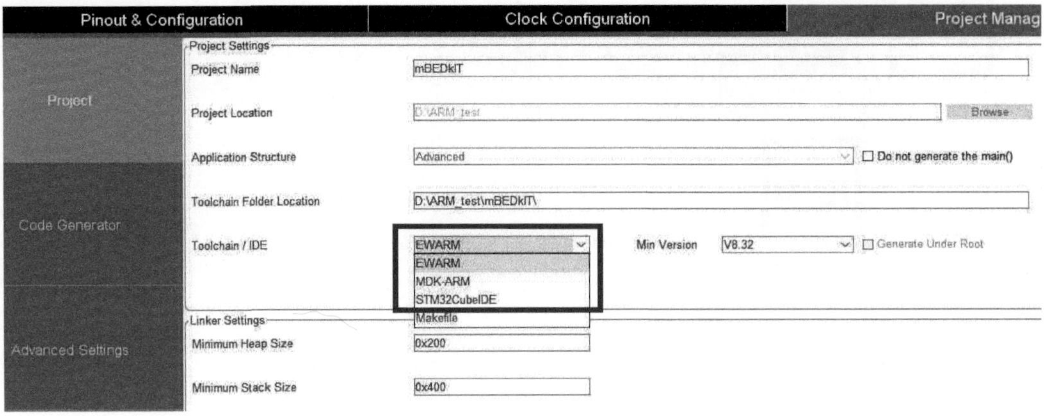

그림 4-4-29 ‘Clock Configuration’ 주파수 값 설정

25) ‘GENERATE CODE’ 실행

그림 4-4-30 ‘GENERATE CODE’

CubeMX -> IAR 실행의 경우

26) 'EWARM' 선택 후 'GENERATE CODE' CubeMX를 통한 IAR 프로그램 실행 화면

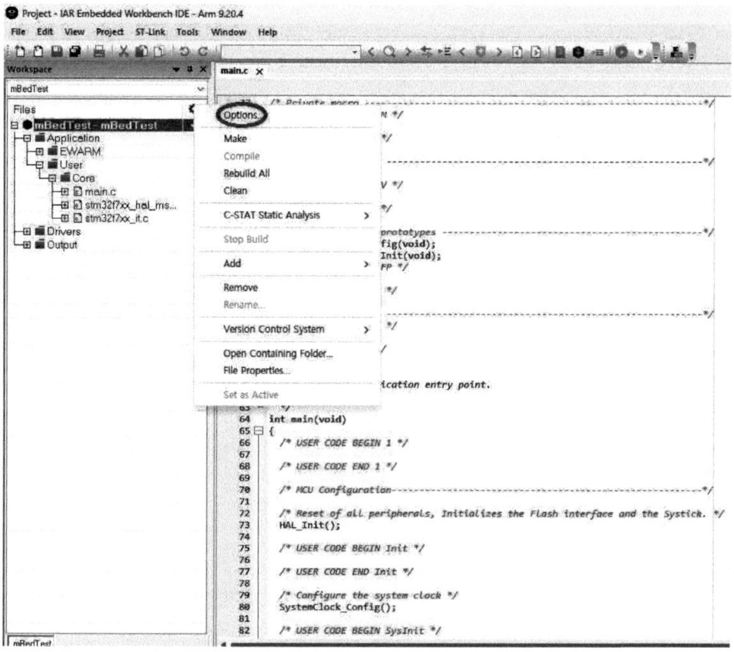

그림 4-4-31 IAR 프로그램 실행

27) 'C/C++ Compiler' -> 'Optimizations' -> 'None'을 선택하여 프로그램 최적화 기능을 비활성화시킨다.

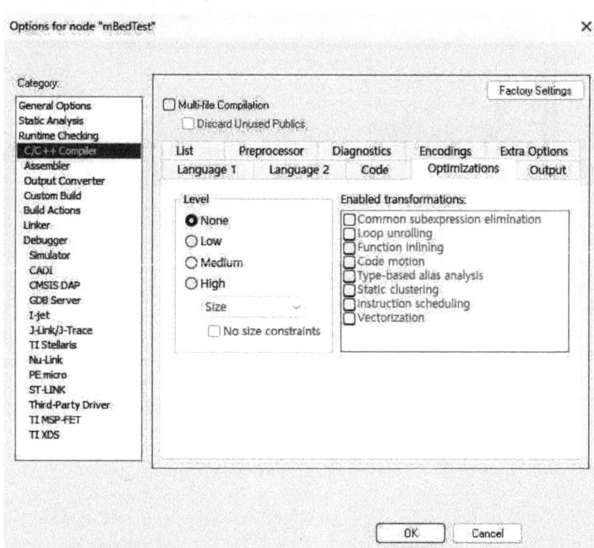

그림 4-4-32 프로그램 최적화 기능 비활성화

28) ‘Files’ -> 파일 이름 우클릭 -> “Rebuild All”

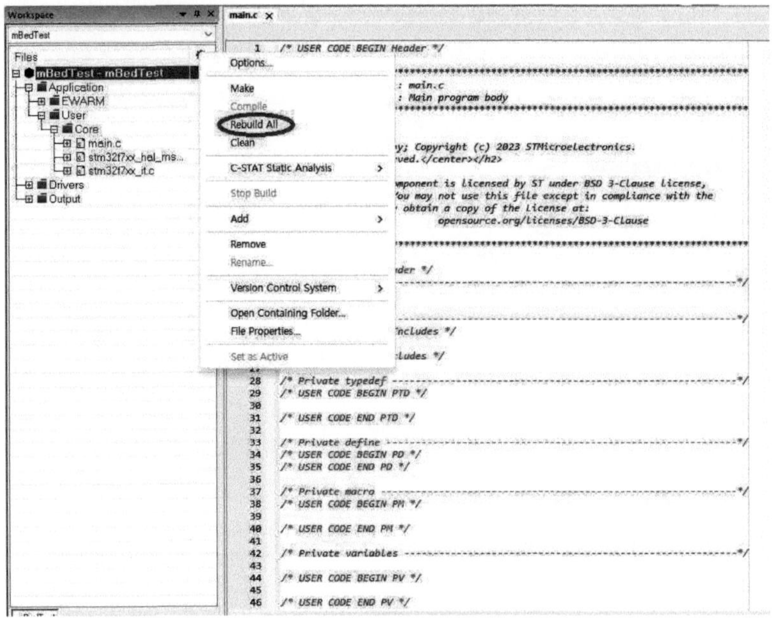

그림 4-4-33 “Rebuild all”

29) Rebuild의 error: 0 warnings: 0 확인 후 그림 4-4-35의 ‘Download and Debug’ 클릭하여 Mbed Kit에 프로그램을 다운로드해준다.

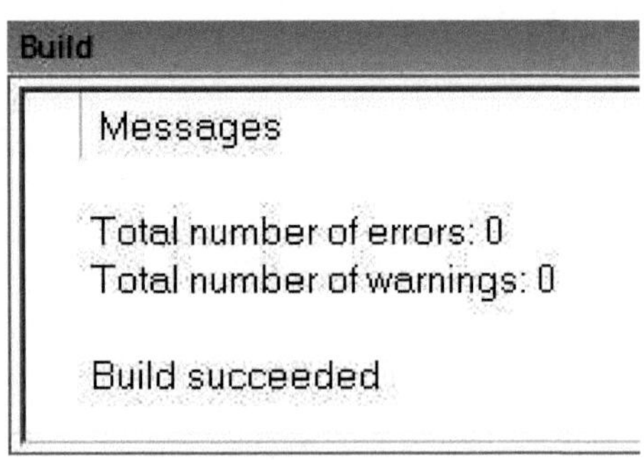

그림 4-4-34 ‘Build’

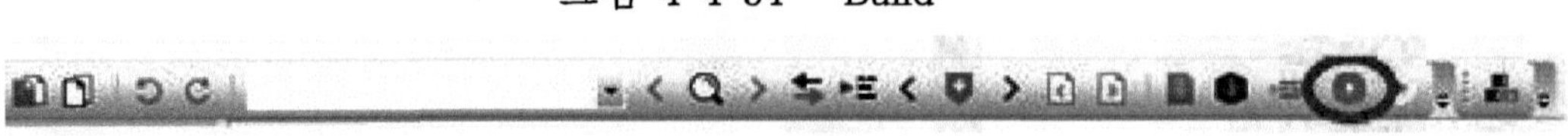

그림 4-4-35 ‘Download’

30) 'Download' 후 시스템의 클럭을 확인하기 위해 'View' -> 'Live Watch' 클릭한다. 다음으로 그림 4-4-37에서 <Click to add> 클릭 후 'SystemCoreClock' 입력하면 'Value' 에서 16MHz를 확인할 수 있다.

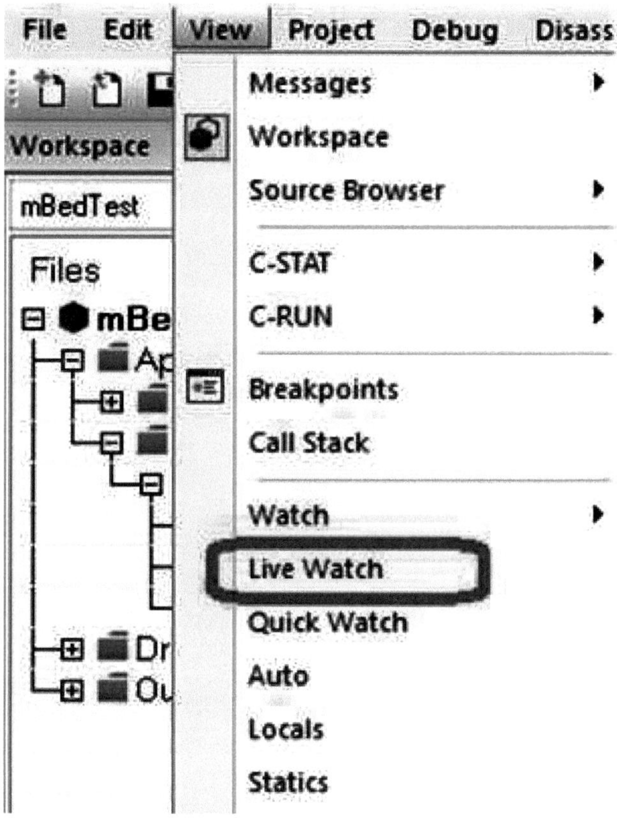

그림 4-4-36 'Download'

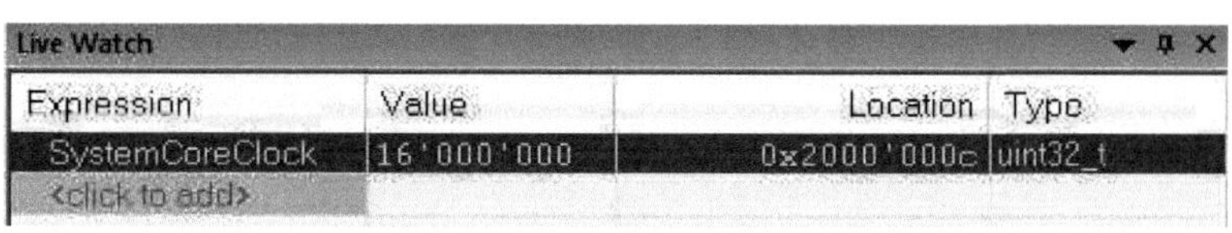

그림 4-4-37 'Download' 후 Live Watch 표시화면

31) IAR 프로그램으로 이미 만들어진 프로젝트 파일을 다음과 같이 'EWARM' -> 'Project' 클릭하여 파일을 연다.

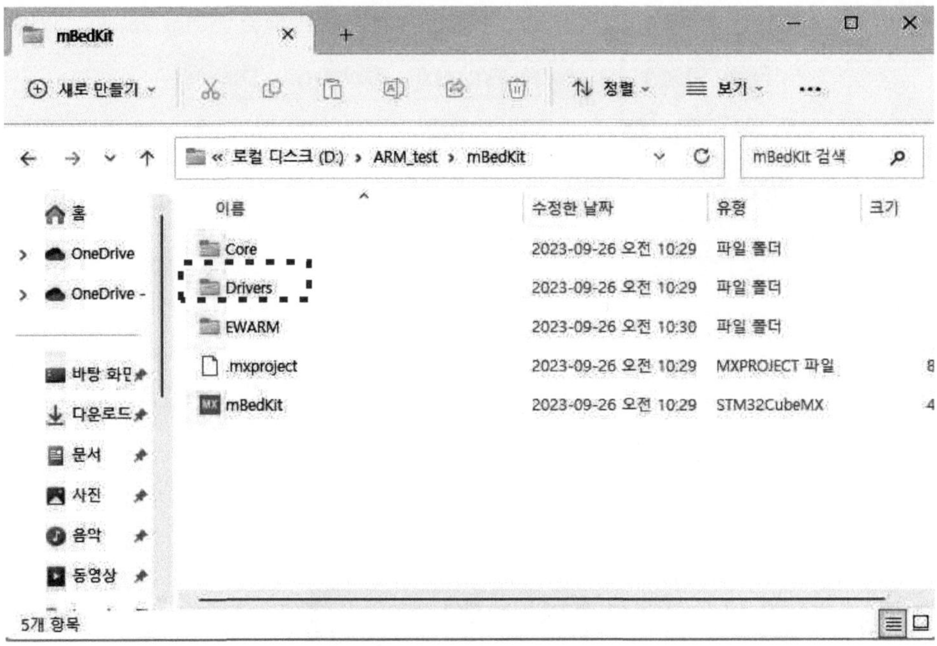

그림 4-4-38 'EWARM'

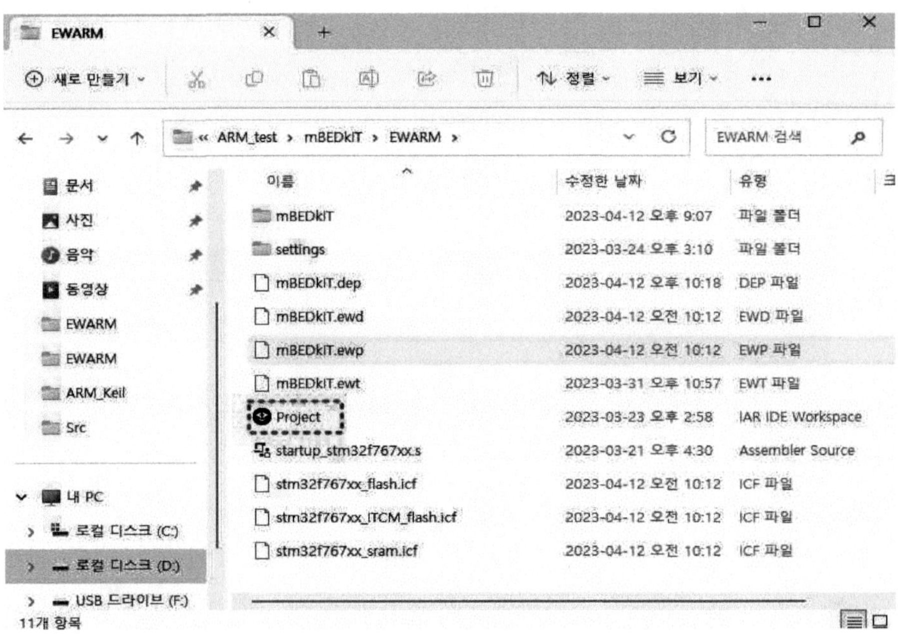

그림 4-4-39 'Project'

CubeMX -> Keil 실행의 경우

32) 'Project manager' -> 'Project' -> 'Toolchain / IDE' -> 'MDK-ARM' 클릭

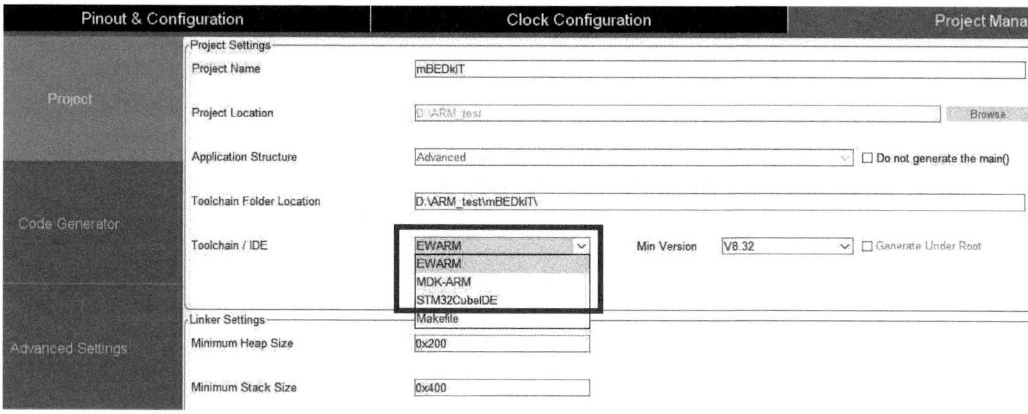

그림 4-4-40 'Project' 시작

32) CubeMX를 통한 Keil 프로그램 실행 화면

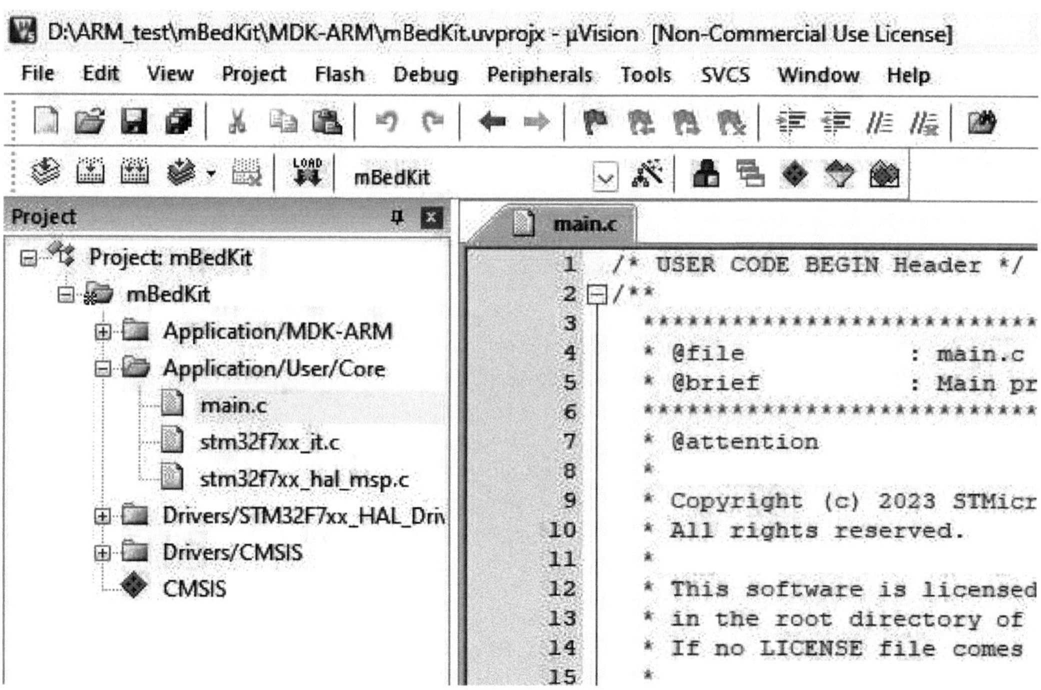

그림 4-4-41 'Project' 실행

33) ARM 컴파일러를 사용하기 위해 '프로젝트 이름' 우클릭 -> 'Options for Target' 클릭

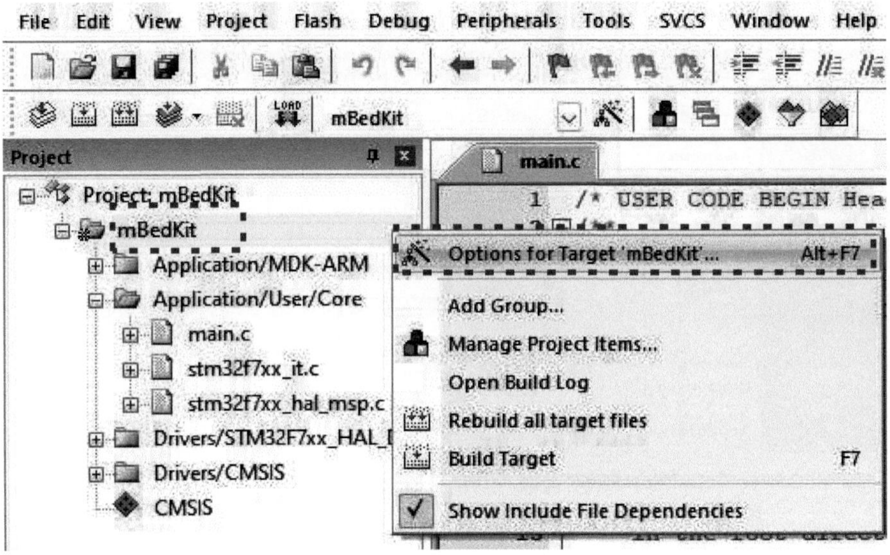

그림 4-4-42 'Project' Target 설정

34) 'Target' -> 'ARM Compiler' -> 'Use default compiler version 6' 클릭

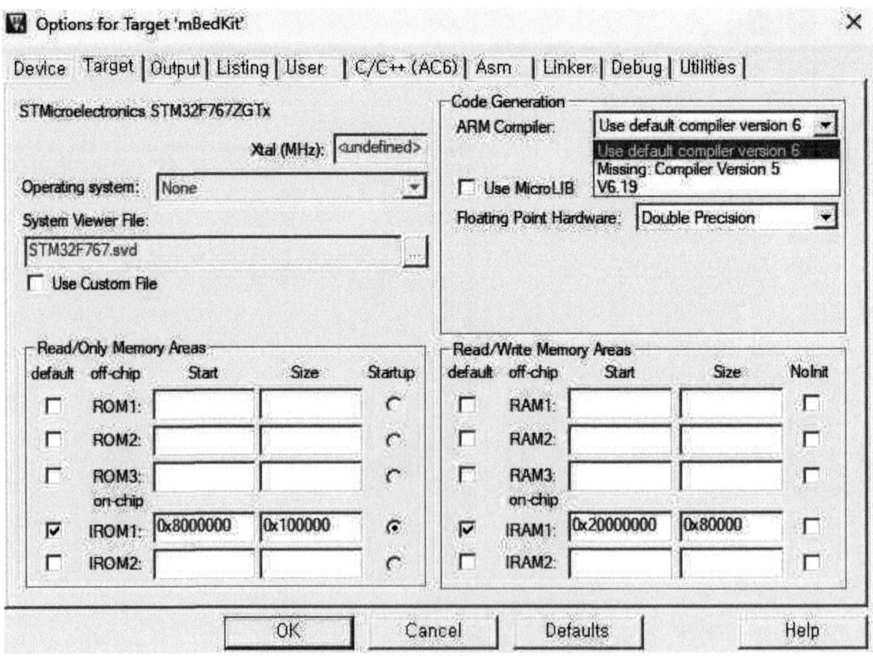

그림 4-4-43 'Compiler version 6'

35) ‘main.c’ 우클릭 -> ‘Build Target’ 클릭

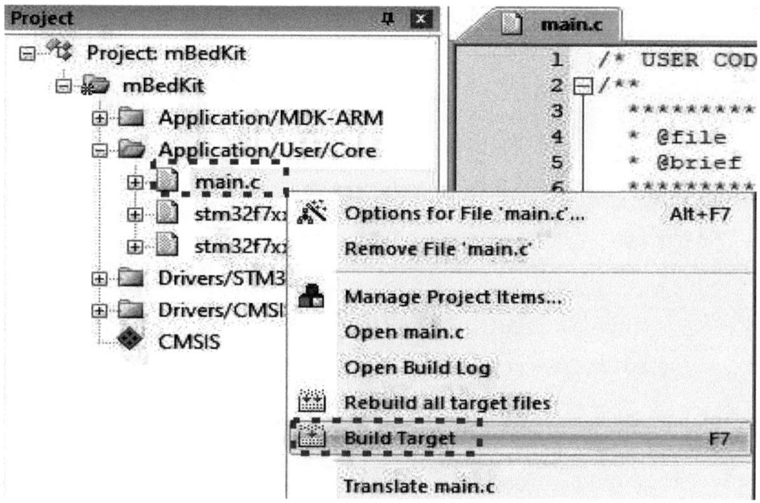

그림 4-4-44 Build

36) 에러 체크

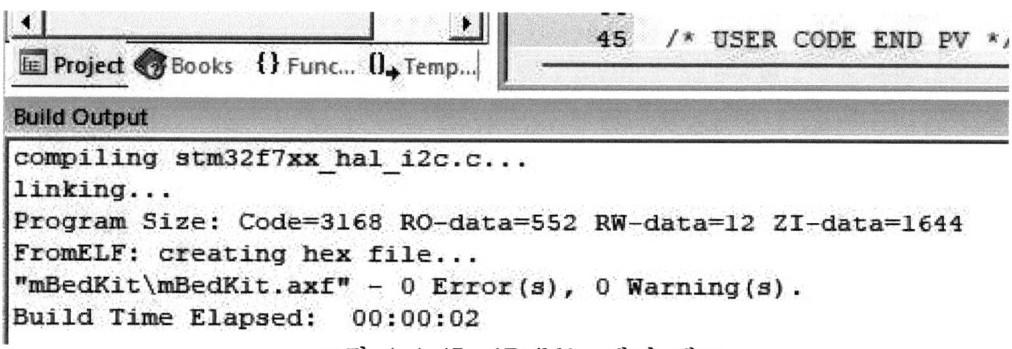

그림 4-4-45 ‘Build’ 에러 체크

제5장 HAL 드라이버

5.1 HAL 드라이버의 개요

드라이버란 하드웨어와 운영체제를 연결해주는 장치이다. 정확한 명칭은 Device 드라이버 또는 Hardware 드라이버이다.

드라이버 없이는 컴퓨터가 Hardware 디바이스들과 정확하게 데이터 읽고 쓰기(Read/Write)가 불가능하다. Device마다 적합한 드라이버가 설치되어야 하는데 그렇지 않게 된다면 Device는 적절하게 기능을 할 수 없다.

하드웨어의 경우 종류가 다양할 뿐 아니라 같은 역할을 하는 하드웨어라고 하여도 제조사에 따라 구동 방식, 기능들이 차이가 난다. 이처럼 다양한 하드웨어가 컴퓨터에서 잘 작동하도록 하기 위해서는 구동 방식, 기능, 특성들이 담겨있는 정보가 설치되어야 한다. 이를 '드라이버'라 부른다.

마이크로소프트사의 운영체제 윈도우의 경우 굳이 설치할 필요 없이 필요한 드라이버를 이미 내장하고 있다.

이 경우 사용자가 직접 필요한 드라이버를 설치할 필요가 없다. 이것과 비슷한 개념이 '플러그 앤 플레이' 이다. 말 그대로 장치가 plug 되자마자 컴퓨터를 인식하여 구동한다. 마우스나 키보드 같은 간단한 하드웨어들을 보면 들어가자마자 자동으로 드라이버가 컴퓨터에 전송 설치된다는 의미다. 즉 하드웨어 자체가 드라이버를 내장하고 있다는 것이다.

MCU의 주변 장치를 제어하는 등의 동작은 HAL(Hardware Abstraction Layer)에 의해 제어된다. HAL은 여러 개의 파일들이 있고, 이 파일의 묶음을 HAL 드라이버라 부른다. HAL 드라이버는 여러 가지 주변 장치의 설정을 위한 데이터 구조체와 주변 장치의 구동을 위한 API 함수가 포함되어 있는 여러 개의 파일로 구성되어 있다.

5.1.1 HAL 드라이버의 약자

ADC : Analog-to-Digital Converter
ANSI : American National Standards Institute
API : Application Programming Interface
BSP : Board Support Package
CAN : Controller Area Network
CEC : Consumer Electronic Controller
CMSIs : Cortex Microcontroller Software Interface Standard
CPU : Central Processing controller
CRC : CRC Calculation Unit
DAC : Digital to Analog Converter
DMA : Direct Memory Access
ETH : Ethernet Controller
EXTI : External Interrupt/Event Controller
FLASH : Flash Memory
GPIO : General Purpose I/Os
HAL : Hardware Abstraction layer
I2C : Inter-Integrated Circuit
I2s : Inter-Integrated sound
IRDA : InfraRed Data Association
IWDG : Independent Watchdog
LCD : Liquid Crystal Display controller
MSP : MCU Specific Package
NAND : NAND Flash Memory
NOR : Nor Flash Memory
NVIC : Nested Vectord Interrupt Controller
PCD : USB Peripheral Controller Driver
PPP : STM32 Peripheral Or Block
PWR : Power Controller
RCC : Reset and Clock
SD : Secure Digital
SRAM : SRAM external memory
SMARTCARD : Smartcard IC
SPI Serial : Peripheral Interface
SysTick : System Tick Timer
Tim : Advaned-Control, General-Purpose or Basic timer
UART : Universal Asynchronous Receiver/Transmitter
USART : Universal synchronous receiver/Transmitter
USB : Universal Serial Bus

5.1.2 HAL 드라이버용 데이터 구조체

1) HAL 드라이버용 데이터 구조체 : HAL 드라이버에는 여러 가지 주변 장치의 설정을 위한 데이터 구조체와 주변 장치의 구동을 위한 API 함수가 포함되어 있는 여러 개의 파일로 구성되어 있다.

HAL 드라이버는 주변 장치의 구동을 위해 다음 종류의 데이터 구조체를 지닌다.
- 주변 장치 핸들링용 구조체
- 초기화 및 동작 조건 설정용 구조체
- 작업 수행용 구조체

항목	설명	형태	예시	기타
주변장치 핸들 구조체 (Peripheral handle structure)	주변장치/모듈의 설정, 레지스터 등과 관련된 사항을 다루기 위한 용도로 사용된다.	PPP_HandleTypeDef*handle	TIM_HandleTypeDef (타이머 핸들 구조체)	GPIO SYSTICK, NVIC PWR,RCC,FLASH 는 핸들 구조체 사용 안함
초기화 및 동작조건 설정용 구조체	주변장치의 초기화 및 동작조건 설정을 위해 사용된다.	PPP_InitTypeDef *handle	GPIO_InitTypeDef (GPIO 초기화 및 동작 조건 설정 구조체)	X
작업 수행용 구조체	특정한 작업을 수행하기 위해 API함수 내에서 사용되는 구조체이다.	X	HAL_PPP_Process (PPP_HandleTypeDef* hadc, PPP_ProcessConfig* sConfig)	X

그림 5-1-1 HAL 드라이버용 데이터 구조체(직접 만들기)

2) 주변 장치 핸들 구조체(Peripheral Handle Structures)

주변 장치 핸들 구조체는 주변 장치/모듈의 설정, 레지스터 등과 관련된 사항을 다루기 위한 용도로 사용된다. 이 구조체는 다음과 같은 형태의 이름을 가진다.

- PPP_HandleTypeDef *handle

- 주변 장치 핸들 구조체의 예 : 대표적으로 많이 쓰이는 타이머 핸들 구조체인 TIM_HandleType의 정의는 다음과 같다. 이것은 stm32f7xx_hal_tim.h에 정의되어 있다.

- <stm32f7xx_hal_tim.h> 해더 파일의 위치 찾아보기 : Mbed Kit 파일 -> Driver -> STM32F7xx_HAL_Driver -> Inc(헤더 파일이 모여져 있음) -> stm32f7xx_hal_tim 클릭

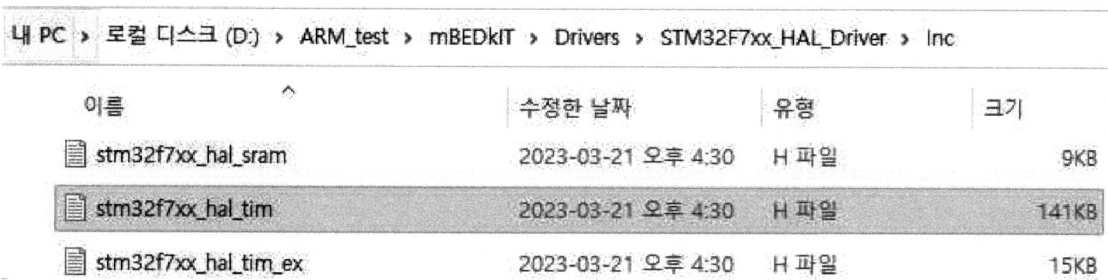

그림 5-1-2 HAL_Driver 파일 위치 찾기

```
typedef struct
{
  uint32_t Prescaler;         /*!< Specifies the prescaler value used to divide the TIM clock.
                                   This parameter can be a number between Min_Data = 0x0000 and Max_Data = 0xFFFF */

  uint32_t CounterMode;       /*!< Specifies the counter mode.
                                   This parameter can be a value of @ref TIM_Counter_Mode */

  uint32_t Period;            /*!< Specifies the period value to be loaded into the active
                                   Auto-Reload Register at the next update event.
                                   This parameter can be a number between Min_Data = 0x0000 and Max_Data = 0xFFFF.  */

  uint32_t ClockDivision;     /*!< Specifies the clock division.
                                   This parameter can be a value of @ref TIM_ClockDivision */

  uint32_t RepetitionCounter;  /*!< Specifies the repetition counter value. Each time the RCR downcounter
                                    reaches zero, an update event is generated and counting restarts
                                    from the RCR value (N).
                                    This means in PWM mode that (N+1) corresponds to:
                                        - the number of PWM periods in edge-aligned mode
                                        - the number of half PWM period in center-aligned mode
                                     GP timers: this parameter must be a number between Min_Data = 0x00 and
                                     Max_Data = 0xFF.
                                     Advanced timers: this parameter must be a number between Min_Data = 0x0000 and
                                     Max_Data = 0xFFFF. */

  uint32_t AutoReloadPreload;  /*!< Specifies the auto-reload preload.
                                   This parameter can be a value of @ref TIM_AutoReloadPreload */
} TIM_Base_InitTypeDef;
```

그림 5-1-3 STM32F7xx_HAL_TIM_H 구조체

단, 다음의 주변 장치들은 핸들 구조체를 사용하지 않는다.

- GPIO, FLASH
- SYSTICK, NVIC, RWR, RCC

3) 초기화 및 동작 조건 설정용 구조체

이 구조체는 주변 장치의 초기화 및 동작 조건 설정을 위한 것이다. 이 구조체는 다음과 같은 형태의 이름을 지닌다.

- PPP_InitTypeDef *handle

- 초기화 및 동작 조건 설정용 구조체의 예 : GPIO의 초기화 및 동작 조건 설정용 구조체인 GPIO_InitTypeDef의 정의는 다음과 같다. 이것은 stm32f7xx_hal_gpio.h에 정의되어 있다.

- <stm32f7xx_hal_gpio.h> 해더 파일의 위치 찾아보기 : Mbed Kit 파일 -> Driver -> STM32F7xx_HAL_Driver -> Inc(헤더 파일이 모여져 있음) -> stm32f7xx_hal_gpio 클릭

```
typedef struct
{
  uint32_t Pin;       /*!< Specifies the GPIO pins to be configured.
                           This parameter can be any value of @ref GPIO_pins_define */

  uint32_t Mode;      /*!< Specifies the operating mode for the selected pins.
                           This parameter can be a value of @ref GPIO_mode_define */

  uint32_t Pull;      /*!< Specifies the Pull-up or Pull-Down activation for the selected pins.
                           This parameter can be a value of @ref GPIO_pull_define */

  uint32_t Speed;     /*!< Specifies the speed for the selected pins.
                           This parameter can be a value of @ref GPIO_speed_define */

  uint32_t Alternate;  /*!< Peripheral to be connected to the selected pins.
                            This parameter can be a value of @ref GPIO_Alternate_function_selection */
}GPIO_InitTypeDef;
```

그림 5-1-4 STM32F7xx_HAL_GPIO_H 구조체

5.1.3 HAL 일반 API와 HAL 확장 API

1) HAL 일반 API : 모든 STM32 디바이스에 공통적으로 적용되는 일반적인 함수를 가리키며 종류는 다음과 같다.

항목	함수 종류	설명	예시
초기화/초기화 해제 함수	HAL_PPP_Init() HAL_PPP_DeInit()	-주변 장치를 초기화하고 클럭, GPIO, 대체 기능, DMA 인터럽트 등의 LOW- Level 자원을 설정함 -주변 장치를 디폴트 상태로 복귀시키고 LOW-Level 자원의 설정을 해제한다.	HAL_GPIO_Init(), HAL_GPIO_DeInit()(GPIO의 초기화, 초기화 해제
입출력 함수	HAL_PPP_Read() HAL_PPP_Write() HAL_PPP_Transmit()	이 함수는 주변 장치의 입출력을 하는 함수다.	HAL_GPIO_ReadPin( ), HAL_GPIO_WritePin (), (GPIO의 입출력)
제어 함수	HAL_PPP_Set() HAL_PPP_Get()	이 함수는 주변 장치의 설정을 동적으로 변경하거나, 다른 동작 모드로 전환할 때 사용한다.	
상태 및 에러 함수	HAL_PPP_GetState() HAL_PPP_GetError()	이 함수는 실행 도중에 주변 장치의 상태와 데이터의 상태를 알아보거나, 에러가 발생할 경우 에러의 종류를 알아보는 데에 사용하는 함수이다	

그림 5-1-5 HAL 일반 API

2) HAL 확장 API : 특정 모델의 MCU에서만 동작하는 함수로, 또는 특정한 기능을 하는 함수를 모아둔 것이다. *확장 API 파일명은 stm32f7xxhal_ppp_ex.c의 형태를 가진다.

항목	설명	예시
특정 패밀리 관련 API	특정 패밀리에 적용되는 API로 옆은 ADC에 대한 특정 패밀리 관련 API 보여준다.	HAL_StatusTypeDef HAL_ADCEx_Calibration-Start(ADC_HandleTypeDef*hadc,uint32_t_tSingleDiff);
특정 디바이스 관련 API	특정 디바이스에 적용되는 API로 옆은 ADC에 대한 특정 디바이스 API를 보여준다.	

그림 5-1-6 HAL 확장 API

3) HAL 인터럽트 핸들러 및 콜백(Callback) 함수

HAL 라이브러리에서 사용자 콜백 함수는 약한 속성(Weak attribute)을 가지는 빈 함수로 정의되어 있어 이 함수는 반드시 사용자가 직접 작성하는 소스코드 내에서 재정의되어야 하며, 이 재정의되는 함수 내에 원래의 함수가 처리해야 하는 내용을 작성하면 된다. 사용자 콜백 함수는 3가지 종류가 존재한다.

함수	종류	설명	예시
HAL_PPP_MspInit()	주변 장치 초기화/초기화 해제용	주변 장치의 초기화를 하는 HAL_PPP_Init() 함수가 이 함수를 호출한다.	HAL_USART_MspInit()
HAL_PPP_ProcessCpltCallback()	프로세스 완료 시 호출용	주변 장치나 DMA 인터럽트 핸들러가 작업을 완료했을 때 이 함수를 호출한다.	HAL_USART_TxCpltCallback()
HAL_PPP_ErrorCallback()	에러 발생 시 호출용	주변 장치나 DMA 인터럽트 핸들러에서 에러가 발생한 경우 이 함수를 호출한다.	HAL_USART_ErrorCallback

그림 5-1-7 사용자 콜백 함수

5.2 시스템 주변장치 구동용 HAL API 함수

1) 클럭(Clock)

- HAL_RCC_OscConfig() : 클럭 소스를 설정하고, 클럭 소스의 주파수를 조절할 수 있는 함수다. 주로 외부 크리스탈 오실레이터 (HSE), 내부 RC 오실레이터 (HSI), 혹은 PLL (Phased-Locked Loop)을 설정하기 위해 사용된다.

- HAL_RCC_ClockConfig() : 클럭 구성을 변경하고 클럭 설정을 적용하기 위한 함수다. 시스템 클럭 (SYSCLK), APB1 및 APB2 버스 클럭, AHB 버스 클럭 등의 클럭 구성을 변경할 때 사용된다.

- HAL_RCC_GetSysClockFreq() : 현재 시스템 클럭 (SYSCLK) 주파수를 반환하는 함수다.

- HAL_RCC_GetPCLK1Freq() : 현재 APB1 버스 클럭 주파수를 반환하는 함수다.

- HAL_RCC_GetPCLK2Freq() : 현재 APB2 버스 클럭 주파수를 반환하는 함수다.

- HAL_RCC_GetHCLKFreq() : 현재 AHB 버스 클럭 주파수를 반환하는 함수다.

- HAL_RCC_GetOscConfig() : 현재 클럭 소스 및 주파수 설정을 가져오는 함수다.

- HAL_RCC_DeInit() : 클럭 설정을 초기화하고 기본 클럭 설정으로 돌아가는 함수다.

- RCC 블록의 레지스터 설정을 위해 다음과 같은 매크로(macro)가 있다. 이것은 stm32f7xx_hal_rcc.h과 stm32f7xx_hal_ex.h에 정의되어 있다.

  · __PPP_CLK_ENABLE/__PPP_CLK_DISABLE
  · __PPP_FORCE_RESET/__PPP_RELEASE_RESET
  · __PPP_CLK_SLEEP_ENABLE/__PPP_CLK_SLEEP_DISABLE : 저전력

2) NVIC와 SysTick 타이머

이 함수들은 stm32f7xx_hal_cortex.c에 구현되어 있다.

- NVIC_EnableIRQ(IRQn_Type IRQn) : 지정된 인터럽트를 활성화하는 함수다. IRQn 매개변수에는 활성화하려는 인터럽트를 나타내는 인터럽트 번호가 전달된다.
  ex) NVIC_EnableIRQ(USART1_IRQn); // USART1 인터럽트 활성화

- NVIC_DisableIRQ(IRQn_Type IRQn) : 지정된 인터럽트를 비활성화하는 함수다. IRQn 매개변수에는 비활성화하려는 인터럽트를 나타내는 인터럽트 번호가 전달된다.
  ex) NVIC_DisableIRQ(TIM2_IRQn); // TIM2 인터럽트 비활성화

- NVIC_SetPriority(IRQn_Type IRQn, uint32_t PriorityGroup, uint32_t PreemptPriority, uint32_t SubPriority) : 인터럽트의 우선순위를 설정하는 함수다. IRQn 매개변수에는 우선순위를 설정할 인터럽트를 나타내는 인터럽트 번호가 전달되며, PreemptPriority 및 SubPriority 매개변수를 사용하여 우선순위를 설정한다.
  ex) NVIC_SetPriority(USART2_IRQn, 2, 0); // USART2 인터럽트의 우선순위를 설정

- NVIC_SystemReset() : 시스템을 리셋하는 함수다. 이 함수를 호출하면 마이크로컨트롤러가 리셋된다.
  ex) NVIC_SystemReset(); // 시스템 리셋

- SysTick_Config(uint32_t ticks) : SysTick 타이머를 구성하고 설정하는 함수다. ticks 매개변수에는 SysTick 카운터가 몇 클록 주기마다 증가할지를 나타내는 값을 설정한다.
  ex) SysTick_Config(SystemCoreClock / 1000); // 1ms마다 SysTick 인터럽트 발생 설정

- SysTick->CTRL : SysTick 타이머 제어 레지스터에 직접 액세스하여 SysTick 동작을 제어할 수 있다.
  ex) SysTick->CTRL |= SysTick_CTRL_ENABLE_Msk; // SysTick 타이머 활성화

- SysTick->VAL : 현재 SysTick 카운터 값을 읽어오는 데 사용한다. 주로 시간 측정에 사용된다.
  ex) uint32_t currentTick = SysTick->VAL; // 현재 SysTick 카운터 값 읽기
- SysTick_Handler() : SysTick 타이머 인터럽트 핸들러 함수다. SysTick 인터럽트가 발생하면 이 함수가 호출되어 사용자 정의 코드를 실행할 수 있다.
  ex) void SysTick_Handler(void) // SysTick 인터럽트 처리

3) 전원(PWR : Power)

PWR HAL 드라이버는 전원 관리를 위해서 사용된다.

- HAL_PWR_EnterSLEEPMode(uint32_t Regulator, uint8_t SLEEPEntry) : 저전력 Sleep 모드로 들어가는 함수다. Regulator 매개변수는 전원 공급 기능을 선택하며, SLEEPEntry 매개변수는 Sleep 모드로 진입할 때 외부 인터럽트 활성화 여부를 지정한다.
  ex) HAL_PWR_EnterSLEEPMode(PWR_MAINREGULATOR_ON, PWR_SLEEPENTRY_WFI);

- HAL_PWR_EnterSTOPMode(uint32_t Regulator, uint8_t STOPEntry) : 저전력 Stop 모드로 들어가는 함수이다. Regulator 매개변수는 전원 공급 기능을 선택하며, STOPEntry 매개변수는 Stop 모드로 진입할 때 외부 인터럽트 활성화 여부를 지정한다.
  ex) HAL_PWR_EnterSTOPMode(PWR_MAINREGULATOR_ON, PWR_STOPENTRY_WFI);

- HAL_PWR_EnterSTANDBYMode(void) : 저전력 Standby 모드로 들어가는 함수다. Standby 모드는 가장 저전력 상태로, 마이크로컨트롤러를 완전히 리셋한다.
  ex) HAL_PWR_EnterSTANDBYMode();

- HAL_PWR_DisableWakeUpPin(uint32_t WakeUpPinx) : Wake-up 핀을 비활성화하는 함수다. Wake-up 핀은 저전력 모드에서 사용자 지정 이벤트로 마이크로컨트롤러를 깨울 때 사용된다.
  ex) HAL_PWR_DisableWakeUpPin(PWR_WAKEUP_PIN1); // Wake-up 핀 1 비활성화

- HAL_PWR_EnableWakeUpPin(uint32_t WakeUpPinx) : Wake-up 핀을 활성화하는 함수다. Wake-up 핀을 활성화하면 해당 핀에서의 신호 변화가 저전력 모드에서 마이크로컨트롤러를 깨울 수 있다.
  ex) HAL_PWR_EnableWakeUpPin(PWR_WAKEUP_PIN1); // Wake-up 핀 1 활성화

제 2 부 Cortex-M 기초

제6장 GPIO를 이용한 입출력 제어

6.1 범용(General-purpose) 입력과 출력(I/Os)

6.1.1 GPIO의 개요

GPIO는 MUC에서 가장 기본인 입출력 장치로써 0V(LOW), 3.3V(Hgih)가 출력 가능하고, 입력으로 사용 시에는 0V(LOW), 3.3V(Hihg)로 인식한다. 최근 MCU는 출력 전류가 높아져 GPIO로 LED ON/OFF가 가능하다.

1) 레지스터를 통한 I/O 제어

GPIO핀은 MCU의 레지스터를 통해 해당 핀을 MODER 레지스터를 통해 I/O나 다른 다양한 기능 선택이 가능하며, ODR, BSRR 레지스터를 통해 해당 핀에 속한 레지스터를 1 또는 0으로 만들어 HIGH(3.3V), LOW(0V) 상태로 출력시킬 수 있다.

31	30	29	28	27	26	25	24	23	22	21	20	19	18	17	16
MODER15[1:0]		MODER14[1:0]		MODER13[1:0]		MODER12[1:0]		MODER11[1:0]		MODER10[1:0]		MODER9[1:0]		MODER8[1:0]	
rw	rw	rw	rw	rw	rw	rw	rw	rw	rw	rw	rw	rw	rw	rw	rw
15	14	13	12	11	10	9	8	7	6	5	4	3	2	1	0
MODER7[1:0]		MODER6[1:0]		MODER5[1:0]		MODER4[1:0]		MODER3[1:0]		MODER2[1:0]		MODER1[1:0]		MODER0[1:0]	
rw	rw	rw	rw	rw	rw	rw	rw	rw	rw	rw	rw	rw	rw	rw	rw

31	30	29	28	27	26	25	24	23	22	21	20	19	18	17	16
Res.	Res.	Res.	Res.	Res.	Res.	Res.	Res.	Res.	Res.	Res.	Res.	Res.	Res.	Res.	Res.
15	14	13	12	11	10	9	8	7	6	5	4	3	2	1	0
ODR15	ODR14	ODR13	ODR12	ODR11	ODR10	ODR9	ODR8	ODR7	ODR6	ODR5	ODR4	ODR3	ODR2	ODR1	ODR0
rw	rw	rw	rw	rw	rw	rw	rw	rw	rw	rw	rw	rw	rw	rw	rw

그림 6-1-1 I/O 레지스터의 예

2) stm32f7xx_ahl_conf.h 헤더 파일

stm32f 시리즈의 헤더 파일이며 ST에서 제공하는 HAL 라이브러리가 정리되어 있다. CubeMX를 통해 프로젝트 파일을 만들어 해당 MCU의 헤더 파일을 확인할 수 있다.

6.1.2 GPIO 회로도

STM32F767은 최대 8개까지의 입출력 포트(GPIOA ~ GPIOH)를 가지고 있으며, 각 포트는 최대 16개의 입출력 핀을 가진다. 그림 6-1-2와 같이 GPIO는 PMOS, NMOS를 통해 Push-Pull 방식과, Open-Drain 방식을 사용하여 출력된다.

1) 출력 상태 : 푸시-풀(push-pull) 또는 오픈 드레인(open drain) + 풀업/다운 (pull-up/down)
2) 출력 데이터 : 출력 데이터 레지스터(GPIOx_ODR) 또는 주변 장치(대체 기능 출력)
3) 입력 상태 : 플로팅(floating), 풀업/다운(Pull-Up/Down), 아날로그(analog)
4) 내부 풀 업, 풀다운 저항 : 30 ~ 50KΩ

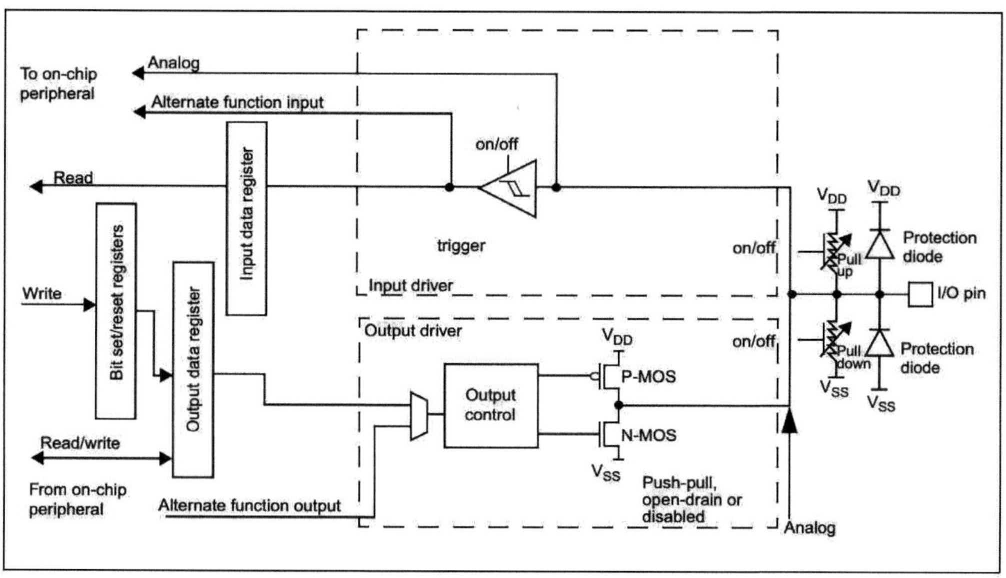

그림 6-1-2 I/O 핀 등가 회로

6.1.3 STM32 GPIO HAL 드라이버

1) 용어 정리

- GPIOx : GPIO 핀이 속한 포트 (예 : GPIOA, GPIOB, 등)를 나타낸다.
- GPIO_Init : GPIO_InitTypeDef 형태의 구조체로, GPIO 핀에 대한 초기화 구성을 담고 있다.
- GPIO_InitTypeDef : 구조체는 PIN, Mode, Pull, Speed, Alternate 등으로 정의되어 있다.

2) GPIO(General Purpose I/O : 범용 입출력)

- HAL_GPIO_Init() : GPIO 핀을 초기화하고 설정하는 함수다. 핀의 모드, 속도, 풀업 또는 풀다운 구성 등을 설정할 수 있다.
  ex) HAL_GPIO_Init(GPIO_TypeDef* GPIOx, GPIO_InitTypeDef* GPIO_InitStruct);

- HAL_GPIO_ReadPin() : 지정된 GPIO 핀의 현재 상태를 읽는 함수다. 반환값으로 핀이 활성화되어 있는지 (GPIO_PIN_SET) 또는 비활성화되어 있는지 (GPIO_PIN_RESET) 확인할 수 있다.
  ex) GPIO_PinState HAL_GPIO_ReadPin(GPIO_TypeDef* GPIOx, uint16_t GPIO_Pin);

- HAL_GPIO_WritePin() : 지정된 GPIO 핀의 출력 상태를 설정하는 함수이다. 핀을 활성화 (HIGH) 또는 비활성화 (LOW)할 수 있다.
  ex) void HAL_GPIO_WritePin(GPIO_TypeDef* GPIOx, uint16_t GPIO_Pin, GPIO_PinState PinState);

- HAL_GPIO_TogglePin() : GPIO 핀의 상태를 토글하는 함수이다. 즉, 현재 상태를 반대로 변경한다.
  ex) void HAL_GPIO_TogglePin(GPIO_TypeDef* GPIOx, uint16_t GPIO_Pin);

- HAL_GPIO_DeInit() : 지정된 GPIO 그룹을 초기화하는 함수이다. 주로 GPIO 핀을 기본 상태로 돌려놓을 때 사용한다.
  ex) void HAL_GPIO_DeInit(GPIO_TypeDef* GPIOx, uint16_t GPIO_Pin);

- GPIO는 입출력 이외에 외부 인터럽트(EXTI)의 입력으로도 사용이 가능하다. 다음으로는 EXTI 모드 설정을 위해서 필요한 설정을 보여준다.

· stm32f7xx_it.c 파일에서 HAL_GPIO_EXTI_IRQHandler() 함수 호출
· 인터럽트 수행하는 소스코드 HAL_GPIO_EXTI_Callback() 함수를 main.c 파일에서 구현한다.

6.2 범용 출력 포트를 이용한 LED ON/OFF

본 예제는 LED2와 LED3를 반복적으로 ON/OFF 수행하는 프로그램이다. LED를 ON 시킨 후 일정 시간이 지나면 OFF 시키는 동작을 반복한다.

6.2.1 STM32F767 LED2, ELD3 회로도

mBedKit는 출력용 LED 그림 6-2-1과 같이 MCU 88번 핀(PG3)에 LED3, MCU 89번 핀(PG4)에 LED2가 각각 연결되어 있다.

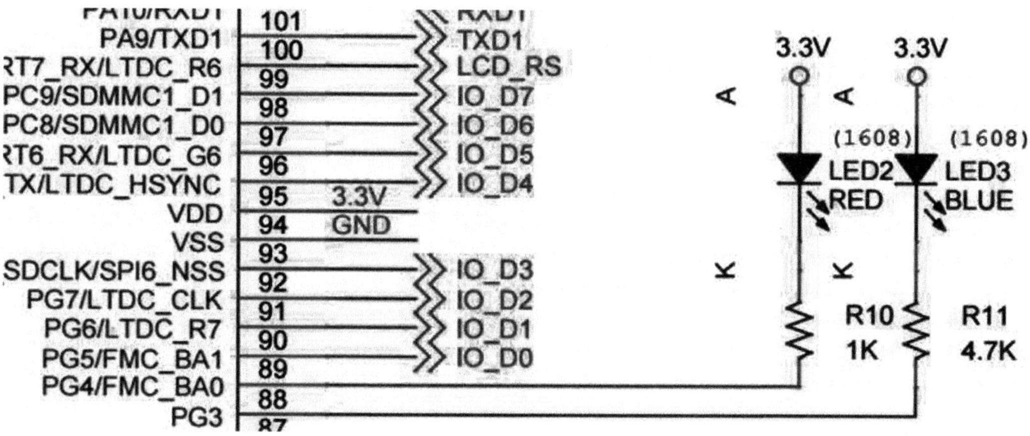

그림 6-2-1 LED2, LED3 회로도

6.2.2 CubeMX GPIO 핀 정의

1) CubeMX GPIO 설정 'PG3' 우클릭 -> 'GPIO_Output' -> 'PG4' -> 'GPIO_Output' 클릭

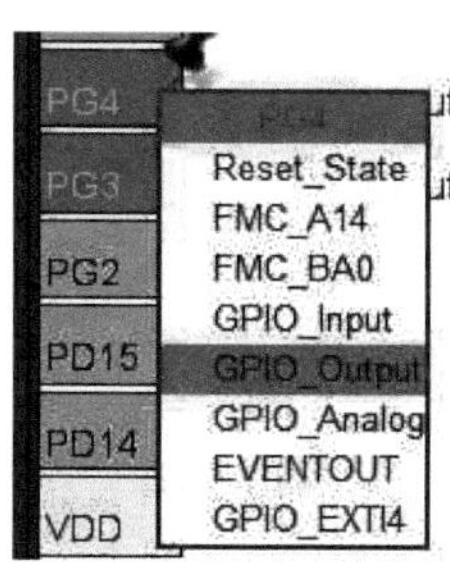

그림 6-2-2 'GPIO_Output' 설정

2) PG3과 PG4의 PinName을 각각 BLUE_LED3, RED_LED2로 입력 -> 'System Core'의 GPIO 설정에서 output level을 High로 설정한다. -> 'GENERATE CODE'

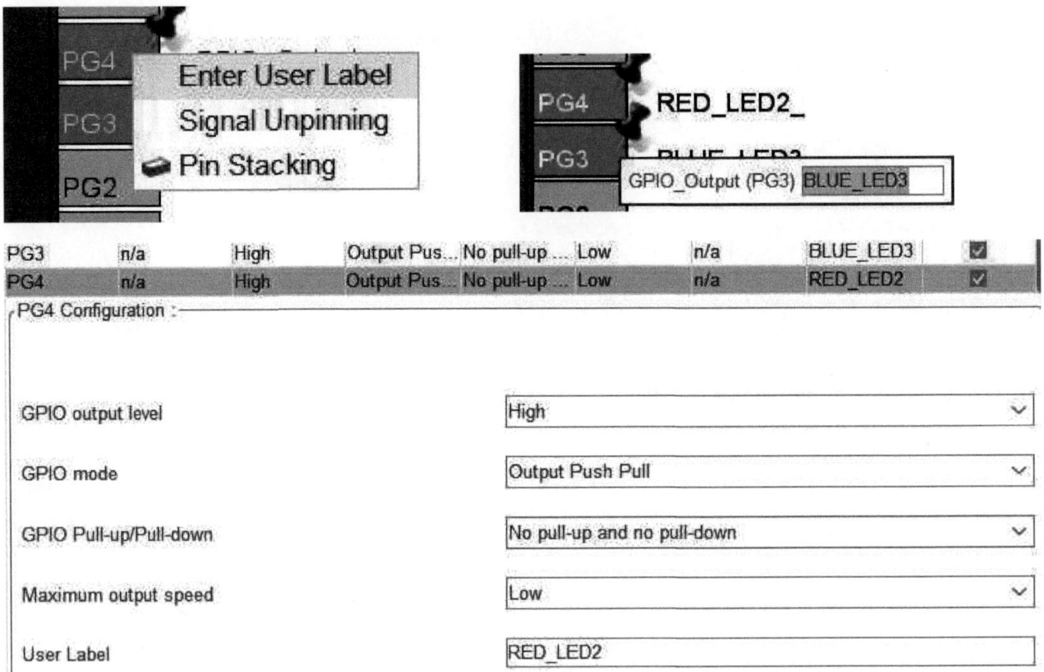

그림 6-2-3 'Enter User Label'

6.2.3 헤더파일 정의

1) PG3, PG4 PIN을 각각 LED3, LED2로 정의 -> "New Document" 클릭

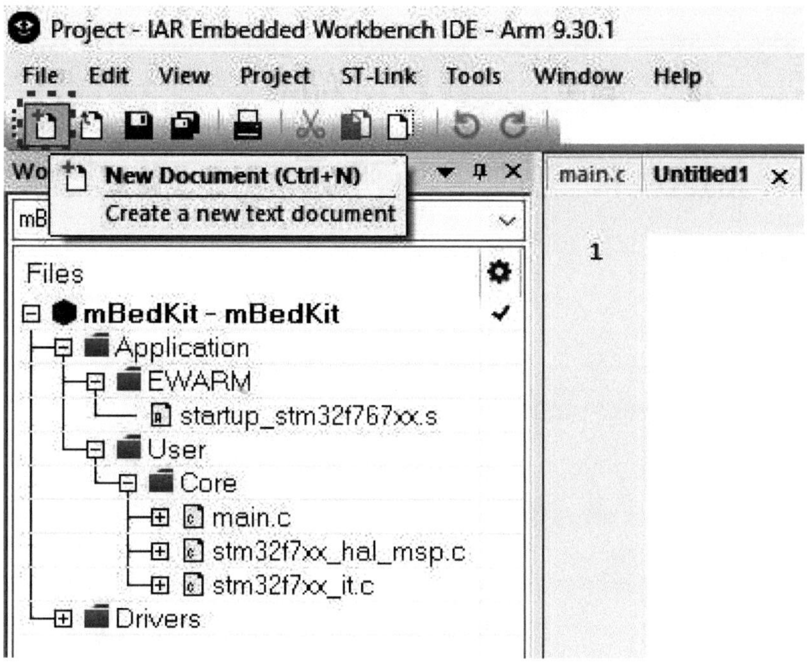

그림 6-2-4 "New Document"

2) 파일의 위치를 정하기 위해 생성된 'Untitled1' 파일 우클릭 -> "Save Untitled1" 클릭

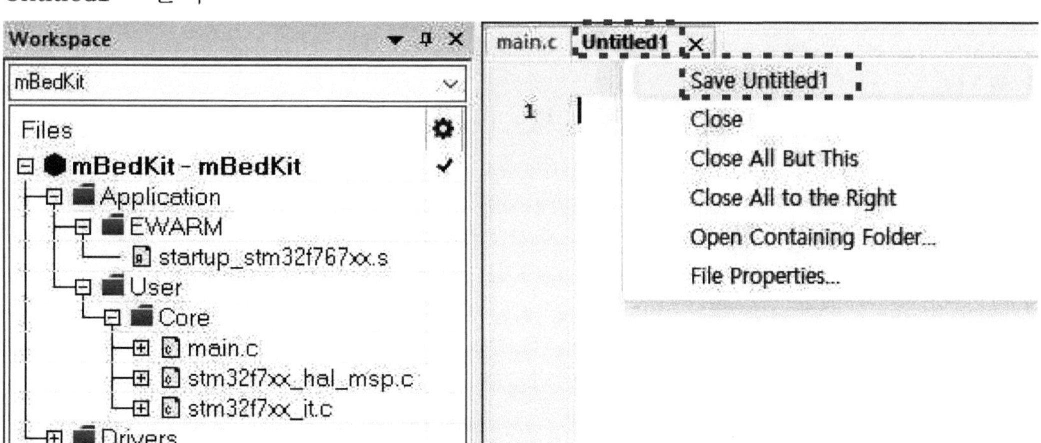

그림 6-2-5 '파일 위치 저장'

3) 'Core' -> 'Inc' 위치로 'extern.h' 로 저장

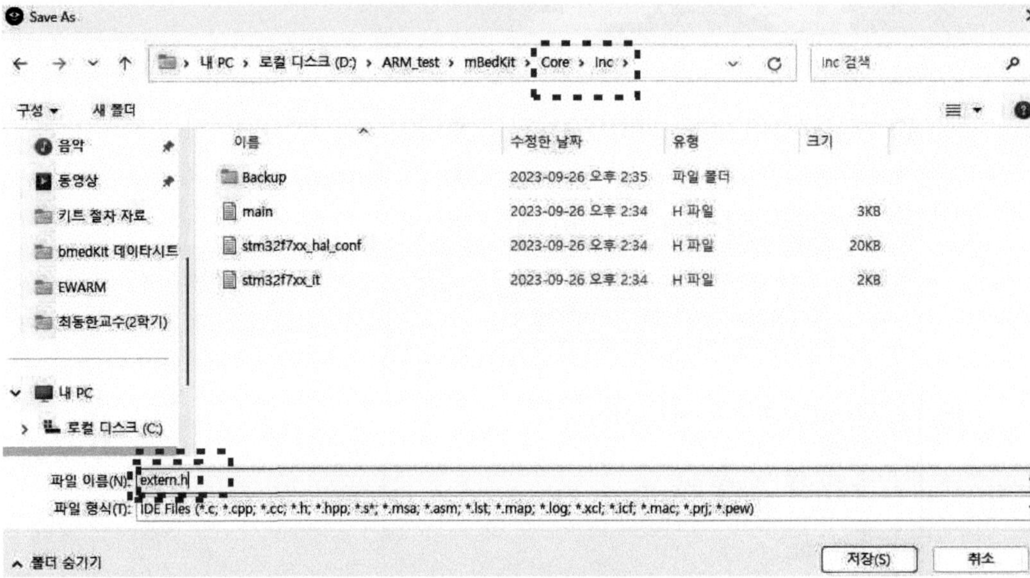

그림 6-2-6 'extern.h'

4) 'Core' -> 'Inc' 위치로 'user_define.h' 로 저장

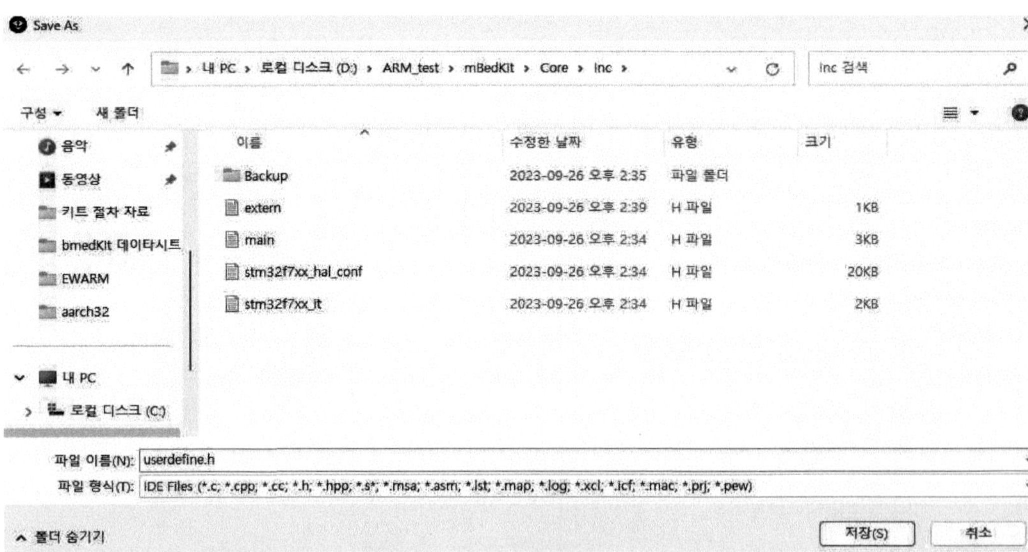

그림 6-2-7 'user_define.h'

5) 추가된 'extern.h', 'userdefine.h'를 'main.c'에 소스코드 파일에서 다른 파일을 가져오겠다는 #include 선행처리문을 작성한다.

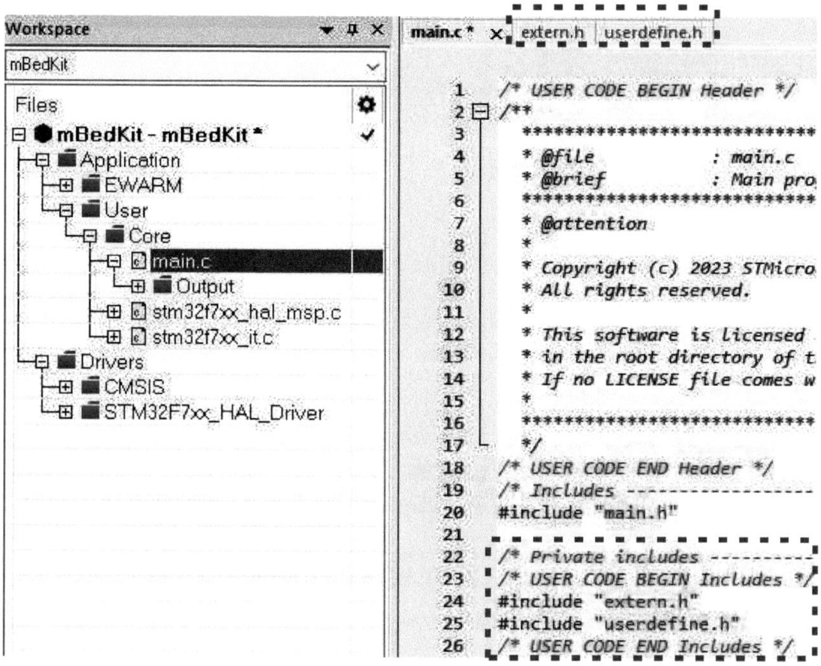

그림 6-2-8 main.c에 #include 'userdefine.h' 선행처리문 작성

6) extern.h와 userdefine.h에 그림 6-2-9, 그림 6-2-10과 같이 작성 후 저장

```
main.c * | extern.h × | userdefine.h

typedef unsigned char   byte;           //1byte
typedef unsigned short  word;           //2byte
typedef unsigned long   dword;          //4byte
```

그림 6-2-9 extern.h

```
main.c * | extern.h | userdefine.h * ×

//RED -> LED2
#define RED_LED_ON       GPIOG-> ODR &= ~GPIO_PIN_4  //PG4---->0
#define RED_LED_OFF      GPIOG-> ODR |=  GPIO_PIN_4  //PG4---->1
//RED -> LED2

//BLUE -> LED3
#define BLUE_LED_ON       GPIOG-> ODR &= ~GPIO_PIN_3 //PG3---->0
#define BLUE_LED_OFF      GPIOG-> ODR |=  GPIO_PIN_3  //PG3---->1
//BLUE -> LED3
```

그림 6-2-10 user_define.h

6.2.4 소스코드 작성

1) LED를 토글을 하기 위해 HAL_GPIO_TogglePin(LED_PORT, LED_PIN) 함수와 지연 함수인 HAL_Delay()를 main.c 프로그램에서 while문 내에 [그림 6-2-11]의 코드 HAL_GPIO_TogglePin(GPIOG, GPIO_PIN_3);와 HAL_Delay(1000);를 작성 후,
'DownLoad and Debug' -> 'Run'

```
while (1)
{
  HAL_GPIO_TogglePin(GPIOG, GPIO_PIN_3);
  HAL_Delay(1000);

  /* USER CODE END WHILE */
```

그림 6-2-11 'While' 반복문 작성

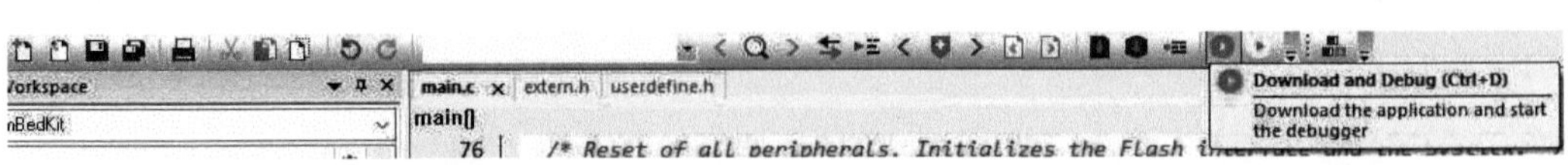

그림 6-2-12 'DownLoad and Debug'

2) Blue LED3가 1초마다 토글 되는 것을 확인할 수 있다.

그림 6-2-13 'LED3 토글'

3) 레지스터를 사용한 LED4 ON, OFF

```
#define RED_LED_ON      GPIOG-> ODR &= ~GPIO_PIN_4  //PG4---->0
#define RED_LED_OFF     GPIOG-> ODR |=  GPIO_PIN_4  //PG4---->1
```

그림 6-2-14 RED_LED_ON, OFF 정의

4) main.c의 while문 안에 'RED_LED_ON', 'RED_LED_OFF' 작성 -> 'Donwload' -> 'Run'

```
while (1)
{
  /* USER CODE END WHILE */
  RED_LED_ON;
  HAL_Delay(1000);
  RED_LED_OFF;
  HAL_Delay(1000);
  /* USER CODE BEGIN 3 */
```

그림 6-2-15 'while(1)'

5) RED_LED(LED2)가 1초마다 ON, OFF 되는 것을 확인할 수 있다.

그림 6-2-16 'LED2 토글'

6) 정의된 '~GPIO_PIN_4' 변수의 값을 찾기 위해 GPIO_PIN_4 우클릭 -> "Go to Definition of 'GPIO_PIN_4'" 클릭 -> 0x0010 라는 정의된 값을 찾을 수 있다.

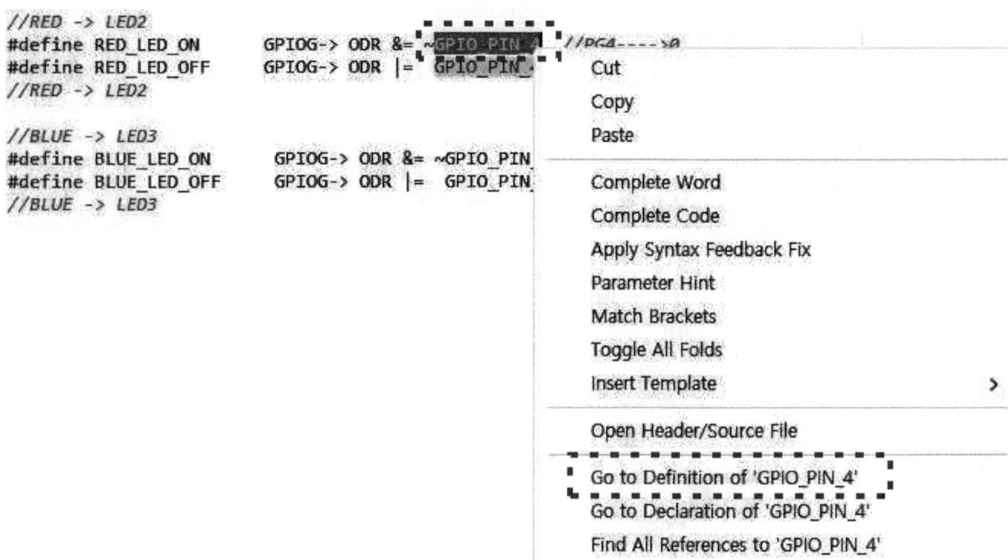

그림 6-2-17 'Go to Definition of'

```
__IO uint32_t ODR;      /*!< GPIO port output data register,        Address offset: 0x14      */
#define GPIOG                        ((GPIO_TypeDef *) GPIOG_BASE)
#define PERIPH_BASE                   0x40000000UL
#define GPIOG_BASE                   (AHB1PERIPH_BASE + 0x1800UL)
#define AHB1PERIPH_BASE              (PERIPH_BASE + 0x00020000UL)
#define GPIO_PIN_4                     ((uint16_t)0x0010U)  /* Pin 4 selected    */
```

그림 6-2-18 'Go to Definition of'

6.4.6 GPIO port output data register (GPIOx_ODR) (x = A..K)

Address offset: 0x14

Reset value: 0x0000 0000

31	30	29	28	27	26	25	24	23	22	21	20	19	18	17	16
Res.	Res.	Res.	Res.	Res.	Res.	Res.	Res.	Res.	Res.	Res.	Res.	Res.	Res.	Res.	Res.
15	**14**	**13**	**12**	**11**	**10**	**9**	**8**	**7**	**6**	**5**	**4**	**3**	**2**	**1**	**0**
ODR15	ODR14	ODR13	ODR12	ODR11	ODR10	ODR9	ODR8	ODR7	ODR6	ODR5	ODR4	ODR3	ODR2	ODR1	ODR0
rw	rw	rw	rw	rw	rw	rw	rw	rw	rw	rw	rw	rw	rw	rw	rw

Bits 31:16 Reserved, must be kept at reset value.

Bits 15:0 **ODRy:** Port output data bit (y = 0..15)

These bits can be read and written by software.

Note: For atomic bit set/reset, the ODR bits can be individually set and/or reset by writing to the GPIOx_BSRR or GPIOx_BRR registers (x = A..F).

그림 6-2-19 'GPIOx_ODR 레지스터 설정 방법'

"GPIOG-> ODR &= ~GPIO_PIN_4" 코드는 메모리 0x40021814 주소에 GPIO_PIN_4값 0x10 값을 비트 반전한 값을 ODR과 AND 하여 넣는다.

7) 메모리 확인을 위해 'View' -> 'Memory1' -> "Go to" 0x40021814 입력 하면 메모리값을 확인할 수 있다.

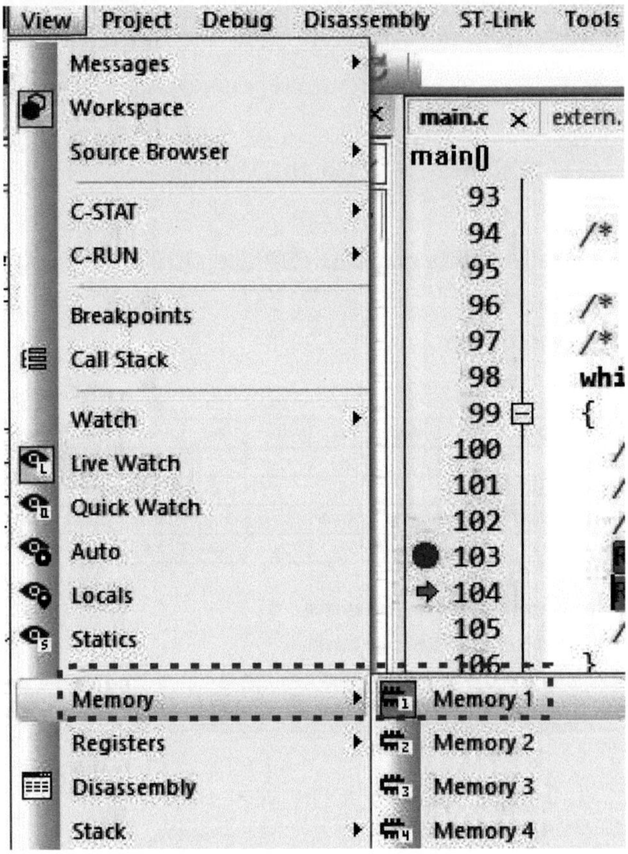

그림 6-2-20 'Memroy1'

8) "Live update" 체크하여 실시간 값을 확인할 수 있다.

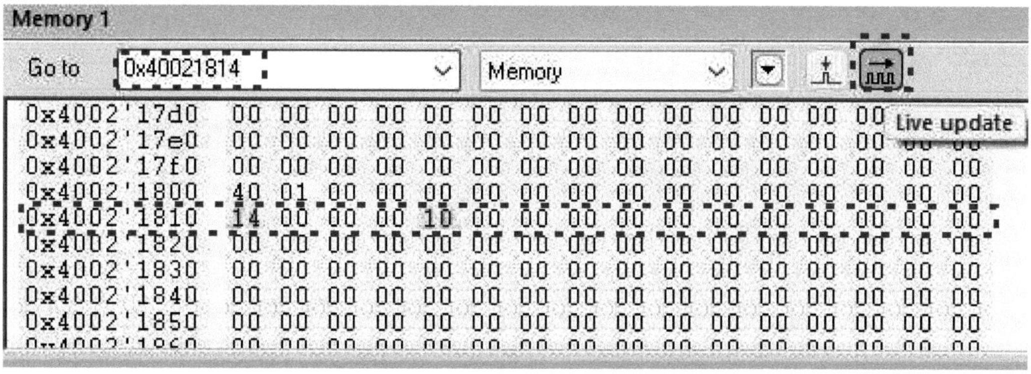

그림 6-2-21 “Live update”

9) 레지스터 확인을 위해서는 'View' -> 'Registers' -> 'Registers 1'

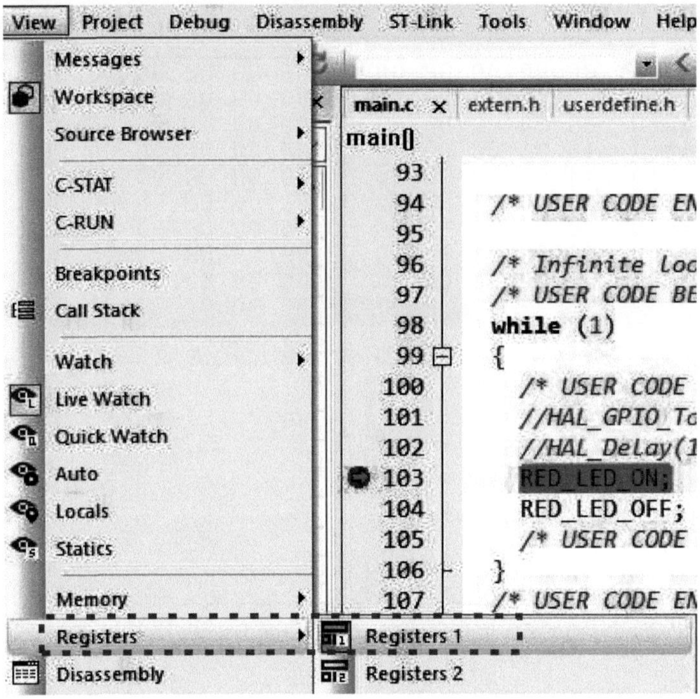

그림 6-2-22 "Live update"

10) Register1 창 'Group' -> 'GPIOG' -> 'ODR' 레지스터값을 확인할 수 있다.

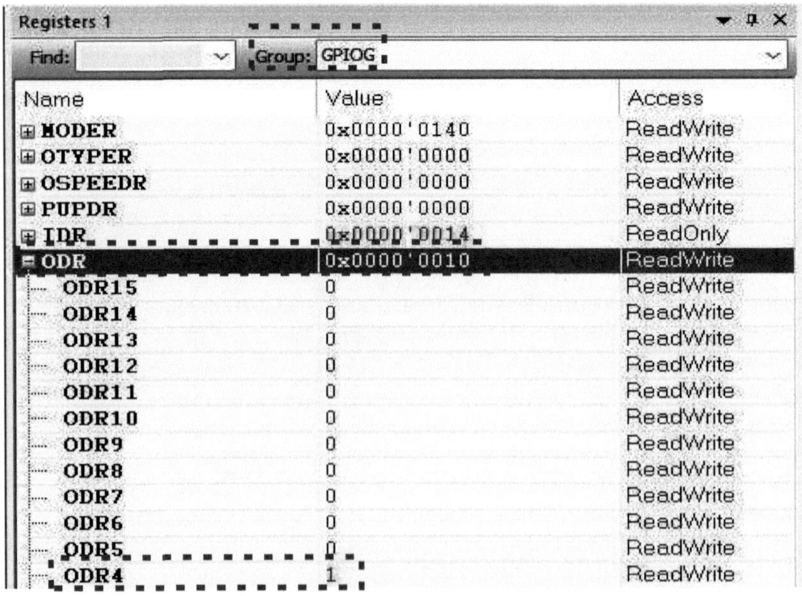

그림 6-2-23 GPIOG에 대한 Register 값 확인

6.3 Bar LED 표시

본 예제는 GPIO I/O 포트제어의 예로써 전체 BAR_LED 10개가 ON/OFF를 반복하는 프로그램을 작성하여 실험하였다.

6.3.1 Bar LED 핀 배치 및 회로도

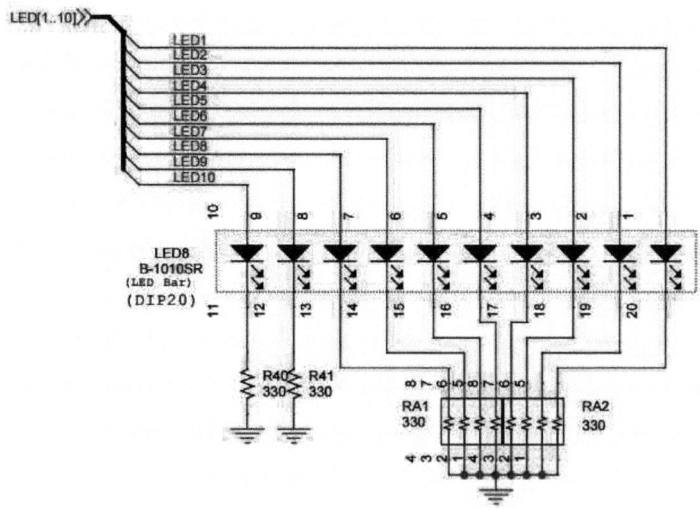

그림 6-3-1 MbedKit 시스템 Bar LED 회로도

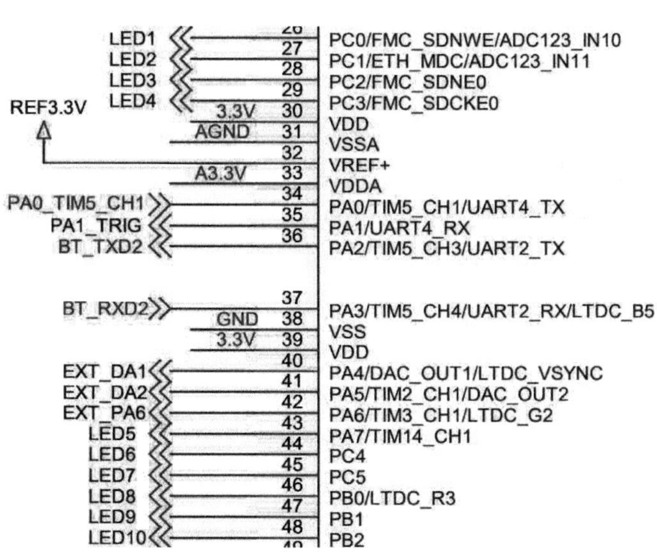

그림 6-3-2 MbedKit LED1 ~ LED10 핀배치

6.3.2 CubeMX 설정

1) ※ CubeMX의 자세한 설정은 6.2.2절 참조할 것.

2) 그림 6-3-3과 같이 Output 핀으로 설정한다.

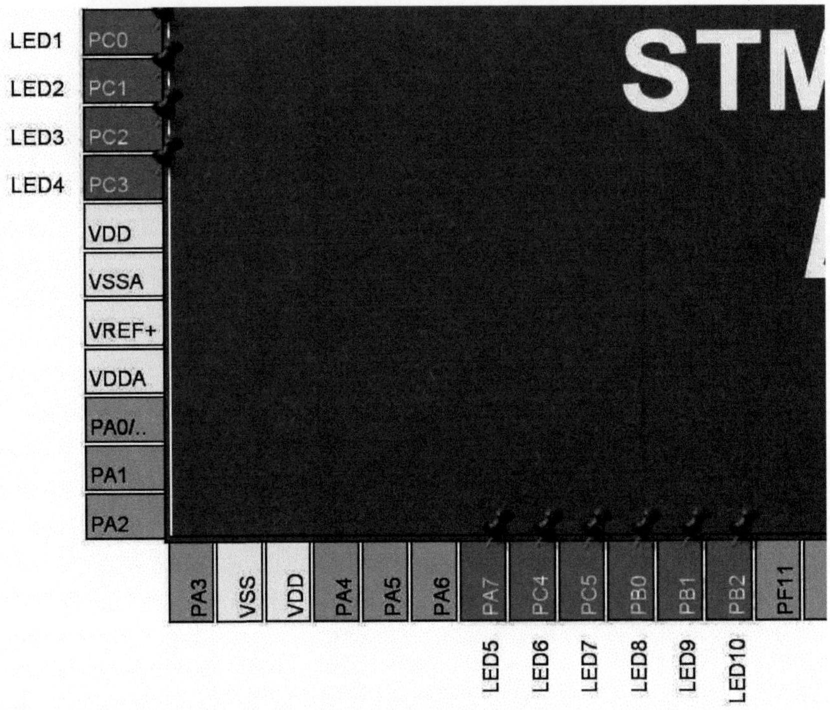

그림 6-3-3 CubeMX 핀 설정

6.3.3 BAR_LED.h 헤더 파일 정의하기

1) 'New Document' -> 생성된 'Untitled1' 우클릭 -> 'Save Untitled1' 클릭

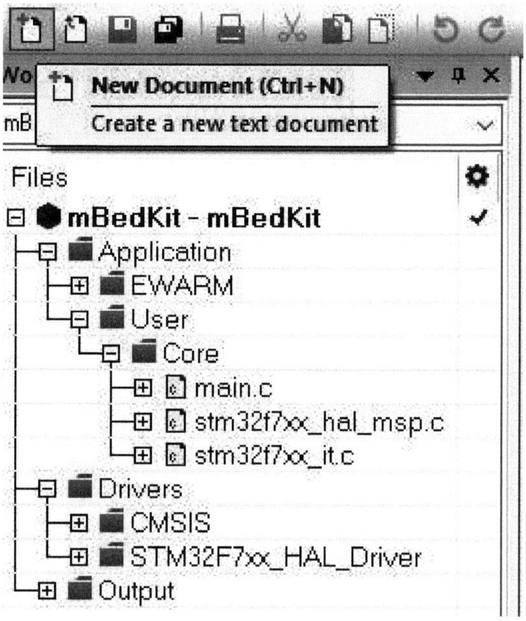

그림 6-3-4 'New Document'

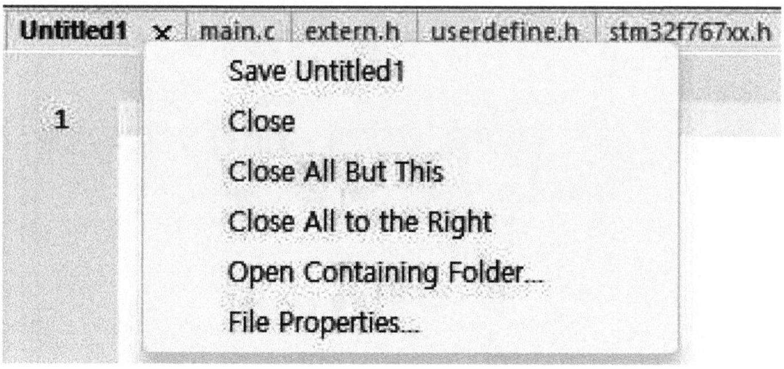

그림 6-3-5 'Save Untitled1'

2) 저장위치 : Core -> Inc 파일 이름 'BAR_LED.h' 입력 후 저장

그림 6-3-6 저장 위치를 지정 후에, 파일 이름을 'Bar_LED.h' 로 저장

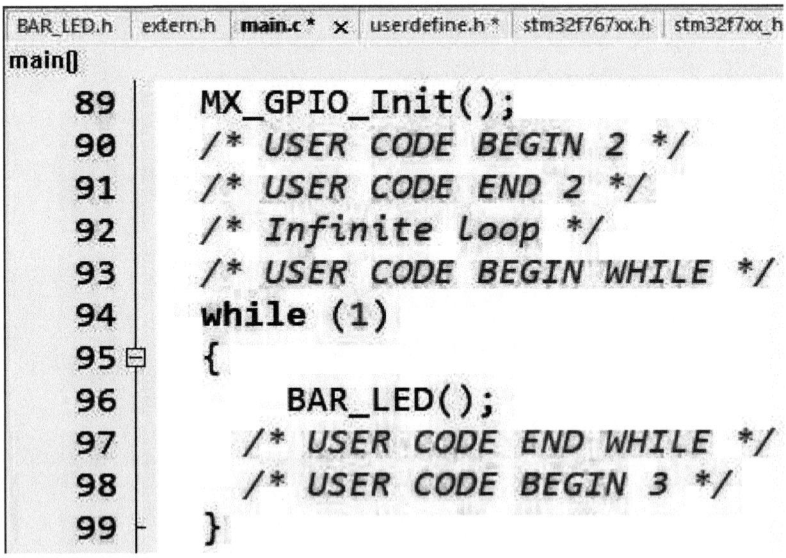

그림 6-3-7 BAR_LED 실험 2 main.c의 'main' -> 'while' 문

6.3.4 실험

실험 1) 다음 실험은 BAR_LED가 임의의 시간마다 상/하로 반복 이동하는 프로그램을 작성하여 실험하였다.

1. main.c

```
#include "main.h"
#include "extern.h"
#include "user_define.h"
#include "BAR_LED.h"
void SystemClock_Config(void);
static void MPU_Config(void);
static void MX_GPIO_Init(void);
int main(void)
{
    MPU_Config();
    HAL_Init();
    SystemClock_Config();
    MX_GPIO_Init();
    while (1)
    {
        BAR_LED();
    }
}
```

2. extern.h

```
typedef unsigned char  byte;        //1byte
typedef unsigned short word;        //2byte
typedef unsigned long  dword;       //4byte
extern void BAR_LED(void);
extern void LED_display(word LED);
```

3. BAR_LED.h

```
byte Led_dir=0;
word LED_data=1;
dword Delay_cnt=0x00, speed=500000;
void BAR_LED(void)
{
    if(++Delay_cnt >= speed)
    {
        Delay_cnt=0;
        LED_display(LED_data);
        if(LED_data==1)
            Led_dir=1;
        else if(LED_data==0x200)
            Led_dir=0;
        if(Led_dir==1)
            LED_data=LED_data<<1;  //왼쪽 1bit 시프트
        else
            LED_data=LED_data>>1;  //오른쪽 1bit 시프트
    }
}
void LED_display(word LED)
{
    if(LED&0x01)    GPIOC ->BSRR=1;         //PC0 : 1
    else            GPIOC ->BSRR=1<<16;     //PC0 : 0
    if(LED&0x02)    GPIOC ->BSRR=1<<1;      //PC1 : 1
    else            GPIOC ->BSRR=1<<(16+1); //PC1 : 0
    if(LED&0x04)    GPIOC ->BSRR=1<<2;      //PC2 : 1
    else            GPIOC ->BSRR=1<<(16+2); //PC2 : 0
    if(LED&0x08)    GPIOC ->BSRR=1<<3;      //PC3 : 1
    else            GPIOC ->BSRR=1<<(16+3); //PC3 : 0
    if(LED&0x10)    GPIOA ->BSRR=1<<7;      //PA7 : 1
    else            GPIOA ->BSRR=1<<(16+7); //PA7 : 0
    if(LED&0x20)    GPIOC ->BSRR=1<<4;      //PC4 : 1
```

```
    else            GPIOC ->BSRR=1<<(16+4);   //PC4 : 0
    if(LED&0x40)    GPIOC ->BSRR=1<<5;        //PC5 : 1
    else            GPIOC ->BSRR=1<<(16+5);   //PC5 : 0
    if(LED&0x80)    GPIOB ->BSRR=1;           //PB0 : 1
    else            GPIOB ->BSRR=1<<(16);     //PB0 : 0
    if(LED&0x100)   GPIOB ->BSRR=1<<1;        //PB1 : 1
    else            GPIOB ->BSRR=1<<(16+1);   //PB1 : 0
    if(LED&0x200)   GPIOB ->BSRR=1<<2;        //PB2 : 1
    else            GPIOB ->BSRR=1<<(16+2);   //PB2 : 0
}
```

4. user_define.h

```
// BAR LED
#define LED1_ON       GPIOC-> ODR |=  GPIO_PIN_0      //PC0---->1
#define LED1_OFF      GPIOC-> ODR &= ~GPIO_PIN_0      //PC0---->0
#define LED2_ON       GPIOC-> ODR |=  GPIO_PIN_1      //PC1---->1
#define LED2_OFF      GPIOC-> ODR &= ~GPIO_PIN_1      //PC1---->0
#define LED3_ON       GPIOC-> ODR |=  GPIO_PIN_2      //PC2---->1
#define LED3_OFF      GPIOC-> ODR &= ~GPIO_PIN_2      //PC2---->0
#define LED4_ON       GPIOC-> ODR |=  GPIO_PIN_3      //PC3---->1
#define LED4_OFF      GPIOC-> ODR &= ~GPIO_PIN_3      //PC3---->0
#define LED5_ON       GPIOA-> ODR |=  GPIO_PIN_7      //PA7---->1
#define LED5_OFF      GPIOA-> ODR &= ~GPIO_PIN_7      //PA7---->0
#define LED6_ON       GPIOC-> ODR |=  GPIO_PIN_4      //PC4---->1
#define LED6_OFF      GPIOC-> ODR &= ~GPIO_PIN_4      //PC4---->0
#define LED7_ON       GPIOC-> ODR |=  GPIO_PIN_5      //PC5---->1
#define LED7_OFF      GPIOC-> ODR &= ~GPIO_PIN_5      //PC5---->0
#define LED8_ON       GPIOB-> ODR |=  GPIO_PIN_0      //PB0---->1
#define LED8_OFF      GPIOB-> ODR &= ~GPIO_PIN_0      //PB0---->0
#define LED9_ON       GPIOB-> ODR |=  GPIO_PIN_1      //PB1---->1
#define LED9_OFF      GPIOB-> ODR &= ~GPIO_PIN_1      //PB1---->0
#define LED10_ON      GPIOB-> ODR |=  GPIO_PIN_2      //PB2---->1
#define LED10_OFF     GPIOB-> ODR &= ~GPIO_PIN_2      //PB2---->0
```

실험 2) 다음 실험은 BAR_LED가 임의의 시간마다 위에서부터 1칸씩 채워지고 다시 지워지는 프로그램을 작성하여 실험하였다.

1. main.c

```
#include "main.h"
#include "extern.h"
#include "user_define.h"
#include "BAR_LED.h"
void SystemClock_Config(void);
static void MX_GPIO_Init(void);
int main(void)
{
    HAL_Init();
    SystmClock_Config();
    MX_GPIO_Init();
    while (1)
    {
        BAR_LED();
    }
}
```

2. BAR_LED.h

```
byte shift=0;
dword Delay_cnt=0x00, speed=500000, flag=0, value_A = 0x00,
value_B = 0x00, Value_C=0x00;
void BAR_LED(void)
{
    if(++Delay_cnt >= speed)
    {
        Delay_cnt=0;
        switch(shift)
        {
            case 0 :    //처음 시작 LED1 -> 2 -> 3 -> 4 순서로 ON
                Value_C=(Value_C<<1)|0x01;
```

```
        if(Value_C==0x0F)
            shift=1;
        break;
    case 1 :    //LED5 ON
    {
        value_A=(value_A<<1)|0x80;
        if(value_A==0x80)
            shift=2;
        break;
    }
    case 2 :    //LED6 -> 7 ON
    {
        Value_C=(Value_C<<1)|0x1F;
        if(Value_C==0x3F)
            shift=3;
        break;
    }
    case 3 :    //LED8 -> 9 -> 10 ON
    {
        value_B=(value_B<<1)|0x01;
        if(value_B==0x07)
            shift=4;
        break;
    }
    case 4 :    //LED10 -> 9 -> 8 OFF
    {
        value_B=1<<(18-flag++);
        if(value_B==0x10000)
        {
            flag=0;
            shift=5;
        }
        break;
    }
```

```
            case 5 :    //LED7 -> 6 OFF
            {
                Value_C=1<<(21-flag++);
                if(Value_C==0x100000)
                {
                    flag=0;
                    shift=6;
                }
                break;
            }
            case 6 :    //LED5 OFF
            {
                value_A=1<<(23-flag++);
                if(value_A==0x800000)
                    flag=0;
                    shift=7;
                break;
            }
            case 7 :    //LED3 -> 2 -> 1 OFF
            {
                Value_C=1<<(19-flag++);
                if(Value_C==0x8000)
                {
                    flag=0; //1턴 돈 후 초기화
                    shift=0;
                    Value_C=0;
                    value_B=0;
                    value_A=0;
                }
                break;
            }
        }
        GPIOA -> BSRR = value_A;
        GPIOB -> BSRR = value_B;
        GPIOC -> BSRR = Value_C;
    }
}
```

3. user_define.h

```
// BAR LED
#define LED1_ON         GPIOC-> ODR |=  GPIO_PIN_0      //PC0---->1
#define LED1_OFF        GPIOC-> ODR &= ~GPIO_PIN_0      //PC0---->0
#define LED2_ON         GPIOC-> ODR |=  GPIO_PIN_1      //PC1---->1
#define LED2_OFF        GPIOC-> ODR &= ~GPIO_PIN_1      //PC1---->0
#define LED3_ON         GPIOC-> ODR |=  GPIO_PIN_2      //PC2---->1
#define LED3_OFF        GPIOC-> ODR &= ~GPIO_PIN_2      //PC2---->0
#define LED4_ON         GPIOC-> ODR |=  GPIO_PIN_3      //PC3---->1
#define LED4_OFF        GPIOC-> ODR &= ~GPIO_PIN_3      //PC3---->0
#define LED5_ON         GPIOA-> ODR |=  GPIO_PIN_7      //PA7---->1
#define LED5_OFF        GPIOA-> ODR &= ~GPIO_PIN_7      //PA7---->0
#define LED6_ON         GPIOC-> ODR |=  GPIO_PIN_4      //PC4---->1
#define LED6_OFF        GPIOC-> ODR &= ~GPIO_PIN_4      //PC4---->0
#define LED7_ON         GPIOC-> ODR |=  GPIO_PIN_5      //PC5---->1
#define LED7_OFF        GPIOC-> ODR &= ~GPIO_PIN_5      //PC5---->0
#define LED8_ON         GPIOB-> ODR |=  GPIO_PIN_0      //PB0---->1
#define LED8_OFF        GPIOB-> ODR &= ~GPIO_PIN_0      //PB0---->0
#define LED9_ON         GPIOB-> ODR |=  GPIO_PIN_1      //PB1---->1
#define LED9_OFF        GPIOB-> ODR &= ~GPIO_PIN_1      //PB1---->0
#define LED10_ON        GPIOB-> ODR |=  GPIO_PIN_2      //PB2---->1
#define LED10_OFF       GPIOB-> ODR &= ~GPIO_PIN_2      //PB2---->0
```

4. extern.h

```
typedef unsigned char  byte;        //1byte
typedef unsigned short word;        //2byte
typedef unsigned long  dword;       //4byte
extern void BAR_LED(void);
extern void LED_display(word LED);
```

실험 3) BAR_LED가 중심으로 왔다 갔다 박수치는 형태로 동작하는 프로그램을 작성하여 실험하였다.

1. main.c

```
#include "main.h"
#include "extern.h"
#include "BAR_LED.h"
void SystemClock_Config(void);
static void MX_GPIO_Init(void);
int main(void)
{
    HAL_Init();
    SystemClock_Config();
    MX_GPIO_Init();
    while (1)
    {
        BAR_LED();
    }
}
```

2. BAR_LED.h

```
byte Led_dir=0;
word LED_data=0x01;
dword Delay_cnt=0x00, speed=500000;
void LED_display(word LED)
{
    switch(LED)
    {
        case 0x01 :
            GPIOC ->BSRR=GPIO_PIN_0<<16;
            GPIOB ->BSRR=GPIO_PIN_2<<16;
            break;
        case 0x02 :
```

```
            GPIOC ->BSRR=1|(0x03<<16);
            GPIOB ->BSRR=0x4|(0x06<<16);
            break;
        case 0x04 :
            GPIOC ->BSRR=0x3|(0x07<<16);
            GPIOB ->BSRR=0x6|(0x07<<16);
            break;
        case 0x08 :
            GPIOC ->BSRR=0x7|(0x2F<<16);
            GPIOB ->BSRR=0x7;
            break;
        case 0x10 :
            GPIOC ->BSRR=0x2F|(GPIO_PIN_4<<16);
            GPIOA ->BSRR=GPIO_PIN_7<<16;
            break;
        case 0x20 :
            GPIOC ->BSRR=0x3F;
            GPIOA ->BSRR=GPIO_PIN_7;
            break;
    }
}
void BAR_LED(void)
{
    if(++Delay_cnt >= speed)
    {
        Delay_cnt=0;
        LED_display(LED_data);
        if(LED_data==1) Led_dir=1;
        else if(LED_data==0x20) Led_dir=0;
        if(Led_dir==1) LED_data=LED_data<<1;  //왼쪽으로 시프트
        else LED_data=LED_data>>1;            //오른쪽으로 시프트
    }
}
```

3. extern.h

```
typedef unsigned char  byte;            //1byte
typedef unsigned short word;            //2byte
typedef unsigned long  dword;           //4byte
extern void BAR_LED(void);
extern void LED_display(word LED);
```

4. user_define.h

```
// BAR LED
#define LED1_ON      GPIOC-> ODR |=  GPIO_PIN_0     //PC0---->1
#define LED1_OFF     GPIOC-> ODR &= ~GPIO_PIN_0     //PC0---->0
#define LED2_ON      GPIOC-> ODR |=  GPIO_PIN_1     //PC1---->1
#define LED2_OFF     GPIOC-> ODR &= ~GPIO_PIN_1     //PC1---->0
#define LED3_ON      GPIOC-> ODR |=  GPIO_PIN_2     //PC2---->1
#define LED3_OFF     GPIOC-> ODR &= ~GPIO_PIN_2     //PC2---->0
#define LED4_ON      GPIOC-> ODR |=  GPIO_PIN_3     //PC3---->1
#define LED4_OFF     GPIOC-> ODR &= ~GPIO_PIN_3     //PC3---->0
#define LED5_ON      GPIOA-> ODR |=  GPIO_PIN_7     //PA7---->1
#define LED5_OFF     GPIOA-> ODR &= ~GPIO_PIN_7     //PA7---->0
#define LED6_ON      GPIOC-> ODR |=  GPIO_PIN_4     //PC4---->1
#define LED6_OFF     GPIOC-> ODR &= ~GPIO_PIN_4     //PC4---->0
#define LED7_ON      GPIOC-> ODR |=  GPIO_PIN_5     //PC5---->1
#define LED7_OFF     GPIOC-> ODR &= ~GPIO_PIN_5     //PC5---->0
#define LED8_ON      GPIOB-> ODR |=  GPIO_PIN_0     //PB0---->1
#define LED8_OFF     GPIOB-> ODR &= ~GPIO_PIN_0     //PB0---->0
#define LED9_ON      GPIOB-> ODR |=  GPIO_PIN_1     //PB1---->1
#define LED9_OFF     GPIOB-> ODR &= ~GPIO_PIN_1     //PB1---->0
#define LED10_ON     GPIOB-> ODR |=  GPIO_PIN_2     //PB2---->1
#define LED10_OFF    GPIOB-> ODR &= ~GPIO_PIN_2     //PB2---->0
```

실험 4) BAR_LED가 박수치는 동작을 하는 프로그램을 작성하여 실험하였다. 다음과 같이 배열을 이용하여 LED를 제어하면 다양한 동작을 쉽게 구현할 수 있는 장점이 있다. (이번 예제는 Speed 변수로 속도 제어 가능)

1. main.c

```
#include "main.h"
#include "extern.h"
#include "BAR_LED.h"
void SystemClock_Config(void);
static void MX_GPIO_Init(void);
int main(void)
{
    HAL_Init();
    SystemClock_Config();
    MX_GPIO_Init();
    while (1)
    {
        BAR_LED();
    }
}
```

2. BAR_LED.h

```
byte Led_dir=0;
word LED_data=1;
dword Delay_cnt=0x00, Speed=500000;
word LED_table[10]={0, 0x201, 0x102, 0x84, 0x48, 0x30, 0x48, 0x84,
0x102, 0x201};
byte Index=0;
void LED_display(word LED)
{
    if(LED & 0x01) GPIOC ->BSRR=1;         //PC0 : 1
    else           GPIOC ->BSRR=1<<16;     //PC0 : 0
    if(LED & 0x02) GPIOC ->BSRR=1<<1;      //PC1 : 1
    else           GPIOC ->BSRR=1<<(16+1); //PC1 : 0
    if(LED & 0x04) GPIOC ->BSRR=1<<2;      //PC2 : 1
    else           GPIOC ->BSRR=1<<(16+2); //PC2 : 0
```

```
    if(LED & 0x08) GPIOC ->BSRR=1<<3;       //PC3 : 1
    else           GPIOC ->BSRR=1<<(16+3);  //PC3 : 0
    if(LED & 0x10) GPIOA ->BSRR=1<<7;       //PC7 : 1
    else           GPIOA ->BSRR=1<<(16+7);  //PC7 : 0
    if(LED & 0x20) GPIOC ->BSRR=1<<4;       //PC4 : 1
    else           GPIOC ->BSRR=1<<(16+4);  //PC4 : 0
    if(LED & 0x40) GPIOC ->BSRR=1<<5;       //PC5 : 1
    else           GPIOC ->BSRR=1<<(16+5);  //PC5 : 0
    if(LED & 0x80) GPIOB ->BSRR=1;          //PC0 : 1
    else           GPIOB ->BSRR=1<<(16);    //PC0 : 0
    if(LED & 0x100) GPIOB ->BSRR=1<<1;      //PC1 : 1
    else           GPIOB ->BSRR=1<<(16+1);  //PC1 : 0
    if(LED & 0x200) GPIOB ->BSRR=1<<2;      //PC2 : 1
    else           GPIOB ->BSRR=1<<(16+2);  //PC2 : 0
}
void BAR_LED(void)
{
    if(++Delay_cnt >= Speed)
    {
        Delay_cnt=0;
        LED_data = LED_table[Index];
        if(++Index >= 10)
        {
            Index=2;
        }
        LED_display(LED_data);
    }
}
```

3. extern.h

```
typedef unsigned char  byte;       //1byte
typedef unsigned short word;       //2byte
typedef unsigned long  dword;      //4byte
extern void BAR_LED(void);
extern void LED_display(word LED);
```

6.4 범용 입력 포트를 이용한 스위치 입력

본 예제는 SW1 ~ SW5로 입력받는 프로그램이다.

6.4.1 STM32F767 SW1, SW2, SW3, SW4, SW5 회로도

mBedKit는 그림 6-4-1과 같이 MCU 49번 핀(PF11)에 SW1, MCU 54번 핀(PF14)에 SW2, MCU 55번 핀(PF15)에 SW3, MCU 56번 핀(PG0)에 SW4, MCU 57번 핀(PG1)에 SW5가 각각 연결되어 있다.

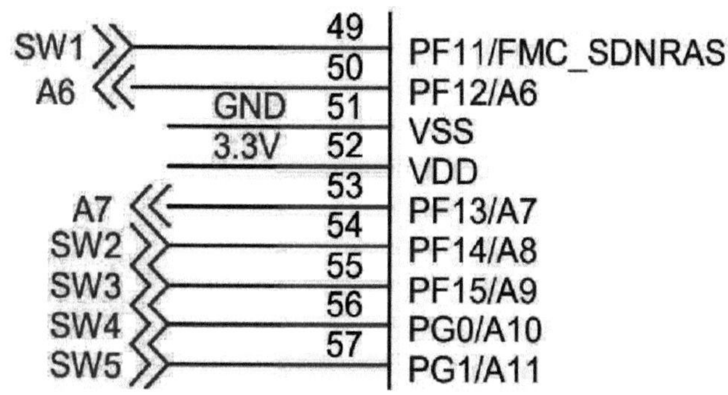

그림 6-4-1 STM32F767 SW1, SW2, SW3, SW4, SW5 회로도

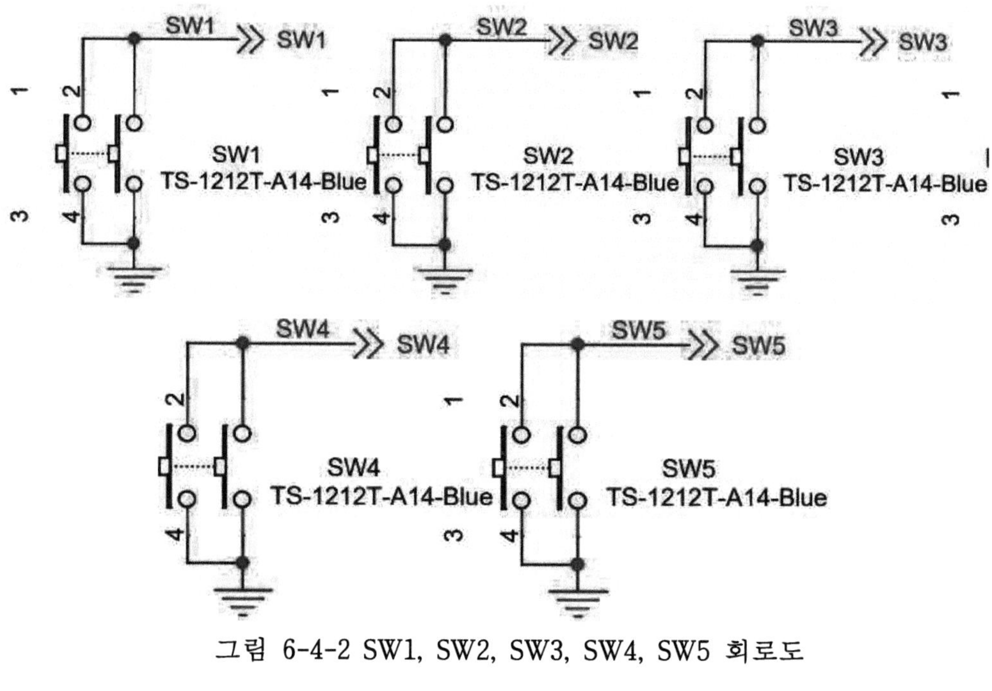

그림 6-4-2 SW1, SW2, SW3, SW4, SW5 회로도

6.4.2 CubeMX GPIO 핀 정의

1) SW1 ~ SW5을 그림 6-4-3과 같이 GPIO 'Input', 'Pull-up' 설정 후

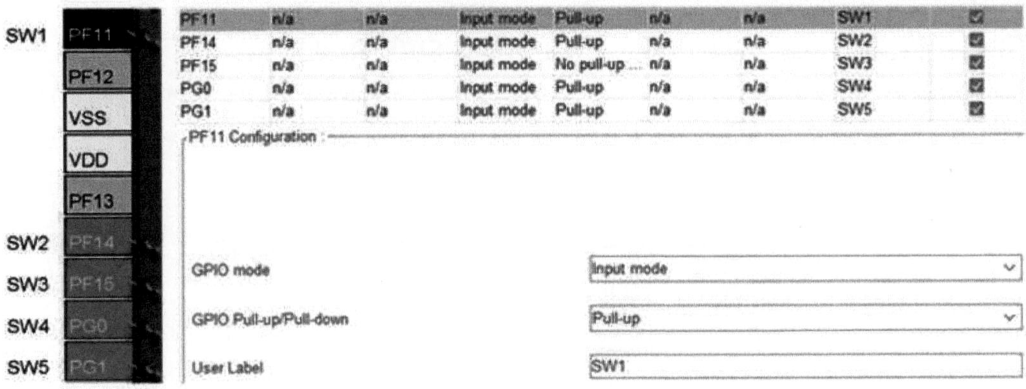

그림 6-4-3 CubeMX SW1, SW2, SW3, SW4, SW5 핀 설정

2) PD11을 그림 6-4-4와 같이 GPIO_Output으로 설정한다.

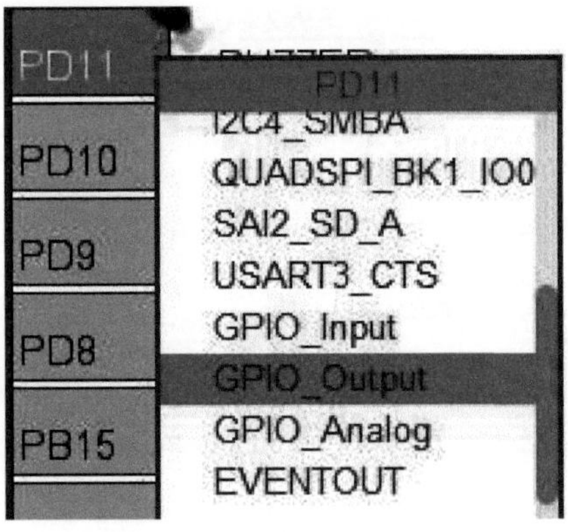

그림 6-4-4 CubeMX를 이용한 부저 출력 핀 설정

6.4.3 실험

실험 1) SW1로 입력받아 스위치를 누르면 PD11에 연결된 BUZZER에 '삑' 소리가 나는 프로그램을 작성하여 실험하였다.

1. main.c

```
#include "main.h“
#include "extern.h"
#include "user_define.h"
void SystemClock_Config(void);
static void MX_GPIO_Init(void);
byte Key1_value=0;
word key1_scan_cnt=0;
word key1_check, BF_key1_check, key1_check_af;
byte SW1_flag=0;
  while (1)
  {
      //SW1
      //PUSH = HIGH -> LOW
      key1_check=GPIOF -> IDR & GPIO_PIN_11;    //PF11 SW1
      HAL_Delay(10);     //채터링 방지를 위한 10mS 지연
      key1_check_af=GPIOF -> IDR & GPIO_PIN_11; //10mS 뒤의 SW1의 상태
      if(key1_check==key1_check_af)
      {
          SW1_flag=0;
          if(key1_check ==0 && BF_key1_check) //과거의 키값과 비교
          {
              BUZZER_ON;
              HAL_Delay(60);    //60mS 지연
              BUZZER_OFF;
              SW1_flag=1;
          }
          BF_key1_check = key1_check;
      }
  }
```

2. extern.h

```
typedef unsigned char  byte;              //1byte
typedef unsigned short word;              //2byte
typedef unsigned long  dword;             //4byte
```

3. user_defineh

```
#define BUZZER_ON   GPIOD-> ODR |=  GPIO_PIN_11  //PD11---->1
#define BUZZER_OFF GPIOD-> ODR &= ~GPIO_PIN_11  //PD11---->0
```

실험 2) SW1, SW2를 이용하여 BAR_LED를 시프트하는 프로그램을 작성하여 실험하였다.

1. main.c

```
#include "main.h"
#include "extern.h"
#include "user_define.h"
#include "BAR_LED.h"
void SystemClock_Config(void);
static void MPU_Config(void);
static void MX_GPIO_Init(void);
byte Key1_value=0;
word key1_scan_cnt=0;
word key1_check, BF_key1_check, key1_check_af;
byte SW1_flag=0;
byte Key2_value=0;
word key2_scan_cnt=0;
word key2_check, BF_key2_check, key2_check_af;
byte SW2_flag=0;
word LED=1;
int main(void)
{
    MPU_Config();
    HAL_Init();
    SystemClock_Config();
    MX_GPIO_Init();
  while (1)
  {
      //SW1
      //PUSH = HIGH -> LOW
      key1_check=GPIOF -> IDR & GPIO_PIN_11;    //PF11 SW1
      HAL_Delay(10);    //채터링 방지를 위한 10mS 지연
      key1_check_af=GPIOF -> IDR & GPIO_PIN_11; //10mS 뒤의 SW1의 상태
      if(key1_check==key1_check_af)
      {
```

```
        SW1_flag=0;
        if(key1_check ==0 && BF_key1_check)     //처음 키가 눌린 경우
        {
            BUZZER_ON;
            HAL_Delay(60);    //60mS 지연
            BUZZER_OFF;
            SW1_flag=1;
        }
        BF_key1_check = key1_check;
    }
    //SW1
    //SW2
    key2_check=GPIOF -> IDR & GPIO_PIN_14;     //PF14 SW2
    HAL_Delay(10);                          //채터링 방지를 위한 10mS 지연
    key2_check_af=GPIOF -> IDR & GPIO_PIN_14; //10mS 뒤의 SW2의 상태
    if(key2_check==key2_check_af)    //과거의 키 값과 현재의 키값 비교
    {
        SW2_flag=0;
        if(key2_check ==0 && BF_key2_check)      //처음 키가 눌린 경우
        {
            BUZZER_ON;
            HAL_Delay(60);    //60mS 지연
              BUZZER_OFF;
              SW2_flag=1;
          }
          BF_key2_check = key2_check;
      }
    //SW2
    //BAR_LED
      if(LED & 0x01)  GPIOC ->BSRR=1;              //PC0 : 1
      else            GPIOC ->BSRR=1<<16;          //PC0 : 0
      if(LED & 0x02)  GPIOC ->BSRR=1<<1;           //PC0 : 1
      else            GPIOC ->BSRR=1<<(16+1);      //PC0 : 0
```

```
        if(LED & 0x04)  GPIOC ->BSRR=1<<2;          //PC0 : 1
        else            GPIOC ->BSRR=1<<(16+2);     //PC0 : 0
        if(LED & 0x08)  GPIOC ->BSRR=1<<3;          //PC0 : 1
        else            GPIOC ->BSRR=1<<(16+3);     //PC0 : 0
        if(LED & 0x10)  GPIOA ->BSRR=1<<7;          //PC0 : 1
        else            GPIOA ->BSRR=1<<(16+7);     //PC0 : 0
        if(LED & 0x20)  GPIOC ->BSRR=1<<4;          //PC0 : 1
        else            GPIOC ->BSRR=1<<(16+4);     //PC0 : 0
        if(LED & 0x40)  GPIOC ->BSRR=1<<5;          //PC0 : 1
        else            GPIOC ->BSRR=1<<(16+5);     //PC0 : 0
        if(LED & 0x80)  GPIOB ->BSRR=1;             //PC0 : 1
        else            GPIOB ->BSRR=1<<(16);       //PC0 : 0
        if(LED & 0x100) GPIOB ->BSRR=1<<1;          //PC0 : 1
        else            GPIOB ->BSRR=1<<(16+1);     //PC0 : 0
        if(LED & 0x200) GPIOB ->BSRR=1<<2;          //PC0 : 1
        else            GPIOB ->BSRR=1<<(16+2);     //PC0 : 0
        if(SW1_flag) LED=LED<<1;    //왼쪽으로 시프트
        if(SW2_flag) LED=LED>>1;    //오른쪽으로 시프트
        if(LED>0x200)   LED=0x200;
        else if(LED==0) LED=1;
        //BAR_LED
    }
}
```

2. extern.h

```
typedef unsigned char  byte;          //1byte
typedef unsigned short word;          //2byte
typedef unsigned long  dword;         //4byte
```

3. user_defineh

```
#define BUZZER_ON  GPIOD-> ODR |=  GPIO_PIN_11  //PD11---->1
#define BUZZER_OFF GPIOD-> ODR &= ~GPIO_PIN_11  //PD11---->0
```

제7장 Key 및 Buzzer의 기초와 응용

7.1 Key Matrix

4x3 Key Matrix는 0-9 숫자, 알파벳 A ~ Z, 표준 스타(*) 및 해시(#) 기호를 제공한다.

7.1.1 STM32F767 KEY Matrix 회로도

KEY_C1, C2, C3는 3.3V로 Pull-Up으로 설정하였다.

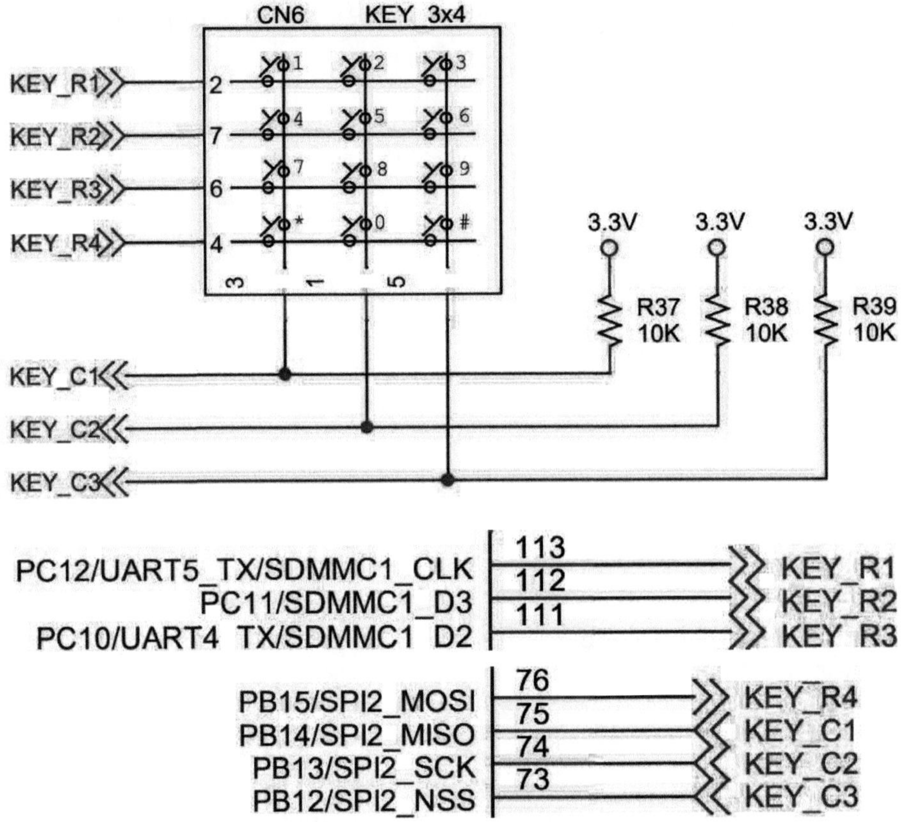

그림 7-1-1 Key Matrix 회로도

7.1.2 Key Matrix 입력 프로그램 CubeMX 핀 정의

1) 아래 그림 7-1-2와 같이 KEY_R1 ~ 4까지는 OUTPUT, KEY_C1 ~ 3까지는 INPUT으로 설정해준다.

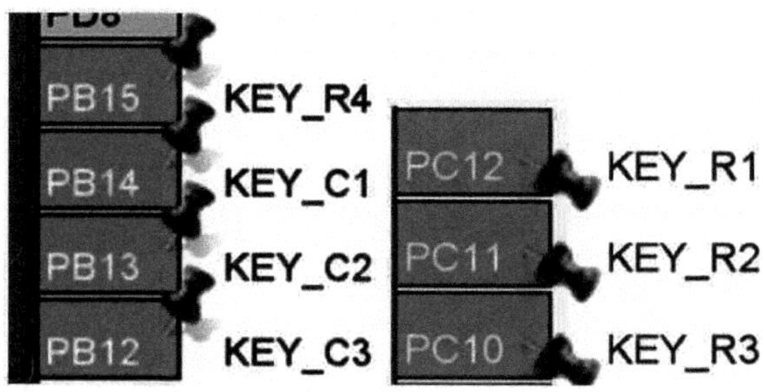

Pin Na...	Signal on ...	GPIO outp...	GPIO mode	GPIO Pull-...	Maximum ...	Fast Mode	User Label	Modified
PB12	n/a	n/a	Input mode	No pull-up...	n/a	n/a	KEY_C3	☑
PB13	n/a	n/a	Input mode	No pull-up...	n/a	n/a	KEY_C2	☑
PB14	n/a	n/a	Input mode	No pull-up...	n/a	n/a	KEY_C1	☑
PB15	n/a	Low	Output Pu...	No pull-up...	Low	n/a	KEY_R4	☑
PC10	n/a	Low	Output Pu...	No pull-up...	Low	n/a	KEY_R3	☑
PC11	n/a	Low	Output Pu...	No pull-up...	Low	n/a	KEY_R2	☑
PC12	n/a	Low	Output Pu...	No pull-up...	Low	n/a	KEY_R1	☑

그림 7-1-2 CubeMX 핀 설정

7.1.3 실험

실험 1) Key_Matrix를 이용해 0 ~ 9까지의 숫자와 *, # 입력 프로그램을 작성하여 실험하였다. 입력에 따른 변화를 'Value' 값으로 Live Watch에서 확인해보자.

0	**1**	**1**	**1**
1	0	**1**	1
1	1	0	1
1	1	**1**	0

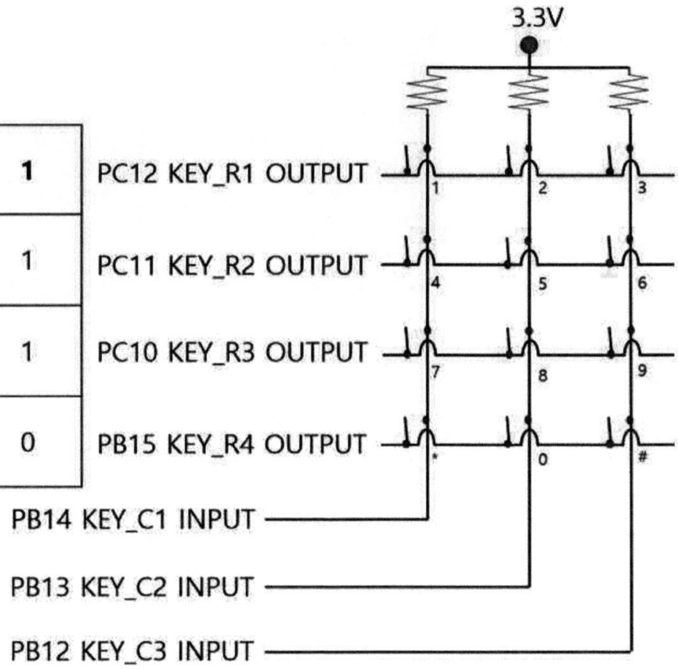

그림 7-1-4 Key_Matrix 실험 방법

첫 번째 줄 [1, 2, 3] PC12 LOW - PC11 HIGH - PC10 HIGH - PB15 HIGH
두 번째 줄 [4, 5, 6] PC12 HIGH - PC11 LOW - PC10 HIGH - PB15 HIGH
세 번째 줄 [7, 8, 9] PC12 HIGH - PC11 HIGH - PC10 LOW - PB15 HIGH
네 번째 줄 [*, 0, #] PC12 HIGH - PC11 HIGH - PC10 HIGH - PB15 LOW

1. main.c

```
#include "main.h“
#include "extern.h"
#include "user_define.h"
void SystemClock_Config(void);
static void MX_GPIO_Init(void);
byte Key_c=0, key_val=0;
byte Key_Matrix(void)
{
    for(byte Row=0; Row <4; Row++)
    {
        if(Row==0)
        {
            KEY_R1_L; KEY_R2_H; KEY_R3_H; KEY_R4_H;
            HAL_Delay(1);   //1mS 지연
            Key_c = (byte)((GPIOB ->IDR>>12) & 0x07);//(byte)형 변환
            if(Key_c == 3)        key_val='1';
            else if(Key_c==5)     key_val='2';
            else if(Key_c==6)     key_val='3';
        }
        else if(Row==1)
        {
            KEY_R1_H; KEY_R2_L; KEY_R3_H; KEY_R4_H;
            HAL_Delay(1);
            Key_c = (byte)((GPIOB ->IDR>>12) & 0x07);
            if(Key_c == 3)        key_val='4';
            else if(Key_c==5)     key_val='5';
            else if(Key_c==6)     key_val='6';
        }
        else if(Row==2)
        {
            KEY_R1_H; KEY_R2_H; KEY_R3_L; KEY_R4_H;
            HAL_Delay(1);
            Key_c = (byte)((GPIOB ->IDR>>12) & 0x07);
```

```
            if(Key_c == 3)          key_val='7';
            else if(Key_c==5)       key_val='8';
            else if(Key_c==6)       key_val='9';
        }
        else
        {
            KEY_R1_H; KEY_R2_H; KEY_R3_H; KEY_R4_L;
            HAL_Delay(1);
            Key_c = (byte)((GPIOB ->IDR>>12) & 0x07);
            if(Key_c == 3)          key_val='*';
            else if(Key_c==5)       key_val='0';
            else if(Key_c==6)       key_val='#';
        }
    }
    return key_val;
}
int main(void)
{
    HAL_Init();
    SystemClock_Config();
    MX_GPIO_Init();
    while (1)
    {
        HAL_Delay(1);
        Value = Key_Matrix();
    }
}
```

2. extern.h

```
typedef unsigned char  byte;    //1byte
typedef unsigned short word;    //2byte
typedef unsigned long  dword;   //4byte
extern byte Key_Matrix(void);
```

3. user_define.h

```
#define KEY_R1_L  GPIOC-> BSRR = GPIO_PIN_12 << 16    //PC12 0
#define KEY_R1_H  GPIOC-> BSRR = GPIO_PIN_12          //PC12 1
#define KEY_R2_L  GPIOC-> BSRR = GPIO_PIN_11 << 16    //PC11 0
#define KEY_R2_H  GPIOC-> BSRR = GPIO_PIN_11          //PC11 1
#define KEY_R3_L  GPIOC-> BSRR = GPIO_PIN_10 << 16    //PC10 0
#define KEY_R3_H  GPIOC-> BSRR = GPIO_PIN_10          //PC10 1
#define KEY_R4_L  GPIOB-> BSRR = (dword)GPIO_PIN_15 << 16 //PC15 0
#define KEY_R4_H  GPIOB-> BSRR = GPIO_PIN_15          //PC15 1
```

7.2 부저(Buzzer) 구동

회로의 동작 상태나 경고를 소리로 알려줄 때 사용된다. 본 실험에서는 5V 이하의 전압으로 동작하는 ALP1205S 부저를 사용하였다.

7.2.1 STM32F767 부저(Buzzer) 회로도

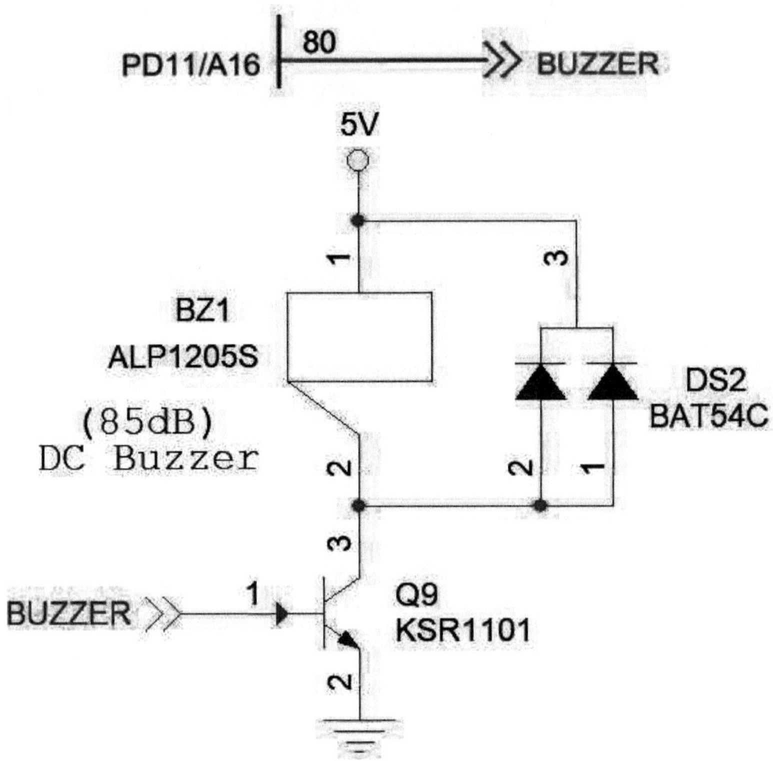

그림 7-2-1 부저(Buzzer) 회로도

7.2.2 부저(Buzzer)출력 프로그램 CubeMX 핀정의

1) 아래 그림 7-2-2과 같이 PD11을 ‘GPIO_OUTPUT’ 으로 설정한다.

그림 7-2-2 CubeMX 핀 설정(BUZZER)

2) 스위치는 PF11(Input Mode) -> Pull-Up 설정

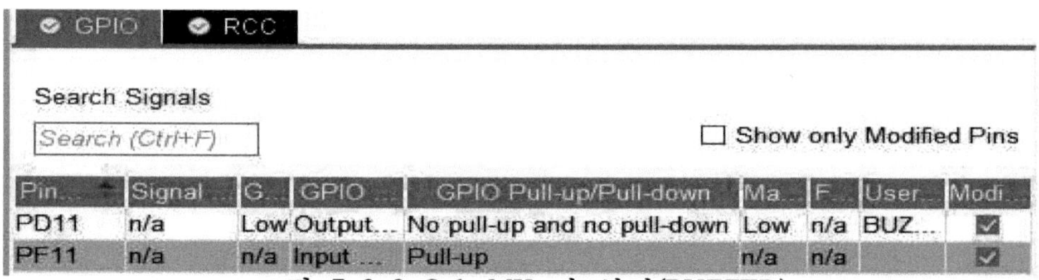

그림 7-2-3 CubeMX 핀 설정(BUZZER)

3) 아래 그림 7-2-4과 같이 PG3을 ‘GPIO_OUTPUT’ 으로 설정한다.

그림 7-2-4 CubeMX 핀 설정(BLUE LED)

4) System Core -> GPIO -> PG3 Configuration은 그림 7-2-5와 같이 설정

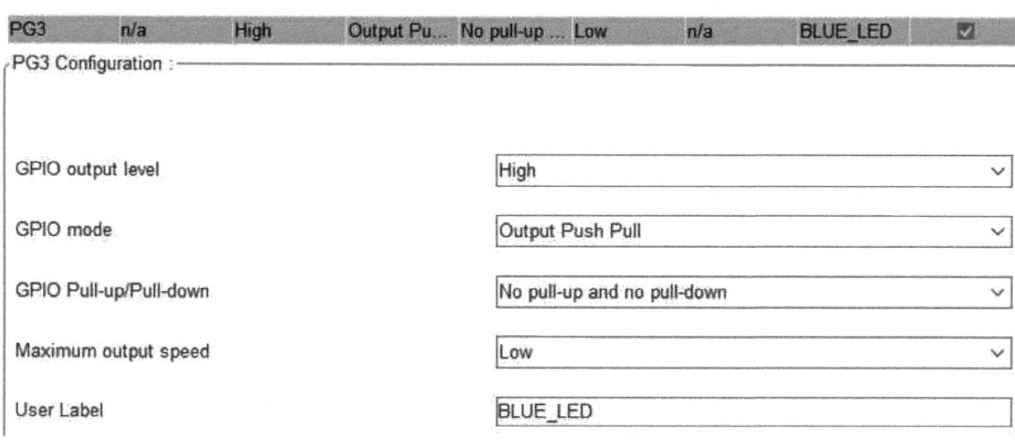

그림 7-2-5 CubeMX 핀 설정(BLUE LED)

7.2.3 실험

실험 1) SW1으로 입력받아 BLUE LED와 BUZZER를 ON/OFF 하는 프로그램을 작성하여 실험하였다.

1. main.c

```
#include "main.h"
#include "extern.h"
#include "user_define.h"
void SystemClock_Config(void);
static void MX_GPIO_Init(void);
word SW1_PUSH_STATE = 0;
int main(void)
{
    HAL_Init();
    SystemClock_Config();
    MX_GPIO_Init();
    while (1)
    {
        SW1_PUSH_STATE = SW1_Push;
        if(SW1_PUSH_STATE) //SW1 안눌렀을 때 -> BLUE LED OFF, BUZ
        ZER OFF
        {
            BLUE_LED_OFF;
            BUZZER_OFF;
        }
        else//SW1 눌렀을 때 -> BLUE LED ON, BUZZER ON
        {
            BLUE_LED_ON;
            BUZZER_ON;
        }
    }
}
```

2. extern.h

```
typedef unsigned char  byte;              //1byte
typedef unsigned short word;              //2byte
typedef unsigned long  dword;             //4byte
```

3. user_define.h

```
#define BUZZER_ON      GPIOD -> BSRR |= (dword)GPIO_PIN_11
//PD11---->1 BUZZER ON
#define BUZZER_OFF     GPIOD -> BSRR |= (dword)GPIO_PIN_11<<16
//PD11---->0 BUZZER OFF
#define SW1_Push       GPIOF -> IDR  &= (dword)GPIO_PIN_11
//PF11---->1
//RED -> LED2
#define RED_LED_ON     GPIOG-> ODR &=  ~(dword)GPIO_PIN_4
//PG4---->0 LED ON
#define RED_LED_OFF    GPIOG-> ODR |=   (dword)GPIO_PIN_4
//PG4---->1 LED OFF
//RED -> LED2
//BLUE -> LED3
#define BLUE_LED_ON    GPIOG -> ODR &= ~(dword)GPIO_PIN_3
//PG3---->0 LED ON
#define BLUE_LED_OFF   GPIOG -> ODR |= (dword)GPIO_PIN_3
//PG3---->1 LED OFF
//BLUE -> LED3
```

제8장 외부 인터럽트(EXTI)를 이용한 입출력 제어

8.1 외부 인터럽트(EXTI)의 특징과 기능

8.1.1 EXTI(External interrupts and events controller)의 특징

- 각 인터럽트/이벤트 라인에 대한 독립적인 트리거 및 마스크 설정
- 각 인터럽트 라인에 대한 전용 상태 비트
- 최대 25개의 소프트웨어 이벤트/인터럽트 요청 생성
- APB2 클럭 주기보다 짧은 펄스 폭을 감지하는 외부 신호 검출

8.1.2 GPIO와 EXTI의 연결 및 블록다이어그램

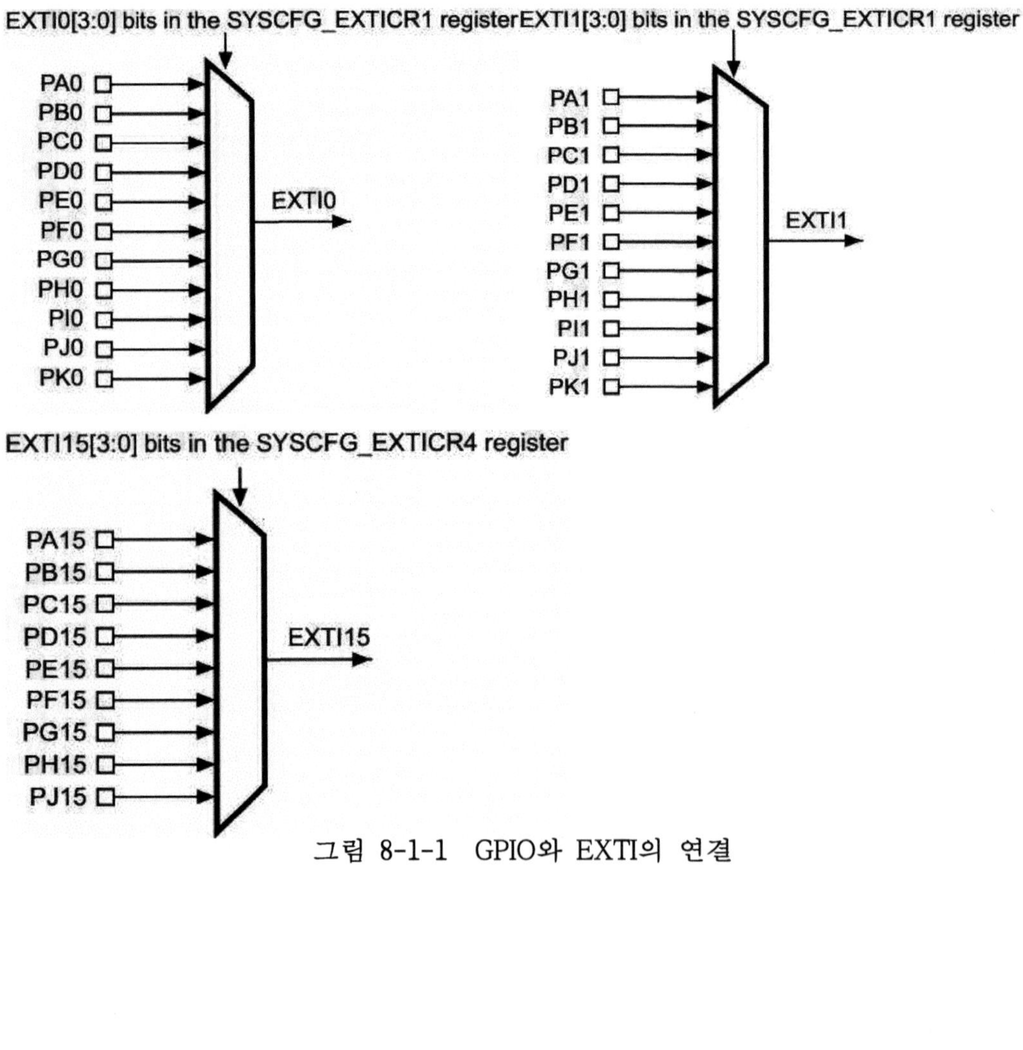

그림 8-1-1 GPIO와 EXTI의 연결

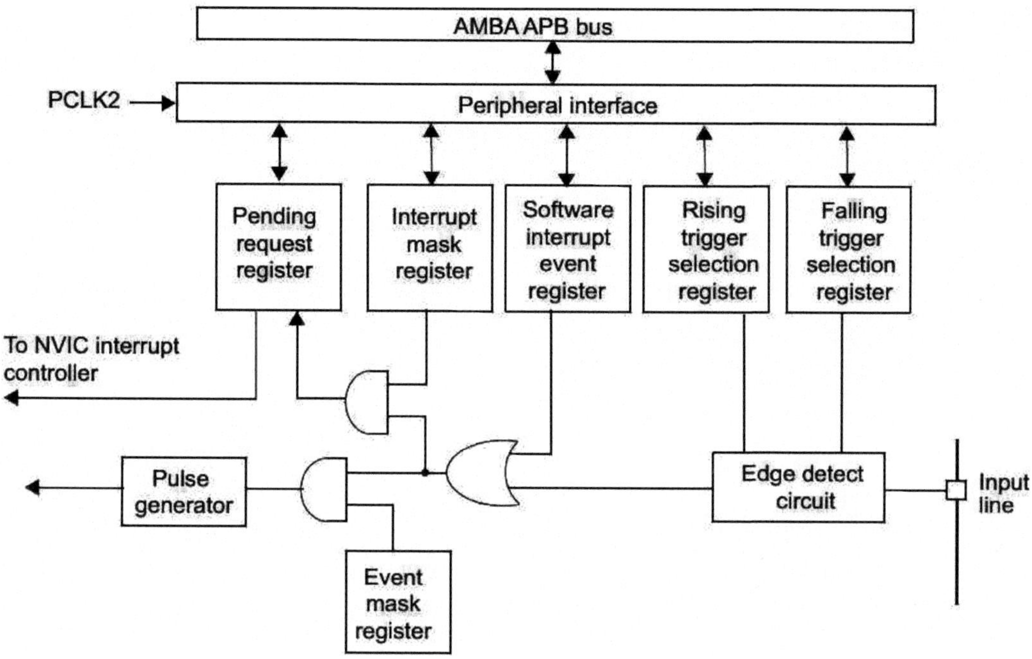

그림 8-1-2 외부 인터럽트 블록다이어그램

8.1.3 EXTI HAL 드라이버

EXTI(EXTernal interrupt : 외부 인터럽트)

EXTI1 ~ EXTI16까지의 16개 EXTI는 GPIO에 연결되어 있으며 GPIO 드라이버에 의해 관리된다. GPIO_InitTypeDef 구조체를 이용하면 각각의 I/O를 외부 이벤트로 사용하도록 설정 가능하다.

- HAL_PWR_EnableWakeUpPin(uint32_t WakeUpPinx) : Wake-up 핀을 활성화하는 함수다. Wake-up 핀을 활성화하면 해당 핀에서의 신호 변화가 저전력 모드에서 마이크로컨트롤러를 깨울 수 있다.
ex) void HAL_GPIO_EXTI_IRQHandler(uint16_t GPIO_Pin)

- HAL_GPIO_EXTI_Callback(uint16_t GPIO_Pin) : EXTI 인터럽트 발생 시 호출될 콜백 함수다. 사용자 정의 동작을 수행하려면 이 함수를 구현하고 EXTI 설정에서 콜백 함수를 등록해야 한다.
ex) void HAL_GPIO_EXTI_Callback(uint16_t GPIO_Pin)

- HAL_NVIC_SetPriority(IRQn_Type IRQn, uint32_t PreemptPriority, uint32_t SubPriority) : EXTI 인터럽트의 우선순위를 설정하는 함수다.
ex) HAL_NVIC_SetPriority(EXTI0_IRQn, 2, 0); // EXTI0 인터럽트의 우선순위 설정

- HAL_PWR_EnableWakeUpPin(uint32_t WakeUpPinx) : Wake-up 핀을 활성화하는 함수다. Wake-up 핀을 활성화하면 해당 핀에서의 신호 변화가 저전력 모드에서 마이크로컨트롤러를 깨울 수 있다.
ex) HAL_NVIC_EnableIRQ(EXTI1_IRQn); // EXTI1 인터럽트 활성화

- HAL_NVIC_DisableIRQ(IRQn_Type IRQn) : EXTI 인터럽트를 비활성화하는 함수다.
ex) HAL_NVIC_DisableIRQ(EXTI2_IRQn); // EXTI2 인터럽트 비활성화

- HAL_NVIC_GetPendingIRQ(IRQn_Type IRQn) : EXTI 인터럽트의 펜딩 상태를 가져온다.
ex) uint32_t pending = HAL_NVIC_GetPendingIRQ(EXTI4_IRQn);

- HAL_NVIC_GetActive(IRQn_Type IRQn) : 현재 활성화된 EXTI 인터럽트를 가져온다.
ex) uint32_t active = HAL_NVIC_GetActive(EXTI9_5_IRQn); // EXTI9_5 범위 내의 활성화된 인터럽트 가져오기

8.2 외부 인터럽트를 이용한 부저 ON/OFF

8.2.1 CubeMX GPIO 핀 정의

1) CubeMX에서 PF11과 PG1을 각각 EXTI11, EXTI1로 정의

그림 8-2-1 CubeMX 핀 정의

2) CubeMX 'Pinout & Configuration' -> PF11, PG1의 'GPIO' 에서 'Pull-up' 으로 설정, 그리고 External Interrupt Mode with Rising edge trigger detection' 선택

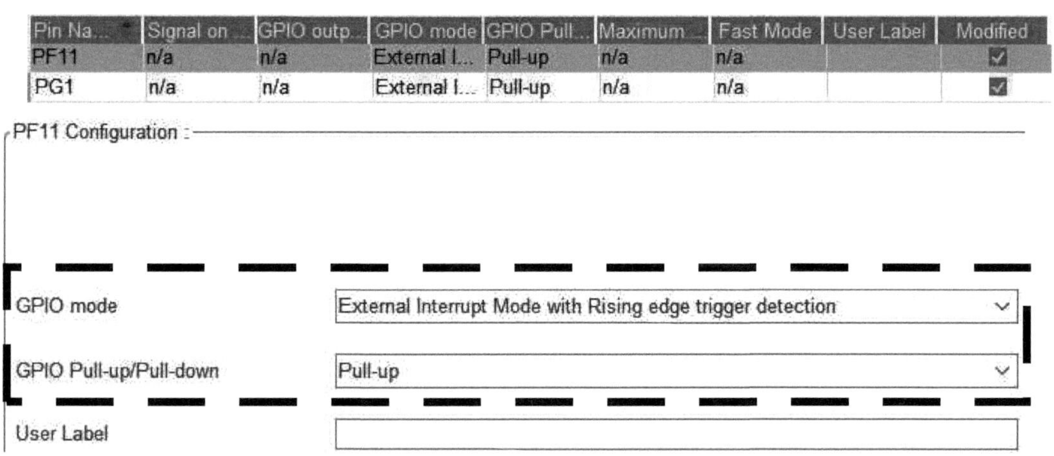

그림 8-2-2 CubeMX EXTI 설정

3) 'NVIC' -> 'EXTI line1 interrupt' , 'EXTI line[15 : 0] interrupt' -> 'Enabled' 체크

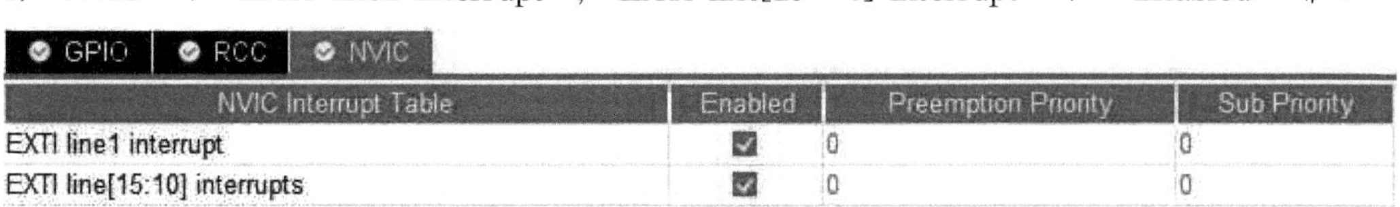

그림 8-2-3 CubeMX EXTI 'NVIC' 'Enable'

8.2.2 실험

실험 1) EXTI와 SW1, SW5를 이용해 부저음을 울리는 프로그램을 작성하여 실험하였다.
(SW1을 누르면 부저 소리가 1번, SW5을 누르면 부저 소리가 연속으로 4번 울린다.)

1. main.c

```
#include "main.h"
#include "extern.h"
#include "user_define.h"
void SystemClock_Config(void);
static void MX_GPIO_Init(void);
byte SW1_flag=0, SW5_flag=0;
word SW5_cnt=0, SW1_cnt=0;
void HAL_GPIO_EXTI_Callback(word GPIO_Pin)  //EXTI 콜백 함수
{
    if(GPIO_Pin == GPIO_PIN_1)       //PG1(SW5)
        SW5_flag=1;
    if(GPIO_Pin == GPIO_PIN_11)      //PF11(SW1)
        SW1_flag=1;
}
int main(void)
{
    HAL_Init();
    SystemClock_Config();
    MX_GPIO_Init();
    while (1)
    {
      if(SW1_flag)   //PI
      {
          SW1_cnt++;
          BUZZER_ON;
          HAL_Delay(100);
          BUZZER_OFF;
          HAL_Delay(100);
          SW1_flag=0;
      }
```

```
        if(SW5_flag) //PIPIPIPI
        {
            SW1_cnt++;
            BUZZER_ON;
            HAL_Delay(100);
            BUZZER_OFF;
            HAL_Delay(100);
            BUZZER_ON;
            HAL_Delay(100);
            BUZZER_OFF;
            HAL_Delay(100);
            BUZZER_ON;
            HAL_Delay(100);
            BUZZER_OFF;
            HAL_Delay(100);
            BUZZER_ON;
            HAL_Delay(100);
            BUZZER_OFF;
            HAL_Delay(100);
            SW5_flag=0;
        }
    }
}
```

2. user_define.h

```
#define BUZZER_ON     GPIOD -> BSRR |= (dword)GPIO_PIN_11
//PD11---->1 BUZZER ON
#define BUZZER_OFF    GPIOD -> BSRR |= (dword)GPIO_PIN_11<<16
//PD11---->0 BUZZER OFF
```

3. extern.h

```
typedef unsigned char  byte;          //1byte
typedef unsigned short word;          //2byte
typedef unsigned long  dword;         //4byte
```

제9장 타이머(16비트, 32비트) 제어

9.1 STM32F 타이머의 개요

STM32F 타이머는 출력 비교, 원펄스, 입력 캡쳐 등의 용도로 사용 가능한 범용(General-purpose) 타이머와 모터 제어와 디지털 파워 변환 용도로 사용 가능한 데드타임을 가지는 3상 출력, 비상 셧다운 입력 기능의 고급(Advanced) 타이머가 있다. 고급 타이머의 Clock은 216MHz이고 나머지는 108MHz로 동작한다.

- 고급(Advanced) 타이머 : TIM1, TIM8
- 범용(General-popose) 타이머 : TIM2 ~ TIM5
- 기본(Basic) 타이머 : TIM6 ~ TIM7
- 채널(Chennel) 타이머 : TIM10 이상

9.1.1 고급(Advanced) 타이머

1) 고급 타이머 소개

고급 제어 타이머(TIM1/TIM8)는 프로그래머블 프리스케일러로 구동되는 16비트 자동 리로드 카운터로 이루어져 있다. 이 타이머는 다양한 목적으로 사용할 수 있으며, 입력 신호의 펄스 길이를 측정하는 데 사용하거나 출력 파형을 생성하는 데 사용할 수 있다(입력 캡처, 출력 비교, PWM, 데드타임이 삽입된 보완 PWM 등).

타이머 프리스케일러 및 RCC(Reset and Clock Control) 클럭 컨트롤러 프리스케일러를 사용하여 펄스 길이 및 파형 주기를 몇 마이크로초에서 몇 밀리초까지 조절할 수 있다.

2) 주요 특징

16비트 상향 카운터, 하향 카운터, 상하향 자동 리로드 카운터 지원.

- 16비트 프로그래머블 프리스케일러 지원으로, 카운터 클럭 주파수를 1부터 65536까지의 어떤 인수로도 나눌 수 있다(동작 중에도 가능).
- 입력 캡처(단, 채널 5 및 6은 제외), 출력 비교, PWM 생성(에지 및 중앙 정렬 모드), 단일 펄스 모드 출력을 위한 최대 6개의 독립적인 채널 지원.
- 프로그래머블 데드타임과 함께 보완 출력 지원.
- 외부 신호로 타이머를 제어하고 여러 타이머를 상호 연결하는 동기화 회로 지원.
- 주어진 카운터 사이클 수 이후에만 타이머 레지스터를 업데이트하기 위한 반복 카운터 지원.
- 타이머의 출력 신호를 사용자가 선택한 안전한 구성으로 설정하기 위한 2개의 브레이크 입력 지원.

- 다음 이벤트에서 인터럽트/DMA 생성
- 업데이트 : 카운터 오버플로우/언더플로우, 카운터 초기화(소프트웨어 또는 내부/외부 트리거)
- 트리거 이벤트(카운터 시작, 정지, 초기화 또는 내부/외부 트리거에 의한 카운트)
- 입력 캡처
- 출력 비교
- 위치 지정을 위한 증분(쿼드러처) 인코더 및 홀 센서 회로 지원
- 외부 클럭 또는 주기별 전류 관리를 위한 싸이클마다 트리거 입력을 지원

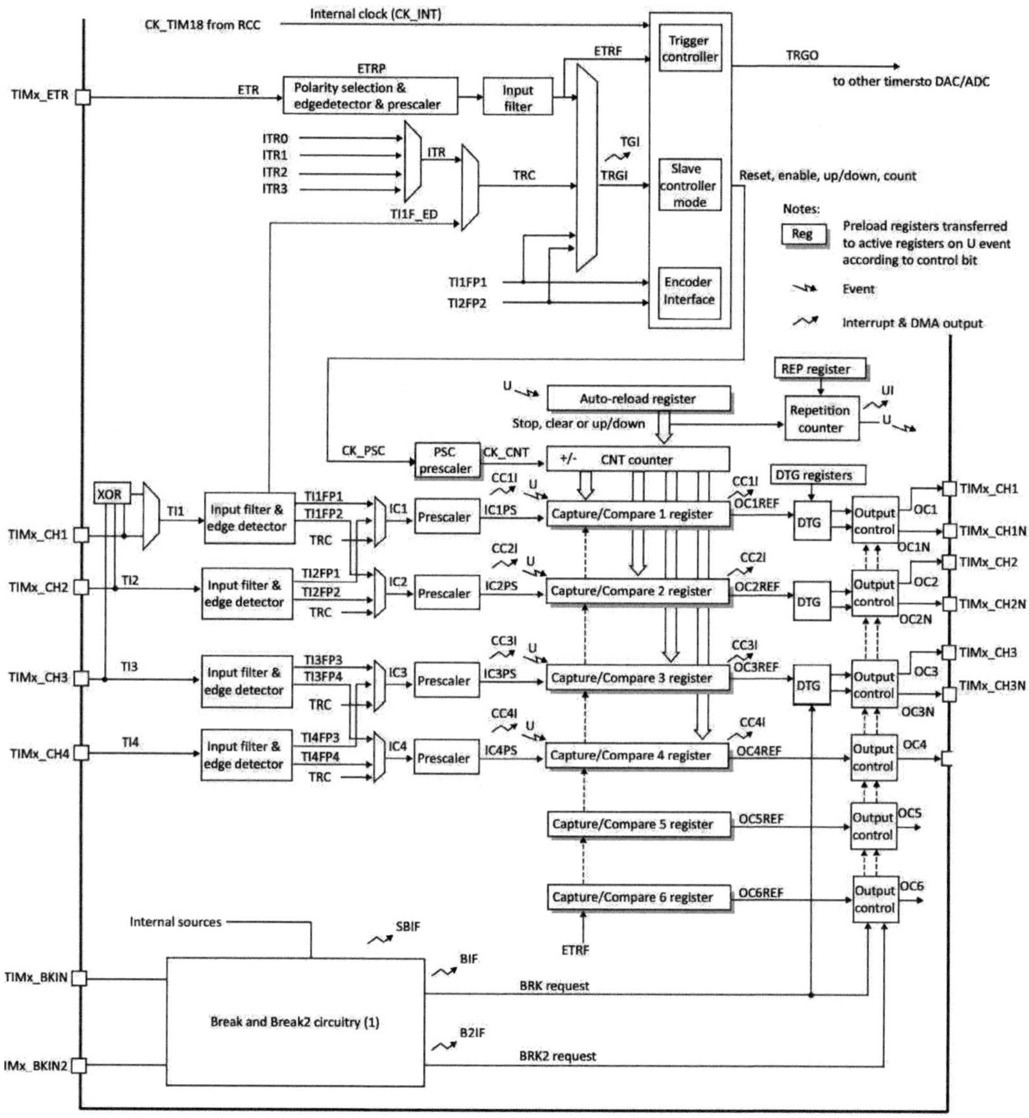

그림 9-1-1 고급 타이머 Block diagram

3) 기능 설명

프로그래밍 가능한 고급 제어 타이머의 주요 블록은 관련된 자동 리로드 레지스터와 함께 16비트 카운터다. 이 카운터는 상향 카운트, 하향 카운트 또는 상하향 카운트를 할 수 있다. 카운터 클록은 프리스케일러로 미리 분주된다.

카운터, 자동 리로드 레지스터 및 프리스케일러 레지스터는 소프트웨어로 읽거나 쓸 수 있다. 이는 카운터가 동작 중일 때에도 적용된다.

타임베이스 유닛

- 카운터 레지스터 (TIMx_CNT)
- 프리스케일러 레지스터 (TIMx_PSC)
- 자동 리로드 레지스터 (TIMx_ARR)
- 반복 카운터 레지스터 (TIMx_RCR)

자동 리로드 레지스터(ARR)는 사전 로드되며, 자동 리로드 레지스터에 쓰거나 읽을 때는 프리로드 레지스터에 접근한다. 프리로드 레지스터의 내용은 TIMx_CR1 레지스터의 자동 리로드 프리로드 enable 비트(ARPE)에 따라 영구적으로 또는 각 업데이트 이벤트(UEV)마다 그림자 레지스터로 전송된다. 업데이트 이벤트는 카운터가 오버플로우(또는 다운카운트일 때 언더플로우)에 도달하고, TIMx_CR1 레지스터의 UDIS 비트가 0인 경우에 발생한다. 또한 소프트웨어로 생성할 수 있다.

카운터는 프리스케일러 출력 CK_CNT에 의해 클록된다. CK_CNT는 TIMx_CR1 레지스터의 카운터 활성화 비트(CEN)가 설정되어 있는 경우에만 활성화된다. 카운터 활성화에 대한 자세한 내용은 슬레이브 모드 컨트롤러 설명을 참조하자.

카운터는 TIMx_CR1 레지스터의 CEN 비트를 설정한 후 1 클록 사이클 후에 카운트를 시작해야 한다.

4) 프리스케일러 설명

프리스케일러는 카운터 클록 주파수를 1부터 65536까지의 어떤 인수로도 나눌 수 있다. 이것은 16비트 레지스터(TIMx_PSC 레지스터)를 통해 제어되는 16비트 카운터를 기반으로 한다. 이 컨트롤 레지스터는 버퍼링 되어 있으므로 프리스케일러를 동작 중에도 변경할 수 있다. 새로운 프리스케일러 비율은 다음 업데이트 이벤트에서 고려된다.

다음은 1mS 타이머를 설정하는 과정이다.

1) ‘Categories’ -> ‘Timers’ -> ‘TIM1’ 클릭

2) ‘Clock Source’ -> ‘Internal Clock’ 클릭(216MHz)

3) 1ms 타이머 만들기 : ‘Counter Settings’ -> ‘Prescaler(PSC - 16 bits value)’ -> 216-1 -> Counter period Register - 16 bits... 1000-1 설정 -> ‘Generate Code’

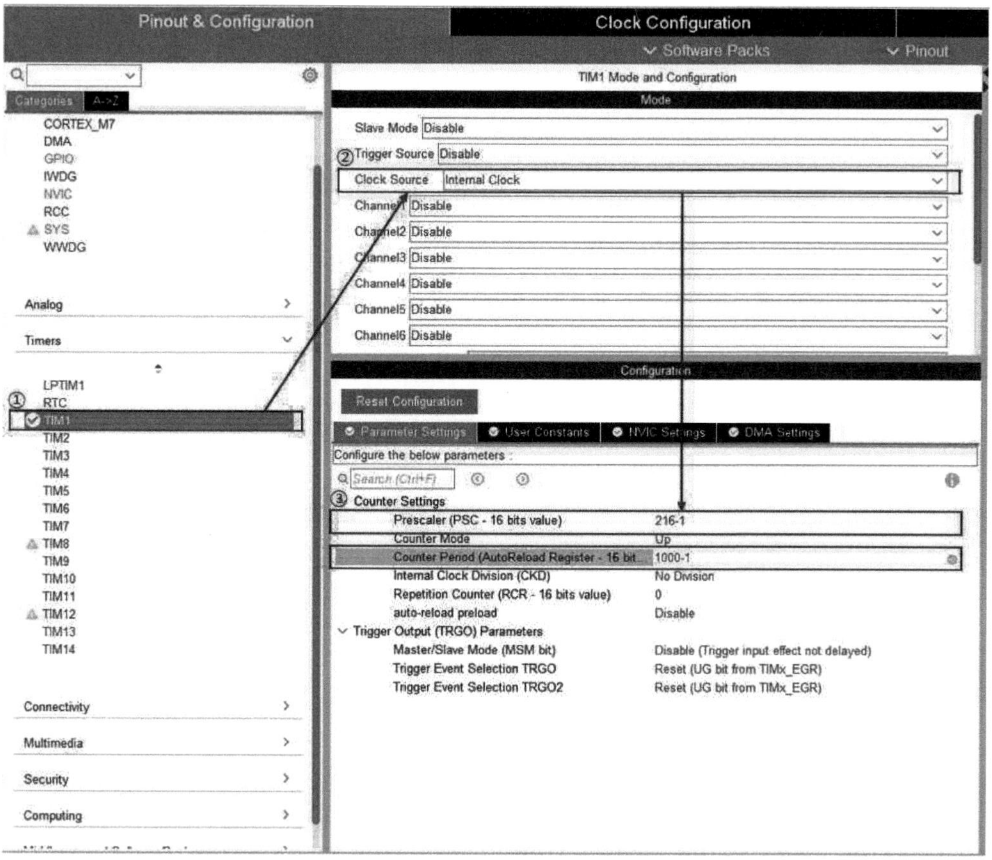

그림 9-1-2 고급 타이머 CubeMX 프리스케일러 설정

4) ‘NVIC Interrupt Table’ -> ‘Enabled’ 체크

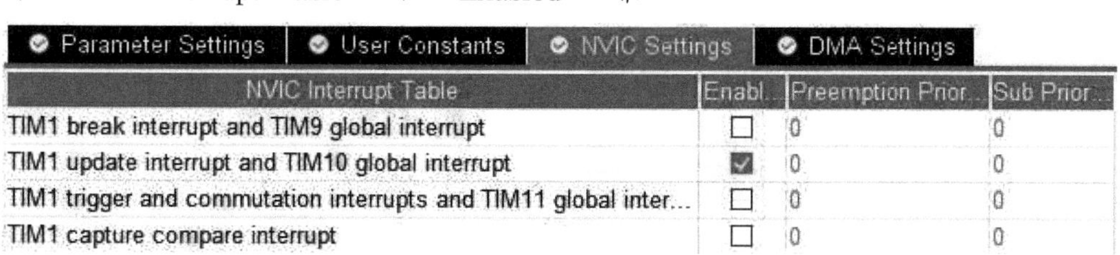

그림 9-1-3 CubeMX 타이머 설정

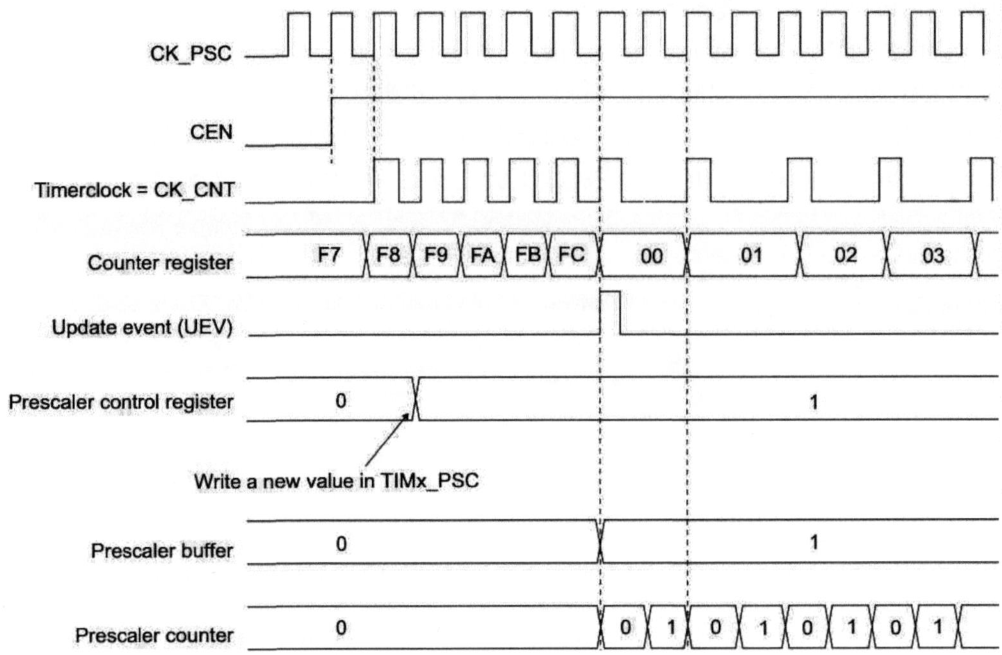

그림 9-1-4 프리스케일러 분할 변경이 포함된 카운터 타이밍 다이어그램

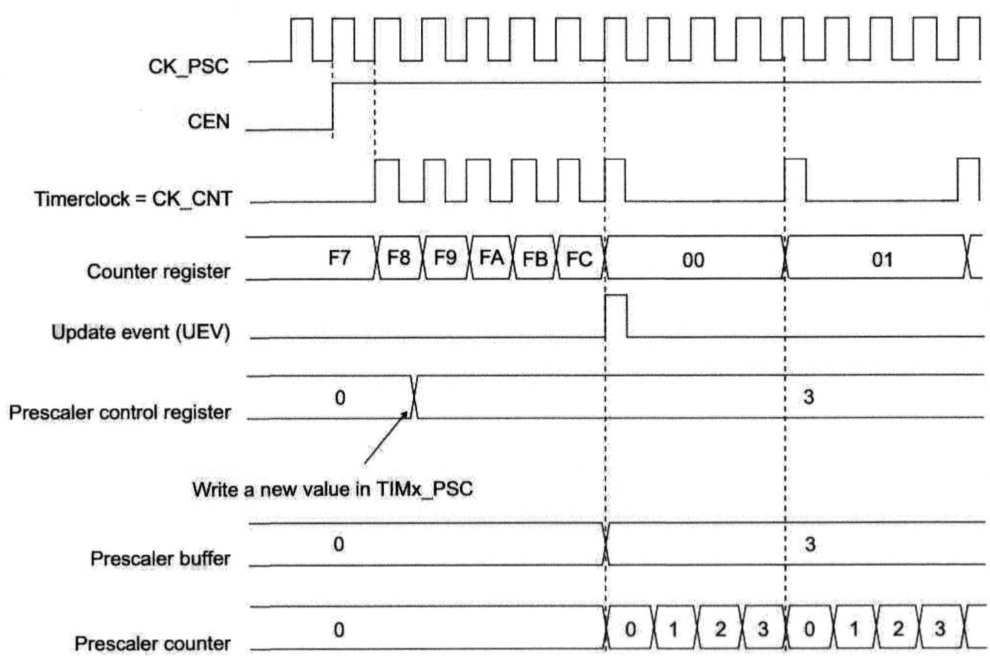

그림 9-1-5 프리스케일러 분할 변경이 포함된 카운터 타이밍 다이어그램

5) 업카운팅 모드(Upcounting mode)

업카운트 모드에서 카운터는 0부터 자동 리로드 값(TIMx_ARR 레지스터의 내용)까지 세다가 0부터 다시 시작하고 카운터 오버플로우 이벤트를 생성한다.

만약 반복 카운터가 사용된다면, 업카운팅이 반복 카운터 레지스터(TIMx_RCR)에 프로그래밍된 횟수 + 1만큼 반복된 후 업데이트 이벤트(UEV)가 생성된다. 그렇지 않으면 업데이트 이벤트는 각 카운터 오버플로우에서 생성된다.

TIMx_EGR 레지스터에서 UG 비트를 설정함으로써(소프트웨어나 슬레이브 모드 컨트롤러를 사용하여), 업데이트 이벤트도 생성된다.

UEV 이벤트는 TIMx_CR1 레지스터의 UDIS 비트를 설정하여 소프트웨어에 의해 비활성화될 수 있다. 이는 프리로드 레지스터에 새로운 값을 쓸 때 그림자 레지스터를 업데이트하지 않도록 하는 것이다. 그런 다음 UDIS 비트가 0으로 쓰여질 때까지 업데이트 이벤트가 발생하지 않는다. 그러나 카운터와 프리스케일러의 카운터는 0부터 다시 시작된다(프리스케일러 비율은 변경되지 않음). 또한 TIMx_CR1 레지스터의 URS 비트(업데이트 요청 선택)가 설정된 경우 UG 비트를 설정하더라도 업데이트 이벤트 UEV가 생성되지만 UIF 플래그가 설정되지 않는다(따라서 인터럽트나 DMA 요청이 전송되지 않는다). 이는 캡처 이벤트에서 카운터를 지울 때 업데이트 및 캡처 인터럽트를 모두 생성하지 않도록 하는 것이다.

업데이트 이벤트가 발생하면 모든 레지스터가 업데이트되고 업데이트 플래그(UIF 비트, TIMx_SR 레지스터)가 설정된다(URS 비트에 따라)

- 반복 카운터는 TIMx_RCR 레지스터의 내용으로 리로드 된다.
- 자동 리로드 쉐도우 레지스터는 프리로드 값(TIMx_ARR)으로 업데이트된다.
- 프리스케일러의 버퍼는 프리로드 값으로 리로드 된다(TIMx_PSC 레지스터의 내용).

그림 9-1-6과 9-1-7은 다른 클럭에 대한 카운터 동작과 TIMx_ARR=36일 때의 주파수에 대한 몇 가지 예를 보여준다.

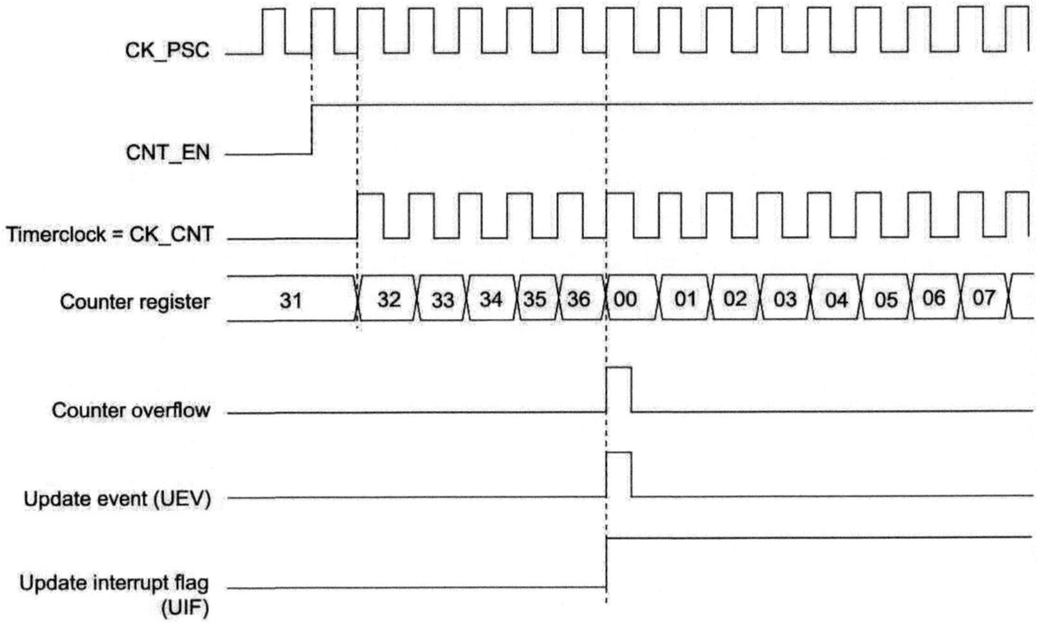

그림 9-1-6 업 카운팅 모드의 동작 시간도(오토 리로드 ARR=36), 분주비=1일 경우)

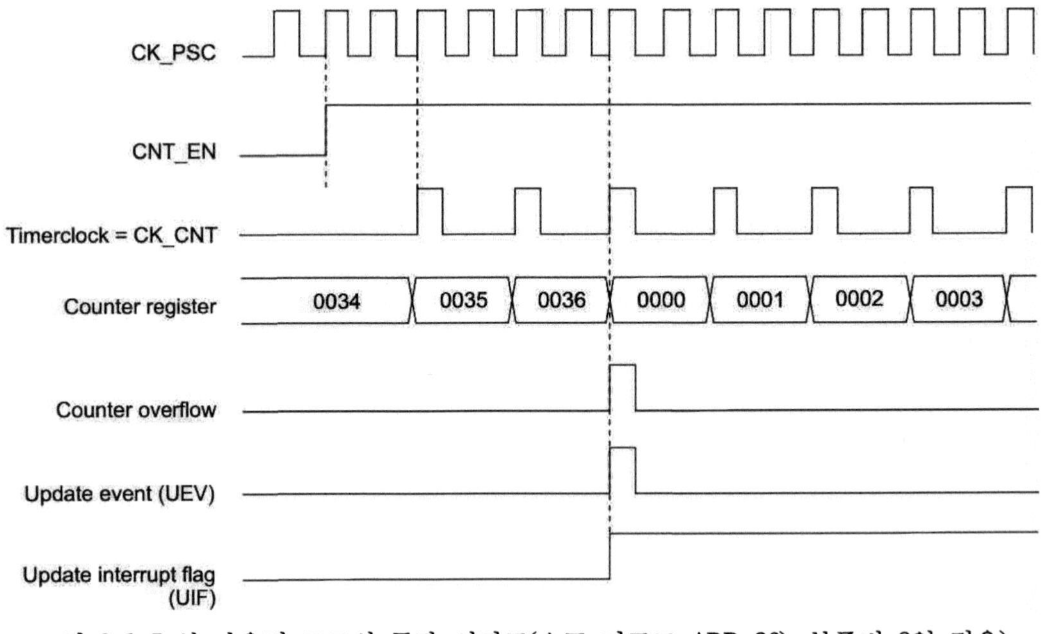

그림 9-1-7 업 카운팅 모드의 동작 시간도(오토 리로드 ARR=36), 분주비=2일 경우)

9.1.2 범용(General-purpose) 타이머

1) 범용 타이머 소개

범용 타이머는 프로그래밍 가능한 프리스케일러에 의해 구동되는 16비트 또는 32비트 자동 리로드 카운터로 구성되며, 입력 신호의 펄스 길이를 측정하는 데 사용될 수 있다. (입력 캡처) 또는 출력 웨이브폼을 생성하는 데 사용될 수 있다. (출력 비교 및 PWM). 타이머 프리스케일러와 RCC 클럭 컨트롤러 프리스케일러를 사용하여 펄스 길이 및 웨이브폼 주기를 몇 마이크로초에서 몇 밀리초까지 조절할 수 있다. 타이머는 완전히 독립적이며 어떤 리소스도 공유하지 않는다.

2) TIM2/TIM3/TIM4/TIM5/TIM9/TIM10/TIM11/TIM12/TIM13/TIM14 주요 특징

범용 TIMx 타이머의 주요 기능은 다음과 같다.

- 16비트 (TIM3, TIM4) 또는 32비트 (TIM2 및 TIM5) 업, 다운, 업/다운 자동 리로드 카운터
- 16비트 프로그래밍 가능한 프리스케일러로, 카운터 클럭 주파수를 1부터 65535 사이의 어떤 요소로도 나눌 수 있다. 이것은 "실시간" 으로 조절할 수도 있다.
- 입력 캡처, 출력 비교, PWM 생성 (에지 및 중앙 정렬 모드), 단일 펄스 모드 출력과 같이 최대 4개의 독립적인 채널 지원.
- 타이머를 외부 신호로 제어하고 여러 타이머를 연결하기 위한 동기화 회로
- 다음 이벤트에 대한 인터럽트/DMA 생성
  -업데이트 : 카운터 오버플로우/언더플로우, 소프트웨어 또는 내부/외부 트리거로 인한 카운터 초기화
  -트리거 이벤트 (카운터 시작, 정지, 초기화 또는 내부/외부 트리거에 의한 카운트)
  -입력 캡처
  -출력 비교
- 위치 결정을 위한 목적으로 증분(사각) 인코더와 홀 센서 회로를 지원한다.
- 외부 클록 또는 주기별 전류 관리를 위한 트리거 입력을 지원한다.
- 동작 주파수는 108MHz로 동작한다.

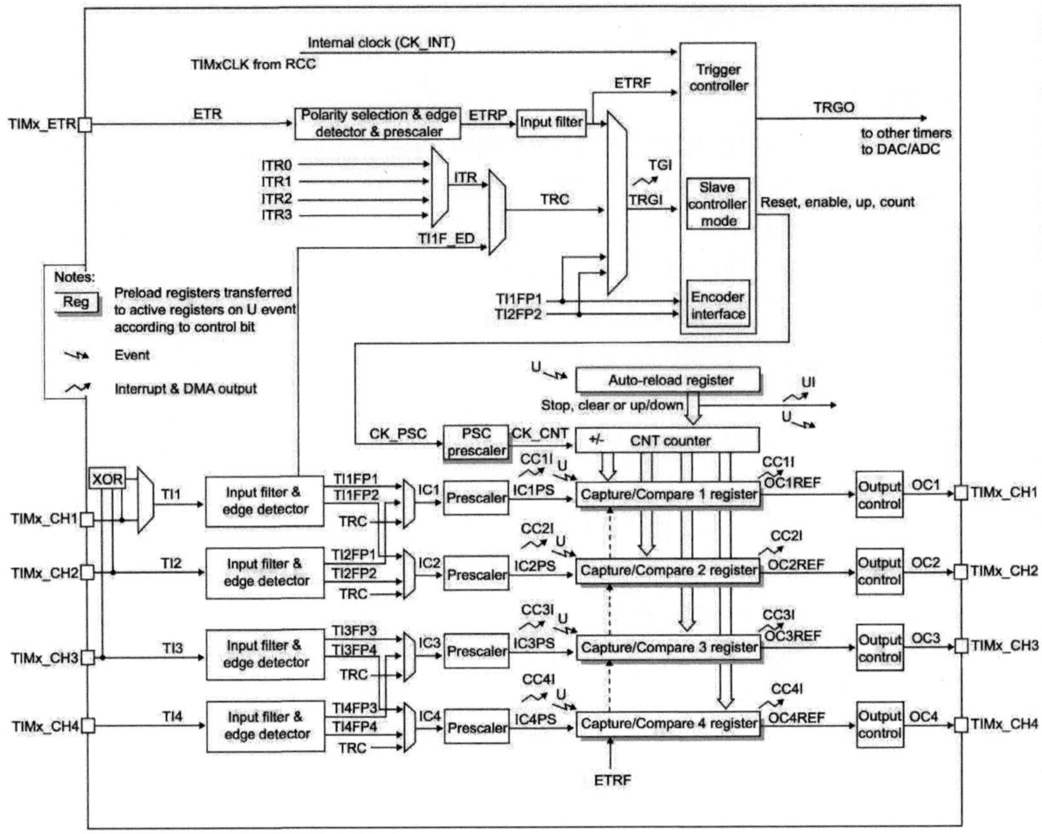

그림 9-1-8 범용 타이머 Block diagram

3) 기능 설명

프로그래밍 가능한 타이머의 주요 블록은 16비트/32비트 카운터와 해당하는 자동 리로드 레지스터로 구성된다. 이 카운터는 업 카운트, 다운 카운트 또는 업 카운트 및 다운 카운트 또는 다운 카운트 및 업 카운트를 할 수 있다. 또한, 카운터 클럭은 프리스케일러로 나눌 수 있다.

카운터, 자동 리로드 레지스터, 그리고 프리스케일러 레지스터는 소프트웨어에 의해 읽거나 쓸 수 있다. 이것은 카운터가 실행 중일 때에도 적용된다.

시간 기준 단위

- 카운터 레지스터 (TIMx_CNT)
- 프리스케일러 레지스터 (TIMx_PSC)
- 자동 리로드 레지스터 (TIMx_ARR)

자동 리로드 레지스터는 사전 로드된다. 자동 리로드 레지스터에 쓰거나 읽을 때 사전 로드 레지스터에 접근된다. 사전 로드 레지스터의 내용은 자동 리로드 사전 로드 활성화 비트 (ARPE)가 TIMx_CR1 레지스터에서 0이면 영구적으로 또는 갱신 이벤트 (UEV)마다 그림자 레지스터로 전송된다. 업데이트 이벤트는 카운터가 오버플로우 (또는 다운카운트 시 언더플로우)에 도달하면 발생하며, TIMx_CR1 레지스터에서 UDIS 비트가 0인 경우 발생한다. 이 이벤트는 또한 소프트웨어에 의해 생성될 수 있으며 각 구성에 대한 업데이트 이벤트 생성 방법이 자세히 설명되어 있다.

카운터는 프리스케일러 출력 CK_CNT에 의해 클럭이 주어지며, 카운터 활성화 비트 (CEN)가 TIMx_CR1 레지스터에 설정되어 있는 경우에만 활성화된다 (카운터 활성화에 대한 자세한 내용은 슬레이브 모드 컨트롤러 설명에서 확인할 수 있다).

실제 카운터 활성화 신호 CNT_EN은 CEN 이후 1 클럭 주기에 설정된다.

4) 프리스케일러 설명

프리스케일러는 카운터 클럭 주파수를 1부터 65536까지의 어떤 요소로도 나눌 수 있다. 이것은 16비트 카운터를 기반으로 하며 16비트/32비트 레지스터 (TIMx_PSC 레지스터)를 통해 제어된다. 이 제어 레지스터는 버퍼링 되어 있어서 실시간으로 변경될 수 있다. 새로운 프리스케일러 비율은 다음 업데이트 이벤트에서 고려된다.

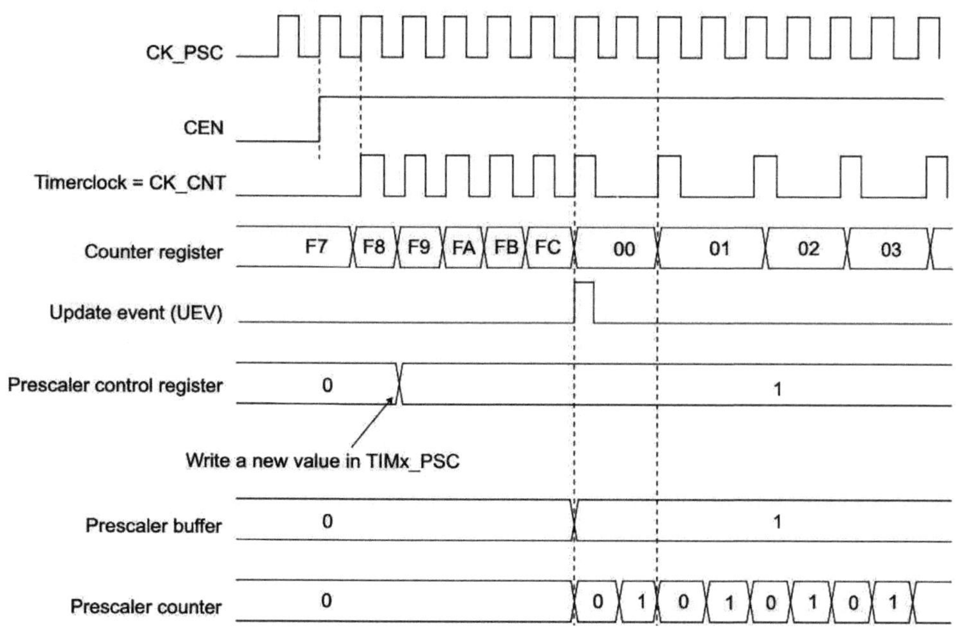

그림 9-1-9 범용 타이머 프리스케일러의 분할비를 1에서 2로 변경

5) 업카운팅 모드

업 카운팅 모드에서 카운터는 0에서 자동 리로드 값(TIMx_ARR 레지스터의 내용)까지 증가하고, 그런 다음 0부터 다시 시작하며 카운터 오버플로우 이벤트를 생성한다.

업데이트 이벤트는 카운터 오버플로우마다 발생하거나 TIMx_EGR 레지스터의 UG 비트를 설정함으로써 (소프트웨어 또는 슬레이브 모드 컨트롤러 사용) 생성할 수 있다.

UEV 이벤트는 TIMx_CR1 레지스터의 UDIS 비트를 설정함으로써 소프트웨어에 의해 비활성화할 수 있다. 이것은 새로운 값을 사전 로드 레지스터에 쓸 때 그림자 레지스터를 업데이트하는 것을 피하기 위한 것이다. 그런 다음 UDIS 비트가 0으로 쓰여질 때까지 업데이트 이벤트가 발생하지 않는다. 그러나 카운터와 프리스케일러의 카운터는 0부터 다시 시작하게 된다 (프리스케일러 비율은 변경되지 않음).

또한, TIMx_CR1 레지스터의 URS 비트(업데이트 요청 선택)가 설정되어 있는 경우 UG 비트를 설정하면 업데이트 이벤트 UEV가 생성되지만 UIF 플래그를 설정하지 않는다 (따라서 인터럽트 또는 DMA 요청이 전송되지 않음). 이는 캡처 이벤트에서 카운터를 지우는 경우 업데이트 및 캡처 인터럽트를 모두 생성하는 것을 피하기 위한 것이다.

업데이트 이벤트가 발생하면 모든 레지스터가 업데이트되며 업데이트 플래그 (TIMx_SR 레지스터의 UIF 비트)가 설정된다 (URS 비트에 따라 달라진다)

- 프리스케일러의 버퍼는 사전 로드 값(TIMx_PSC 레지스터의 내용)으로 다시 로드된다.
- 자동 리로드 그림자 레지스터는 사전 로드 값(TIMx_ARR)으로 업데이트된다.

다음 그림9-1-10, 그림 9-1-11은 TIMx_ARR이 36인 경우 다른 클록 주파수에 대한 카운터 동작의 몇 가지 예제를 보여준다.

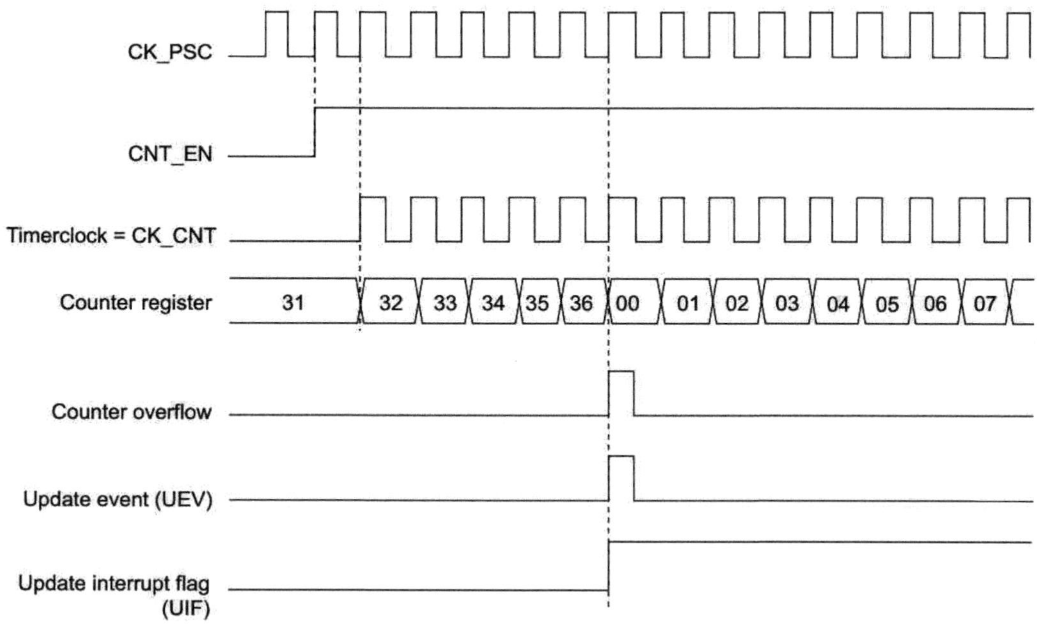

그림 9-1-10 업 카운팅 모드의 동작 시간도(오토 리로드 ARR=36), 분주비=1일 경우)

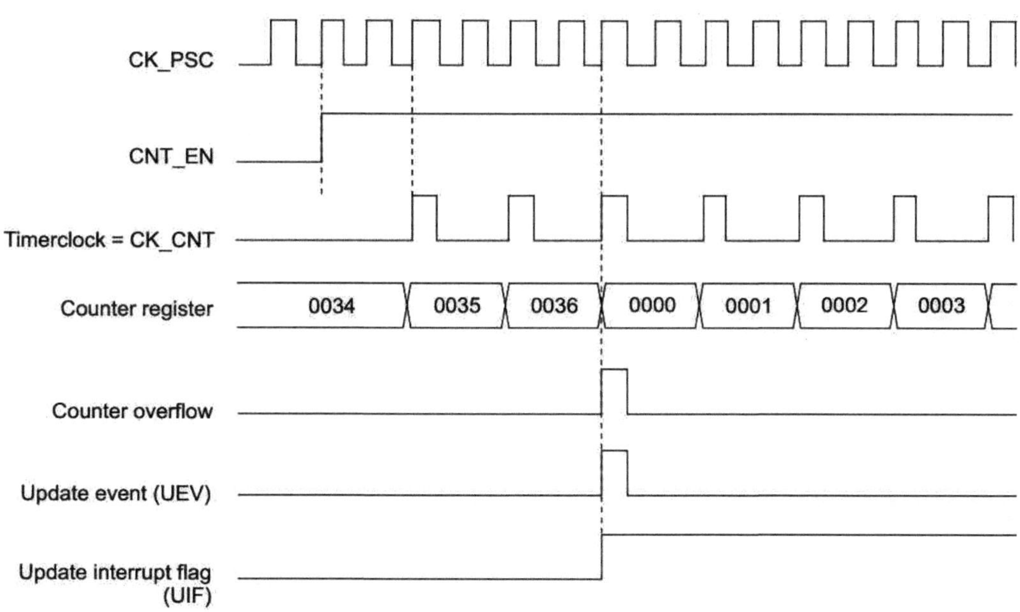

그림 9-1-11 업 카운팅 모드의 동작 시간도(오토 리로드 ARR=36), 분주비=2일 경우)

9.1.3 기본(Basic) 타이머

1) 기본 타이머 TIM6/TIM7소개

기본 타이머인 TIM6와 TIM7는 프로그래밍 가능한 프리스케일러로 구동되는 16비트 자동 리로드 카운터로 구성되어 있다.

일반적인 시간 기반 생성을 위한 일반적인 타이머로 사용될 수 있지만, 특히 디지털-아날로그 컨버터 (DAC)를 제어하는 데 사용된다. 실제로, 이러한 타이머는 내부적으로 DAC에 연결되어 있으며 트리거 출력을 통해 DAC를 제어할 수 있다. 이 타이머들은 완전히 독립적이며 어떤 리소스도 공유하지 않다.

2) 기본 타이머 TIM6/TIM7 주요 특징

- 16비트 ARR지원
- 16비트 프로그래밍 가능한 프리스케일러(prescaler)로, 카운터 클럭 주파수를 1부터 65535(16비트) 사이의 어떤 요소로도 나눌 수 있다. 이것은 "실시간" 으로 조절할 수도 있다.
- DAC를 트리거하는 동기화 회로 업데이트 이벤트(카운터 오버플로우)에 대한 인터럽트/DMA 생성

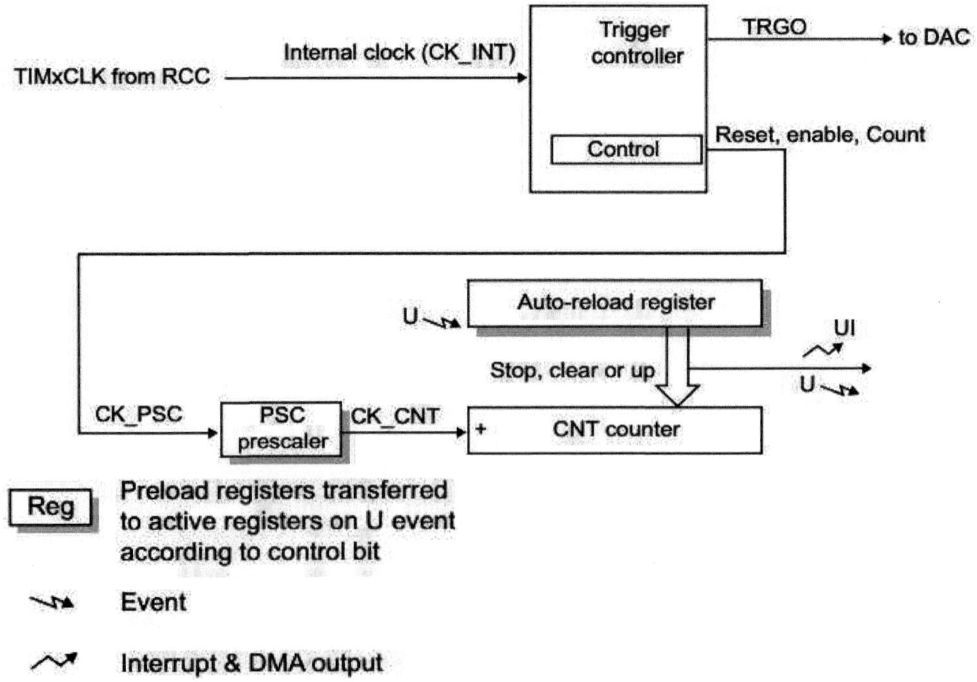

그림 9-1-12 기본 타이머 Block Diagram

3) 기능 설명

프로그래밍 가능한 타이머의 주요 블록은 16비트 업카운터와 관련된 ARR(Auto Reload Register)이다. 카운터 클럭(Counter Clock)은 프리스케일러(Prescaler)에 의해 나눌 수 있다. 카운터, ARR 및 프리스케일러 레지스터는 소프트웨어에 의해 읽거나 쓰일 수 있다. 실제로 카운터가 동작 중일 때에도 이를 할 수 있다.

시간 기준 유닛은 다음을 포함한다 :

- Counter Register (TIMx_CNT)
- Prescaler Register (TIMx_PSC)
- Auto Reload Register (TIMx_ARR)

ARR 레지스터는 사전 로드된다. ARR를 쓰거나 읽으려고 할 때마다 사전 로드 레지스터에 액세스 된다. 사전 로드 레지스터의 내용은 TIMx_CR1 레지스터의 자동 리로드 사전 로드 활성화 비트 (ARPE)에 따라 영구적으로 또는 갱신 이벤트 UEV 마다 그림자 레지스터로 전송된다. 업데이트 이벤트는 카운터가 오버플로우 값을 도달하고 TIMx_CR1 레지스터의 UDIS 비트가 0인 경우에 전송된다. 또한 소프트웨어로 생성될 수 있으며, 각 구성에 대한 업데이트 이벤트 생성 방법이 자세히 설명되어 있다.

카운터는 프리스케일러 출력 CK_CNT에 의해 클럭 되며, TIMx_CR1 레지스터의 카운터 활성화 비트 (CEN)가 설정된 경우에만 활성화된다. 실제 카운터 활성화 신호 CNT_EN은 CEN 이후 1 클럭 주기에 설정된다.

4) 프리스케일러(Prescaler) 설명

프리스케일러(Prescaler)는 카운터 클럭 주파수를 1부터 65536까지의 어떤 요소로도 나눌 수 있다. 이것은 16비트 레지스터인 TIMx_PSC 레지스터를 통해 제어되는 16비트 카운터를 기반으로 하며, TIMx_PSC 제어 레지스터는 버퍼링 되어 있어서 동적으로 변경될 수 있다.

그림 9-1-13은 프리스케일러 비율이 동적으로 변경되는 경우 카운터 동작의 몇 가지 예이다.

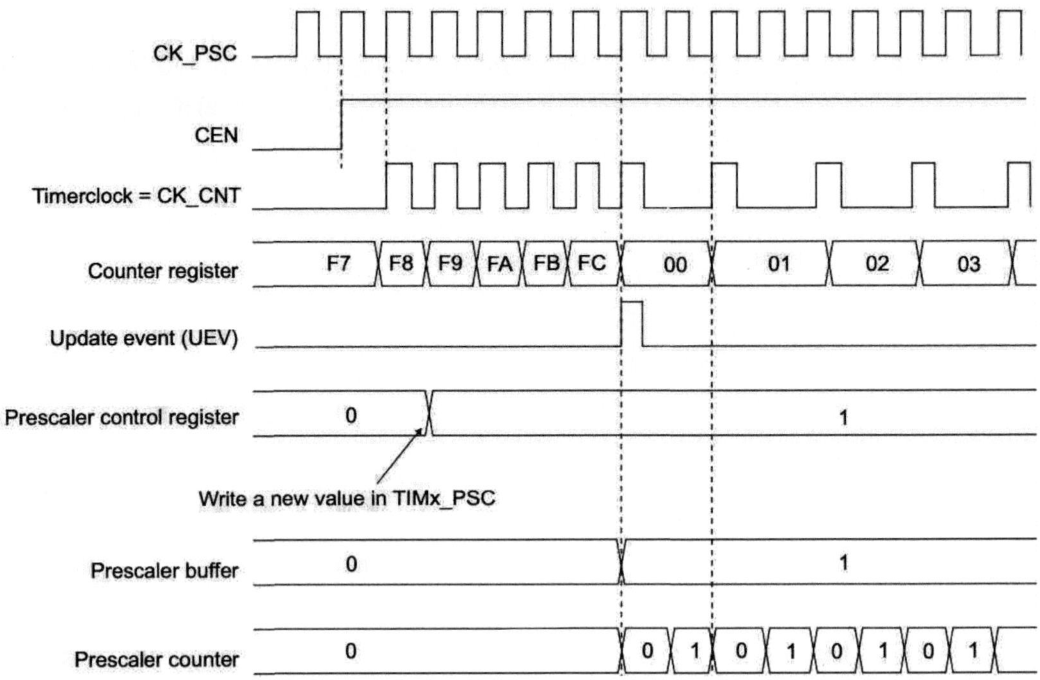

그림 9-1-13 기본 타이머 프리스케일러의 분할비를 1에서 2로 변경

5) 카운팅 모드

카운터는 0부터 TIMx_ARR 레지스터의 내용까지 카운트한 후 0부터 다시 시작하며 카운터 오버플로우 이벤트를 발생시킨다. 업데이트 이벤트는 각 카운터 오버플로우마다 생성되거나 TIMx_EGR 레지스터의 UG 비트를 설정함으로써 (소프트웨어 또는 슬레이브 모드 컨트롤러를 사용하여) 생성할 수 있다.

UEV 이벤트는 TIMx_CR1 레지스터의 UDIS 비트를 설정함으로써 소프트웨어에 의해 비활성화될 수 있다. 이렇게 함으로써 새로운 값을 사전 로드 레지스터에 쓸 때 그림자 레지스터를 업데이트하는 것을 방지한다. 따라서 UDIS 비트가 0으로 쓰여질 때까지 업데이트 이벤트가 발생하지 않는다. 그러나 카운터와 프리스케일러 카운터는 둘 다 0부터 다시 시작하게 되지만, 프리스케일 비율은 변경되지 않는다.

또한, TIMx_CR1 레지스터의 URS (업데이트 요청 선택) 비트가 설정되어 있는 경우 UG 비트를 설정하면 업데이트 이벤트 UEV가 생성되지만 UIF 플래그가 설정되지 않는다 (따라서 인터럽트 또는 DMA 요청이 전송되지 않음). 이는 카운터를 캡처 이벤트에서 지울 때 업데이트 및 캡처 인터럽트를 동시에 생성하는 것을 방지하기 위한 것이다.

업데이트 이벤트가 발생하면 모든 레지스터가 업데이트되며 업데이트 플래그(TIMx_SR 레지스터의 UIF 비트)가 설정된다 (URS 비트에 따라 달라진다)

- 프리스케일러의 버퍼는 사전 로드 값(TIMx_PSC 레지스터의 내용)으로 다시 로드된다.
- 자동 리로드 그림자 레지스터는 사전 로드 값(TIMx_ARR)으로 업데이트된다.

그림 9-1-14는 TIMx_ARR이 36인 경우 다른 클록 주파수에 대한 카운터 동작의 예이다.

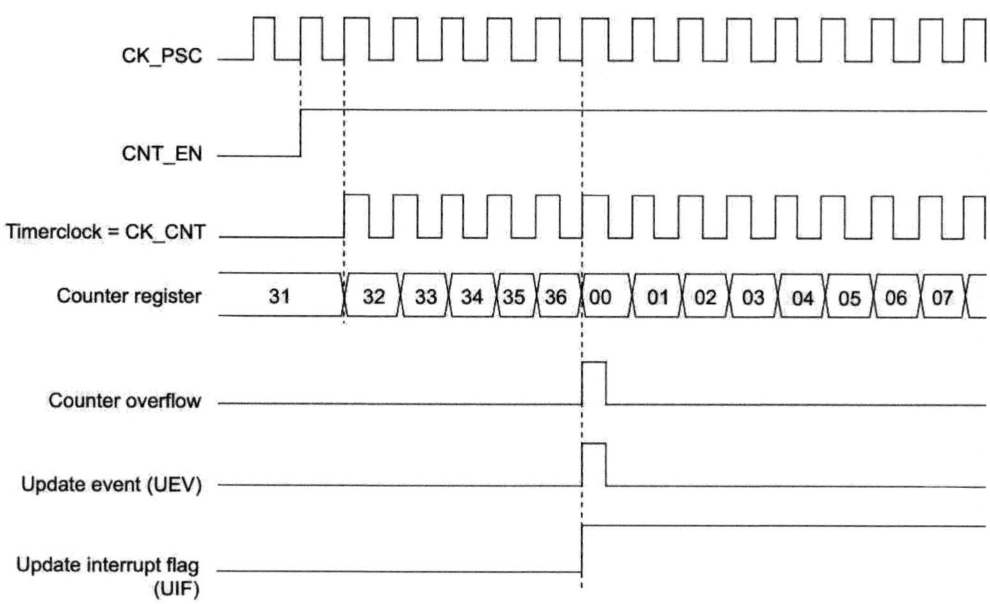

그림 9-1-14 카운터의 동작 시간도 내부 클럭을 1분주 한 값

9.1.4 타이머 HAL 드라이버

2) 용어 정리

- htim : 타이머의 핸들러(TIM_HandleTypeDef) 구조체에 대한 포인터이다. 이 구조체는 해당 타이머의 모든 설정과 상태를 포함한다.
- pData : DMA 전송을 위한 데이터의 버퍼(배열)에 대한 포인터이다.
- Length : 전송할 데이터의 길이(개수)를 나타낸다.

3) Time Base functions

- HAL_TIM_Base() : TIM base의 초기화 함수이다.
ex) HAL_TIM_Base_Init(TIM_HandleTypeDef *htim);

- HAL_TIM_Base_DeInit() : TIM base의 초기화 해제 함수이다.
ex) HAL_TIM_Base_DeInit(TIM_HandleTypeDef *htim);

- HAL_TIM_MspInit() : TIM base Msp의 초기화 함수이다.
ex) HAL_TIM_Base_Init(TIM_HandleTypeDef *htim);

- HAL_TIM_Base_MspDeInit() : TIM base Msp의 초기화 해제 함수이다.
ex) HAL_TIM_Base_MspDeInit(TIM_HandleTypeDef *htim);

- HAL_TIM_Base_Start() : TIM base를 동작을 시작하는 함수이다.
ex) HAL_TIM_Base_Start(TIM_HandleTypeDef *htim);

- HAL_TIM_Base_Stop() : TIM base를 동작을 정지하는 함수이다.
ex) HAL_TIM_Base_Stop(TIM_HandleTypeDef *htim);

- HAL_TIM_Base_Start_IT() : TIM base를 동작을 시작하고 인터럽트 발생을 활성화하는 함수이다.
ex) HAL_TIM_Base_Start_IT(TIM_HandleTypeDef *htim);

- HAL_TIM_Base_Start_IT() : TIM base를 동작을 정지하고 인터럽트 발생을 비활성화하는 함수이다.
ex) HAL_TIM_Base_Stop_IT(TIM_HandleTypeDef *htim);

- HAL_TIM_Base_Start_DMA() : TIM base를 동작을 시작하고 DMA 전송을 활성화하는 함수이다.
ex) HAL_TIM_Base_Start_DMA(TIM_HandleTypeDef *htim, const uint32_t *pData, uint16_t Length);

- HAL_TIM_Base_Stop_DMA() : TIM base를 동작을 정지하고 DMA 전송을 비활성화하는 함수이다.
ex) HAL_TIM_Base_Stop_DMA(TIM_HandleTypeDef *htim);

9.2 업 카운터(Up Counter)를 이용한 16비트 타이머

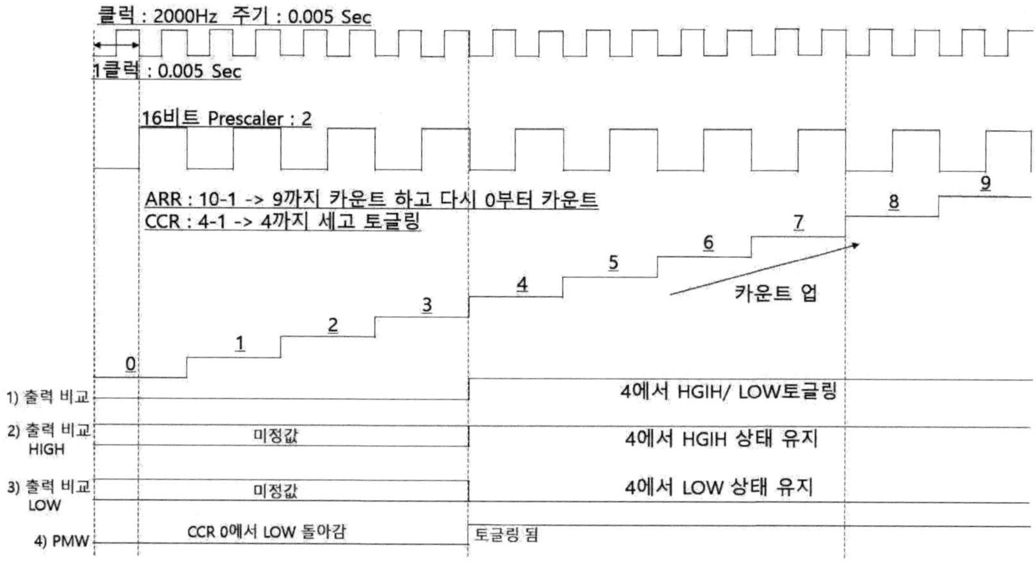

그림 9-2-1 클럭 분주비의 예

9.2.1 16비트 TIM CubeMX GPIO 설정

1) 'Categories' -> 'TIM1' 클릭

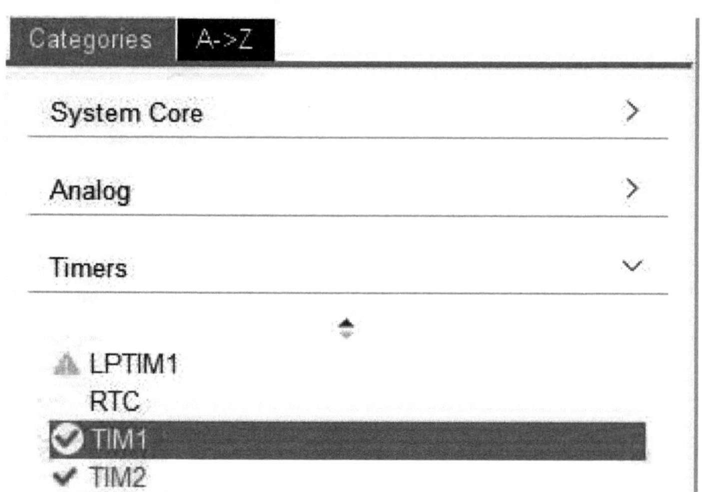

그림 9-2-2 CubeMX 타이머 설정

2) ‘Clock Source’ -> ‘Internal Clock’ 클릭

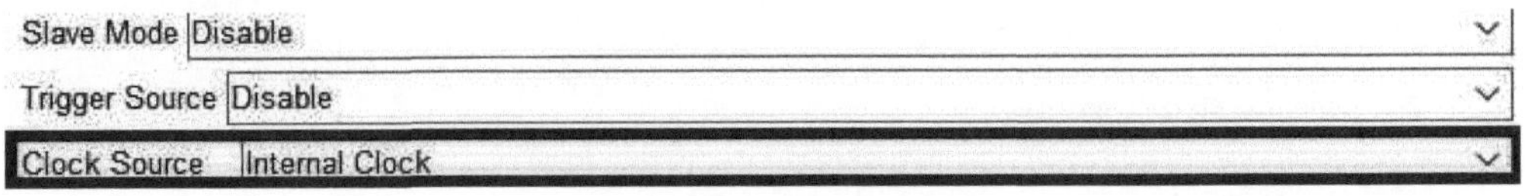

그림 9-2-3 CubeMX 타이머 설정

3) 1m 타이머 만들기 : ‘Counter Settings’ -> ‘Prescaler(PSC - 16 bits value)’ -> 21600-1 -> Counter period Register - 16 bits 10000-1 설정 -> ‘Generate Code’

그림 9-2-4 (APB2 - TIM1) STM32F767 Timer2 구조 참조

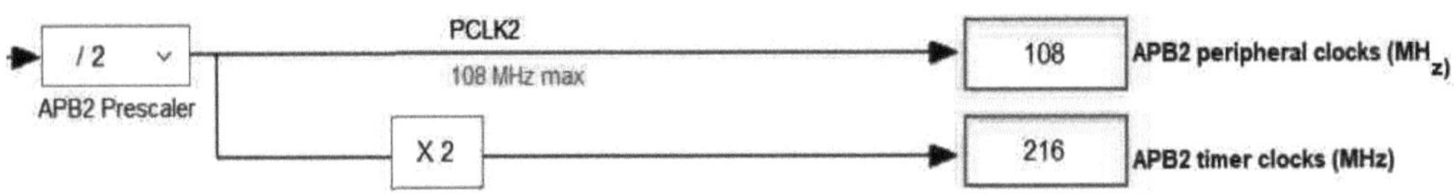

그림 9-2-5 CubeMX 타이머 설정

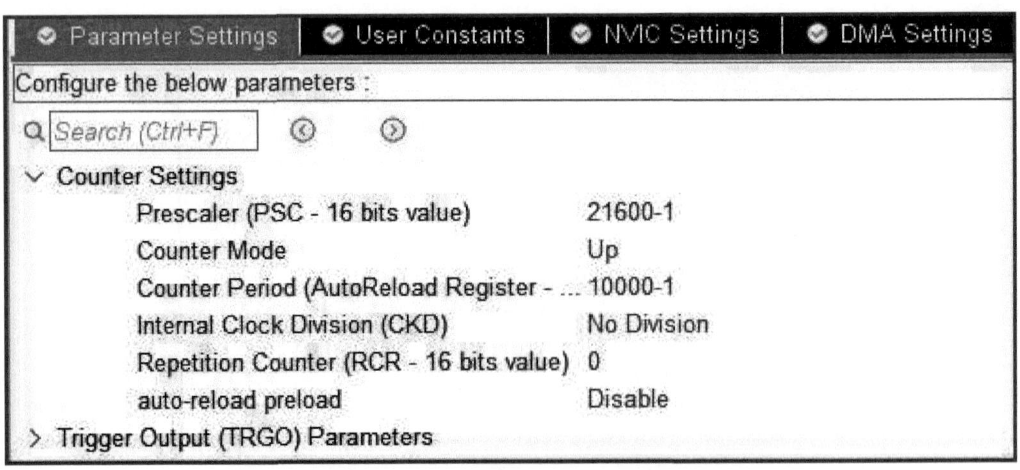

그림 9-2-6 CubeMX 1sec 타이머 설정

4) 'NVIC Interrupt Table' -> 'Enabled' 체크

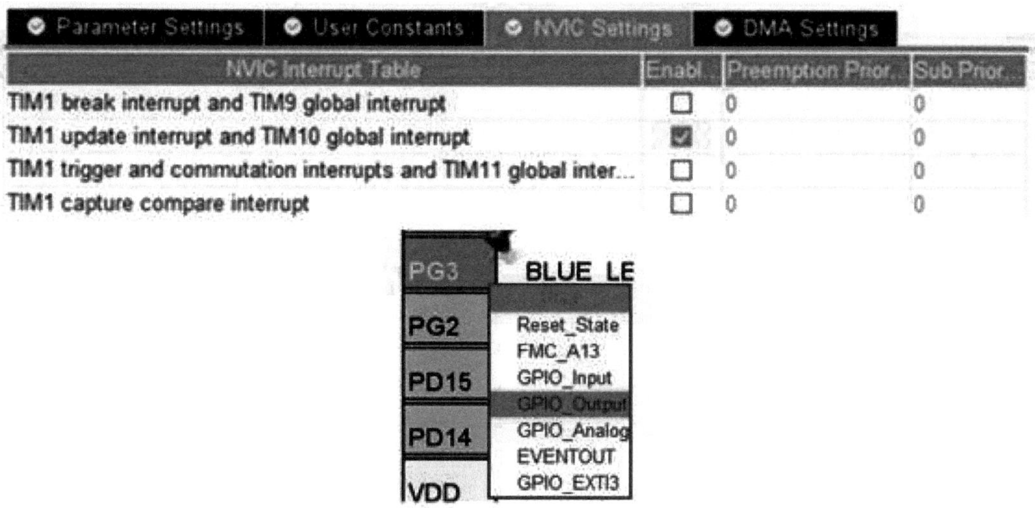

그림 9-2-7 CubeMX 타이머 설정

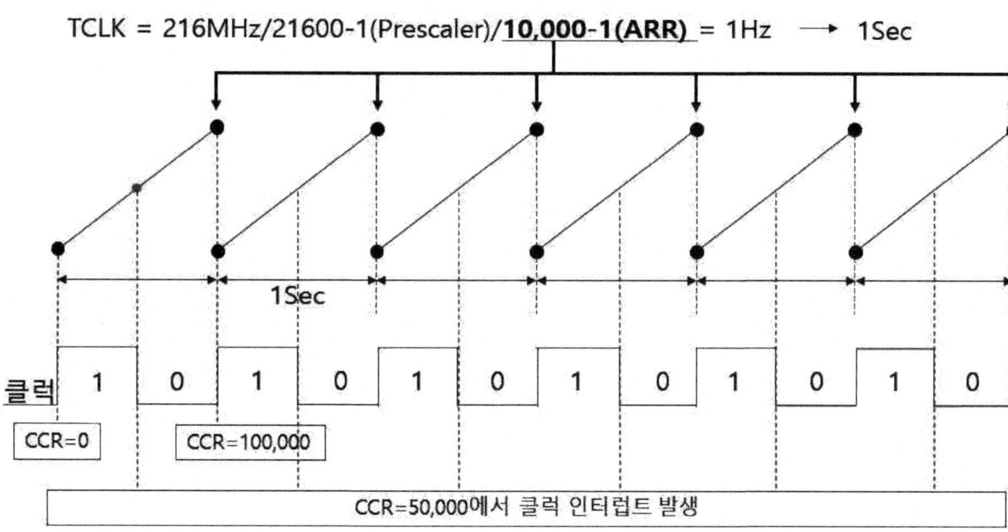

그림 9-2-8 타이머 교체 인터럽트 발생 예

9.2.2 실험

실험 1) 1000ms(1sec) Up카운터 Tim1를 사용하여 인터럽트가 발생하면 Blue_LED를 ON/OFF하는 프로그램을 작성하여 실험하였다.

(단 프리스케일은 htim1.Init.Prescaler = 21600-1, htim1.Init.Period = 10000-1;로 설정한다.)

1. main.c

```
#include "main.h"
void SystemClock_Config(void);
static void MX_GPIO_Init(void);
static void MX_TIM1_Init(void);
void HAL_TIM_PeriodElapsedCallback(TIM_HandleTypeDef *htim)
{
    if(htim -> Instance == htim1.Instance)
    {
        HAL_GPIO_TogglePin(GPIOG, GPIO_PIN_3);
    }
}
int main(void)
{
    HAL_Init();
    SystemClock_Config();
    MX_GPIO_Init();
    MX_TIM1_Init();
    HAL_TIM_Base_Start_IT(&htim1);
    while (1)
    {
    }
}
```

실험 2) 1000ms(1Sec) Up카운터 타이머를 사용하여 시계를 만드는 프로그램을 작성하여 실험하였다. (View -> Live Watch로 시간 변수값 확인)

(단 프리스케일은 htim1.Init.Prescaler = 21600-1, htim1.Init.Period = 10000-1;로 설정한다.)

1. main.c

```
#include "main.h“
#include "extern.h"
void SystemClock_Config(void);
static void MX_GPIO_Init(void);
static void MX_TIM1_Init(void);
int main(void)
{
    HAL_Init();
    SystemClock_Config();
    MX_GPIO_Init();
    MX_TIM1_Init();
    HAL_TIM_Base_Start_IT(&htim1);//타이머1 인터럽트 시작
    while (1)
    {
    }
}
```

2.stm32f7XX_IT.C

```
#include "main.h“
#include "extern.h“
#include "stm32f7xx_it.h"
extern TIM_HandleTypeDef htim1;
byte TIM1_1scnt=0, TIM1_sec=0, TIM1_min=0, TIM1_hour=0;
void TIM1_UP_TIM10_IRQHandler(void)//1s카운터
{
    if(++TIM1_1scnt)      //1s마다 진입
    {
        TIM1_1scnt=0;
        if(++TIM1_sec>=60)  //1m마다 진입
        {
            TIM1_sec=0;
            if(++TIM1_min>=60) //1h마다 진입
            {
                TIM1_min=0;
                if(++TIM1_hour>=24) //1Day마다 진입
                    TIM1_hour=0;
            }
        }
    }
}
```

3. extern.h

```
typedef unsigned char  byte;            //1byte
typedef unsigned short word;            //2byte
typedef unsigned long  dword;           //4byte
```

실험 3) 1000ms(1Sec) Up카운터 타이머를 이용하여 1초마다 BAR_LED가 아래로 시프트되는 프로그램을 작성하여 실험하였다.

(단 프리스케일은 htim1.Init.Prescaler = 21600-1, htim1.Init.Period = 10000-1;로 설정한다.)

1. main.c

```
#include "main.h“
#include <stdio.h>
#include "extern.h“
#include "user_define.h“
void LED_display(word LED)
{
    if(LED==1)       GPIOC ->BSRR=1;             //PC0 : 1
    else        GPIOC ->BSRR=1<<16;              //PC0 : 0
    if(LED==2)       GPIOC ->BSRR=1<<1;          //PC1 : 1
    else        GPIOC ->BSRR=1<<(16+1);          //PC1 : 0
    if(LED==3)       GPIOC ->BSRR=1<<2;          //PC1 : 1
    else        GPIOC ->BSRR=1<<(16+2);          //PC1 : 0
    if(LED==4)       GPIOC ->BSRR=1<<3;          //PC1 : 1
    else        GPIOC ->BSRR=1<<(16+3);          //PC1 : 0
    if(LED==5)       GPIOA ->BSRR=1<<7;          //PC1 : 1
    else        GPIOA ->BSRR=1<<(16+7);          //PC1 : 0
    if(LED==6)       GPIOC ->BSRR=1<<4;          //PC1 : 1
    else        GPIOC ->BSRR=1<<(16+4);          //PC1 : 0
    if(LED==7)       GPIOC ->BSRR=1<<5;          //PC1 : 1
    else        GPIOC ->BSRR=1<<(16+5);          //PC1 : 0
    if(LED==8)       GPIOB ->BSRR=1;             //PC1 : 1
    else        GPIOB ->BSRR=1<<(16);            //PC1 : 0
    if(LED==9)       GPIOB ->BSRR=1<<1;          //PC1 : 1
    else        GPIOB ->BSRR=1<<(16+1);          //PC1 : 0
    if(LED==10)      GPIOB ->BSRR=1<<2;          //PC1 : 1
    else        GPIOB ->BSRR=1<<(16+2);  //PC1 : 0
}
```

```
void SystemClock_Config(void);
static void MX_GPIO_Init(void);
static void MX_TIM1_Init(void);
TIM_HandleTypeDef htim1;
int main(void)
{
  HAL_Init();
  SystemClock_Config();
  MX_GPIO_Init();
  MX_TIM1_Init();
  HAL_TIM_Base_Start_IT(&htim1);//타이머1 인터럽트 시작
  while (1)
  {
  }
}
```

2.stm32f7XX_IT.C

```
#include "main.h"
#include "extern.h"
#include "stm32f7xx_it.h"
extern TIM_HandleTypeDef htim1;
byte TIM1_1scnt=0, TIM1_sec=0, TIM1_min=0, TIM1_hour=0;
void TIM1_UP_TIM10_IRQHandler(void) //1s카운터
{
    if(++TIM1_1scnt>=11)    //1s마다 진입
    {
        TIM1_1scnt=1;
    }
    LED_display(TIM1_1scnt);
    HAL_TIM_IRQHandler(&htim1);
}
```

3. user_define.h

```
// BAR LED
#define LED1_ON        GPIOC-> ODR |=  GPIO_PIN_0     //PC0---->1
#define LED1_OFF       GPIOC-> ODR &= ~GPIO_PIN_0     //PC0---->0
#define LED2_ON        GPIOC-> ODR |=  GPIO_PIN_1     //PC1---->1
#define LED2_OFF       GPIOC-> ODR &= ~GPIO_PIN_1     //PC1---->0
#define LED3_ON        GPIOC-> ODR |=  GPIO_PIN_2     //PC2---->1
#define LED3_OFF       GPIOC-> ODR &= ~GPIO_PIN_2     //PC2---->0
#define LED4_ON        GPIOC-> ODR |=  GPIO_PIN_3     //PC3---->1
#define LED4_OFF       GPIOC-> ODR &= ~GPIO_PIN_3     //PC3---->0
#define LED5_ON        GPIOA-> ODR |=  GPIO_PIN_7     //PA7---->1
#define LED5_OFF       GPIOA-> ODR &= ~GPIO_PIN_7     //PA7---->0
#define LED6_ON        GPIOC-> ODR |=  GPIO_PIN_4     //PC4---->1
#define LED6_OFF       GPIOC-> ODR &= ~GPIO_PIN_4     //PC4---->0
#define LED7_ON        GPIOC-> ODR |=  GPIO_PIN_5     //PC5---->1
#define LED7_OFF       GPIOC-> ODR &= ~GPIO_PIN_5     //PC5---->0
#define LED8_ON        GPIOB-> ODR |=  GPIO_PIN_0     //PB0---->1
#define LED8_OFF       GPIOB-> ODR &= ~GPIO_PIN_0     //PB0---->0
#define LED9_ON        GPIOB-> ODR |=  GPIO_PIN_1     //PB1---->1
#define LED9_OFF       GPIOB-> ODR &= ~GPIO_PIN_1     //PB1---->0
#define LED10_ON       GPIOB-> ODR |=  GPIO_PIN_2     //PB2---->1
#define LED10_OFF      GPIOB-> ODR &= ~GPIO_PIN_2     //PB2---->0
// BAR LED
```

3. extern.h

```
typedef unsigned char  byte;          //1byte
typedef unsigned short word;          //2byte
typedef unsigned long  dword;         //4byte

extern void LED_display(word LED);
```

9.3 업 카운터(Up Counter)를 이용한 32비트 타이머

9.3.1 Time1 Up-Counter CubeMX GPIO 설정

1) 'Categories' -> 'TIM2' 클릭

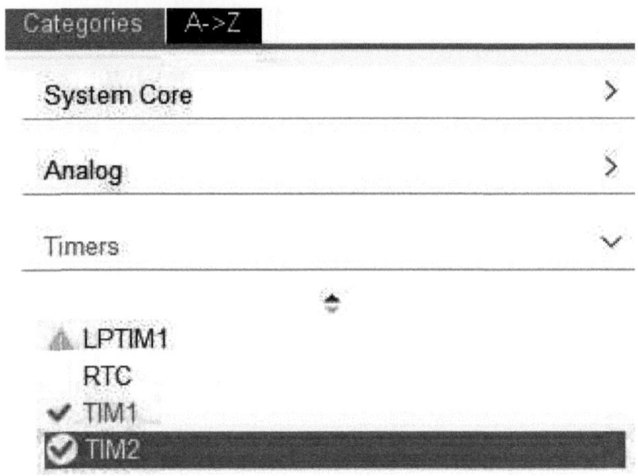

그림 9-3-1 CubeMX 타이머 설정

2) 'Clock Source' -> 'Internal Clock' 클릭

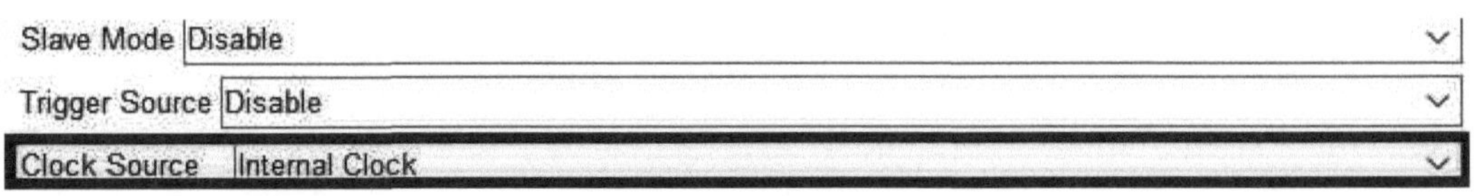

그림 9-3-2 CubeMX 타이머 설정

3) 1m 타이머 만들기(108Mhz/108/1000) : 'Counter Settings' -> 'Prescaler(PSC - 16 bits value)' -> 108-1 -> Counter period Register - 16 bits... 1000-1 설정 -> 'Generate Code'

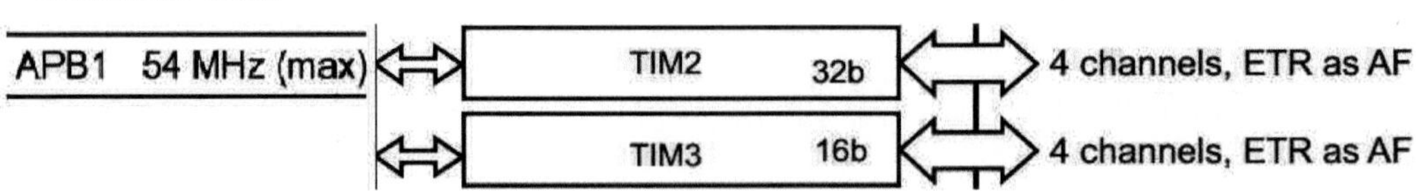

그림 9-3-3 (APB1 - TIM2) STM32F767 Datasheet 참조

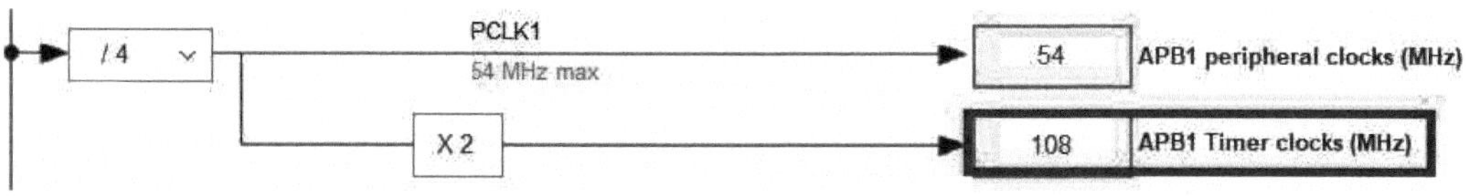

그림 9-3-4 CubeMX 타이머 설정

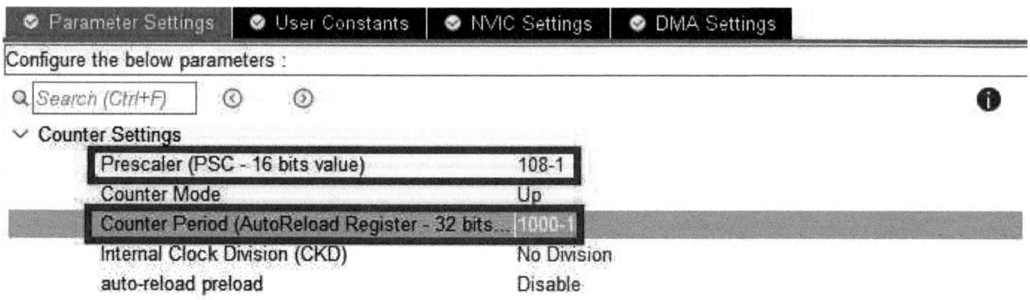

그림 9-3-5 CubeMX 타이머 설정

4) 'NVIC Interrupt Table' -> 'Enabled' 체크

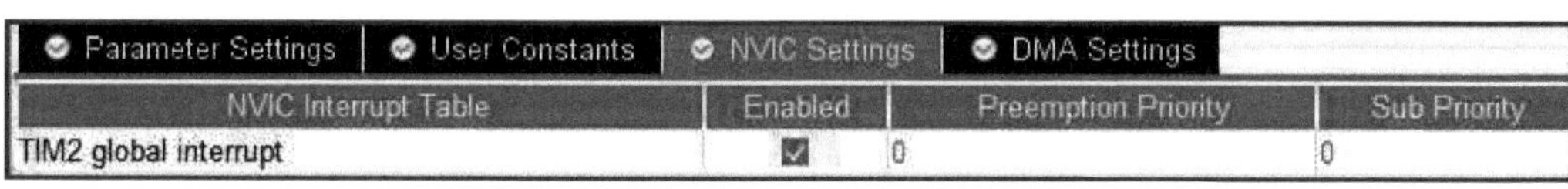

그림 9-3-6 CubeMX 타이머 설정

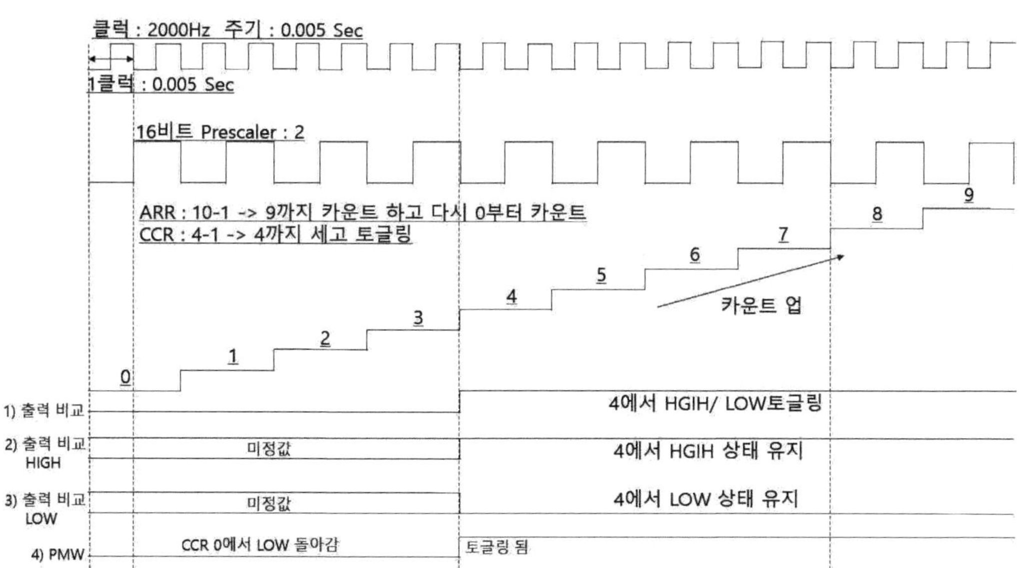

그림 9-3-7 클럭 분주비의 예

9.3.2 실험

실험 1) TIM2(1msec 타이머)를 이용하여 시계를 만드는 프로그램을 작성하여 실험하였다. (주의 프리스케일은 htim2.Init.Prescaler = 108-1, htim1.Init.Period = 1000-1;로 설정한다.)

1. main.c

```
#include "main.h“
#include "extern.h“
TIM_HandleTypeDef htim1;
TIM_HandleTypeDef htim2;
void SystemClock_Config(void);
static void MX_GPIO_Init(void);
static void MX_TIM1_Init(void);
static void MX_TIM2_Init(void);

int main(void)
{
    HAL_Init();
    SystemClock_Config();
    MX_GPIO_Init();
    MX_TIM1_Init();
    MX_TIM2_Init();
    HAL_TIM_Base_Start_IT(&htim2);//타이머2 시작
    while (1)
    {
    }
}
```

2. stm32f7XX_IT.C

```
#include "main.h"
#include "extern.h"
#include "stm32f7xx_it.h“
extern TIM_HandleTypeDef htim1;
extern TIM_HandleTypeDef htim2;
byte TIM1_1scnt=0, TIM1_sec=0, TIM1_min=0, TIM1_hour=0;
word Time2_1mcnt=0;
```

```
byte Sec=0, Min=0, Hour=0;
void TIM2_IRQHandler(void) //1mcnt
{
    Time2_1mcnt++;
    if(Time2_1mcnt >= 1000) //108MHz/108/1000 : 1ms마다 ++1
    {
        Time2_1mcnt =0;
        if(++Sec >= 60) //초
        {
            Sec=0;
            if(++Min >= 60) //분
            {
                Min =0;
                Hour++; //시간
            }
        }
    }
    HAL_TIM_IRQHandler(&htim2);
}
```

3. extern.h

```
typedef unsigned char  byte;        //1byte
typedef unsigned short word;        //2byte
typedef unsigned long  dword;       //4byte
```

4. 'View' -> 'Live Watch' 에서 Time2_1mcnt, Sec, Min, Hour 실시간 변수값 확인

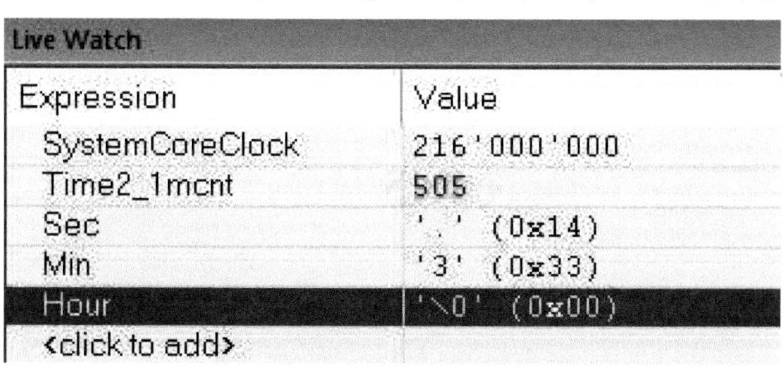

그림 9-3-8 'Live Watch'

실험 2) SW2와 TIM2(1msec) 타이머를 응용하는 프로그램으로써, 스위치의 오작동의 원인인 채터링을 제거하기 위한 프로그램을 작성하여 실험하였다.
(SW2를 누르면 SW2_PUSH 값이 증가하고, 다시 누르면 감소함)
(주의 프리스케일은 htim2.Init.Prescaler = 108-1, htim1.Init.Period = 1000-1;로 설정한다.)

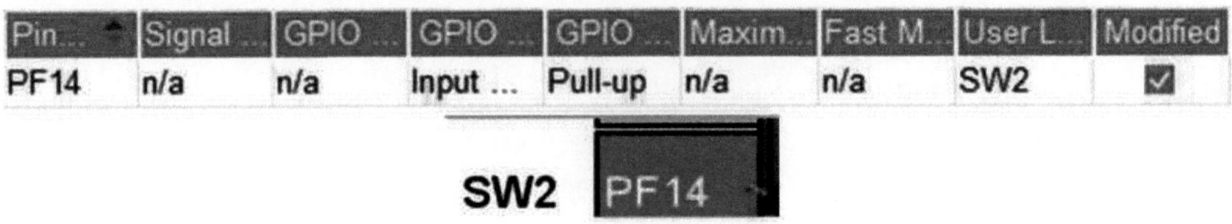

그림 9-3-9 'CubeMX SW2 Pull-Up 설정'

1. main.c

```
#include "main.h“
#include "extern.h“
#include "user_define.h"
TIM_HandleTypeDef htim2;
void SystemClock_Config(void);
static void MX_GPIO_Init(void);
static void MX_TIM2_Init(void);
int main(void)
{
    HAL_Init();
    SystemClock_Config();
    MX_GPIO_Init();
    MX_TIM1_Init();
    MX_TIM2_Init();
    HAL_TIM_Base_Start_IT(&htim2);
    while (1)
    {
    }
}
```

2.stm32f7XX_IT.C

```
#include "main.h"
#include "extern.h"
#include "user_define.h"
#include "stm32f7xx_it.h"
extern TIM_HandleTypeDef htim1;
extern TIM_HandleTypeDef htim2;
word Time2_1mcnt=0;
byte key2_check=0, BFBF_key2_check=0, BF_key2_check=0, SW2_PUSH=0;
void TIM2_IRQHandler(void) //1mcnt
{
    Time2_1mcnt++;
    if(Time2_1mcnt >= 10)//10msec
    {
        Time2_1mcnt =0;
        key2_check=!(GPIOF -> IDR & GPIO_PIN_14);    //PF14 SW2
        if(key2_check) BUZZER_ON; //누르고 있으면 부저 ON
        else BUZZER_OFF;  //떼면 OFF
        if(key2_check ==BFBF_key2_check)  //key2_check 키 상태 비교
        {
            if(key2_check==0 && BF_key2_check==1) // 키 상태와 같으면
            {
                SW2_PUSH = !SW2_PUSH;  //SW2를 누를 때마다 1비트 반전
            }
            BF_key2_check = key2_check;
        }
        BFBF_key2_check = key2_check;
    }
    HAL_TIM_IRQHandler(&htim2);
}
```

3. user_define.h

```
#define BUZZER_ON        GPIOD -> BSRR |= (dword)GPIO_PIN_11 //PD
11--->1 BUZZER ON
#define BUZZER_OFF       GPIOD -> BSRR |= (dword)GPIO_PIN_11<<16/
/PD11--->0 BUZZER OFF
```

4. extern.h

```
typedef unsigned char  byte;           //1byte
typedef unsigned short word;           //2byte
typedef unsigned long  dword;          //4byte
```

5. SW2 누를때마다 SW2_PUSH 값이 변함

Expression	Value
SystemCore...	216'000'000
SW2_PUSH	1

실험 3) TIM2(1msec) 타이머로 딜레이 함수를 만들어서 부저가 0.5초마다 ON, OFF 되는 프로그램을 작성하여 실험하였다. (프리스케일은 htim2.Init.Prescaler = 108-1, htim1.Init.Period = 1000-1;로 설정한다.)

1. main.c

```
#include "main.h"
#include "extern.h"
#include "user_define.h"
TIM_HandleTypeDef htim2;
void SystemClock_Config(void);
static void MX_GPIO_Init(void);
static void MX_TIM2_Init(void);
volatile unsigned int gTick;//컴파일러 최적화 volatile 사용
void TimerISR(void)
{
    gTick =gTick +1;
}
void Delay_ms(int msec)
{
    int next_tick = gTick +msec;
    while(next_tick > gTick);
}
int main(void)
{
    HAL_Init();
    SystemClock_Config();
    MX_GPIO_Init();
    MX_TIM2_Init();
    HAL_TIM_Base_Start_IT(&htim2);
    while (1)
    {
        BUZZER_ON;
        Delay_ms(500); //0.5초
        BUZZER_OFF;
        Delay_ms(500); //0.5초
    }
}
```

2.stm32f7XX_IT.C

```
#include "main.h"
#include "extern.h“
#include "user_define.h"
#include "stm32f7xx_it.h"
extern void TimerISR(void);
extern TIM_HandleTypeDef htim2;
void TIM2_IRQHandler(void)
{
    TimerISR();// 1msec 마다 호출하여 gTick을 증가시킴
    HAL_TIM_IRQHandler(&htim2);
}
```

3. user_define.h

```
#define BUZZER_ON          GPIOD -> BSRR |= (dword)GPIO_PIN_11 //PD
11---->1 BUZZER ON
#define BUZZER_OFF         GPIOD -> BSRR |= (dword)GPIO_PIN_11<<16/
/PD11---->0 BUZZER OFF
```

4. extern.h

```
typedef unsigned char  byte;          //1byte
typedef unsigned short word;          //2byte
typedef unsigned long  dword;         //4byte
extern void TimerISR();// 1msec 마다 호출하여 gTick을 증가시킴
```

9.4 타이머를 이용한 LED 밝기 제어

9.4.1 Time1 Up-Counter CubeMX GPIO 설정

실험 1) TIM2의 업 카운터와 OC(Output Compare)모드를 이용하여 BLUE_LED(PG3)의 밝기를 제어하는 프로그램을 작성하여 실험하였다.

* BAR LED가 10개 켜짐 -> BLUE LED가 어두워짐

* BAR LED가 0개 켜짐 -> BLUE LED가 밝아짐

1. 'Clock Source' -> 'Internal Source', 'Channel1' -> 'Output Compare No Output' 설정

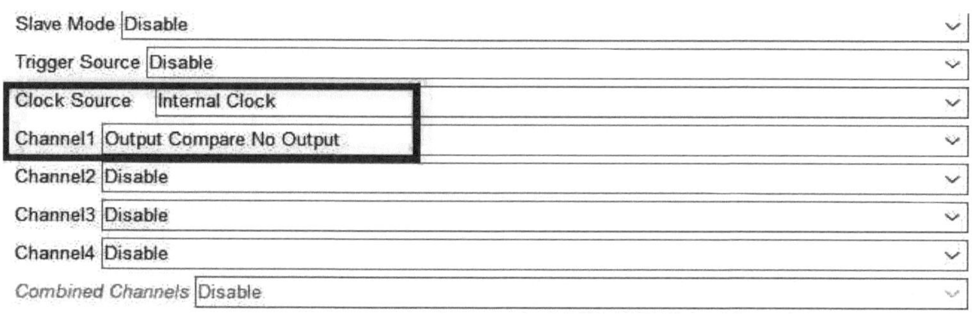

그림 9-4-1 CubeMx설정

2. PSC 108-1, ARR 1000-1, OC Channel 1 Pulse 999설정

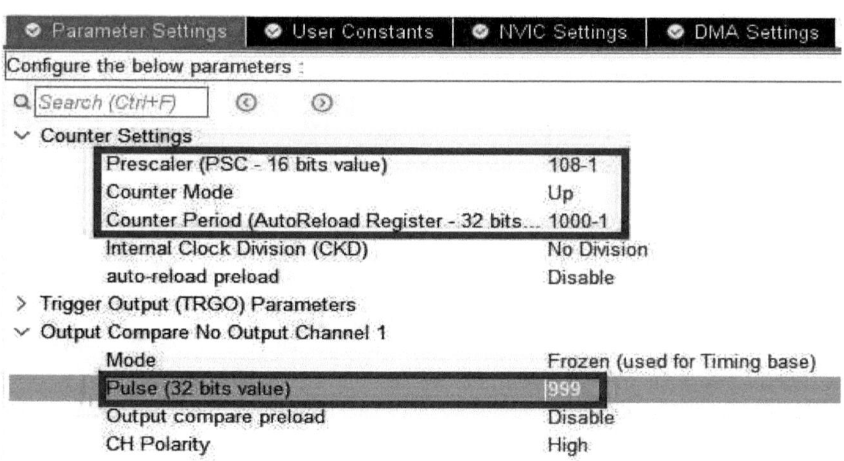

그림 9-4-2 CubeMx설정

3. BAR_LED, SW1, SW5(Pull Up 주의) 설정

Pin Na...	Signal on ...	GPIO outp...	GPIO mode	GPIO Pull-...	Maximum ...	Fast Mode	User Label
PA7	n/a	Low	Output Pu...	No pull-up...	Low	n/a	LED5
PB0	n/a	Low	Output Pu...	No pull-up ...	Low	n/a	LED8
PB1	n/a	Low	Output Pu...	No pull-up...	Low	n/a	LED9
PB2	n/a	Low	Output Pu...	No pull-up...	Low	n/a	LED10
PC0	n/a	Low	Output Pu...	No pull-up...	Low	n/a	LED1
PC1	n/a	Low	Output Pu...	No pull-up...	Low	n/a	LED2
PC2	n/a	Low	Output Pu...	No pull-up...	Low	n/a	LED3
PC3	n/a	Low	Output Pu...	No pull-up...	Low	n/a	LED4
PC4	n/a	Low	Output Pu...	No pull-up...	Low	n/a	LED6
PC5	n/a	Low	Output Pu...	No pull-up...	Low	n/a	LED7
PF11	n/a	n/a	Input mode	Pull-up	n/a	n/a	SW1
PG1	n/a	n/a	Input mode	Pull-up	n/a	n/a	SW5
PG3	n/a	High	Output Pu...	No pull-up ...	Low	n/a	BLUE_LED

그림 9-4-3 CubeMx GPIO설정

1. main.c

```
#include "main.h"
#include "extern.h"
#include "user_define.h"
TIM_HandleTypeDef htim2;
void SystemClock_Config(void);
static void MPU_Config(void);
static void MX_GPIO_Init(void);
static void MX_TIM2_Init(void);
word CCR1_check=0;
word LED_Bright=0;
void HAL_TIM_PeriodElapsedCallback(TIM_HandleTypeDef *htim)
{//타이머의 주파수를 1000Hz로 맞춰서 업데이트 인터럽트 발생 시 이 함수에서 LED를 ON
    if(htim->Instance == TIM2)
    {
        BLUE_LED_OFF;//PG3 HIGH
    }
```

```
}
void HAL_TIM_OC_DelayElapsedCallback(TIM_HandleTypeDef *htim)
{//OC모드에서 CCR값과 CNT값이 일치할 때 출력비교 인터럽트 CCxi가 발생하
고 이 함수에서 LED를 ON한다.
    if(htim->Instance==TIM2&&htim->Channel==HAL_TIM_ACTIVE_CHANNEL_1)
    {
        BLUE_LED_ON;//PG3 LOW
    }
}
byte SW1_Push=0, SW5_Push=0;
byte Index=0;
word LED_Data=0;
word LED_Table[11]={0,0x200,0x300,0x380,0x3C0,0x3E0,0x3F0,0x3F8,0x3FC,
0x3FE,0x3FF};
void LED_display(word LED)
{
    if(LED&0x01)    GPIOC ->BSRR=1;              //PC0 : 1
    else          GPIOC ->BSRR=1<<16;          //PC0 : 0
    if(LED&0x02)    GPIOC ->BSRR=1<<1;           //PC1 : 1
    else          GPIOC ->BSRR=1<<(16+1);      //PC1 : 0
    if(LED&0x04)    GPIOC ->BSRR=1<<2;           //PC2 : 1
    else          GPIOC ->BSRR=1<<(16+2);      //PC2 : 0
    if(LED&0x08)    GPIOC ->BSRR=1<<3;           //PC3 : 1
    else          GPIOC ->BSRR=1<<(16+3);      //PC3 : 0
    if(LED&0x10)    GPIOA ->BSRR=1<<7;           //PA7 : 1
    else          GPIOA ->BSRR=1<<(16+7);      //PA7 : 0
    if(LED&0x20)    GPIOC ->BSRR=1<<4;           //PC4 : 1
    else          GPIOC ->BSRR=1<<(16+4);      //PC4 : 0
    if(LED&0x40)    GPIOC ->BSRR=1<<5;           //PC5 : 1
    else          GPIOC ->BSRR=1<<(16+5);      //PC5 : 0
    if(LED&0x80)    GPIOB ->BSRR=1;              //PB0 : 1
    else          GPIOB ->BSRR=1<<(16);        //PB0 : 0
    if(LED&0x100)   GPIOB ->BSRR=1<<1;           //PB1 : 1
    else          GPIOB ->BSRR=1<<(16+1);      //PB1 : 0
```

```
    if(LED&0x200)   GPIOB ->BSRR=1<<2;          //PB2 : 1
    else            GPIOB ->BSRR=1<<(16+2);     //PB2 : 0
}
int main(void)
{
    HAL_Init();
    MPU_Config();
    SystemClock_Config();
    MX_GPIO_Init();
    MX_TIM2_Init();
    HAL_TIM_Base_Start_IT(&htim2); //타이머2 인터럽트 활성화
    HAL_TIM_OC_Start_IT(&htim2, TIM_CHANNEL_1);//타이머2 Output Co
    mpare 인터럽트 활성화
    while (1)
    {
        CCR1_check = TIM2 ->CCR1;
        Index=LED_Bright/100;
        LED_Data=LED_Table[Index];
        LED_display(LED_Data);
    }
}
```

2. extern.h

```
typedef unsigned char  byte;          //1byte
typedef unsigned short word;          //2byte
typedef unsigned long  dword;         //4byte
extern word LED_Bright;
extern byte SW1_Push, SW5_Push;
#define GET_SW(x, bit) ((x->IDR) & bit) ? 1 : 0
```

3. user_define.h

```
#define BLUE_LED_OFF      GPIOG -> BSRR |= (dword)GPIO_PIN_3  //PG3--->1
#define BLUE_LED_ONGPIOG -> BSRR |= (dword)GPIO_PIN_3<<16   //PG3--->0
```

4. stm32f7xx_it.c

```
#include "main.h"
#include "stm32f7xx_it.h"
#include "extern.h"
#include "user_define.h"
extern TIM_HandleTypeDef htim2;
void TIM2_IRQHandler(void)
{
    static byte First_SW1_Push=1, BF_SW1_Push=0;
    static byte First_SW5_Push=1, BF_SW5_Push=0;
    static word Test_1mcnt=0;
    SW1_Push=!(GET_SW(GPIOF, GPIO_PIN_11)); //PF11 : SW1 (밝기 감소
    스위치)
    SW5_Push=!(GET_SW(GPIOG, GPIO_PIN_1)); //PG1 : SW5 (밝기 증가
    스위치)
    if(++Test_1mcnt>=10)
    {
        Test_1mcnt=0;
        if(SW1_Push==BF_SW1_Push)   //현재 Key와 과거 Key가 동일한가
       check하여 디바운스 check
        {
            if(SW1_Push)   //현재 Key push? (감소 key)
            {
                if(First_SW1_Push)
                {
                    First_SW1_Push=0;
                    if(LED_Bright >= 100)
                        LED_Bright = LED_Bright-100;//밝기 10%씩 감소
                    TIM2->CCR1 = LED_Bright+1;
                }
            }
            else
```

```
                First_SW1_Push=1;
        }
        BF_SW1_Push = SW1_Push;

        //현재 Key와 과거 Key가 동일한가 check하여 디바운스 check
        if(SW5_Push==BF_SW5_Push)
        {
            if(SW5_Push)    //현재 Key push? (감소 key)
            {
                if(First_SW5_Push)
                {
                    First_SW5_Push=0;
                    if(LED_Bright <=900)
                        LED_Bright = LED_Bright+100;//밝기 10%씩 감소
                        //LED_Bright = 999;     //max 99.9% 밝기
                    TIM2->CCR1 = LED_Bright-1;
                }
            }
            else
                First_SW5_Push=1;
        }
        BF_SW5_Push = SW5_Push;
    }
    HAL_TIM_IRQHandler(&htim2);
}
```

9.5 PWM을 이용한 서보모터 제어

9.5.1 MG90S 서보모터

MG90S는 메탈 기어가 있는 마이크로 서보 모터이며, 작고 가벼운 서보는 높은 출력을 제공하므로 RC 비행기, 쿼드콥터 또는 로봇 팔 등에 사용된다.

MG90S 서보 모터를 회전시키려면 Vcc와 Ground에 +5V로 전원을 공급하고, MCU의 기능 중 PWM 신호 출력 기능을 이용하여 서보 모터에 PWM 신호를 입력 해주어야 한다.

PWM(Pulse Width Modulation)이란 펄스 폭 변조라고 하며, 마이크로프로세서의 디지털 출력을 통해 아날로그 회로를 제어하는 방식으로, 측정, 통신, 전력 제어 및 여러 분야의 변환에 널리 사용되는 기술이다.

그림 9-5-1와 같이 MCU에서 생성된 PWM신호가 50Hz의 주파수를 가져야 하고 PWM 주기를 20ms여야 한다. 그중 On-Time은 1ms에서 2ms까지 다양하다.

ex) On-Time이 1ms일 때는 모터는 0℃가 될 것이고 1.5ms 일 때 모터는 90℃가 된다.
ex) On-Time이 2ms 일 때 모터는 180℃가 된다.

따라서 On-Time을 1ms ~ 2ms로 변경하여 모터를 0℃에서 180℃까지 제어할 수 있다.

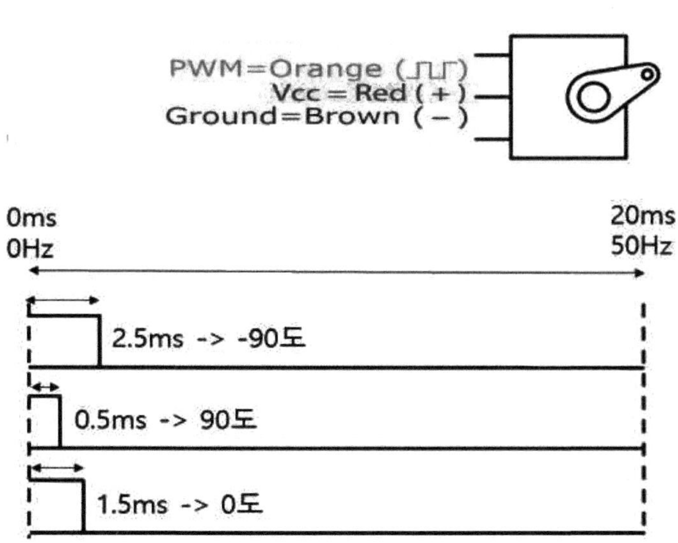

그림 9-5-1 ‘MG90S 서보모터의 PWM Period’

그림 9-5-2은 MG90S의 각도 캘리브레이션을 나타낸 것이다.

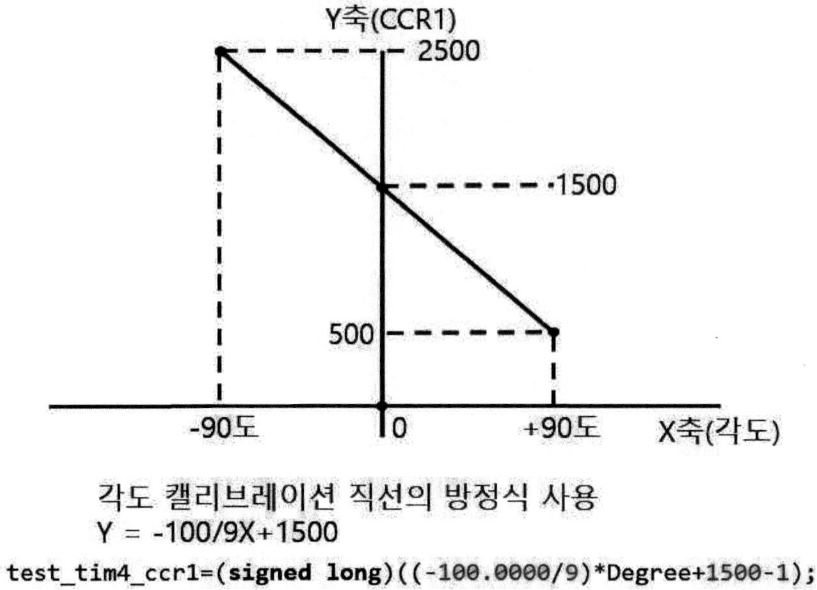

그림 9-5-2 'MG90S' 각도 캘리브레이션

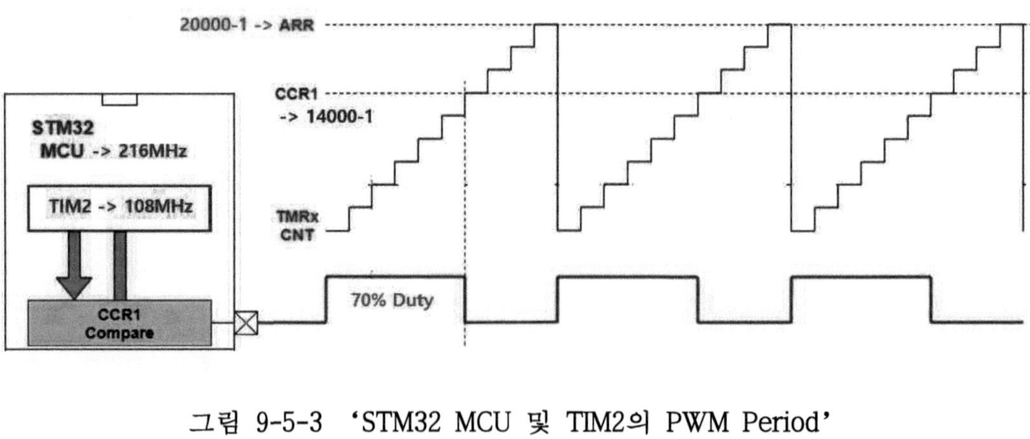

그림 9-5-3 'STM32 MCU 및 TIM2의 PWM Period'

9.5.2 Time1 Up-Counter CubeMX GPIO 설정

1. 'TIM4' -> 'Clock Source' -> 'Internal Clock' 설정, 'Channel1' -> 'PWM Generation CH1' 설정

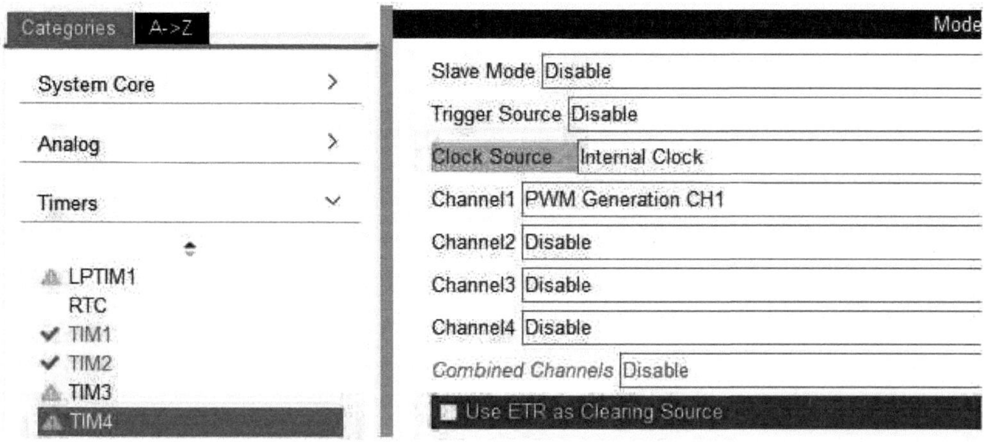

그림 9-5-4 CubeMx PWM설정

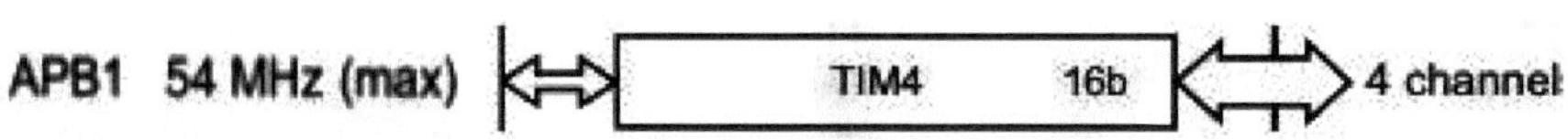

그림 9-5-5 'STM32F767ZIT6 Datasheet' 참조

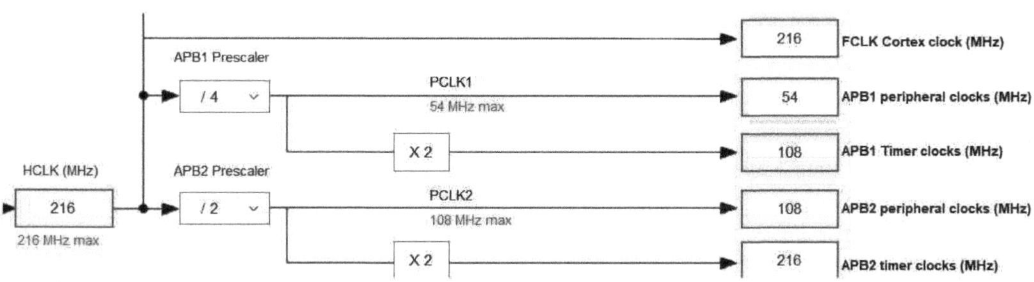

그림 9-5-6 'APB1 Timer Clocks'

2. PSC 108-1, ARR 20000-1으로 설정 -> 핀 네임 변경 -> “Code Generate”

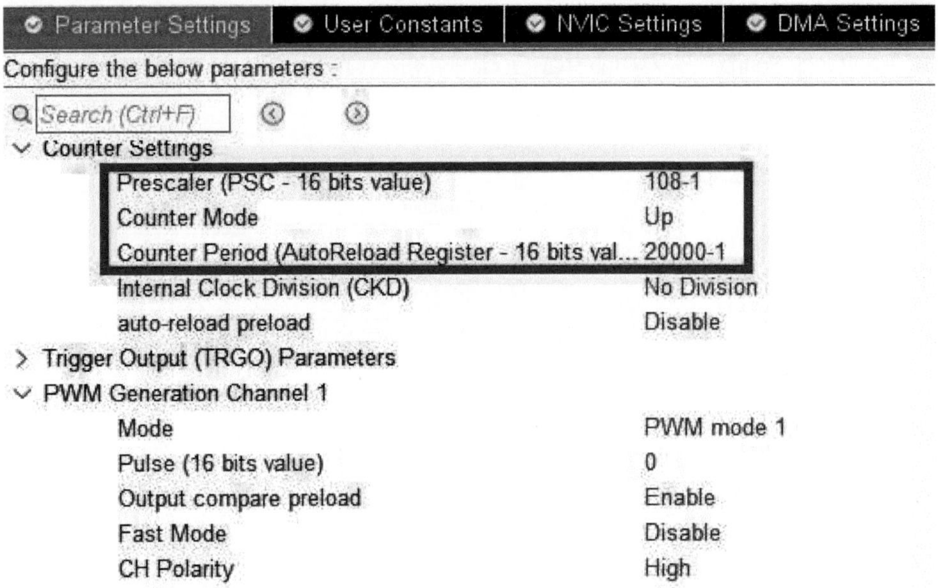

그림 9-5-7 CubeMx 클럭 설정

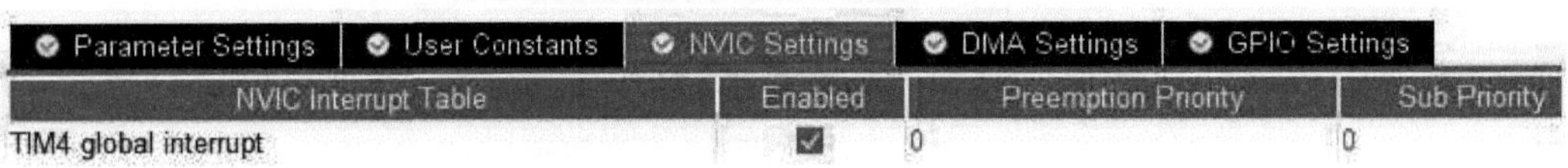

그림 9-5-8 CubeMx NVIC ‘Enable’

그림 9-5-9 PD12_PWM 핀 네임 변경

3. 타이머 2 인터럽트 활성화 코드 작성

```
HAL_TIM_Base_Start_IT(&htim2); //타이머2 인터럽트 활성화
HAL_TIM_PWM_Start(&htim4, TIM_CHANNEL_1);//타이머4 인터럽트 활성화
```

그림 9-5-10 1m 타이머2, PWM 타이머4 인터럽트 활성화

9.5.3 Time4_CH1을 이용한 서보모터 제어 응용

실험 1) TIM4의 CH1 PWM(PD12)을 이용하여 MG90S 서보모터를 제어하는 프로그램을 작성하여 실험하였으며, 타이머는 TIM2(1msec)를 사용하였다. (주의 : 1msec 타이머의 프리스케일은 htim2.Init.Prescaler = 108-1, htim2.Init.Period = 1000-1로 설정한다.)(Motor_Speed 변수 값이 크면 모터 속도가 느려지고 작으면 모터 속도가 빠름)

1. main.c

```
#include "main.h"
TIM_HandleTypeDef htim2;
TIM_HandleTypeDef htim4;
void SystemClock_Config(void);
static void MPU_Initialize(void);
static void MPU_Config(void);
static void MX_GPIO_Init(void);
static void MX_TIM4_Init(void);
static void MX_TIM2_Init(void);
int main(void)
{
    HAL_Init();
    MPU_Config();
    SystemClock_Config();
    MX_GPIO_Init();
    MX_TIM4_Init();
    MX_TIM2_Init();
    HAL_TIM_Base_Start_IT(&htim2); //타이머2 인터럽트 활성화
    HAL_TIM_PWM_Start(&htim4, TIM_CHANNEL_1);//타이머4 인터럽트 활
    성화
    while (1)
    {
    }
}
```

2. stm32f7xx_it.c

```
#include "main.h"
#include "stm32f7xx_it.h"
#include "extern.h"
short Degree = 0; byte Up = 1;
word Tim2_cnt = 0, Motor_Speed = 100, Time2_count=0;
void TIM2_IRQHandler(void)
{
    if(++Tim2_cnt>=Motor_Speed)
    {//Motor_Speed변수의 값에 따라서 모터의 동작 속도 달라짐
        Tim2_cnt=0;
        if(Up)//++
    {
        Degree++;//각도 증가
        if(Degree >= 90)
        {
        Degree=90;
        Up=0;//각도가 90 이상이면 다시 감소 시작
        }
    }
    else
    {
        Degree--;//각도 감소
        if(Degree <= -90)
        {
        Degree=-90;
        Up=1;//각도가 90 이하면 다시 감소 시작
        }
    }
    static signed long test_tim4_ccr1=0;//static 정적 변수선언
    test_tim4_ccr1=(dword)((-100.0/9)*Degree+1500-1);
    TIM4 -> CCR1 = test_tim4_ccr1;
    HAL_TIM_IRQHandler(&htim2);
}
```

3. 다운로드 후 ‘View’ -> ‘Live Watch’ 변수값 확인

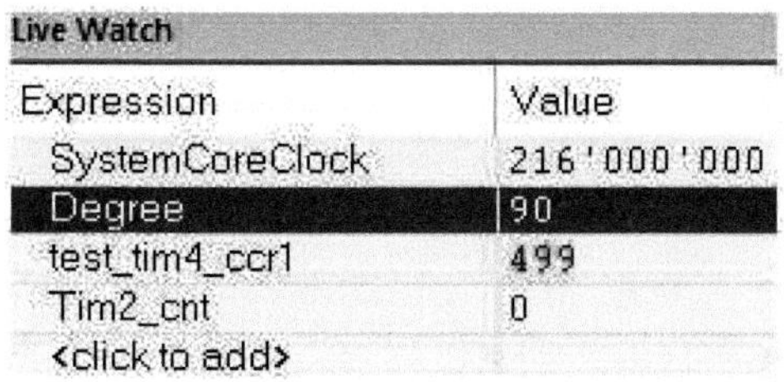

그림 9-5-11 LiveWatch로 서보모터의 각도 확인

9.6 타이머 캡쳐를 이용한 거리 센서(주기 측정, 주파수 측정)

9.6.1 HC-SR04 거리 센서의 개요

1) HC-SR04의 특징

HC-SR04 초음파 센서는 박쥐나 돌고래처럼 물체와의 거리를 측정한다. 이 센서는 뛰어난 비접촉식 거리 감지 기능을 제공하며 높은 정확성과 안정된 측정값을 쉽게 얻을 수 있는 패키지를 제공한다. 2cm에서 400cm 또는 1인치에서 13피트까지의 거리를 측정할 수 있다. 이 센서의 작동은 태양광이나 Sharp 레인지파인더와 같은 물체에 영향을 받지 않는다(그러나 천과 같은 음향적으로 부드러운 재질은 감지가 어려울 수 있다). 이 센서는 초음파 송신기 및 수신기 모듈이 포함된 완전한 제품이다.

- ■ 전원 공급 : +5V DC
- ■ 측정 거리 : 2cm - 400cm / 1인치 - 13피트
- ■ 정전류 : 2mA 이하
- ■ 해상도 : 0.3cm
- ■ 작동 전류 : 15mA
- ■ 측정 각도 : 30°
- ■ 효과적인 각도 : <15°
- ■ 트리거 입력 펄스 폭 : 10uS
- ■ 크기 : 45mm x 20mm x 15mm

2) 거리 측정

거리 측정을 시작하려면 SR04의 Trig는 최소 10us 동안 높은 펄스(5V)를 받아야 한다. 이는 센서가 40kHz의 초음파 버스트를 8주기 동안 전송하고 반사된 초음파 버스트를 기다리도록 초기화한다. 센서가 수신기로부터 초음파를 감지하면 Echo 핀을 높은 상태(5V)로 설정하고 거리에 비례한 기간(폭) 동안 대기한다. 거리를 얻으려면 Echo 핀의 폭(Ton)을 측정한다.

■ 거리(센티미터) = 시간/58 ■ 거리(인치) = 시간/148 또는 음속(340m/s) 활용 가능

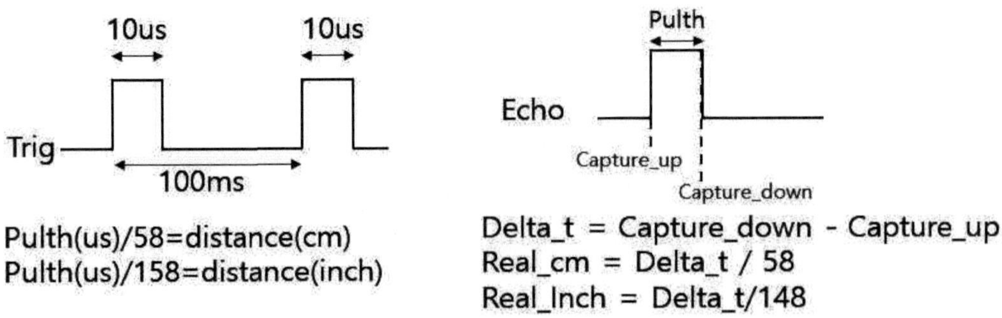

그림 9-6-1 거리센서 타이밍도

9.6.2 HC-SR04 거리센서 회로도

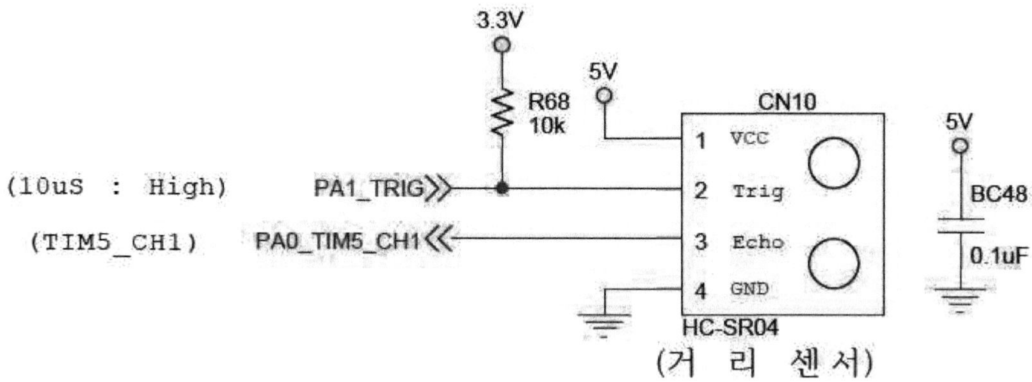

그림 9-6-2 거리센서 회로도

9.6.3 STM32 CubeMX 설정

1) 거리 센서의 Echo 핀으로부터 입력 캡처 받기 위해 TIM5_CH1(PA0)을 활성화 시켜주며, ARR값을 32비트의 최대값으로 설정하여 카운트 범위를 넓게 잡았다.

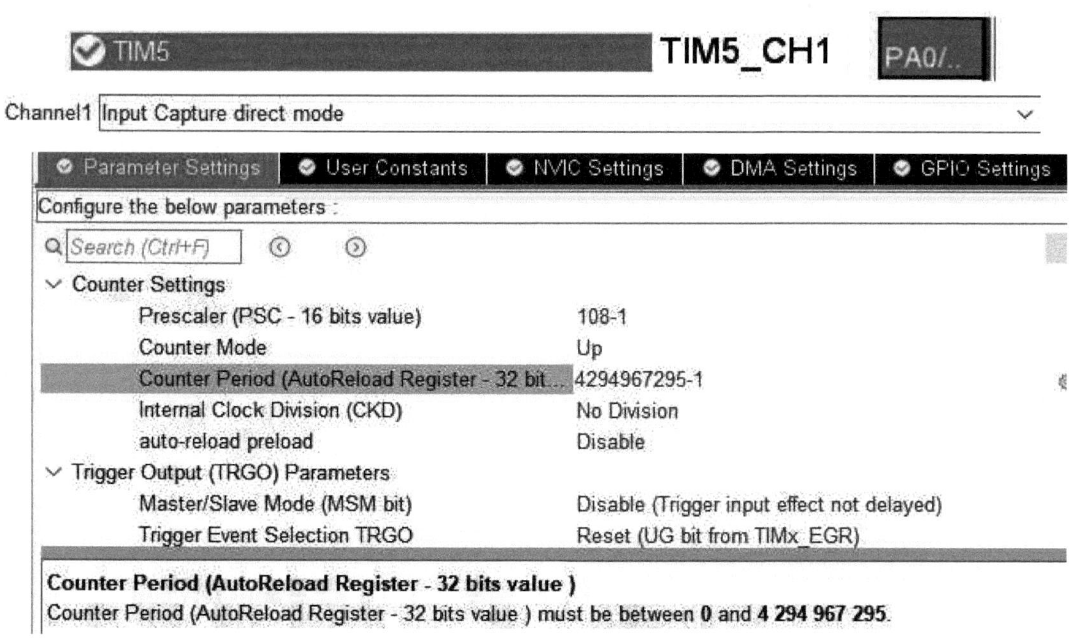

그림 9-6-3 CubeMX 거리센서 입력 캡처 설정(1/2)

∨ Input Capture Channel 1	
Polarity Selection	Both Edges
IC Selection	Direct
Prescaler Division Ratio	No division
Input Filter (4 bits value)	0

그림 9-6-4 CubeMX 거리센서 입력 캡쳐 설정(2/2)

2) TIM5 NVIC설정

Parameter Settings | User Constants | NVIC Settings

NVIC Interrupt Table	Enabled	
TIM5 global interrupt	☑	0

그림 9-6-5 CubeMX 거리센서 NVIC 설정

3) 거리센서에 트리거 신호를 주기 위해 TIM2_PWM을 이용하였다.

∨ Counter Settings	
Prescaler (PSC - 16 bits value)	108-1
Counter Mode	Up
Counter Period (AutoReload Register - 32 bit...	100000-1
Internal Clock Division (CKD)	No Division
auto-reload preload	Disable
∨ Trigger Output (TRGO) Parameters	
Master/Slave Mode (MSM bit)	Disable (Trigger input effect not delayed)
Trigger Event Selection TRGO	Reset (UG bit from TIMx_EGR)
∨ PWM Generation Channel 2	
Mode	PWM mode 1
Pulse (32 bits value)	0
Output compare preload	Enable
Fast Mode	Disable
CH Polarity	High

그림 9-6-6 CubeMX 거리센서 TIM2_PWM 설정

4) TIM2 NVIC 설정

Parameter Settings | User Constants | NVIC Settings

NVIC Interrupt Table	Enabled	
TIM2 global interrupt	☑	0

그림 9-6-7 CubeMX 거리센서 TIM2 NVIC 설정

9.6.3 HC-SR04 거리센서 응용

실험 1) 거리센서를 이용한 실험이며 타이머는 TIM2 1mcnt를 사용하였다. (주의 : 1msec 타이머의 프리스케일은 htim2.Init.Prescaler = 108-1, htim2.Init.Period = 1000-1로 설정한다.)

1. main.c

```
#include "main.h"
#include "extern.h“
TIM_HandleTypeDef htim2;
TIM_HandleTypeDef htim5;
void SystemClock_Config(void);
static void MPU_Config(void);
static void MX_GPIO_Init(void);
static void MX_TIM2_Init(void);
static void MX_TIM5_Init(void);
uint32_t Capture_up = 0;
uint32_t Capture_down = 0;
uint32_t Delta_t = 0;
byte Flag = 0;
float Real_cm=0;
void HAL_TIM_IC_CaptureCallback(TIM_HandleTypeDef *htim)
{//타이머 캡처 콜백 함수이며 상승 또는 하강 신호를 받으면 진입한다.
    if (htim->Instance == TIM5)
    {
        if (htim->Channel == HAL_TIM_ACTIVE_CHANNEL_1)
        {
            if(Flag == 0)
            {//PWM Trig 상승신호

                Capture_up=HALTIM_ReadCapturedValue(htim,TIM_CHA
                NNEL_1)
            }
```

```
          else
          {//PWM Trig 하강신호
              Capture_down=HAL_TIM_ReadCapturedValue(htim,TIM_CH
              NEL_1);
              Delta_t = (Capture_down - Capture_up);//D = 하강 - 상
              승
              Real_cm = Delta_t/58.0;//5us당
          }
      }
  }
}
int main(void)
{
    HAL_Init();
    MPU_Config();
    SystemClock_Config();
    MX_GPIO_Init();
    MX_TIM2_Init();
    MX_TIM5_Init();
    HAL_TIM_PWM_Start_IT(&htim2,TIM_CHANNEL_2);
    HAL_TIM_IC_Start_IT(&htim5, TIM_CHANNEL_1);
    // 타이머5 입력 캡처 시작 및 인터럽트 활성화
    while (1)
    {
    }
}
```

2. stm32f7xx_it.c

```
#include "main.h"
#include "stm32f7xx_it.h"
#include "extern.h"
dword trig_ccr2 = 10; //10us
dword tim1_test=0;
extern TIM_HandleTypeDef htim2;
extern TIM_HandleTypeDef htim5;
void TIM2_IRQHandler(void)
{
    tim1_test++;
    TIM2 -> CCR2 = trig_ccr2;
    HAL_TIM_IRQHandler(&htim2);
}
void TIM5_IRQHandler(void)
{
    HAL_TIM_IC_CaptureCallback(&htim5);
    HAL_TIM_IRQHandler(&htim5);
}
```

3. extern.h

```
typedef unsigned char  byte;            //1byte
typedef unsigned short word;            //2byte
typedef unsigned long  dword;           //4byte
extern uint32_t Capture_up;
extern uint32_t Capture_down;
extern float Real_cm;
```

제10장 7-Segment 기초와 응용

10.1 7-Segment의 개요

7-Segment는 일상생활에서 널리 사용되고 있다. 즉, 전자시계, 전자저울, 냉장고, 세탁기, 에어컨, 증권회사에서 주가 동향 및 주식에 대한 다량의 정보를 표시할 때 널리 사용된다. 이러한 세븐 세그먼트는 밝은 곳에서는 잘 표시되지 않기 때문에 세븐 세그먼트 위에 약간 어두운 아크릴을 이용하여 표시하면 밝은 상태에서도 표시의 상태를 선명하게 읽을 수 있다.

세븐 세그먼트 LED는 FND라고도 하는 것으로, 도트(DP)를 포함하여 LED 8개가 공통 Anode(양극) 또는 Cathode(음극)의 형태로 결선되어 있는 표시장치이다.

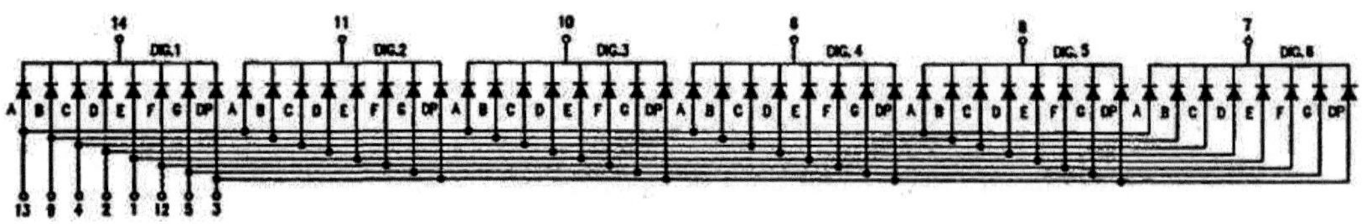

SND-460A (Cathode Common)

그림 10-1-1 SND-640A 7-Segment 내부 회로도

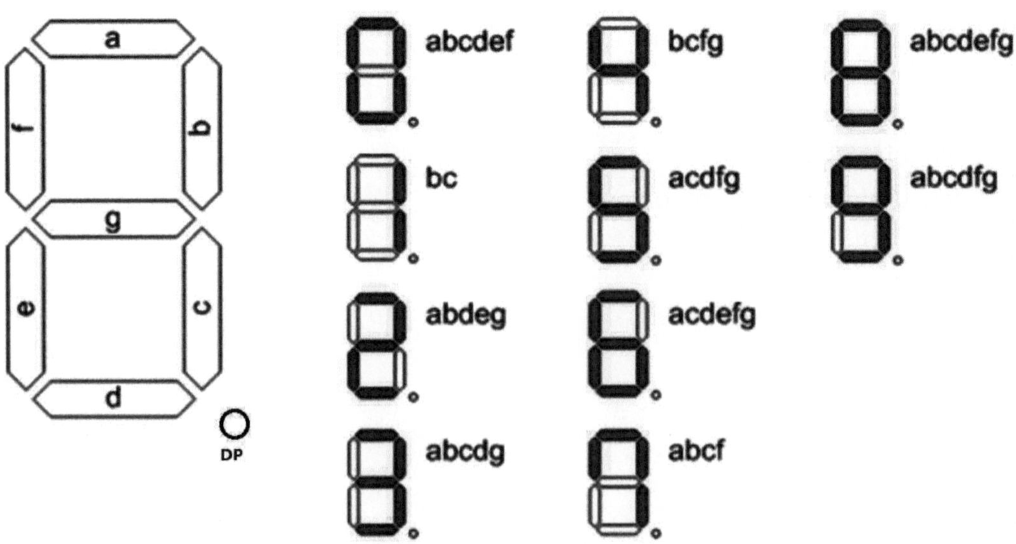

그림 10-1-2 SND-640A 7-Segment 외형

표시할 숫자	포트에 출력해야 하는 값(Cathode)	포트에 출력해야 하는 값(Anode)
0	3F	C0
1	06	F9
2	5B	A4
3	4F	B0
4	66	99
5	6D	92
6	7D	82
7	07	FB
8	7F	80
9	6F	90
10	77	88
11	7C	83
12	58	A7
13	5E	A1
14	79	86
15	71	8E

그림 10-1-3 표시할 숫자와 포트에 출력할 값

해당 포트	PC9	PC8	PC7	PC6	PG8	PG7	PG6	PG5
해당 LED	DP	G	F	E	D	C	B	A

그림 10-1-4 SND-640A 7-Segment 출력 포트 배치

해당 포트	PE1	PE0	PB9	PB8	PB5	PB4	PB3
해당 DIG	SEG_S1	SEG_S2	SEG_S3	SEG_S4	SEG_S5	SEG_S6	SEG_CLK

그림 10-1-5 SND-640A 7-Segment 입력 포트 배치

10.2 스위치 4개와 7-Segment를 이용한 디코더 설계

실험 1) SW2 ~ 5와 7-Segment와 TIM2 1msec 타이머를 사용해서 디코더를 만드는 프로그램을 작성하여 실험하였다.(주의 : 1msec 타이머의 프리스케일은 htim2.Init.Prescaler = 108-1, htim2.Init.Period = 1000-1로 설정한다.)

1. CubeMX 핀 설정

Pin Na...	Signal on ...	GPIO outp...	GPIO mode	GPIO Pull...	Maximum ...	Fast Mode	User Label	Modified
PB3	n/a	Low	Output Pu...	No pull-up...	Low	n/a	SEG_CLK	☑
PB4	n/a	Low	Output Pu...	No pull-up...	Low	n/a	SEG_S6	☑
PB5	n/a	Low	Output Pu...	No pull-up...	Low	n/a	SEG_S5	☑
PB8	n/a	Low	Output Pu...	No pull-up...	Low	Disable	SEG_S4	☑
PB9	n/a	Low	Output Pu...	No pull-up...	Low	Disable	SEG_S3	☑
PF11	n/a	n/a	Input mode	Pull-up	n/a	n/a	SW1	☑
PF14	n/a	n/a	Input mode	Pull-up	n/a	n/a	SW2	☑
PF15	n/a	n/a	Input mode	Pull-up	n/a	n/a	SW3	☑
PG0	n/a	n/a	Input mode	Pull-up	n/a	n/a	SW4	☑
PG1	n/a	n/a	Input mode	Pull-up	n/a	n/a	SW5	☑
PG5	n/a	Low	Output Pu...	No pull-up...	Low	n/a	IO_D0	☑
PG6	n/a	Low	Output Pu...	No pull-up...	Low	n/a	IO_D1	☑
PG7	n/a	Low	Output Pu...	No pull-up...	Low	n/a	IO_D2	☑
PG8	n/a	Low	Output Pu...	No pull-up...	Low	n/a	IO_D3	☑
PC6	n/a	Low	Output Pu...	No pull-up...	Low	n/a	IO_D4	☑
PC7	n/a	Low	Output Pu...	No pull-up...	Low	n/a	IO_D5	☑
PC8	n/a	Low	Output Pu...	No pull-up...	Low	n/a	IO_D6	☑
PC9	n/a	Low	Output Pu...	No pull-up...	Low	n/a	IO_D7	☑

그림 10-2-1 SND-640A 7Segment 포트 배치

SW2	SW3	SW4	SW5	7-Segment
0	0	0	0	0
0	0	0	1	1
0	0	1	0	2
0	0	1	1	3
0	1	0	0	4
0	1	0	1	5
0	1	1	0	6
0	1	1	1	7
1	0	0	0	8
1	0	0	1	9

그림 10-2-2 SND-640A 7Segment 디코더

2. main.c

```
#include "main.h"
#include "extern.h"//extern 해더파일
#include "user_define.h"
TIM_HandleTypeDef htim2;
void SystemClock_Config(void);
static void MX_GPIO_Init(void);
static void MX_TIM2_Init(void);
byte SEG_font[10] = {0x3F, 0x06, 0x5B, 0x4F, 0x66, 0x6D, 0x7D, 0x27,
0x7F, 0x6F};
void SEG_Display(byte seg_num)
{
    byte seg_data;
    dword PG_data, PC_data;
    SEG_CLK_OFF;//PB3 LOW
    seg_data = SEG_font[seg_num];
    PG_data = GPIOG -> ODR;
    PC_data = GPIOC -> ODR;
    PG_data &= ~(0x0F << 5);//5번 왼쪽으로 시프트 (PG5~8 Data를 0으로)
    PC_data &= ~(0x0F << 6);//6번 왼쪽으로 시프트 (PC6~9 Data를 0으로)
    PG_data |= (seg_data & 0x0F) << 5;//5번 왼쪽으로 시프트
    PC_data |= (seg_data & 0xF0) << 2;//2번 왼쪽으로 시프트
    GPIOG -> ODR = PG_data;
    GPIOC -> ODR = PC_data;
    SEG_CLK_ON;//PB3 HIGH
}
int main(void)
{
    HAL_Init();
    SystemClock_Config();
    MX_GPIO_Init();
    MX_TIM2_Init();
    HAL_TIM_Base_Start_IT(&htim2); //타이머2 인터럽트 활성화
```

```
    while(1)
    {
        SEG_S6_ON;// PB4
        SEG_Display(SW_data);
    }
}
```

3. stm32f7xx_it.c

```
#include "main.h"
#include "stm32f7xx_it.h"
#include "extern.h"
#include "user_define.h"
extern TIM_HandleTypeDef htim2;
byte  SW1, SW2, SW3, SW4, SW5, SW_data=0;
void TIM2_IRQHandler(void)
{//1m타이머
    HAL_TIM_IRQHandler(&htim2);
    SW1 = !(GPIOF -> IDR & GPIO_PIN_11);
    SW2 = !(GPIOF -> IDR & GPIO_PIN_14);
    SW3 = !(GPIOF -> IDR & GPIO_PIN_15);
    SW4 = !(GPIOG -> IDR & GPIO_PIN_0);
    SW5 = !(GPIOG -> IDR & GPIO_PIN_1);
    SW_data = (SW2 << 3)|(SW3 << 2) | (SW4 << 1) | (SW5 << 0);
}
```

4. extern.h

```
typedef unsigned char  byte;            //1byte
typedef unsigned short word;            //2byte
typedef unsigned long  dword;           //4byte
extern void SEG_Display(byte seg_num);
extern byte SW_data;
```

5. user_define.h

```
#define SEG_CLK_ON  GPIOB-> BSRR = GPIO_PIN_3     //PB3---->1
#define SEG_CLK_OFF GPIOB-> BSRR = GPIO_PIN_3<<16//PB3---->0
```

```
#define SEG_CLK_ON     GPIOB-> ODR |=  GPIO_PIN_3  //PB3---->1
#define SEG_CLK_OFF    GPIOB-> ODR &= ~GPIO_PIN_3 //PB3---->0
#define SEG_S1_ON      GPIOE-> ODR |=  GPIO_PIN_1  //PE1---->1
#define SEG_S1_OFF     GPIOE-> ODR &= ~GPIO_PIN_1 //PE1---->0
#define SEG_S2_ON      GPIOE-> ODR |=  GPIO_PIN_0  //PE0---->1
#define SEG_S2_OFF     GPIOE-> ODR &= ~GPIO_PIN_0 //PE0---->0
#define SEG_S3_ON      GPIOB-> ODR |=  GPIO_PIN_9  //PB9---->1
#define SEG_S3_OFF     GPIOB-> ODR &= ~GPIO_PIN_9 //PB9---->0
#define SEG_S4_ON      GPIOB-> ODR |=  GPIO_PIN_8  //PB8---->1
#define SEG_S4_OFF     GPIOB-> ODR &= ~GPIO_PIN_8 //PB8---->0
#define SEG_S5_ON      GPIOB-> ODR |=  GPIO_PIN_5  //PB5---->1
#define SEG_S5_OFF     GPIOB-> ODR &= ~GPIO_PIN_5 //PB5---->0
#define SEG_S6_ON      GPIOB-> ODR |=  GPIO_PIN_4  //PB4---->1
#define SEG_S6_OFF     GPIOB-> ODR &= ~GPIO_PIN_4 //PB4---->0
```

10.3 스톱워치(GO, STOP, CLEAR)

실험 1) SW1 ~ SW3, 7-Segment를 이용하여 0~9999까지 업 카운트 되는 스톱워치를 작성하여 실험하였다. (SW1 - 시작, SW2 - 중지, SW3 - 초기화)

1. main.c

```
#include "main.h"//해더파일
#include "extern.h"//해더파일
#include "user_define.h" //해더파일
TIM_HandleTypeDef htim2;
void SystemClock_Config(void);
static void MX_GPIO_Init(void);
static void MX_TIM2_Init(void);
byte SEG_font[10] = {0x3F, 0x06, 0x5B, 0x4F, 0x66, 0x6D, 0x7D, 0x27,
0x7F, 0x6F};
void SEG_Display(byte seg_num)
{
    byte seg_data;
    dword PG_data, PC_data;
    SEG_CLK_OFF;//PB3 LOW
    seg_data = SEG_font[seg_num];
    PG_data = GPIOG -> ODR;
    PC_data = GPIOC -> ODR;
    PG_data &= ~(0x0F << 5);//5번 왼쪽으로 시프트 (PG5~8 Data를 0으로)
    PC_data &= ~(0x0F << 6);//6번 왼쪽으로 시프트 (PC6~9 Data를 0으로)
    PG_data |= (seg_data & 0x0F) << 5;//5번 왼쪽으로 시프트
    PC_data |= (seg_data & 0xF0) << 2;//2번 왼쪽으로 시프트
    GPIOG -> ODR = PG_data;
    GPIOC -> ODR = PC_data;
    SEG_CLK_ON;//PB3 HIGH
}
int main(void)
{
    HAL_Init();
    SystemClock_Config();
    MX_GPIO_Init();
    MX_TIM2_Init();
    HAL_TIM_Base_Start_IT(&htim2); //타이머2 인터럽트 활성화
```

```
    while(1)
    {
    }
}
```

2. stm32f7xx_it.c

```
#include "main.h"
#include "stm32f7xx_it.h“
#include "extern.h"
#include "user_define.h“
extern TIM_HandleTypeDef htim2;
byte  SW1, SW2, SW3, SW4, SW5, SW_data=0;
byte Run, Stop, Go, Clear;
word Counter=0;
byte Cnt_1000, Cnt_100, Cnt_10, Cnt_1, Seg_com;
void TIM2_IRQHandler(void)
{
    HAL_TIM_IRQHandler(&htim2);
    SW1 = !(GPIOF -> IDR & GPIO_PIN_11);
    SW2 = !(GPIOF -> IDR & GPIO_PIN_14);
    SW3 = !(GPIOF -> IDR & GPIO_PIN_15);
    SW4 = !(GPIOG -> IDR & GPIO_PIN_0);
    SW5 = !(GPIOG -> IDR & GPIO_PIN_1);
    if(SW1)//PF11
    {
        Run=1;//카운트 시작
        Clear=0;
    }
    else if(SW2)//PF14 정지
        Run=0;
    else if(SW3)//PF15 카운트 초기화
    {
        Clear=1;
        Run=0;
    }
```

```
    if(Run)
    {
        if(Counter<9999)//9999까지 카운트
            ++Counter;
    }
    else if(Clear)
        Counter=0;
    Cnt_1000 = Counter/1000;
    Cnt_100 = (Counter/100)%10;
    Cnt_10 = (Counter/10)%10;
    Cnt_1 = Counter%10;
    switch(Seg_com)
    {
        case 0 :
        case 1 :
            SEG_S3_ON;SEG_S4_OFF;SEG_S5_OFF;SEG_S6_OFF;
            SEG_Display(Cnt_1000);
            Seg_com=2;
            break;
        case 2 :
            SEG_S3_OFF;SEG_S4_ON;SEG_S5_OFF;SEG_S6_OFF;
            SEG_Display(Cnt_100);
            Seg_com=3;
            break;
        case 3 :
            SEG_S3_OFF;SEG_S4_OFF;SEG_S5_ON;SEG_S6_OFF;
            SEG_Display(Cnt_10);
            Seg_com=4;
            break;
         case 4 :
            SEG_S3_OFF;SEG_S4_OFF;SEG_S5_OFF;SEG_S6_ON;
            SEG_Display(Cnt_1);
            Seg_com=0;
            break;
   }
}
```

3. extern.h

```
typedef unsigned char  byte;                    //1byte
typedef unsigned short word;                    //2byte
typedef unsigned long  dword;                   //4byte
extern void SEG_Display(byte seg_num);
extern byte SW_data;
```

4. user_define.h

```
#define SEG_CLK_ON     GPIOB-> ODR |=  GPIO_PIN_3  //PB3---->1
#define SEG_CLK_OFF    GPIOB-> ODR &= ~GPIO_PIN_3 //PB3---->0
#define SEG_S1_ON      GPIOE-> ODR |=  GPIO_PIN_1  //PE1---->1
#define SEG_S1_OFF     GPIOE-> ODR &= ~GPIO_PIN_1 //PE1---->0
#define SEG_S2_ON      GPIOE-> ODR |=  GPIO_PIN_0  //PE0---->1
#define SEG_S2_OFF     GPIOE-> ODR &= ~GPIO_PIN_0 //PE0---->0
#define SEG_S3_ON      GPIOB-> ODR |=  GPIO_PIN_9  //PB9---->1
#define SEG_S3_OFF     GPIOB-> ODR &= ~GPIO_PIN_9 //PB9---->0
#define SEG_S4_ON      GPIOB-> ODR |=  GPIO_PIN_8  //PB8---->1
#define SEG_S4_OFF     GPIOB-> ODR &= ~GPIO_PIN_8 //PB8---->0
#define SEG_S5_ON      GPIOB-> ODR |=  GPIO_PIN_5  //PB5---->1
#define SEG_S5_OFF     GPIOB-> ODR &= ~GPIO_PIN_5 //PB5---->0
#define SEG_S6_ON      GPIOB-> ODR |=  GPIO_PIN_4  //PB4---->1
#define SEG_S6_OFF     GPIOB-> ODR &= ~GPIO_PIN_4 //PB4---->0
```

10.4 디지털 시계 만들기(시, 분, 초)

실험) Tim2 0.1msec 카운터 7-Segment와 SW1, SW2, SW4를 이용하여 시, 분, 초를 7-Segment에 Display 하는 프로그램을 작성하여 실험하였다.

1. main.c

```
#include "main.h"//해더파일
#include "extern.h"//해더파일
#include "user_define.h" //해더파일
TIM_HandleTypeDef htim2;
void SystemClock_Config(void);
static void MX_GPIO_Init(void);
static void MX_TIM2_Init(void);
byte Buz_buf=0, PI = 0x02, PI4 = 0xAA;
byte Clock_go=1;
byte SEG_font[11] = {0x3F, 0x06, 0x5B, 0x4F, 0x66, 0x6D, 0x7D, 0x27,
0x7F, 0x6F, 0x00};
void SEG_Display(byte seg_num, byte seg_dp)
{
    byte seg_data;
    dword PG_data, PC_data;
    SEG_CLK_OFF;//PB3 LOW
    seg_data = SEG_font[seg_num];
    PG_data = GPIOG -> ODR;
    PC_data = GPIOC -> ODR;
    PG_data &= ~(0x0F << 5);//5번 왼쪽으로 시프트 (PG5~8 Data를 0으로)
    PC_data &= ~(0x0F << 6);//6번 왼쪽으로 시프트 (PC6~9 Data를 0으로)
    if(seg_dp == '.')
        seg_data |= 0x80;   //. Display
    PG_data |= (seg_data & 0x0F) << 5;//5번 왼쪽으로 시프트
    PC_data |= (seg_data & 0xF0) << 2;//2번 왼쪽으로 시프트
    GPIOG -> ODR = PG_data;
    GPIOC -> ODR = PC_data;
    SEG_CLK_ON;//PB3 HIGH
}
int main(void)
```

```
{
    HAL_Init();
    SystemClock_Config();
    MX_GPIO_Init();
    MX_TIM2_Init();
    HAL_TIM_Base_Start_IT(&htim2); //타이머2 인터럽트 활성화
    while(1)
    {
        if(SW_data==0x01)  //SW1 Push, 02,04,08
        {//////// Seg_selction
            SW_data = 0;
            if(Clock_go) //Clock_go : 0이 아니면
                Buz_buf = PI4;
            else  //Clock_go : 0이면 : stop
            {
                Buz_buf = PI;
                if(++Seg_sel > 6)
                    Seg_sel = 1;
            }
        }
        else if(SW_data==0x02) //SW2 Push, 02, 04, 08
        {//////// Seg_selction
            SW_data = 0;
            if(Clock_go) //Clock_go : 0이 아니면
                Buz_buf = PI4;
            else //Clock_go : 0이면 : stop
            {
                Buz_buf = PI;
                switch(Seg_sel)
                {
                    case 1 ://10Hour 증가
                        if(Hour / 10 ==2)
                            Hour = Hour % 10;
                        else
                            Hour +=10;
                    break;
```

```
            case 2 :
                if(Hour % 10 ==9)
                    Hour = (Hour/10)*10;
                else
                    Hour++;
                break;

            case 3 ://10Min 증가
                if(Min / 10 ==5)
                    Min = Min % 10;
                else
                     Min += 10;
                break;
            case 4 :
                if(Min % 10 ==9)
                    Min = (Min/10)*10;
                else
                    Min++;
                    break;
            case 5 : //10Sec 증가
                if(Sec / 10 ==5)
                    Sec = Sec % 10;
                else
                    Sec += 10;
                break;
            case 6 :
                if(Sec % 10 ==9)
                    Sec = (Sec/10)*10;
                else
                    Sec++;
                break;
        }
    }
    Total_Sec = Hour*3600 + Min*60 + Sec;
```

```
            }
        else if(SW_data==0x04)  //SW2 Push, 02,04,08
        {
        SW_data=0;
        Buz_buf = PI;
        }
        else if(SW_data==0x08)  //SW2 Push, 02,04,08
        {
            SW_data=0;
            Buz_buf = PI;
            Clock_go = !Clock_go;
            if(Clock_go)
                Seg_sel=0;
        }
    }//while문 끝
}//int main문 끝
```

2. stm32f7xx_it.c

```
#include "main.h"
#include "stm32f7xx_it.h"
#include "extern.h"
#include "user_define.h"
extern TIM_HandleTypeDef htim1;
extern TIM_HandleTypeDef htim2;
extern TIM_HandleTypeDef htim4;
byte Cnt_100000, Cnt_10000, Cnt_1000, Cnt_100, Cnt_10, Cnt_1,
Seg_com=1;
word Ms_cnt=0, Tim2_1mcnt1=0;
byte key1_check, key2_check, key3_check, key4_check;
byte BFBF_key1_check=0, BFBF_key2_check=0, BFBF_key3_check=0,
BFBF_key4_check=0;
byte BF_key1_check, BF_key2_check, BF_key3_check, BF_key4_check;
dword Total_Sec = 0, BZ_cnt=0;
byte SW_data=0, Seg_sel=0, Dead_cnt=0, Blink=0, Sec, Min, Hour;
```

```
void TIM2_IRQHandler(void) //0.1msec Interrupt
{
    HAL_TIM_IRQHandler(&htim2);
    if(++Tim2_1mcnt1 >= 100)//채터링 방지를 위해 10msec 후에 들어옴
    {
        Tim2_1mcnt1=0;
        key1_check = !(GPIOF->IDR & GPIO_PIN_11);//PF11 : SW1 seg_sel
        key2_check = !(GPIOF->IDR & GPIO_PIN_14);//PF14 : SW2 up
        key3_check = !(GPIOF->IDR & GPIO_PIN_15);//PF15 : SW3 down
        key4_check=!(GPIOG->IDR & GPIO_PIN_0);//PG0 : SW4 Go,Stop,알람
        if(key1_check == BF_key1_check)
        {//전의 키 상태와 비교(Debounce check OK!)
            if(key1_check && !BFBF_key1_check)//처음 Key Push 상태
                SW_data |= 0x01;   //SW1 Push
            BFBF_key1_check = BF_key1_check;
        }
        BF_key1_check = key1_check;
        if(key2_check == BF_key2_check)
        {//전의 키 상태와 비교(Debounce check OK!)
            if(key2_check && !BFBF_key2_check)//처음 Key Push 상태
                SW_data |= 0x02;//SW2 Push
            BFBF_key2_check = BF_key2_check;
        }
        BF_key2_check = key2_check;

        if(key3_check == BF_key3_check)
        {//전의 키 상태와 비교(Debounce check OK!)
            if(key3_check && !BFBF_key3_check)//처음 Key Push 상태
                SW_data |= 0x04;//SW3 Push
            BFBF_key3_check = BF_key3_check;
        }
        BF_key3_check = key3_check;
    }
```

```
        if(key4_check == BF_key4_check)
        {//전의 키 상태와 비교(Debounce check OK!)
            if(key4_check && !BFBF_key4_check)//처음 Key Push 상태
                SW_data |= 0x08;//SW4 Push
            BFBF_key4_check = BF_key4_check;
        }
        BF_key4_check = key4_check;
    }
    if(++BZ_cnt >= 600) //60ms
    {
        BZ_cnt=0;
        if(Buz_buf & 0x01)//Buz_buf : 0x02(PI), 0xAA(PIPIPIPI) at main()
            BUZZER_ON;
        else
            BUZZER_OFF;
        Buz_buf = Buz_buf>>1;
    }
    if(Clock_go)
    {
        if(++Ms_cnt >= 10000)   //1000ms : 1sec
        {
            Ms_cnt = 0;
            if(++Total_Sec >= 24*60*60)
                Total_Sec = 0;
            Hour = Total_Sec/3600;//현재 시각
            Min = (Total_Sec%3600)/60;//현재 분
            Sec = (Total_Sec%3600)%60;//현재 초
        }
    }
    Dead_cnt++;
    if(Dead_cnt <= 10)
    {
        switch(Seg_com)//1(Hour10),2(Hour1),3,4,5(Sec10),6(Sec1)
        {
```

```
        case 0 :
            break;
        case 1 :
            SEG_S1_ON;      SEG_S2_OFF;     SEG_S3_OFF;
            SEG_S4_OFF;     SEG_S5_OFF;     SEG_S6_OFF;
            if((Seg_sel==1) && Blink)
                SEG_Display(10, ' ');     //Segment OFF
            else
                SEG_Display(Hour/10, ' ');
            break;
        case 2 :
            SEG_S1_OFF;     SEG_S2_ON;      SEG_S3_OFF;
            SEG_S4_OFF;     SEG_S5_OFF;     SEG_S6_OFF;
            if((Seg_sel==2) && Blink)
                SEG_Display(10, ' ');//Segment OFF
            else
               SEG_Display(Hour%10, '.');
            break;
        case 3 :
            SEG_S1_OFF;     SEG_S2_OFF;     SEG_S3_ON;
            SEG_S4_OFF;     SEG_S5_OFF;     SEG_S6_OFF;
            if((Seg_sel==3) && Blink)
                 SEG_Display(10, ' ');//Segment OFF
            else
                SEG_Display(Min/10, ' ');
            break;
        case 4 :
            SEG_S1_OFF;     SEG_S2_OFF;     SEG_S3_OFF;
            SEG_S4_ON;      SEG_S5_OFF;     SEG_S6_OFF;
            if((Seg_sel==4) && Blink)
               SEG_Display(10, ' ');//Segment OFF
            else
                SEG_Display(Min%10, '.');
            break;
```

```
        case 5 :
            SEG_S1_OFF;   SEG_S2_OFF;   SEG_S3_OFF;
            SEG_S4_OFF;   SEG_S5_ON;    SEG_S6_OFF;
            if((Seg_sel==5) && Blink)
                SEG_Display(10, ' ');//Segment OFF
            else
        SEG_Display(Sec/10, ' ');
    break;
    case 6 :
        SEG_S1_OFF;   SEG_S2_OFF;   SEG_S3_OFF;
        SEG_S4_OFF;   SEG_S5_OFF;   SEG_S6_ON;
        if((Seg_sel==6) && Blink)
            SEG_Display(10, ' ');//Segment OFF
        else
            SEG_Display(Sec%10, ' ');
        break;
    }
}
else if(Dead_cnt < 12)  //Dead_cnt : 11
{
    SEG_S1_OFF;   SEG_S2_OFF;   SEG_S3_OFF;
    SEG_S4_OFF;   SEG_S5_OFF;   SEG_S6_OFF;
    SEG_Display(10, ' ');    //Seg All Clear
}
else //Dead_cnt : 12
{
    Dead_cnt=0;
    if(++Seg_com > 6)//1ms마다 카운트
        Seg_com = 1;
}
static word Blink_cnt=0;
if(++Blink_cnt >= 3000) //3000*0.1ms=300ms Blink
{
    Blink_cnt=0;
```

```
        Blink = !Blink;
    }
    HAL_TIM_IRQHandler(&htim2);
}
```

3. extern.h

```
typedef unsigned char  byte;              //1byte
typedef unsigned short word;              //2byte
typedef unsigned long  dword;             //4byte
extern void SEG_Display(byte seg_num, byte seg_dp);
extern byte Dis_7Segment[], Buz_buf, SW_data;
extern byte Sec, Min, Hour, Seg_sel, Clock_go;
extern dword Total_Sec;
```

4. user_define.h

```
#define SEG_CLK_ON      GPIOB-> ODR |=  GPIO_PIN_3  //PB3---->1
#define SEG_CLK_OFF     GPIOB-> ODR &= ~GPIO_PIN_3 //PB3---->0
#define SEG_S1_ON       GPIOE-> ODR |=  GPIO_PIN_1  //PE1---->1
#define SEG_S1_OFF      GPIOE-> ODR &= ~GPIO_PIN_1 //PE1---->0
#define SEG_S2_ON       GPIOE-> ODR |=  GPIO_PIN_0  //PE0---->1
#define SEG_S2_OFF      GPIOE-> ODR &= ~GPIO_PIN_0 //PE0---->0
#define SEG_S3_ON       GPIOB-> ODR |=  GPIO_PIN_9  //PB9---->1
#define SEG_S3_OFF      GPIOB-> ODR &= ~GPIO_PIN_9 //PB9---->0
#define SEG_S4_ON       GPIOB-> ODR |=  GPIO_PIN_8  //PB8---->1
#define SEG_S4_OFF      GPIOB-> ODR &= ~GPIO_PIN_8 //PB8---->0
#define SEG_S5_ON       GPIOB-> ODR |=  GPIO_PIN_5  //PB5---->1
#define SEG_S5_OFF      GPIOB-> ODR &= ~GPIO_PIN_5 //PB5---->0
#define SEG_S6_ON       GPIOB-> ODR |=  GPIO_PIN_4  //PB4---->1
#define SEG_S6_OFF      GPIOB-> ODR &= ~GPIO_PIN_4 //PB4---->0
#define BUZZER_ON       GPIOD-> ODR |=  GPIO_PIN_11  //PD11---->1
#define BUZZER_OFF      GPIOD-> ODR &= ~GPIO_PIN_11 //PD11---->0
```

5. 실험 방법

SW4를 누르면 시간 정지 -> 정지 상태에서 SW1을 누르면 해당 7-Segment가 깜박거리면서 시간 설정 가능 -> SW2번을 누르면 시간 조정 가능 -> 다시 SW4를 누르면 설정한 시간으로 동작

제11장 DOT-LED 활용

11.1 DOT-LED 기초

도트(DOT) LED란 LED를 매트릭스(행렬)의 형태로 나열한 것이다. IO_D0 ~ IO_D7는 MCU의 데이터 버스이며 74LVC273D(Non inverting D-type Flip/Flop)로 입력이 되고 PG15 DOT_CLK 신호로 트리거 신호를 입력하면 데이터 버스의 데이터가 플립플롭에 보존(Latch)된다. 이때 보존된 출력은 전류 제한용 저항(330옴)을 거쳐 DOT_LED로 데이터 신호를 보내게 된다. 74LVC138D는 3-8 디코더/디멀티플렉서이며, 이 IC는 3비트 입력을 받아 8개의 출력 중 하나를 선택한다. 2^3=8의 서로 다른 조합이 가능하다. TD62083F IC는 고전압 및 고전류 다릴링턴 트랜지스터 어레이를 포함한 집적 회로이다. 이 IC는 릴레이, 램프, LED, 디스플레이와 같은 고전류 부하를 제어해야 하는 응용에서 사용되도록 설계되었다.

11.2 DOT-LED 구조와 응용

11.2.1 DOT_LED 구조

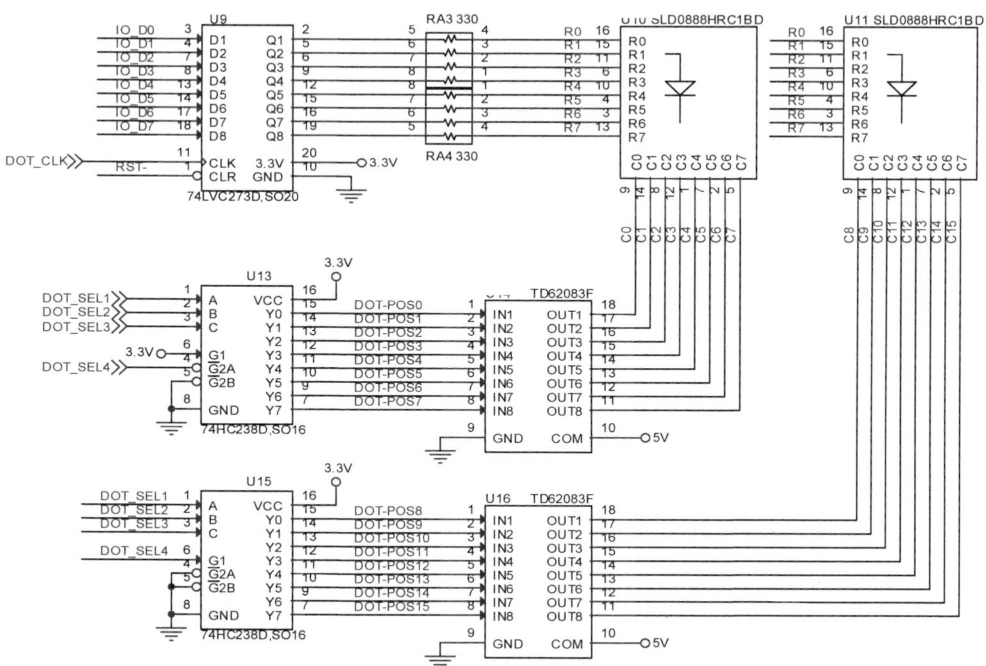

그림 11-2-1 MbedKit 시스템 DOT-LED 회로도

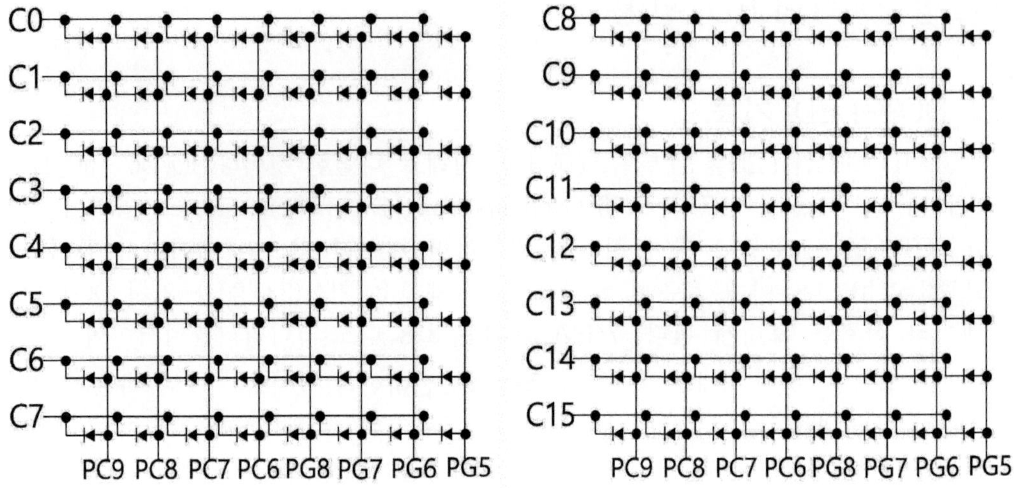

그림 11-2-2 DOT-LED 내부 구조

왼쪽 DOT_LED(U10)과 오른쪽 DOT_LED(U11)의 동작 조건은 U13의 Enable과 U15의 Enable 유무이다. 그림 11-2-3, 4의 논리식에 따르면 PG11이 LOW일 경우 U10 DOT_LED Enable이며, HIGH일 경우 U11 DOT_LED Enable이다.

1(PG14)	2(PG13)	3(PG12)	4(PG11)	5(LOW)	6(HIGH)
X	X	X	LOW	LOW	HIGH

그림 11-2-3 74LVC138D(멀티플렉서) U13의 Enable 조건식

1(PG14)	2(PG13)	3(PG12)	4(LOW)	5(LOW)	6(PG11)
X	X	X	LOW	LOW	HIGH

그림 11-2-4 74LVC138D(멀티플렉서) U15의 Enable 조건식

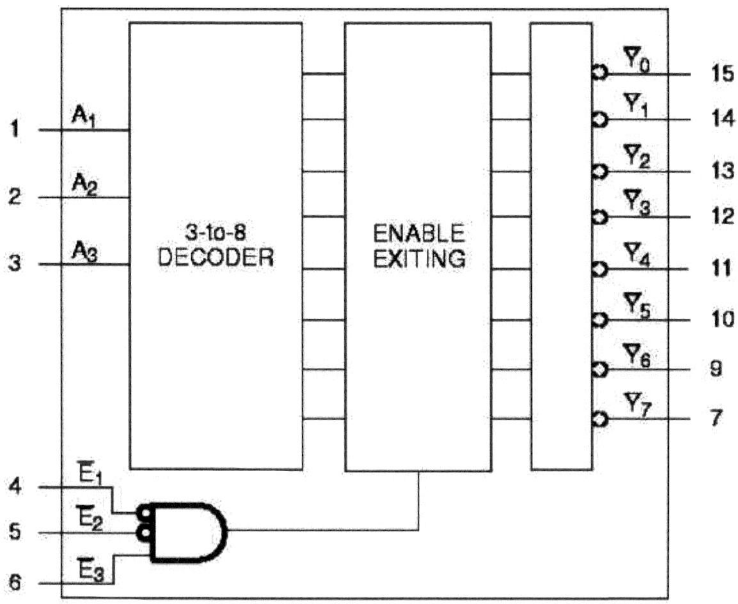

그림 11-2-5 74LVC138D Block Diagram

INPUTS						OUTPUTS							
$\overline{E}_1$	$\overline{E}_2$	E_3	A_0	A_1	A_2	$\overline{Y}_0$	$\overline{Y}_1$	$\overline{Y}_2$	$\overline{Y}_3$	$\overline{Y}_4$	$\overline{Y}_5$	$\overline{Y}_6$	$\overline{Y}_7$
H	X	X	X	X	X	H	H	H	H	H	H	H	H
X	H	X	X	X	X	H	H	H	H	H	H	H	H
X	X	L	X	X	X	H	H	H	H	H	H	H	H
L	L	H	L	L	L	L	H	H	H	H	H	H	H
L	L	H	H	L	L	H	L	H	H	H	H	H	H
L	L	H	L	H	L	H	H	L	H	H	H	H	H
L	L	H	H	H	L	H	H	H	L	H	H	H	H
L	L	H	L	L	H	H	H	H	H	L	H	H	H
L	L	H	H	L	H	H	H	H	H	H	L	H	H
L	L	H	L	H	H	H	H	H	H	H	H	L	H
L	L	H	H	H	H	H	H	H	H	H	H	H	L

그림 11-2-6 74LVC138D(멀티플렉서)의 논리식

11.2.2 DOT_LED 응용

실험 1) '청주' 글자가 DOT_LED에 출력되는 프로그램을 작성하여 실험하였다.(TIM2 사용 1ms)

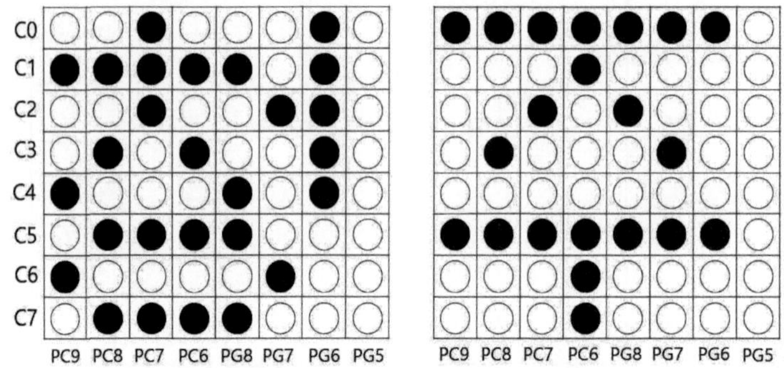

그림 11-2-7 DOT_LED '청주' 글자 출력

- CubeMX 핀 설정(전부 GPIO_Output 으로 설정한다.) (TIM2 설정 방법은 p.207 참조)

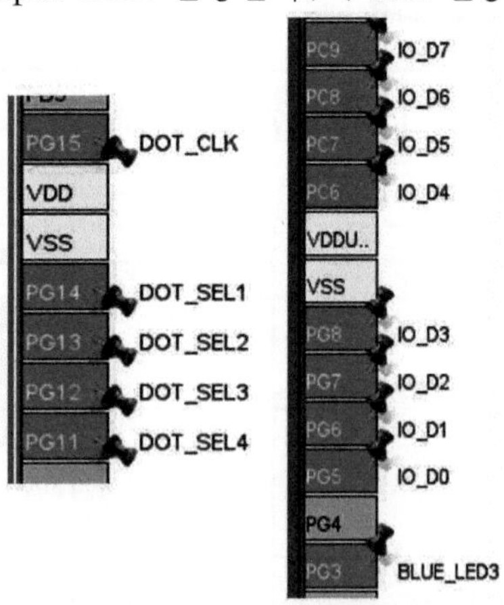

Pin Name	Signal on Pin	GPIO outp...	GPIO mode	GPIO Pull-...	Maximum ...	Fast Mode	User Label	Modified
PC6	n/a	Low	Output Pus...	No pull-up ...	Low	n/a	IO_D4	☑
PC7	n/a	Low	Output Pus...	No pull-up ...	Low	n/a	IO_D5	☑
PC8	n/a	Low	Output Pus...	No pull-up ...	Low	n/a	IO_D6	☑
PC9	n/a	Low	Output Pus...	No pull-up ...	Low	n/a	IO_D7	☑
PG3	n/a	High	Output Pus...	No pull-up ...	Low	n/a	BLUE_LED3	☑
PG5	n/a	Low	Output Pus...	No pull-up ...	Low	n/a	IO_D0	☑
PG6	n/a	Low	Output Pus...	No pull-up ...	Low	n/a	IO_D1	☑
PG7	n/a	Low	Output Pus...	No pull-up ...	Low	n/a	IO_D2	☑
PG8	n/a	Low	Output Pus...	No pull-up ...	Low	n/a	IO_D3	☑
PG11	n/a	Low	Output Pus...	No pull-up ...	Low	n/a	DOT_SEL4	☑
PG12	n/a	Low	Output Pus...	No pull-up ...	Low	n/a	DOT_SEL3	☑
PG13	n/a	Low	Output Pus...	No pull-up ...	Low	n/a	DOT_SEL2	☑
PG14	n/a	Low	Output Pus...	No pull-up ...	Low	n/a	DOT_SEL1	☑
PG15	n/a	Low	Output Pus...	No pull-up ...	Low	n/a	DOT_CLK	☑

그림 11-2-8 DOT LED 핀 배치

1. main.c

```
#include "main.h"
#include "stdio.h"
#include "extern.h"//extern 해더파일
#include "user_define.h"
TIM_HandleTypeDef htim1;
TIM_HandleTypeDef htim2;
TIM_HandleTypeDef htim4;
void SystemClock_Config(void);
static void MX_GPIO_Init(void);
static void MX_TIM1_Init(void);
static void MX_TIM2_Init(void);
static void MX_TIM4_Init(void);
byte col_count=0;
byte arr_cnt=0;
word step=0x1;
word Value=0x0000;//16bit
word Dot_G=0, Dot_C=0;
byte Dot_LR_flag=0;
byte cheong_data[16] = {0x22, 0xFA, 0x26, 0x52, 0x8A, 0x78, 0x84, 0x78};
byte ju_data[16] = {0xFE, 0x10, 0x28, 0x44, 0x00, 0xFE, 0x10, 0x10};
void Shift(void)
{//DOT_LED 초기화 함수 1m 타이머에서 동작시킬 것!
    if(Dot_LR_flag)
    {//왼쪽 DOT_LED 출력부
     DOT_SEL_L;
     Value = cheong_data[arr_cnt];//왼쪽 LED 글자 데이터를 Value 변수에 넣어줌
    }
    else
    {//오른쪽 DOT_LED 출력부
        DOT_SEL_R;
        //오른쪽 LED 글자 데이터를 Value 변수에 넣어줌
        Value = ju_data[arr_cnt];
    }
```

```
Dot_G = 0x0F & Value; //하위 4비트
Dot_C = 0xF0 & Value; //상위 4비트
DOT_CLK_OFF;
GPIOG->BSRR=(Dot_G << 5)|(0X1E0<<16);//PG8~PG5 지우고 다시 Write
GPIOC->BSRR=(Dot_C<<2)|(0X3C0<<16);//PC9~PC6 지우고 다시 Write
DOT_CLK_ON;
switch(step)
{
    case 0x01 : //C0
    col_count=0;
    break;
case 0x02 : //C1
    col_count=4;
    break;
case 0x04 : //C2
    col_count=2;
    break;
case 0x08 : //C3
    col_count=6;
    break;
case 0x10 : //C4
    col_count=1;
    break;
case 0x20 : //C5
    col_count=5;
    break;
case 0x40 : //C6
    col_count=3;
    break;
case 0x80 : //C7
    col_count=7;
    break;
```

```
    default :
        break;
    }
    //PG12~14를 0으로 지우고 PG12 ~ 14를 다시 씀
    GPIOG->BSRR|=(col_count<<12)|(0x7000<<16);
    step=step<<1;//왼쪽으로 1 시프트
    if(step>0x80)
        step=0x01;
    if(++arr_cnt>7)
    {
        Dot_LR_flag = !Dot_LR_flag;//Left, Right 위치선택 플래그
        arr_cnt = 0;
    }
}
```

2. stm32f7xx_it.c

```
#include "main.h"
#include "stm32f7xx_it.h"
#include "extern.h"
#include "user_define.h“
extern TIM_HandleTypeDef htim2;
byte tim_100m_flag=0;
word tim2_100m_cnt=0;
void TIM2_IRQHandler(void)
{
    HAL_TIM_IRQHandler(&htim2);
    Shift();
    if(++tim2_100m_cnt>=100)
    {
        tim2_100m_cnt=0;
        tim_100m_flag=1;
        BLUE_LED_TOG;
    }
}
```

3. extern.h

```
typedef unsigned char  byte;             //1byte
typedef unsigned short word;             //2byte
typedef unsigned long  dword;            //4byte
void Shift();
extern byte tim_100m_flag;
```

4. user_define.h

```
//7Segment, DOT_LED//
#define SEG_CLK_ON GPIOB -> BSRR |= GPIO_PIN_3          //PB3-->1
#define SEG_CLK_OFF GPIOB -> BSRR = GPIO_PIN_3<<16      //PB3-->0
#define DOT_CLK_ON GPIOG -> BSRR |= GPIO_PIN_15         //PG15-->1
#define DOT_CLK_OFF GPIOG -> BSRR = GPIO_PIN_15<<16     //PG15-->0
#define DOT_SEL_L GPIOG -> BSRR |= GPIO_PIN_11          //PG11-->1
#define DOT_SEL_R GPIOG -> BSRR = GPIO_PIN_11<<16       //PG11-->0
//7Segment, DOT_LED//
```

실험 2) DOT LED에 '청주대학' 글자가 왼쪽으로 이동하는 프로그램을 이용하여 표시하는 실험이다.

1. main.c

```
#include "main.h"
#include "stdio.h"
#include "extern.h"//extern 해더파일
#include "user_define.h"
TIM_HandleTypeDef htim1;
TIM_HandleTypeDef htim2;
TIM_HandleTypeDef htim4;
void SystemClock_Config(void);
static void MX_GPIO_Init(void);
static void MX_TIM1_Init(void);
static void MX_TIM2_Init(void);
static void MX_TIM4_Init(void);
byte col_count=0;
byte arr_cnt=0;
word step=0x1;
word Value=0x0000;//16bit
word Dot_G=0, Dot_C=0;
byte Dot_LR_flag=0;
byte shift=0;
dword cju_data[8] = {0x22FE0522, 0xFA10F5FA, 0x26288523, 0x52448752,
0x8A008522, 0x78FEF500, 0x8410053E, 0x78100002};
dword temp=0;
word Dot_data=0;
void Shift(void)
{//DOT_LED 초기화 함수 1m타이머에서 동작시킬 것!
    Dot_data = cju_data[shift++]; //shift : 0 ~ 7
    shift = shift & 0x07;//shift가 8이면 다시 0으로 만듦
    if(tim_100m_flag)
```

```
{//설정해준 Speed 변수값ms 마다 진입
    tim_100m_flag=0;
for(byte i=0; i<8; i++)
{
    temp = cju_data[i];
    if(temp & 0x80000000)
    {
        temp = temp <<1; //왼쪽으로 1시프트
    temp++;
    }
    else
    {
        temp = temp <<1; //왼쪽으로 1시프트
    }
        cju_data[i] = temp;
}
}
if(Dot_LR_flag)
{//왼쪽 DOT_LED 출력부
    DOT_SEL_L;
Value = Dot_data >> 8; //왼쪽 LED 데이터를 Value 변수에 넣어줌
}
else
{//오른쪽 DOT_LED 출력부
DOT_SEL_R;
Value =Dot_data&0xFF;//오른쪽 LED 데이터를 Value 변수에 넣어줌
}
Dot_G = 0x0F & Value; //하위 4비트
Dot_C = 0xF0 & Value; //상위 4비트
DOT_CLK_ON;//PG15---->1
//PG8 ~ PG5 지우고 다시 Write
GPIOG -> BSRR = (Dot_G << 5) | (0X1E0 << 16);
//PC9 ~ PC6 지우고 다시 Write
GPIOC -> BSRR = (Dot_C << 2) | (0X3C0 << 16);
```

```
    DOT_CLK_OFF;//PG15---->0
    switch(step)
    {
        case 0x01 : //C0
        col_count=0;
            break;
        case 0x02 : //C1
        col_count=4;
        break;
    case 0x04 : //C2
        col_count=2;
        break;
    case 0x08 : //C3
        col_count=6;
        break;
    case 0x10 : //C4
        col_count=1;
        break;
    case 0x20 : //C5
        col_count=5;
        break;
    case 0x40 : //C6
        col_count=3;
        break;
    case 0x80 : //C7
        col_count=7;
        break;
    default :
        break;
    }
    GPIOG-> BSRR |= (col_count<<12) | (0x7000<<16); //PG12 ~ 14를 0으
로 지우고 PG12 ~ 14를 다시 씀
    step=step<<1;//왼쪽으로 1 시프트
    if(step>0x80) step=0x01;
```

```
    if(++arr_cnt>7)
    {
    Dot_LR_flag = !Dot_LR_flag;//Left, Right 위치선택 플레그
    arr_cnt = 0;
    }
}
int main(void)
{
    HAL_Init();
    SystemClock_Config();
    MX_GPIO_Init();
    MX_TIM1_Init();
    MX_TIM2_Init();
    MX_TIM4_Init();
    MX_ADC3_Init();
    HAL_TIM_Base_Start_IT(&htim2); //타이머2 인터럽트 활성화
    while (1)
    {
    }
}
```

2. stm32f7xx_it.c

```
#include "main.h"
#include "stm32f7xx_it.h"
#include "extern.h"
#include "user_define.h"
extern ADC_HandleTypeDef hadc3;
extern TIM_HandleTypeDef htim1;
extern TIM_HandleTypeDef htim2;
extern TIM_HandleTypeDef htim4;
byte tim_100m_flag=0;
word tim2_100m_cnt=0,Speed=1000;
void TIM2_IRQHandler(void)
{//1m타이머
    HAL_TIM_IRQHandler(&htim2);
    Shift();
    if(++tim2_100m_cnt>=Speed)
    {
        tim2_100m_cnt=0;
        tim_100m_flag=1;
        BLUE_LED_TOG;
    }
    BLUE_LED_TOG;//100m마다 토글
}
```

3. extern.h

```
typedef unsigned char  byte;        //1byte
typedef unsigned short word;        //2byte
typedef unsigned long  dword;       //4byte
void Shift();
extern byte shift_200m_flag;
extern byte tim_100m_flag;
```

4. userdefine.h

```
//BLUE -> LED3
#define BLUE_LED_ON      GPIOG-> ODR &= ~GPIO_PIN_3 //PG3---->0
#define BLUE_LED_OFF     GPIOG-> ODR |=  GPIO_PIN_3  //PG3---->1
#define BLUE_LED_TOG     GPIOG-> ODR ^= GPIO_PIN_3 // 토글
//BLUE -> LED3
//7Segment, DOT_LED//
#define SEG_CLK_ON  GPIOB-> BSRR |=  GPIO_PIN_3      //PB3---->1
#define SEG_CLK_OFF GPIOB-> BSRR = GPIO_PIN_3<<16  //PB3---->0
#define DOT_CLK_ON  GPIOG->BSRR |= GPIO_PIN_15      //PG15---->1
#define DOT_CLK_OFF GPIOG->BSRR = GPIO_PIN_15<<16 //PG15---->0
#define DOT_SEL_L  GPIOG-> BSRR |= GPIO_PIN_11      //PG11---->1
#define DOT_SEL_R GPIOG-> BSRR  =  GPIO_PIN_11<<16//PG11---->0
//7Segment, DOT_LED//
```

제 3 부 Cortex-M 응용

제12장 AD 변환기를 이용한 계측

12.1 ADC의 개념과 특징

12.1.1 STM32 ADC의 기본 개념

디지털 신호처리(Digital signal processing)를 실시간으로 하려면 먼저 빠른 속도로 아날로그 신호를 디지털 값으로 변환(A/D : analog to digital conversion)하여야 한다. 또한, 처리된 결과가 아날로그 신호로 출력되려면 반대로 디지털 데이터를 아날로그 변환(Digital to analog conversion)하여야 한다. 이와 같이 A/D 변환이나 D/A변환은 매우 복잡한 회로를 필요로 한다. 또한 요즘은 변환속도가 매우 빠르며, 분해능이 높은 A/D 및 D/A컨버터 소자가 개발되고 있다.

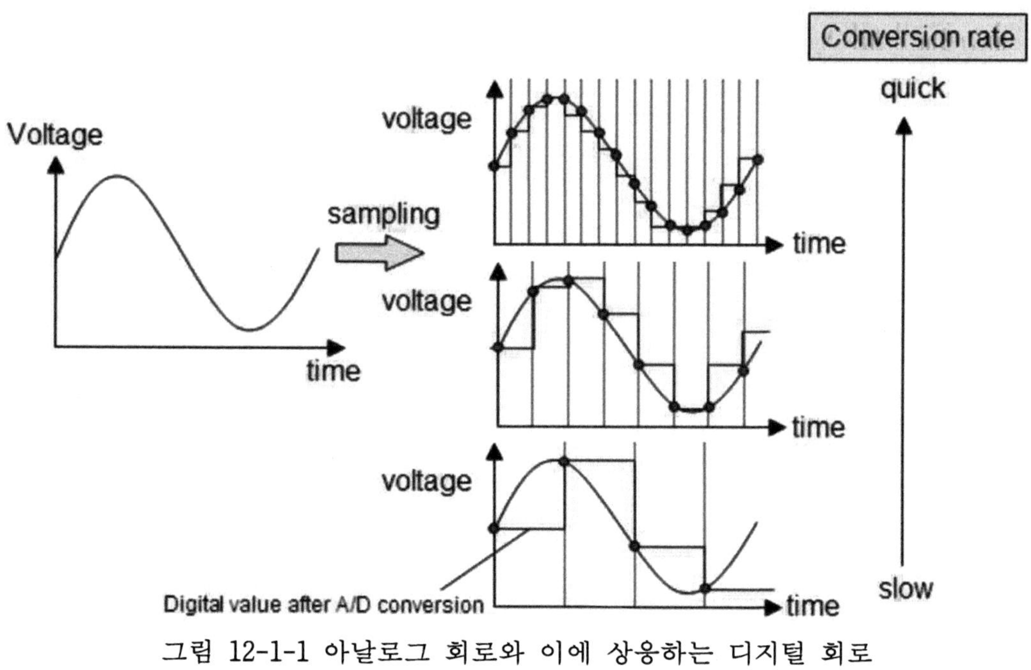

그림 12-1-1 아날로그 회로와 이에 상응하는 디지털 회로

전압, 전류, 온도, 습도, 압력, 유량, 속도, 가속도 등과 같은 아날로그 물리량을 측정하여, 컴퓨터로 제어 또는 분석하려면 디지털 값으로 변환하여 읽어 들여야 하는데 이러한 장치를 DAS(Data Acquisition System)라고 하고, DAS는 센서, A/D 컨버터, 컴퓨터 등으로 구성된다. 센서는 측정하려는 물리량을 전압, 전류 또는 주파수와 같은 전기량으로 변환하는 소자이며, A/D 컨버터는 이를 컴퓨터가 읽을 수 있는 병렬 또는 직렬 데이터로 변환하여 주는 장치이다. 대부분의 경우에는 센서와 A/D 컨버터 사이에 잡음을 제거하고 필요한 신호만을 증폭하기 위한 필터나 신호를 적절한 크기로 바꾸기 위한 증폭 회로가 사용된다.

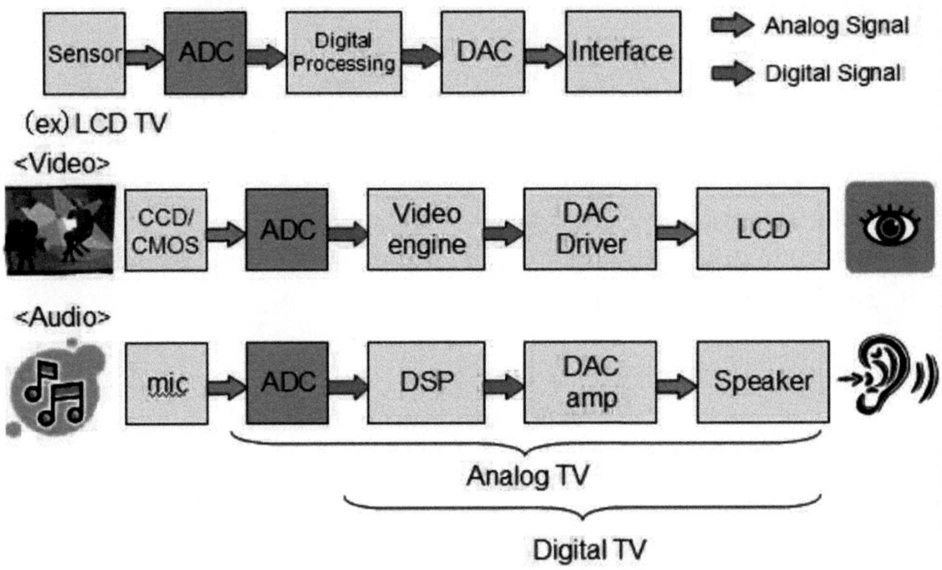

그림 12-1-2 DAS(Data Acquisition System)의 기본구성

A/D 컨버터를 이용한 데이터 수집 시스템(DAS) 설계 및 사용은 센서와 필터/증폭회로에서 아날로그 신호가 올바르게 처리되어 A/D 컨버터에 공급되는 것이 중요하다.

1) 변환 시간(Conversion time) 또는 샘플링 속도(Sampling rate)

한번 A/D 변환을 수행하는데 필요한 시간을 변환 시간(Conversion time)이라고 하며 A/D 변환을 수행하기 위한 아날로그 값을 1초당 입력받는 횟수를 샘플링 속도(Sampling rate)라고 한다. 샘플링 속도는 주파수 단위(Hz)로 나타내며, 샘플링 속도가 100Hz라는 것은 초당 100개의 아날로그 값을 입력받아 변환한다는 의미이다. A/D 변환기가 변환 시간에 따라 가격이 크게 달라지므로 응용 목적에 적절한 변환 시간을 갖는 모델을 선정하는 것은 매우 중요하다. 예를 들어 디지털로 음성이나 영상 신호를 처리하는 시스템에서는 고속형이 사용되어야 하지만, 온도나 수위 측정에 사용되는 것은 변환 시간이 긴 저속형 모델을 사용하여도 무방하다.

2) 분해능

A/D 변환기에서 분해능(Resolution)이란 디지털 출력을 한 등급만큼 변화시키기 위한 아날로그 입력의 최소 변화를 말한다. 이것은 A/D 변환기가 표현할 수 있는 최소 아날로그 값을 나타내는데, n-bit A/D 변환기의 경우 디지털 출력 데이터 범위는 0(2n-1)이며, 이때 분해능은 Full scale을 2n으로 나눈 값이 된다.

예를 들어 0 ~ 10V의 Full Scale을 갖는 전압을 4bit의 A/D 변환기를 이용하여 A/D 변환할 경우 분해능은 $10/2^4$ [V] = 0.625 [V]로 표시할 수 있다. 따라서 A/D 변환기의 비트 수가 커질수록 정밀도는 향상된다.

3) Sample/Hold 또는 Track/Hold

A/D 변환기가 아날로그 신호를 디지털 데이터로 변환하는 동안에 입력전압이 변동하면 변환된 디지털 출력 값이 정확하지 않을 수 있다. 이를 방지하기 위하여 A/D 컨버터의 입력 단에 S/H(sample/hold) 또는 T/H(Track/Hold) 회로를 사용한다.

특히, 축차 비교형(Successive Approximation) A/D 변환기는 변환 기간 중에 아날로그 입력전압이 일정하게 유지되어야 하므로, 샘플 홀드 기능이 꼭 필요하다. A/D 변환기에는 이러한 샘플/홀드 회로를 내장하고 있는 모델도 있고, 외부에 별도로 연결해주어야 하는 모델도 있다. 그러나 샘플링 동작 때문에 전체 변환 시간이 길어지며, 멀티 채널형 A/D 변환기의 경우에는 일반적으로 아날로그 멀티플렉서(analog multiplexer)가 사용되므로 이것의 동작 및 안정시간으로 인하여 전체적인 변환 시간은 훨씬 증가한다.

샘플/홀드 회로는 아날로그 스위치, 콘덴서, 버퍼 등으로 구성된다. 스위치는 샘플링 시간 동안 닫혀 있어서 커패시터 양단의 전압이 입력전압과 동일하게 되도록 충전되고, 이후에는 스위치가 열려서 일정한 전압이 유지되면서 이 전압이 버퍼를 통하여 비교기로 입력되어 A/D 변환이 수행된다.

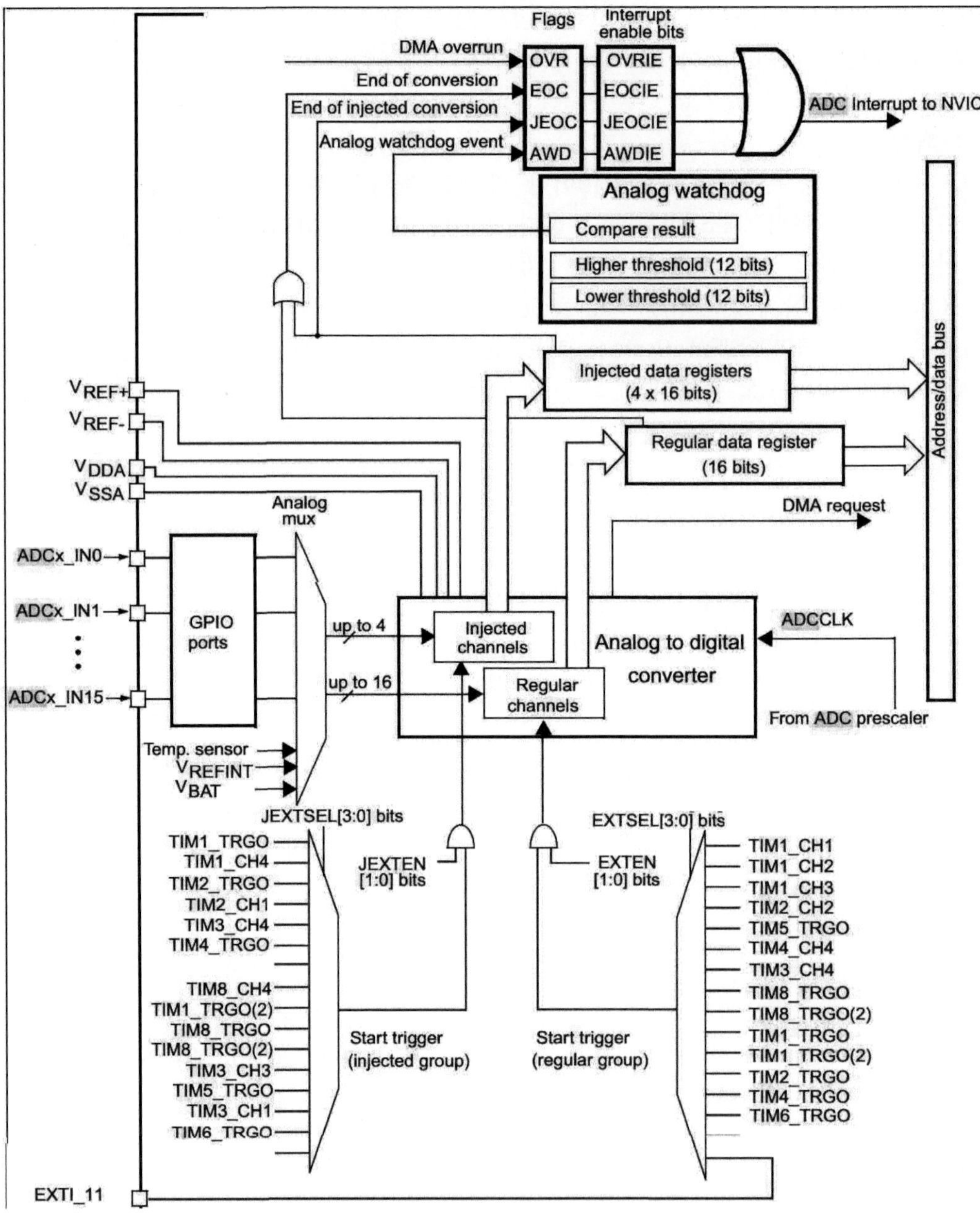

그림 12-1-3 STM32F 시리즈 AD 변환기의 구성도

A/D 컨버터는 다양한 센서에서 들어오는 아날로그 값을 디지털 값으로 변경하는 기능을 하며, 실제 제어기를 구성할 때 없어서 안 될 중요한 소자이다.

12.1.2 STM32 ADC 특징

1) 현재까지 출시된 STM32 MCU의 핀 수가 많은 패키지에서는 최대 ADC 3개 block (ADC1, ADC2, ADC3)을 지원하고 핀 수가 작은 패키지는 ADC가 없거나 1개 block만 지원한다. 각 ADC 블록별로 다수의 외부 channel (IN0~IN15) 과 내부 channel (Vbat, Vrefint, Temperature sensor 등)을 지원한다.

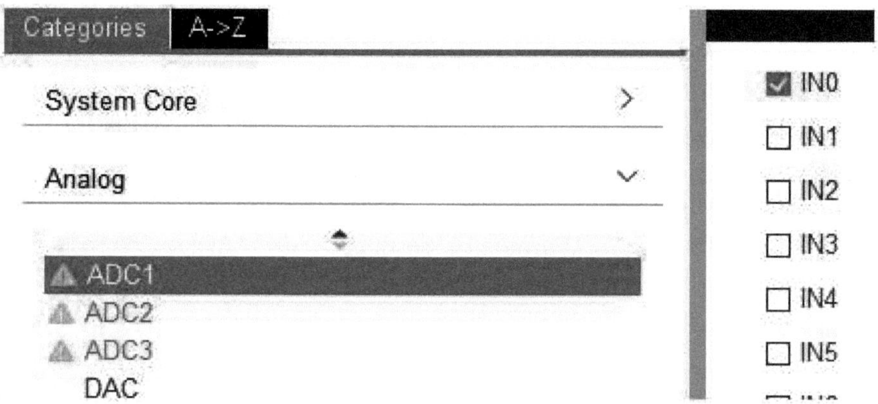

그림 12-1-4 CubeMX의 ADC Block과 채널

ADC 외부 입력핀 하나를 ADC 한 개 block의 channel 하나만 할당해서 샘플링 하는 것이 일반적이지만, ADC 외부 입력핀 하나를 다수의 block에서 교대로 샘플링 하도록 설정하는 것도 가능하다. 예를 들어 PA0핀은 ADC1_IN0, ADC2_IN0, ADC3_IN0로 사용 가능하다.

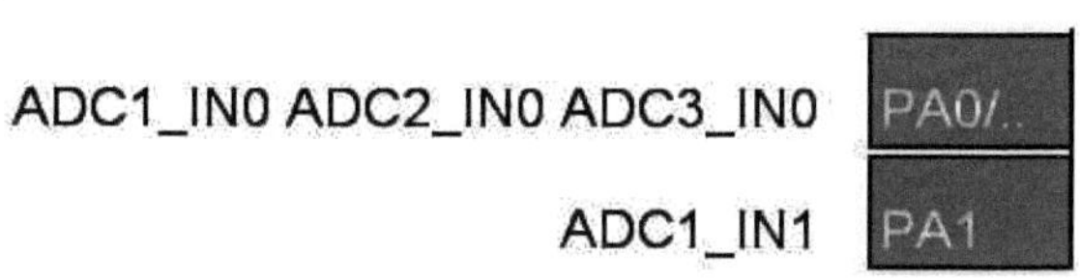

그림 12-1-5 CubeMX의 ADC Channel

2) Master와 Slave

ADC Block이 2개 또는 3개인 MCU에서는 ADC1이 Master이고 ADC2와 ADC3는 Slave이며 내부로 연결되어 있다. 하드웨어적으로 정확히 동시에 ADC1, ADC2, ADC3이 싱크를 맞춰서 샘플링을 해야 되는 경우라면 Dual Simultaneous 또는 Triple Simultaneous 모드를 사용하고 이런 경우 내부적으로 Master/Slave 모드가 사용된다. 그렇지 않고 ADC1, ADC2, ADC3 이 각각 독립적인 타이밍으로 동작해도 되는 경우라면 Independent mode를 사용하면 되고 Master/Slave의 내부 구조는 무시된다.

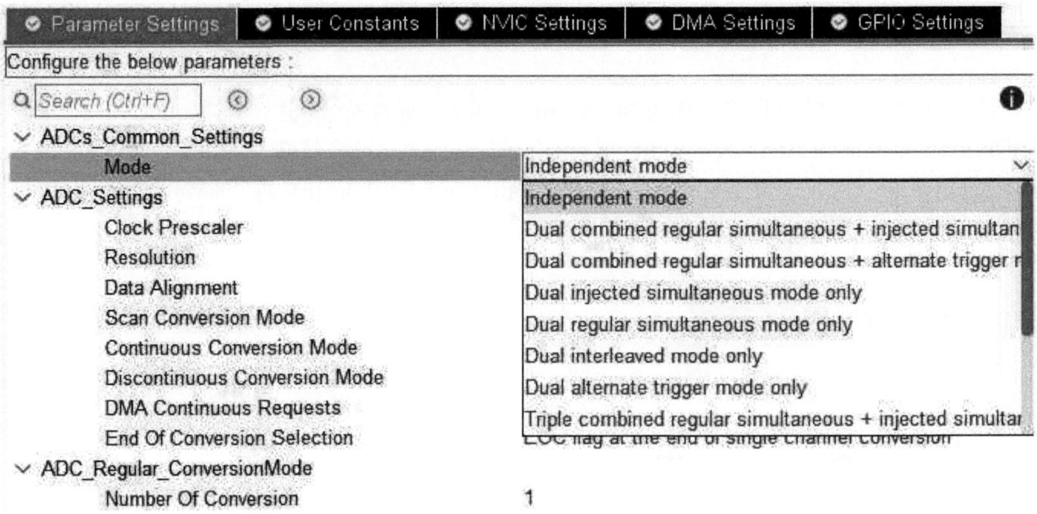

그림 12-1-6 CubeMX의 ADC 'Parameter Settings' -> 'ADCs_Common_Settings'

3) Self Calibration

STM32 일부 디바이스는 전원 인가 후 또는 리셋 후 1회 ADC Self Calibration 을 해줘야 제대로 된 ADC 값을 읽을 수 있다. ADC 자체 deep power down 모드를 지원하는 MCU의 경우에도 ADC를 다시 startup 시키고 난 후 1회 ADC Self Calibration 을 다시 해줘야 한다. Cube HAL ADC 예제 코드에서 다음 함수 사용법을 참고한다.

- HAL_ADCEx_Calibration_Start

4) Peripheral Clock Frequency

사용하려는 ADC peripheral의 최대 속도 (fADC)와 어느 clock 도메인(APB1, APB2, APB3)에 속해 있는지 데이터시트를 통해 확인해야 하며 일부 최신 STM32 디바이스는 ADC peripheral clock 소스로 AHB에서 /1, /2 ,/4로 분주하는 synchronous clock 설정과 ADC Clock Mux에서 /1, /2, /128, /256을 하는 asynchronous clock 설정을 대신 제공한다. APBx clock을 사용하는 MCU 경우 사용자가 설정한 HCLK 설정에 따라 APBx Clock의 속도도 같이 바뀌기 때문에 설정된 APBx (PCLKx) clock 주파수를 ADC 내부의 prescaler로 나눈 최종 ADC peripheral clock 속도를 계산한다. (예시 : 108 MHz / 4 = 27 MHz) ADC 내부의 prescaler 값은 모든 ADC block(ADC1, ADC2, ADC3)에 공통 적용되는 내용이므로 ADC1에서 /4를 선택하면 ADC2, ADC3도 /4로 바뀌는 점에 유의한다.

Symbol	Parameter	Conditions	Min	Typ	Max	Unit
V_{DDA}	Power supply	$V_{DDA} - V_{REF+} < 1.2$ V	$1.7^{(1)}$	-	3.6	V
V_{REF+}	Positive reference voltage		$1.7^{(1)}$	-	V_{DDA}	V
f_{ADC}	ADC clock frequency	$V_{DDA} = 1.7^{(1)}$ to 2.4 V	0.6	15	18	MHz
		$V_{DDA} = 2.4$ to 3.6 V	0.6	30	36	MHz

그림 12-1-7 STM32F767의 ADC에 대한 전기적인 특성

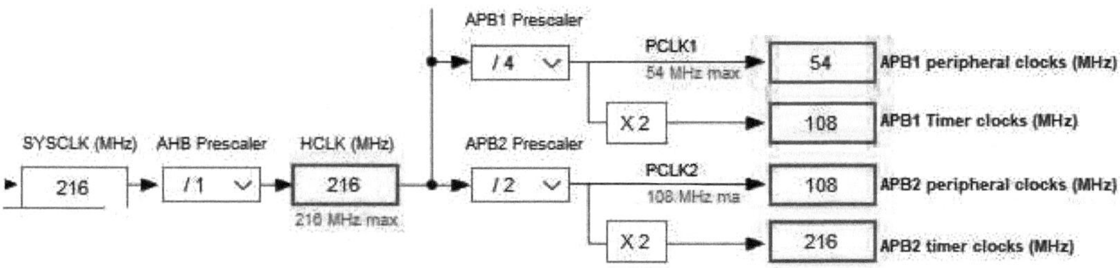

그림 12-1-8 STM32F767의 ADC 클럭 분주

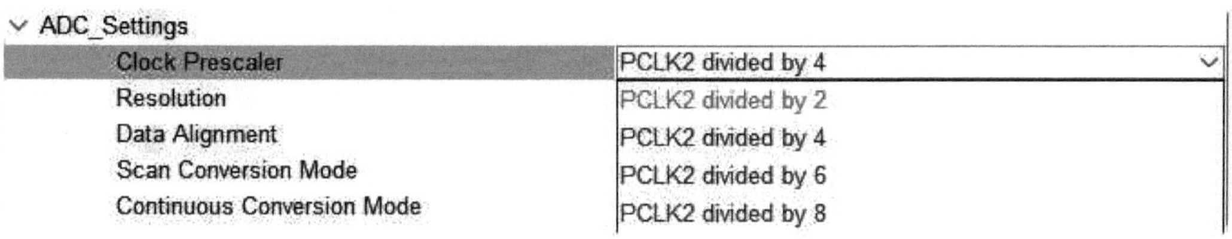

그림 12-1-9 STM32F767의 ADC PCLK 분주비 선택

5) Peripheral Clock Frequency

ADC 샘플링 1회에 항상 sampling과 conversion은 세트로 수행된다. 샘플링 시간(Sampling time)은 channel 별로 다르게 설정할 수 있으나 conversion time은 ADC block의 resolution bit 수와 동일하다. 그림 12-1-11에서 12bits 분해능(resolution)은 12 cycles이며 괄호 안의 15 clock cycle은 무시한다. ADC peripheral clock 이 27MHz로 설정되었기 때문에 tADC은 약 37.037 ns이며 샘플링 1회에 소요되는 시간은 (3 cycle + 12 cycle) x 37.037ns = 555.555ns이다. 만약 ADC 샘플링을 딜레이 없이 연속 수행한다면 1 sec / 555.555ns = 1.8 MSPS (Mega sample per second)가 된다.

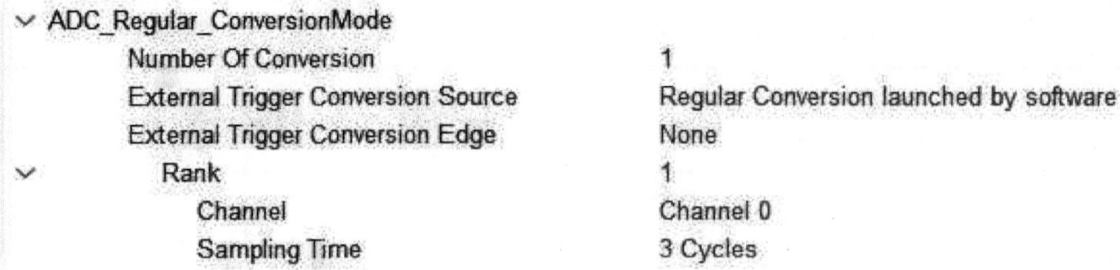

그림 12-1-10 STM32F767 Datasheet의 ADC PCLK

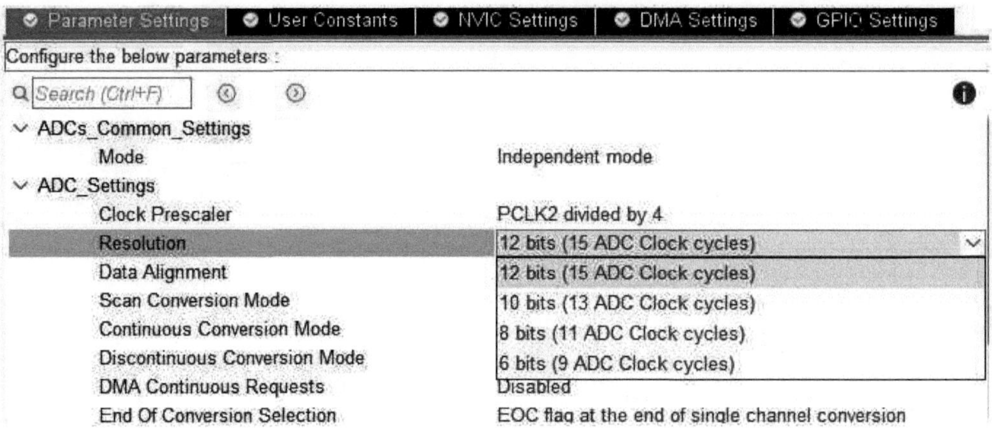

그림 12-1-11 'Parameter Settings'

ADC 샘플링 cycle은 3, 15, 28, 56, 84, 112, 144, 280 cycle 중에 하나를 선택할 수 있다. SAR 방식의 ADC는 MCU 내부의 capacitor를 ADC 입력핀 소스로부터 샘플링 cycle 시간 동안 충전하고 conversion 시간 동안 충전된 전압을 측정한다. 샘플링 cycle이 높은 값으로 설정이 되고 ADC 측정된 전압 값이 높다면 소스의 출력 임피던스가 높아져 설정한 샘플링 cycle 시간 동안 capacitor를 완전히 충전하지 못한다. 즉, 샘플링 cycle을 높게 설정할수록 평균 낸 안정된 값을 받지 못한다. 따라서 capacitor를 완전히 충전할 수 있도록 샘플링 cycle을 낮게 설정해도 충분하다.

6) Trigger source and edge

ADC 샘플링 시작 트리거 소스는 크게 3가지로 구분할 수 있다.

- Software : HAL API에 있는 ADC_Start 함수를 호출해서 시작한다.

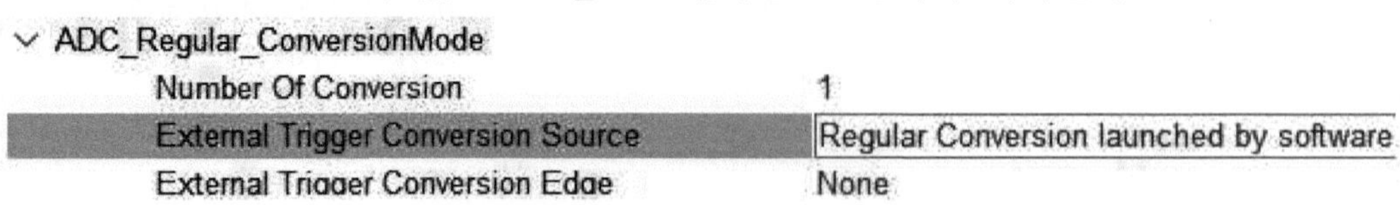

그림 12-1-12 'Software Trigger'

• External Trigger (EXTI) : 외부 입력핀의 edge 변화로 시작.

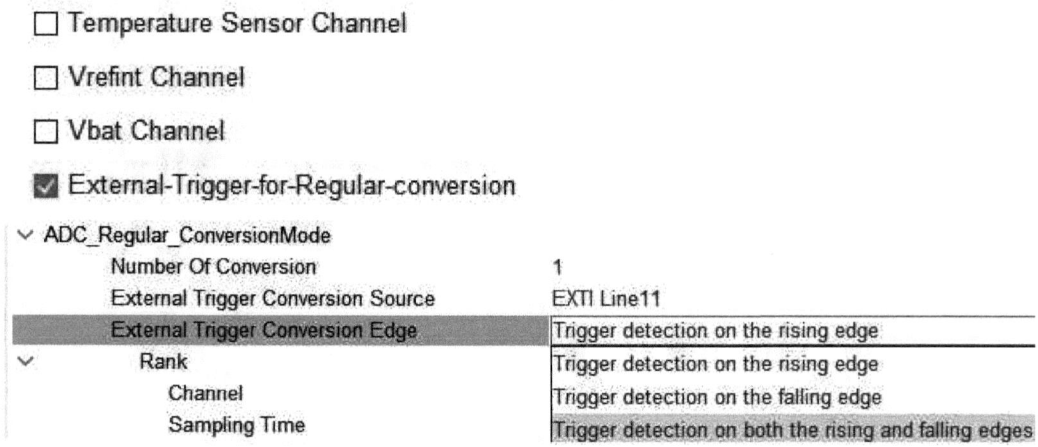

그림 12-1-13 'ADC EXTI Trigger setting'

• External Trigger (내부 타이머) : 내부 타이머 이벤트(Update, Capture compare, TRGO 등)로 시작

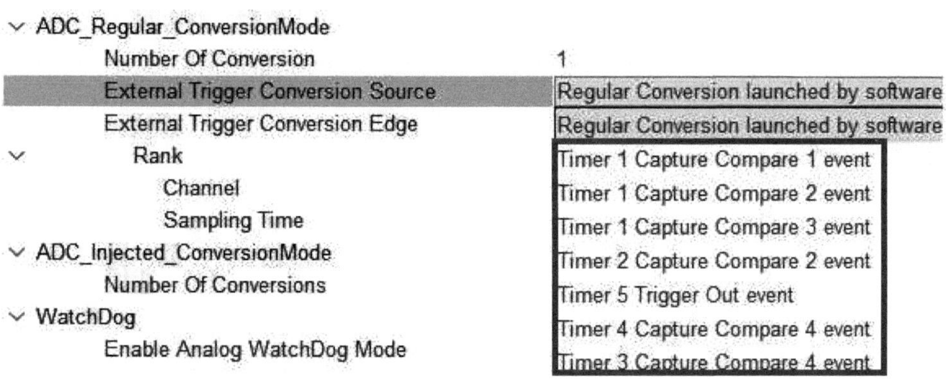

그림 12-1-14 'ADC External Trigger Conversion Source'

7) Sequencer

Regular conversion mode 그룹은 최대 16개, Injected conversion mode 그룹은 최대 4개의 Sampling 채널 순서와 채널 번호, Sampling time을 설정해 하드웨어를 순차적으로 설정할 수 있다.

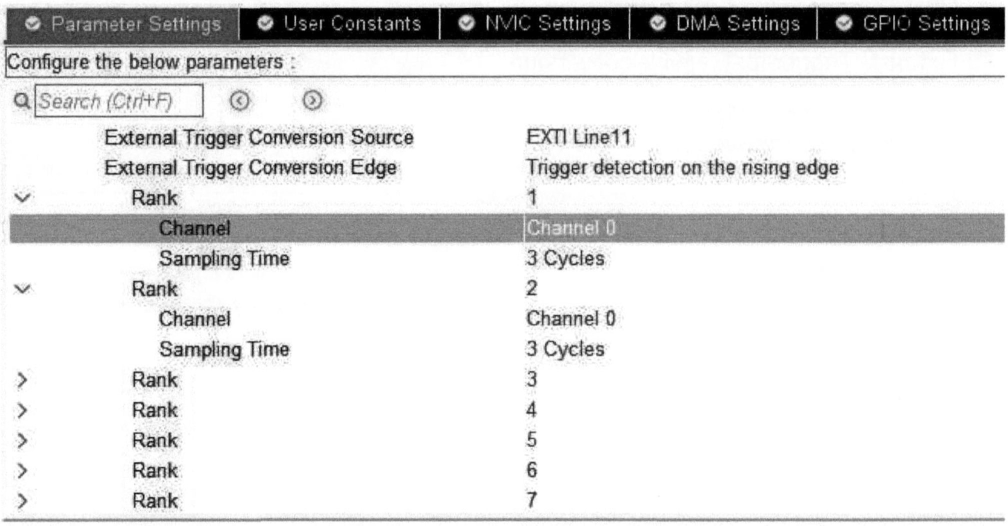

그림 12-1-15 ADC Sequencer

8) Oversampling

STM32L4, H7과 같은 최근 MCU에 포함되어 있는 기능으로 ADC 내부의 20 bit accumulater와 0-8bit shifter/truncater을 이용하여 사용자가 설정한 oversampling ratio 만큼 ADC 값을 누적 후 평균값을 알 수 있다.

12.1.2 STM32 ADC 모드

1) Regular conversion mode / Injected conversion mode

Regular와 Injected 모드의 차이점은 Injected 모드로 설정한 채널(그룹)에서 ADC 시작 트리거가 발생하면 현재 진행 중이었던 ADC 샘플링을 중단시키고 강제로 Injected 모드의 채널(그룹)의 ADC 샘플링을 시작한다.

2) Scan conversion mode

하나의 채널만 ADC 샘플링하지 않고, 다음번 트리거 되면 sequencer에서 설정한 채널 순서대로 다음 채널 순서의 ADC 샘플링을 진행하게 한다.

3) Continuous Conversion Mode

한 번의 트리거 신호로 하나의 채널 또는 sequencer에서 설정한 마지막 순서 채널까지 ADC 샘플링을 완료하고 다시 처음 채널 순서로 돌아가서 ADC 샘플링을 시작한다.

4) Discontinuous Conversion Mode

그림 12-1-16과 같이 16개의 채널을 regular 그룹으로 설정했을 때 discontinous conversion number를 가령 2로 설정하면 총 8번의 ADC 시작 trigger를 받아야 16개 채널의 샘플링을 완료할 수 있는 모드를 말한다.

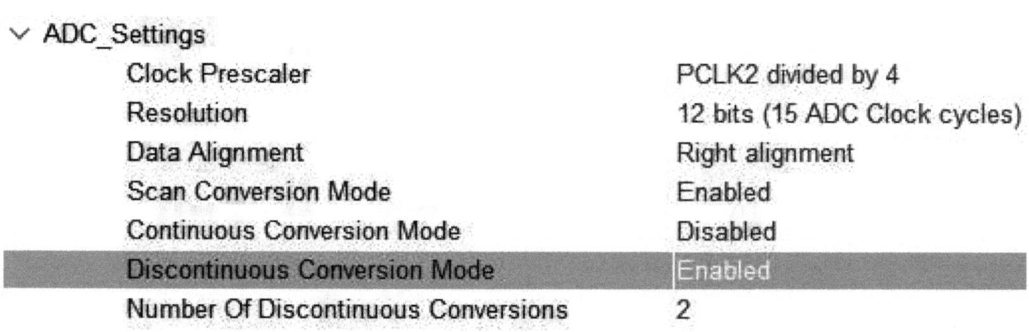

그림 12-1-16 'Discontinuous Conversion Mode'

12.1.3 STM32 ADC HAL 드라이버

1) ADC 시작 및 초기화 함수

- HAL_ADC_Init() : ADC의 설정과 초기화를 수행하며, ADC 사용하기 전에 호출되어야 한다.

- HAL_ADC_DeInit() : ADC 모듈을 초기화 이전의 상태로 되돌리는 역할을 수행하는 함수

2) ADC 변환 및 입출력 함수

- HAL_ADC_Start() : ADC(Analog-to-Digital Conveter) 변환을 시작하는 역할을 하는 함수이다. ADC 변환이 완료될 경우 인터럽트를 활성화할 수도 있다.

- HAL_ADC_Stop() : ADC(Analog-to-Digital Conveter) 변환을 중지하는 역할을 하는 함수이다.

- HAL_ADC_PollForConversion() : ADC 변환이 완료될 때까지 폴링 방식으로 대기하는 역할을 한다. 인터럽트 상태를 확인하여 변환이 완료되었는지 확인 가능하다.

```
EX) //ADC 변환이 완료될 때까지 대기 (폴링)
if(HAL_ADC_PollForConversion(&hadc, HAL_MAX_Delay) == HAL_OK) {
    //변환이 완료되었을 때의 처리
    uint32_t adcValue = HAL_ADC_GetValue(&hadc);
}
```

- HAL_ADC_Start_IT() : ADC 모듈을 사용 가능하도록 활성화시키는 함수이며, ADC 변환이 완료되면 발생하는 인터럽트를 통해 변환 결과를 처리하는 데 사용된다.

```
EX) //변환이 완료되면 호출되는 콜백 함수
void HAL_ADC_ConvCpltCallback(ADC_HandleTypeDef* hadc) {
    // 변환이 완료되었을 때의 처리
    uint32_t adcValue = HAL_ADC_GetValue(hadc);
}
```

- HAL_ADC_Stop_IT() : ADC 변환을 중지하고 인터럽트를 비활성화한다.

- HAL_ADC_Start_DMA() : ADC 변환을 시작하고 DMA를 사용하여 데이터를 전송하도록 설정한다.

- HAL_ADC_Stop_DMA() : 이 함수를 호출한 후에는 더 이상 ADC-DMA가 변환이나 전송을 수행하지 않는다.

- HAL_ADC_GetValue() : 함수는 ADC 모듈에서 변환 결과를 읽어온다. 이 함수를 사용하려면 먼저 HAL_ADC_PollForConversion() 함수나 인터럽트 등을 통해 ADC 변환이 완료된 후에 호출하는 것이 일반적이다.

- HAL_ADC_IRQHandler() : 이 함수는 주로 ADC 변환이 완료되었을 때 호출되어 인터럽트를 처리하고, 사용자가 정의한 콜백 함수를 호출하는 데 사용된다.

3) ADC 주변 장치 제어 함수

- HAL_ADC_ConfigChannel() : ADC의 채널, 채널 설정, 레퍼런스 전압 등을 설정하여 ADC를 사용할 수 있도록 초기화한다.

- HAL_ADC_AnalogWDGConfig() : ADC의 아날로그 워치독(Analog Watchdog)을 설정하는 역할을 하며 ADC의 측정값이 특정 범위를 벗어나면 인터럽트를 발생시키거나 다른 동작을 수행할 수 있도록 하는 기능이다.

4) ADC 주변 장치 상태 함수

- HAL_ADC_GetState() : ADC가 변환 중인지, 중지되어 있는지, 인터럽트를 처리 중인지 등을 나타낸다.
- HAL_ADC_GetError() : 이 함수를 사용하면 ADC 동작 중에 에러가 발생했는지 확인하고, 에러 코드를 확인할 수 있다.

5) ADCEx 함수

- HAL_ADCEx_Callibaration_Start() : 이 함수를 호출하면 ADC가 내부적으로 캘리브레이션을 수행하여 정확한 변환 값을 얻을 수 있도록 보정을 진행한다.

6) ADC 콜백 함수

- HAL_ADC_ErrorCallback() : ADC 모듈에서 에러가 발생했을 때 호출되는 사용자 정의 에러 콜백 함수를 등록하는 데 사용된다.

- HAL_ADC_LevelOutOfWindowCallbak() : ADC(Analog-to-Digital Converter) 모듈의 아날로그 워치독(Analog Watchdog)에서 설정한 범위를 벗어난 경우 호출되는 콜백 함수다.

- HAL_ADC_ConvCpltCallback() : ADC(Analog-to-Digital Converter) 변환이 완료되었을 때 호출되는 사용자 정의 콜백 함수를 등록하는 데 사용된다.

```
Ex // 사용자가 정의한 ADC 변환이 완료될 때 호출되는 콜백 함수
void HAL_ADC_ConvCpltCallback(ADC_HandleTypeDef* hadc)
{
    // 변환이 완료되었을 때의 동작
    // 예 : 변환 결과 처리 등
}
```

- HAL_ADC_ConvHalfCpltCallback() : ADC 변환이 반 이상 완료될 때 호출되도록 등록하고 있다. 반 이상 변환이 완료되면 등록된 콜백 함수가 자동으로 호출된다.

- HAL_ADC_InjectedConvCpltCallback() : ADC의 주입된 변환이 완료되었을 때 호출되는 사용자 정의 콜백 함수를 등록하는 데 사용된다. 주입된 변환이란 보통 주요 ADC 변환이 아닌 부가적인 변환이며, 주로 다른 센서의 값을 측정하는 데 사용된다.

12.2 가변 저항기

가변저항(potentiometer)은 전자회로에서 저항값을 임의로 바꿀 수 있는 저항기이다. 가변저항을 사용하여 저항을 바꾸면 전류의 크기도 바뀐다.

12.2.1 STM32F767 가변저항 회로도

mBedkit 내의 가변 저항(VR)을 조절하여 ADC3로 입력되는 전압의 값을 변화시킨다. 그러면 ADC3 in4의 출력값이 변하게 되며, 이에 따라 LED의 On/Off 주기를 변화시킨다. 또한 그림 12-2-1의 회로에서 LM258DT는 출력되는 전압의 노이즈를 최소화하기 위해 Voltage Follower로 사용되었으며, Voltage Follower 입력 단과 출력단에 RC 필터를 추가하여 노이즈를 줄였다.

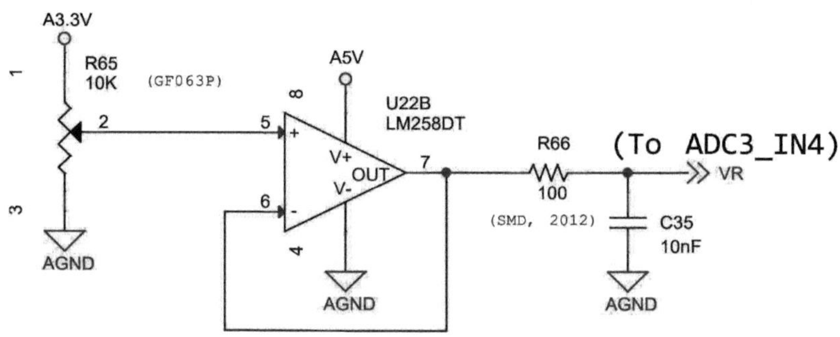

그림 12-2-1 가변 저항기와 주변 회로

12.2.2 가변 저항 프로그램 CubeMX 핀 정의

1) PCLK2의 배수를 4로 설정하고 Resolution(분해능)은 12bit로 설정해 준다. Single Channel을 사용하기 때문에 Scan Conversion Mode는 'Disable', Continuous Conversion도 'Disable'로 설정한다.

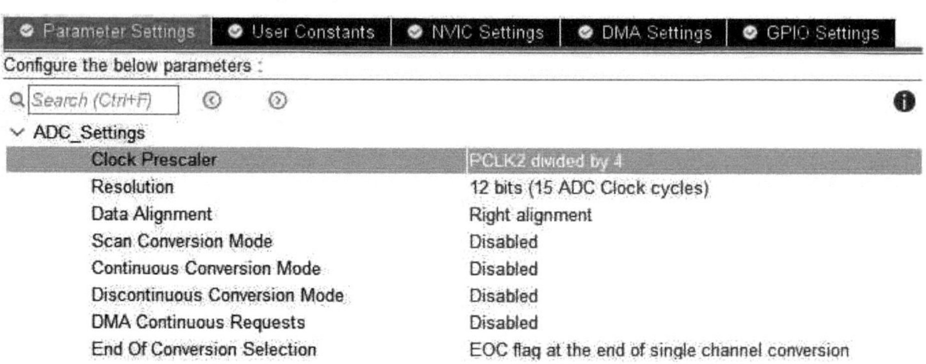

그림 12-2-2 CubeMX ADC 설정

12.2.3 가변 저항기 응용

실험 1) 가변 저항기로 조절하여 ADC3_IN4 값을 7-Segment에 출력하는 프로그램을 작성하여 실험하였다.

1. main.c

```
#include "main.h"
#include "stdio.h"
#include "extern.h"//extern 헤더 파일
#include "user_define.h"
TIM_HandleTypeDef htim2;
ADC_HandleTypeDef hadc3;
void SystemClock_Config(void);
static void MX_GPIO_Init(void);
static void MX_TIM2_Init(void);
static void MX_ADC3_Init(void);
byte SEG_font[10] = {0x3F, 0x06, 0x5B, 0x4F, 0x66, 0x6D, 0x7D, 0x27,
0x7F, 0x6F};
word Adc3_value=0, Adc_avr3, Tim2_1mcnt1=0;
dword Vr_sum = 0;
byte Seg_com=0, Cnt_1000=0, Cnt_100=0, Cnt_10=0, Cnt_1=0;
void SEG_Display(byte seg_num)
{
    byte seg_data;
    dword PG_data, PC_data;
    SEG_CLK_OFF;//PB3 LOW
    seg_data = SEG_font[seg_num];
    PG_data = GPIOG -> ODR;
    PC_data = GPIOC -> ODR;
    PG_data &= ~(0x0F << 5);//5번 왼쪽으로 시프트 (PG5~8 Data를 0으로)
    PC_data &= ~(0x0F << 6);//6번 왼쪽으로 시프트 (PC6~9 Data를 0으로)
    PG_data |= (seg_data & 0x0F) << 5;//5번 왼쪽으로 시프트
    PC_data |= (seg_data & 0xF0) << 2;//2번 왼쪽으로 시프트
    GPIOG -> ODR = PG_data;
```

```
    GPIOC -> ODR = PC_data;
    SEG_CLK_ON;//PB3 HIGH
}
int main(void)
{
    HAL_Init();
    SystemClock_Config();
    MX_GPIO_Init();
    MX_TIM1_Init();
    MX_TIM2_Init();
    MX_TIM4_Init();
    MX_ADC3_Init();
    HAL_TIM_Base_Start_IT(&htim2); //타이머2 인터럽트 활성화
    while (1)
    {
    }
}
```

2. stm32f7xx_it.c

```
/* USER CODE BEGIN EV */
word Adc3_value=0, Adc_avr3, Tim2_1mcnt1=0;
dword Vr_sum = 0;
byte Seg_com=0, Cnt_1000=0, Cnt_100=0, Cnt_10=0, Cnt_1=0;
/* USER CODE END EV */

void TIM2_IRQHandler(void)
{
  /* USER CODE BEGIN TIM2_IRQn 0 */
  /* USER CODE END TIM2_IRQn 0 */
  HAL_TIM_IRQHandler(&htim2);
  /* USER CODE BEGIN TIM2_IRQn 1 */
  HAL_ADC_Start_IT(&hadc3);//ADC3 start
  Vr_sum += Adc3_value;
```

```
if(++Tim2_1mcnt1 >= 1000)
{
    Adc_avr3 = Vr_sum/Tim2_1mcnt1; //ADC
    Tim2_1mcnt1=0;
    Vr_sum=0;
}
Cnt_1000 = Adc_avr3/1000;
Cnt_100 = (Adc_avr3/100)%10;
Cnt_10 = (Adc_avr3/10)%10;
Cnt_1 = Adc_avr3%10;
switch(Seg_com)
{
    case 0:
    case 1:
        //1000      SEG    ON          OFF
        SEG_S3_ON;SEG_S4_OFF;SEG_S5_OFF;SEG_S6_OFF;
        SEG_Display(Cnt_1000);
        Seg_com=2;
        break;
    case 2:
        //100      SEG    ON          OFF
        SEG_S3_OFF;SEG_S4_ON;SEG_S5_OFF;SEG_S6_OFF;
        SEG_Display(Cnt_100);
        Seg_com=3;
        break;
        //10      SEG    ON          OFF
    case 3:
        SEG_S3_OFF;SEG_S4_OFF;SEG_S5_ON;SEG_S6_OFF;
        SEG_Display(Cnt_10);
        Seg_com=4;
        break;
```

```
        //1        SEG    ON         OFF
    case 4:
                SEG_S3_OFF;SEG_S4_OFF;SEG_S5_OFF;SEG_S6_ON;
                SEG_Display(Cnt_1);
                Seg_com=0;
                break;
    }
}
```

3. extern.h

```
typedef unsigned char  byte;              //1byte
typedef unsigned short word;              //2byte
typedef unsigned long  dword;             //4byte
extern word Adc3_value;
extern void SEG_Display(byte seg_num);
```

4. user_define.h

```
//BLUE -> LED3
#define BLUE_LED_ON      GPIOG-> ODR &= ~GPIO_PIN_3 //PG3---->0
#define BLUE_LED_OFF     GPIOG-> ODR |=  GPIO_PIN_3  //PG3---->1
//BLUE -> LED3
#define SEG_CLK_ON  GPIOB-> BSRR = GPIO_PIN_3      //PB3---->1
#define SEG_CLK_OFF GPIOB-> BSRR = GPIO_PIN_3<<16//PB3---->0
#define SEG_S1_OFF        GPIOE-> ODR &= ~GPIO_PIN_1 //PE1---->0
#define SEG_S1_ON         GPIOE-> ODR |=  GPIO_PIN_1  //PE1---->1
#define SEG_S2_OFF        GPIOE-> ODR &= ~GPIO_PIN_0 //PE0---->0
#define SEG_S2_ON         GPIOE-> ODR |=  GPIO_PIN_0  //PE0---->1
#define SEG_S3_OFF        GPIOB-> ODR &= ~GPIO_PIN_9 //PB9---->0
#define SEG_S3_ON         GPIOB-> ODR |=  GPIO_PIN_9  //PB9---->1
#define SEG_S4_OFF        GPIOB-> ODR &= ~GPIO_PIN_8 //PB8---->0
#define SEG_S4_ON         GPIOB-> ODR |=  GPIO_PIN_8  //PB8---->1
#define SEG_S5_OFF        GPIOB-> ODR &= ~GPIO_PIN_5 //PB5---->0
#define SEG_S5_ON         GPIOB-> ODR |=  GPIO_PIN_5  //PB5---->1
#define SEG_S6_OFF        GPIOB-> ODR &= ~GPIO_PIN_4 //PB4---->0
#define SEG_S6_ON         GPIOB-> ODR |=  GPIO_PIN_4  //PB4---->1
```

12.3 온도 센서

NTC10KD-3J1 온도센서인 NTC(음의 온도 계수)는 써미스터(Thermistor)의 한 종류이다. 써미스터는 온도에 따라 저항이 변하는 센서로 허용 오차는 ±0.5%, 일반적으로는 온도 측정 및 제어 용도로 사용되며, IEC 60751 표준에 따른 온도 특성을 나타낸다.

TEMP. (℃)	NTC 10 KD - 3J RESISTANCE (kΩ) min.	center	max.
-40	314.377	368.748	431.440
-35	225.592	261.906	303.305
-30	163.927	188.444	216.087
-25	120.542	137.259	155.904
-20	89.642	101.143	113.835
-15	67.378	75.354	84.064
-10	51.158	56.729	62.750
-5	39.218	43.133	47.620
0	30.340	33.105	36.032
5	23.677	25.637	27.690
10	18.630	20.023	21.467
15	14.774	15.766	16.782
20	11.805	12.510	13.224
25	9.500	10.000	10.500
30	7.597	8.049	8.507
35	6.118	6.523	6.937
40	4.959	5.320	5.693
45	4.045	4.365	4.699
50	3.320	3.603	3.901
55	2.740	2.991	3.256
60	2.274	2.496	2.732
65	1.898	2.093	2.304
70	1.591	1.765	1.952
75	1.341	1.494	1.661
80	1.135	1.271	1.420
85	0.965	1.086	1.219
90	0.825	0.932	1.051
95	0.707	0.803	0.909
100	0.609	0.694	0.790
105	0.526	0.603	0.689
110	0.457	0.525	0.602
115	0.397	0.459	0.529
120	0.347	0.403	0.466

그림 12-3-1 NTC10KD-3J1 온도 센서 사양서

12.3.1 STM32F767 온도 센서 회로도

NTC10KD-3J1 온도센서는 센서 주변 온도에 따라서 센서 내부의 저항값(0KΩ ~ 368.748KΩ)이 달라지는 특징을 가진다. 또한 회로의 특징으로는 3.3V 입력전압과 10K, 센서를 직렬로 하여 센서의 저항값에 따라 출력되는 전압이 달라진다.

그림 12-3-2의 회로에서 LM258DT는 출력되는 전압의 노이즈를 최소화하기 위해 Voltage Follower로 사용되었으며, Voltage Follower 출력단에 RC 필터를 추가하였다.

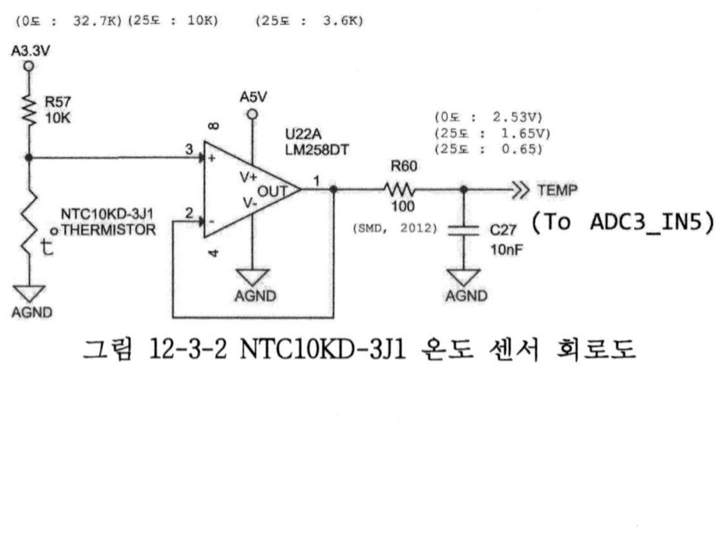

그림 12-3-2 NTC10KD-3J1 온도 센서 회로도

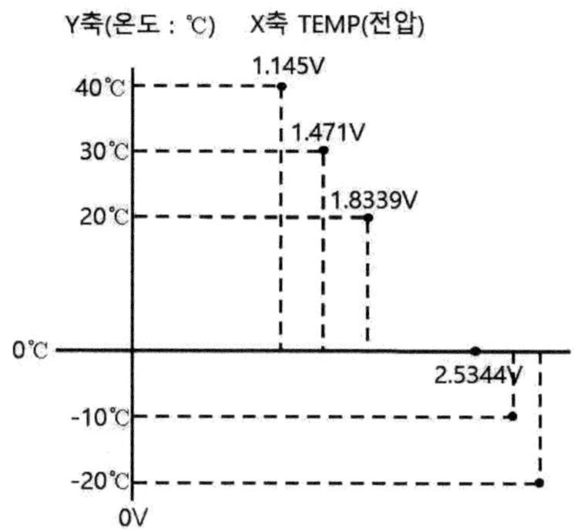

온도(℃)	전압(V)
40℃	1.14595300V
30℃	1.47164385V
20℃	1.83398489V
0℃	2.53442756V
-10℃	2.80546239V
-20℃	3.00308521V

전압 범위	Calibration
40℃ ~ 30℃	Y=-30.70396*X+75.1853
30℃ ~ 20℃	Y=-27.59831*X+70.61488
20℃ ~ 0℃	Y=-28.55337*X+72.02039
0℃ ~ -10℃	Y=-36.89563*X+84.29722
-10℃ ~ -20℃	Y=-50.60144*X+104.4673

그림 12-3-3 NTC10KD-3J1 온도 센서 Calibration

12.3.2 온도 센서 CUBE_MX

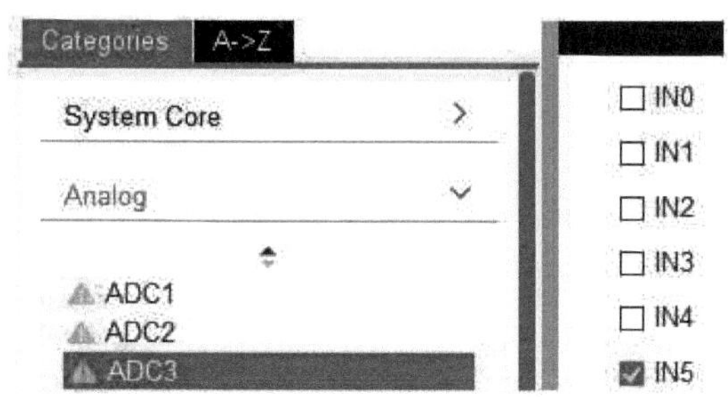

12.3.3 온도 센서 응용

실험 1) 온도값을 7-Segment에 표시하는 프로그램을 작성하여 실험하였다.

1. main.c

```
#include "main.h"
#include "extern.h"//extern 헤더파일
#include "user_define.h“
ADC_HandleTypeDef hadc3;
TIM_HandleTypeDef htim1;
void SystemClock_Config(void);
static void MX_GPIO_Init(void);
static void MX_TIM1_Init(void);
static void MX_ADC3_Init(void);
```

```
byte SEG_font[11]={0x3F,0x06,0x5B,0x4F,0x66,0x6D,0x7D,0x27,0x7F,0x6F};
void SEG_Display(byte seg_num, byte Dp)
{//세그먼트는 0.1m로 해야 번짐 현상이 사라진다.
    byte seg_data;
    dword PG_data, PC_data;
    SEG_CLK_OFF;//PB3 LOW
    seg_data = SEG_font[seg_num];
    if(Dp == '.')
    {//점 출력
        Dp = 0;
        seg_data |= 0x80; // 0x80 : 세그먼트 출력
    }
    PG_data = GPIOG -> ODR;
    PC_data = GPIOC -> ODR;
    PG_data &= ~(0x0F << 5);//5번 왼쪽으로 시프트 (PG5~8 Data를 0으로)
    PC_data &= ~(0x0F << 6);//6번 왼쪽으로 시프트 (PC6~9 Data를 0으로)
    PG_data |= (seg_data & 0x0F) << 5;//5번 왼쪽으로 시프트
    PC_data |= (seg_data & 0xF0) << 2;//2번 왼쪽으로 시프트
    GPIOG -> ODR = PG_data;
    GPIOC -> ODR = PC_data;
    SEG_CLK_ON;//PB3 HIGH
}
int main(void)
{
    HAL_Init();
    SystemClock_Config();
    MX_GPIO_Init();
    MX_TIM1_Init();
    MX_ADC3_Init();
    HAL_TIM_Base_Start_IT(&htim1); //타이머2 인터럽트 활성화
    while (1)
    {
    }
}
```

2. stm32f7xxit.c

```
#include "main.h"
#include "stm32f7xx_it.h"
#include "extern.h"//extern 헤더파일
#include "user_define.h"
extern ADC_HandleTypeDef hadc3;
extern TIM_HandleTypeDef htim1;
word Adc3_value=0, Adc_avr3, Tim2_1mcnt1=0;
dword Vr_sum = 0;
byte Seg_com=0, Cnt_01=0, Cnt_001=0, Cnt_10=0, Cnt_1=0;
float NTC10KD_voltage = 0;
float Temp = 0;
byte test_sec=0;
void ADC_IRQHandler(void)
{
    Adc3_value = ADC3-> DR; //1m마다 ADC 변환 결과값을 저장
    HAL_ADC_IRQHandler(&hadc3);
}
void TIM1_UP_TIM10_IRQHandler(void)
{
    HAL_ADC_Start_IT(&hadc3);//ADC3 start
    Vr_sum += Adc3_value;
    if(++Tim2_1mcnt1 >= 10000)
    {//1초 마다 진입
    ++test_sec;//타이머 확인용
    Adc_avr3 = Vr_sum/Tim2_1mcnt1; //ADC 값 평균
        Tim2_1mcnt1=0;
    Vr_sum=0;
    }
    NTC10KD_voltage = (3.3*Adc_avr3) / 4095;//전압값 구하기
    if((NTC10KD_voltage>=1.145953)&&(NTC10KD_voltage <= 1.471643))
        Temp = -30.70396*NTC10KD_voltage+75.1853;
    else if((NTC10KD_voltage>=1.471643)&&(NTC10KD_voltage<=1.833984))
        Temp =-27.59831*NTC10KD_voltage+70.61488;
```

```
else if((NTC10KD_voltage>=1.833984)&&(NTC10KD_voltage<=2.534427))
    Temp =-28.55337*NTC10KD_voltage+72.02039;
else if((NTC10KD_voltage>=2.534427)&&(NTC10KD_voltage<=2.805462))
    Temp =-36.89563*NTC10KD_voltage+84.29722;
else if((NTC10KD_voltage>=2.805462)&&(NTC10KD_voltage<=3.003085))
    Temp =-50.60144*NTC10KD_voltage+104.4673;
Cnt_10 = ((byte)Temp/10)%10;      //온도 10의 자리
Cnt_1 = (byte)Temp%10;             //온도 1의 자리
Cnt_01 = ((byte)(Temp*10))%10;  //온도 소수점 1번째
Cnt_001 = ((byte)(Temp*100))%10;//온도 소수점 2번째
switch(Seg_com)
{
    case 0 :
    case 1 :
    //1000의 자리 SEG만 ON 나머지 OFF
        SEG_S3_ON;SEG_S4_OFF;SEG_S5_OFF;SEG_S6_OFF;
        SEG_Display(Cnt_10,' ');
        Seg_com=2;
        break;
    case 2 :
    //100의 자리 SEG만 ON 나머지 OFF
        SEG_S3_OFF;SEG_S4_ON;SEG_S5_OFF;SEG_S6_OFF;
        SEG_Display(Cnt_1,'.');
        Seg_com=3;
        break;
    //10의 자리 SEG만 ON 나머지 OFF
    case 3 :
        SEG_S3_OFF;SEG_S4_OFF;SEG_S5_ON;SEG_S6_OFF;
        SEG_Display(Cnt_01,' ');
        Seg_com=4;
        break;
    //1의 자리 SEG만 ON 나머지 OFF
    case 4 :
        SEG_S3_OFF;SEG_S4_OFF;SEG_S5_OFF;SEG_S6_ON;
```

```
            SEG_Display(Cnt_001,' ');
            Seg_com=0;
            break;
        default :
        break;
    }
    HAL_TIM_IRQHandler(&htim1);
}
```

3. userdefine.h

```
//RED -> LED2
#define RED_LED_ON GPIOG-> ODR &= ~GPIO_PIN_4  //PG4---->0
#define RED_LED_OFF GPIOG-> ODR |=  GPIO_PIN_4  //PG4---->1
//RED -> LED2
//BLUE -> LED3
#define BLUE_LED_ON GPIOG-> ODR &= ~GPIO_PIN_3 //PG3---->0
#define BLUE_LED_OFF GPIOG-> ODR |=  GPIO_PIN_3  //PG3---->1
//BLUE -> LED3
//부저
#define BUZZER_ON GPIOD-> BSRR =  GPIO_PIN_11      //PD11---->1
#define BUZZER_OFF GPIOD-> BSRR =  GPIO_PIN_11<<16  //PD11---->0
//부저
#define SEG_CLK_ON GPIOB-> BSRR = GPIO_PIN_3      //PB3---->1
#define SEG_CLK_OFF GPIOB-> BSRR = GPIO_PIN_3<<16//PB3---->0
#define SEG_S1_OFF GPIOE-> ODR &= ~GPIO_PIN_1 //PE1---->0
#define SEG_S1_ON GPIOE-> ODR |=  GPIO_PIN_1  //PE1---->1
#define SEG_S2_OFF GPIOE-> ODR &= ~GPIO_PIN_0 //PE0---->0
#define SEG_S2_ON GPIOE-> ODR |=  GPIO_PIN_0  //PE0---->1
#define SEG_S3_OFF GPIOB-> ODR &= ~GPIO_PIN_9 //PB9---->0
#define SEG_S3_ON GPIOB-> ODR |=  GPIO_PIN_9  //PB9---->1
#define SEG_S4_OFF GPIOB-> ODR &= ~GPIO_PIN_8 //PB8---->0
#define SEG_S4_ON GPIOB-> ODR |=  GPIO_PIN_8  //PB8---->1
```

```
#define SEG_S5_OFF      GPIOB-> ODR &= ~GPIO_PIN_5 //PB5---->0
#define SEG_S5_ON       GPIOB-> ODR |=  GPIO_PIN_5  //PB5---->1
#define SEG_S6_OFF      GPIOB-> ODR &= ~GPIO_PIN_4 //PB4---->0
#define SEG_S6_ON       GPIOB-> ODR |=  GPIO_PIN_4  //PB4---->1
// BAR LED
#define LED1_ON        GPIOC-> ODR |=  GPIO_PIN_0  //PC0---->1
#define LED1_OFF       GPIOC-> ODR &= ~GPIO_PIN_0  //PC0---->0
#define LED2_ON        GPIOC-> ODR |=  GPIO_PIN_1  //PC1---->1
#define LED2_OFF       GPIOC-> ODR &= ~GPIO_PIN_1  //PC1---->0
#define LED3_ON        GPIOC-> ODR |=  GPIO_PIN_2  //PC2---->1
#define LED3_OFF       GPIOC-> ODR &= ~GPIO_PIN_2  //PC2---->0
#define LED4_ON        GPIOC-> ODR |=  GPIO_PIN_3  //PC3---->1
#define LED4_OFF       GPIOC-> ODR &= ~GPIO_PIN_3  //PC3---->0
#define LED5_ON        GPIOA-> ODR |=  GPIO_PIN_7  //PA7---->1
#define LED5_OFF       GPIOA-> ODR &= ~GPIO_PIN_7  //PA7---->0
#define LED6_ON        GPIOC-> ODR |=  GPIO_PIN_4  //PC4---->1
#define LED6_OFF       GPIOC-> ODR &= ~GPIO_PIN_4  //PC4---->0
#define LED7_ON        GPIOC-> ODR |=  GPIO_PIN_5  //PC5---->1
#define LED7_OFF       GPIOC-> ODR &= ~GPIO_PIN_5  //PC5---->0
#define LED8_ON        GPIOB-> ODR |=  GPIO_PIN_0  //PB0---->1
#define LED8_OFF       GPIOB-> ODR &= ~GPIO_PIN_0  //PB0---->0
#define LED9_ON        GPIOB-> ODR |=  GPIO_PIN_1  //PB1---->1
#define LED9_OFF       GPIOB-> ODR &= ~GPIO_PIN_1  //PB1---->0
#define LED10_ON       GPIOB-> ODR |=  GPIO_PIN_2  //PB2---->1
#define LED10_OFF      GPIOB-> ODR &= ~GPIO_PIN_2  //PB2---->0
// BAR LED
```

2. extern.h

```
typedef unsigned char  byte;          //1byte
typedef unsigned short word;          //2byte
typedef unsigned long  dword;         //4byte

extern word Adc3_value;
extern void SEG_Display(byte seg_num, byte Dp);
```

12.4 조도 센서

GT36528(조도센서는)는 3624 사이즈인 SMD 타입의 센서이며, 센서 주변의 빛의 양에 따라서 센서 내부의 저항값(8KΩ ~ 500KΩ)이 달라지는 특징을 가진다. 평균으로 계산하여 12K당 10LUX로 계산하였다. 럭스(LUX)는 광량 유닛 중 하나로서, 1럭스는 1루멘의 광량이 1제곱미터에 고르게 분포된 상태를 나타낸다.

1) 10LUX 이하 : 매우 어두운 상태, 거의 빛도 없음
2) 10 ~ 100 LUX : 어두운 실내조명 또는 밤에 흐린 하늘
3) 100 ~ 1000 LUX : 일반적인 실내조명 또는 밝은 실외 환경
4) 1000 LUX 이상 : 햇볕이 드는 낮 시간의 강한 태양광

Resistance(Ohms)			Spectral Response Peak(nm)	Sensitivity(γ) lg(R10/R100)
10Lux		Dark(10sec)		
Min	Max	Min		
8K	20K	0.5M	560	0.6

그림 12-4-1 GT36528(조도센서)의 사양

12.4.1 조도 센서 회로도

회로의 특징으로는 3.3V 입력전압과 10KΩ, 센서를 직렬로 하여 센서의 저항값(8KΩ ~ 500KΩ)에 따라 출력되는 전압이 달라진다. 그림 12-4-2의 회로에서 LM258DT는 출력되는 전압의 노이즈를 최소화하기 위해 Voltage Follower로 사용되었으며, Voltage Follower 출력단에 RC 필터를 추가하였다.

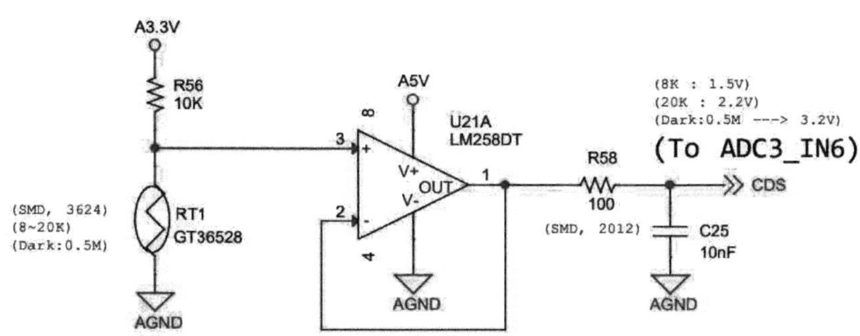

그림 12-4-2 GT36528(조도센서) 회로도

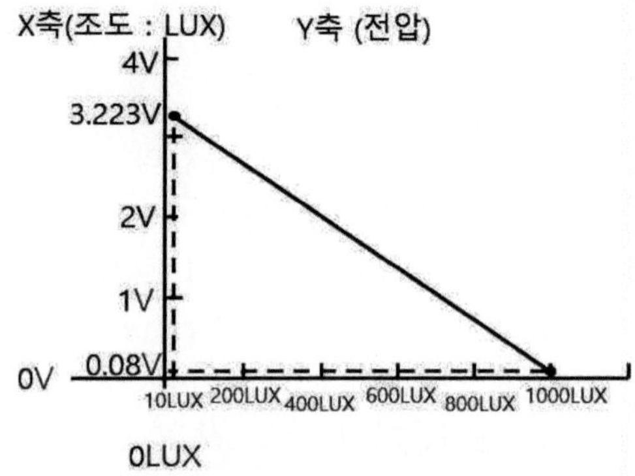

그림 12-4-3 GT36528(조도센서) X, Y 그래프

조도(LUX)	전압(V)
10LUX	3.223V
1000LUX	0.08V

전압 범위	Calibration
0.08V ~ 3.223V	Y=-0.003174*X+3.25474

그림 12-4-4 GT36528(조도센서) X, Y 그래프

12.4.2 조도 센서 프로그램 CubeMX 핀 정의

조도센서의 핀은 ADC3의 IN6로 설정하였다.

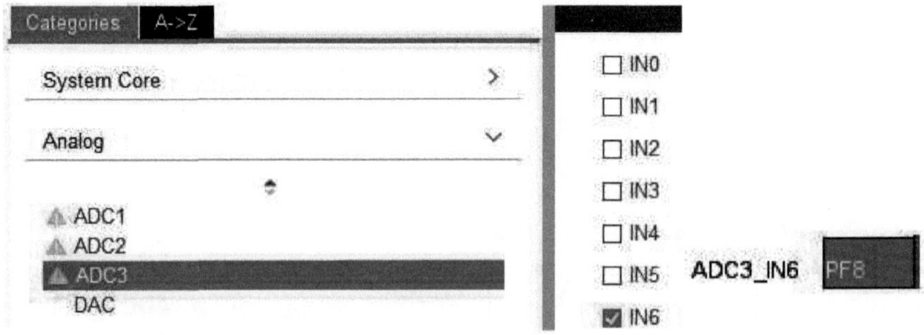

그림 12-4-5 GT36528(조도센서) CUBE_MX 핀 설정

12.4.3 조도 센서 응용

실험 1) 가변 저항기로 조절하여 ADC3_IN6 AD 값을 7-Segment에 출력하고 조도의 정도를 BAR_LED에 출력하는 프로그램을 작성하여 실험하였다.

1. main.c

```
#include "main.h“
#include "stdio.h"
#include "extern.h"//extern 헤더파일
#include "user_define.h“
ADC_HandleTypeDef hadc3;
TIM_HandleTypeDef htim1;
void SystemClock_Config(void);
static void MX_GPIO_Init(void);
static void MX_TIM1_Init(void);
static void MX_ADC3_Init(void);
byte minsu=0;
byte SEG_font[10] = {0x3F, 0x06, 0x5B, 0x4F, 0x66, 0x6D, 0x7D, 0x27,
0x7F, 0x6F};
void SEG_Display(byte seg_num)
{
    byte seg_data;
    dword PG_data, PC_data;
    SEG_CLK_OFF;//PB3 LOW
    seg_data = SEG_font[seg_num];
    PG_data = GPIOG -> ODR;
    PC_data = GPIOC -> ODR;
    PG_data &= ~(0x0F << 5);//5번 왼쪽으로 시프트 (PG5~8 Data를 0으로)
    PC_data &= ~(0x0F << 6);//6번 왼쪽으로 시프트 (PC6~9 Data를 0으로)
    PG_data |= (seg_data & 0x0F) << 5;//5번 왼쪽으로 시프트
    PC_data |= (seg_data & 0xF0) << 2;//2번 왼쪽으로 시프트
    GPIOG -> ODR = PG_data;
    GPIOC -> ODR = PC_data;
    SEG_CLK_ON;//PB3 HIGH
}
```

```
int main(void)
{
    HAL_Init();
    SystemClock_Config();
    MX_GPIO_Init();
    MX_TIM1_Init();
    MX_ADC3_Init();
    HAL_TIM_Base_Start_IT(&htim1); //타이머2 인터럽트 활성화
    while (1)
    {
    }
}
```

2. stim32f7xx.it.c

```
#include "main.h"
#include "stm32f7xx_it.h“
#include "extern.h"//extern 헤더파일
#include "user_define.h“
extern ADC_HandleTypeDef hadc3;
extern TIM_HandleTypeDef htim1;
word Adc3_value=0, Adc_avr3, Tim2_1mcnt1=0;
dword Vr_sum = 0;
byte Seg_com=0, Cnt_1000=0, Cnt_100=0, Cnt_10=0, Cnt_1=0;
float Voltage=0, Lux=0;
void ADC_IRQHandler(void)
{
    Adc3_value = ADC3-> DR;
    HAL_ADC_IRQHandler(&hadc3);
}
void TIM1_UP_TIM10_IRQHandler(void)
{
    HAL_ADC_Start_IT(&hadc3);//ADC3 start  1m 타이머
    Vr_sum += Adc3_value;
    if(++Tim2_1mcnt1 >= 1000)
```

```
{//1초마다 진입
    Adc_avr3 = Vr_sum/Tim2_1mcnt1; //ADC 평균
    Tim2_1mcnt1=0;
    Vr_sum=0;
}
Voltage = (float)((3.3*Adc_avr3)/4095);//4095 : Adc_avr3=3.3V : Voltage
Lux = (3.25474-Voltage)/0.003174;
Cnt_1000 = Adc_avr3/1000;
Cnt_100 = (Adc_avr3/100)%10;
Cnt_10 = (Adc_avr3/10)%10;
Cnt_1 = Adc_avr3%10;
switch(Seg_com)
{
    case 0 : //1000의 자리
        SEG_S3_ON;SEG_S4_OFF;SEG_S5_OFF;SEG_S6_OFF;
        SEG_Display(Cnt_1000);
        Seg_com=1;
        break;
    case 1 : //100의 자리
        SEG_S3_OFF;SEG_S4_ON;SEG_S5_OFF;SEG_S6_OFF;
        SEG_Display(Cnt_100);
        Seg_com=2;
        break;
    case 2 : //10의 자리
        SEG_S3_OFF;SEG_S4_OFF;SEG_S5_ON;SEG_S6_OFF;
        SEG_Display(Cnt_10);
        Seg_com=3;
        break;
     case 3 : //1의 자리
        SEG_S3_OFF;SEG_S4_OFF;SEG_S5_OFF;SEG_S6_ON;
        SEG_Display(Cnt_1);
        Seg_com=0;
        break;
}
```

```
LED1_OFF;LED2_OFF;LED3_OFF;LED4_OFF;LED5_OFF;
LED6_OFF;LED7_OFF;LED8_OFF;LED9_OFF;LED10_OFF;
if(Lux>10 && Lux<=109)
{
    LED1_ON;
}
else if(Lux>109 && Lux<=208)
{
    LED1_ON;
    LED2_ON;
}
else if(Lux>208 && Lux<=307)
{
    LED1_ON;
    LED2_ON;
    LED3_ON;
}
else if(Lux>307 && Lux<=406)
{
    LED1_ON;
    LED2_ON;
    LED3_ON;
    LED4_ON;
}
else if(Lux>406 && Lux<=505)
{
    LED1_ON;
    LED2_ON;
    LED3_ON;
    LED4_ON;
    LED5_ON;
}
else if(Lux>505 && Lux<=604)
{
```

```
        LED1_ON;
        LED2_ON;
        LED3_ON;
        LED4_ON;
        LED5_ON;
        LED6_ON;
    }
    else if(Lux>604 && Lux<=703)
    {
        LED1_ON;
        LED2_ON;
        LED3_ON;
        LED4_ON;
        LED5_ON;
        LED6_ON;
        LED7_ON;
    }
    else if(Lux>703 && Lux<=802)
    {
        LED1_ON;
        LED2_ON;
        LED3_ON;
        LED4_ON;
        LED5_ON;
        LED6_ON;
        LED7_ON;
        LED8_ON;
    }
    else if(Lux>802 && Lux<=901)
    {
        LED1_ON;
        LED2_ON;
        LED3_ON;
        LED4_ON;
```

```
        LED5_ON;
        LED6_ON;
        LED7_ON;
        LED8_ON;
        LED9_ON;
    }
    else if(Lux>901)
    {
        LED1_ON;
        LED2_ON;
        LED3_ON;
        LED4_ON;
        LED5_ON;
        LED6_ON;
        LED7_ON;
        LED8_ON;
        LED9_ON;
        LED10_ON;
    }
  HAL_TIM_IRQHandler(&htim1);
}
```

3. extern.h

```
typedef unsigned char  byte;    //1byte
typedef unsigned short word;   //2byte
typedef unsigned long  dword; //4byte
extern word Adc3_value;
extern void SEG_Display(byte seg_num);
```

4. userdefine.h

```
//RED -> LED2
#define RED_LED_ON    GPIOG-> ODR &= ~GPIO_PIN_4   //PG4---->0
#define RED_LED_OFF    GPIOG-> ODR |=  GPIO_PIN_4   //PG4---->1
//RED -> LED2
```

```
//BLUE -> LED3
#define BLUE_LED_ON  GPIOG-> ODR &= ~GPIO_PIN_3      //PG3---->0
#define BLUE_LED_OFF GPIOG-> ODR |=  GPIO_PIN_3      //PG3---->1
//BLUE -> LED3

//부저
#define BUZZER_ON    GPIOD-> BSRR =  GPIO_PIN_11     //PD11---->1
#define BUZZER_OFF   GPIOD-> BSRR =  GPIO_PIN_11<<16 //PD11---->0
//부저

#define SEG_CLK_ON   GPIOB-> BSRR = GPIO_PIN_3       //PB3---->1
#define SEG_CLK_OFF  GPIOB-> BSRR = GPIO_PIN_3<<16   //PB3---->0

#define SEG_S1_OFF   GPIOE-> ODR &= ~GPIO_PIN_1      //PE1---->0
#define SEG_S1_ON    GPIOE-> ODR |=  GPIO_PIN_1      //PE1---->1

#define SEG_S2_OFF   GPIOE-> ODR &= ~GPIO_PIN_0      //PE0---->0
#define SEG_S2_ON    GPIOE-> ODR |=  GPIO_PIN_0      //PE0---->1
#define SEG_S3_OFF   GPIOB-> ODR &= ~GPIO_PIN_9      //PB9---->0
#define SEG_S3_ON    GPIOB-> ODR |=  GPIO_PIN_9      //PB9---->1

#define SEG_S4_OFF   GPIOB-> ODR &= ~GPIO_PIN_8      //PB8---->0
#define SEG_S4_ON    GPIOB-> ODR |=  GPIO_PIN_8      //PB8---->1

#define SEG_S5_OFF   GPIOB-> ODR &= ~GPIO_PIN_5      //PB5---->0
#define SEG_S5_ON    GPIOB-> ODR |=  GPIO_PIN_5      //PB5---->1

#define SEG_S6_OFF   GPIOB-> ODR &= ~GPIO_PIN_4      //PB4---->0
#define SEG_S6_ON    GPIOB-> ODR |=  GPIO_PIN_4      //PB4---->1
```

12.5 Co2 센서

HX-105 CO2 센서는 이산화탄소 농도를 측정하는 데 사용되며, 주로 실내 환경의 공기 품질 모니터링, 환기 제어, 그린 빌딩 관리 등 다양한 응용 분야에서 활용된다.

Vout	ppm	Vout	ppm	Vout	ppm	Vout	ppm
0	**Failure**	2.5	2,500	1.4	1,400	3.6	3,600
0.4	400	2.6	2,600	1.5	1,500	3.7	3,700
0.5	500	2.7	2,700	1.6	1,600	3.8	3,800
0.6	600	2.8	2,800	1.7	1,700	3.9	3,900
0.7	700	2.9	2,900	1.8	1,800	4.0	4,000
0.8	800	3.0	3,000	1.9	1,900	4.1	4,100
0.9	900	3.1	3,100	2.0	2,000	4.2	4,200
1.0	1,000	3.2	3,200	2.1	2,100	4.3	4,300
1.1	1,100	3.3	3,300	2.2	2,200	4.4	4,400
1.2	1,200	3.4	3,400	2.3	2,300	**4.7**	**Warm-up**
1.3	1,300	3.5	3,500	2.4	2,400		

그림 12-5-1 HX-105N (V : ppm) 사양

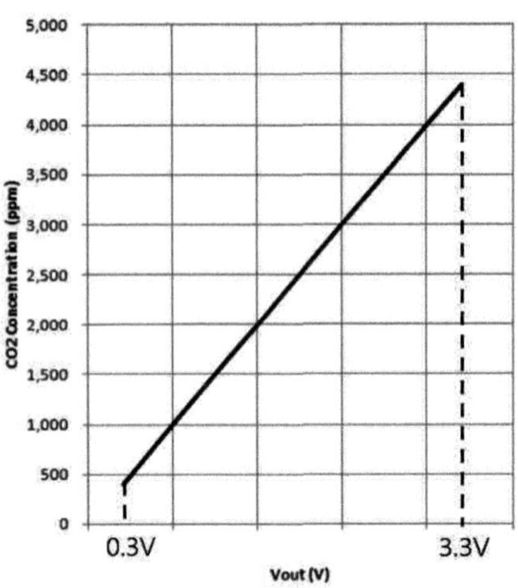

ppm	전압(V)
400	0.3V
1000	0.75V
2000	1.5V
2500	1.875V
3500	2.625V
4400	3.3V

CO2_ppm = ppm*(400ppm/0.3V)

그림 12-5-2 Co2 Concentration / DAC 출력 특성 곡선

12.5.1 HX-105N Co2센서 회로도

이산화탄소의 값은 HX-105N의 DAC-out에서 0.4V ~ 4.4V 범위의 전압이 나오며 R52(1K)와 R54(2.4K)를 거쳐 0.3V ~ 3.3V로 전압 분배를 한다. 분배되어 나온 전압은 노이즈를 줄이기 위해 Voltage Follower LM258와 RC 필터를 거쳐 ADC3_IN7으로 신호를 보내게 되어 ADC 변환을 한다.

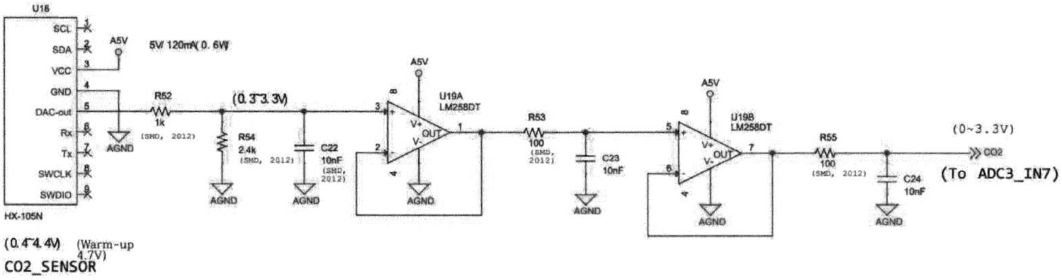

그림 12-5-3 HX-105N 회로도

12.5.2 HX-105N Co2센서 CUBE_MX

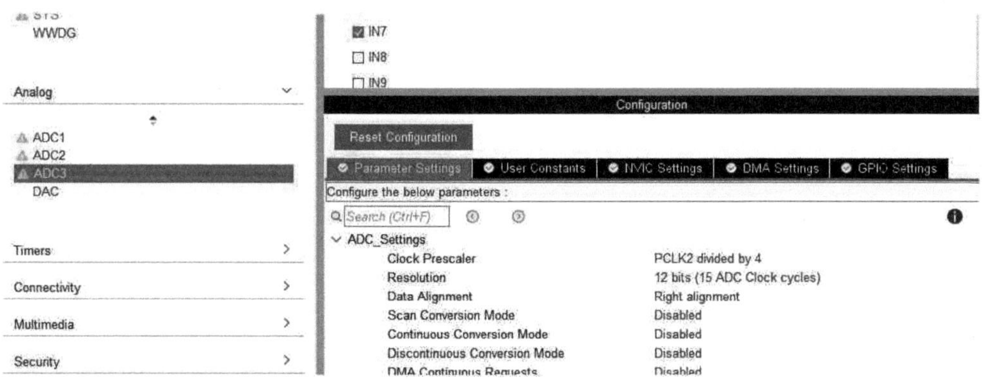

그림 12-5-4 HX-105N 회로도

12.5.3 Co2센서 응용

실험 1) Co2 가스 센서를 이용하여 ADC3_IN7 AD 값을 7-Segment에 출력하는 프로그램을 작성하여 실험하였다.

1. main.c

```
#include "main.h“
#include "stdio.h"
#include "extern.h"//extern 헤더파일
#include "user_define.h“
ADC_HandleTypeDef hadc3;
TIM_HandleTypeDef htim1;
void SystemClock_Config(void);
static void MX_GPIO_Init(void);
static void MX_TIM1_Init(void);
static void MX_ADC3_Init(void);
byte SEG_font[10] = {0x3F, 0x06, 0x5B, 0x4F, 0x66, 0x6D, 0x7D, 0x27,
0x7F, 0x6F};
void SEG_Display(byte seg_num)
{
    byte seg_data;
    dword PG_data, PC_data;
    SEG_CLK_OFF;//PB3 LOW
    seg_data = SEG_font[seg_num];
    PG_data = GPIOG -> ODR;
    PC_data = GPIOC -> ODR;
    PG_data &= ~(0x0F << 5);//5번 왼쪽으로 시프트 (PG5~8 Data를 0으로)
    PC_data &= ~(0x0F << 6);//6번 왼쪽으로 시프트 (PC6~9 Data를 0으로)
    PG_data |= (seg_data & 0x0F) << 5;//5번 왼쪽으로 시프트
    PC_data |= (seg_data & 0xF0) << 2;//2번 왼쪽으로 시프트
    GPIOG -> ODR = PG_data;
    GPIOC -> ODR = PC_data;
    SEG_CLK_ON;//PB3 HIGH
}
int main(void)
{
```

```
    HAL_Init();
    SystemClock_Config();
    MX_GPIO_Init();
    MX_TIM1_Init();
    MX_ADC3_Init();
    HAL_TIM_Base_Start_IT(&htim1); //타이머2 인터럽트 활성화
    while (1)
    {
    }
}
```

2. stm32fxx_it.c

```
#include "main.h"
#include "stm32f7xx_it.h"
#include "extern.h"//extern 헤더파일
#include "user_define.h"
extern ADC_HandleTypeDef hadc3;
extern TIM_HandleTypeDef htim1;
byte Seg_com=0, Cnt_1000=0, Cnt_100=0, Cnt_10=0, Cnt_1=0;
word Adc3_value=0, Adc_avr3, Tim2_1mcnt1=0;
dword Vr_sum = 0;
float Co2_voltage = 0;
byte test_sec=0;
float Co2_ppm=0;
void ADC_IRQHandler(void)
{
    Adc3_value = ADC3-> DR; //1m마다 ADC 변환 결과 값을 저장
    HAL_ADC_IRQHandler(&hadc3);
}
void TIM1_UP_TIM10_IRQHandler(void)
{
    HAL_ADC_Start_IT(&hadc3);//ADC3 start  1m 타이머
    Vr_sum += Adc3_value;
    if(++Tim2_1mcnt1 >= 10000)
```

```
    {//1초 마다 진입
        ++test_sec;//타이머 확인용
        Adc_avr3 = Vr_sum/Tim2_1mcnt1; //ADC값 평균
        Tim2_1mcnt1=0; Vr_sum=0;
    }
    Co2_voltage = (3.3*Adc_avr3) / 4095;//전압 값 구하기
    Co2_ppm = (4000/3)*Co2_voltage;
    Cnt_1000 = (word)Co2_ppm/1000;
    Cnt_100 = (word)(Co2_ppm/100)%10;
    Cnt_10 = ((word)Co2_ppm/10)%10;
    Cnt_1 = (word)Co2_ppm%10;
    switch(Seg_com)
    {
        case 1 : //1000의 자리
            SEG_S3_ON;SEG_S4_OFF;SEG_S5_OFF;SEG_S6_OFF;
            SEG_Display(Cnt_1000);
            Seg_com=2;
            break;
        case 2 : //100의 자리
            SEG_S3_OFF;SEG_S4_ON;SEG_S5_OFF;SEG_S6_OFF;
            SEG_Display(Cnt_100);
            Seg_com=3;
            break;
        case 3 : //10의 자리
            SEG_S3_OFF;SEG_S4_OFF;SEG_S5_ON;SEG_S6_OFF;
            SEG_Display(Cnt_10);
            Seg_com=4;
            break;
        case 4 : //1의 자리
            SEG_S3_OFF;SEG_S4_OFF;SEG_S5_OFF;SEG_S6_ON;
            SEG_Display(Cnt_1);
            Seg_com=0;
            break;
    }
    HAL_TIM_IRQHandler(&htim1);
}
```

3. extern.h

```
typedef unsigned char  byte;                //1byte
typedef unsigned short word;                //2byte
typedef unsigned long  dword;               //4byte
extern word Adc3_value;
extern void SEG_Display(byte seg_num);
```

4. userdefine.h

```
//RED -> LED2
#define RED_LED_ON        GPIOG-> ODR &= ~GPIO_PIN_4  //PG4---->0
#define RED_LED_OFF       GPIOG-> ODR |=  GPIO_PIN_4  //PG4---->1
//RED -> LED2
//BLUE -> LED3
#define BLUE_LED_ON       GPIOG-> ODR &= ~GPIO_PIN_3 //PG3---->0
#define BLUE_LED_OFF      GPIOG-> ODR |=  GPIO_PIN_3  //PG3---->1
//BLUE -> LED3
//부저
#define BUZZER_ON GPIOD-> BSRR = GPIO_PIN_11//PD11---->1
#define BUZZER_OFF GPIOD-> BSRR = GPIO_PIN_11<<16//PD11---->0
//부저
#define SEG_CLK_ON  GPIOB-> BSRR = GPIO_PIN_3      //PB3---->1
#define SEG_CLK_OFF GPIOB-> BSRR = GPIO_PIN_3<<16//PB3---->0
#define SEG_S1_OFF       GPIOE-> ODR &= ~GPIO_PIN_1 //PE1---->0
#define SEG_S1_ON      GPIOE-> ODR |=  GPIO_PIN_1  //PE1---->1
#define SEG_S2_OFF       GPIOE-> ODR &= ~GPIO_PIN_0 //PE0---->0
#define SEG_S2_ON      GPIOE-> ODR |=  GPIO_PIN_0  //PE0---->1
#define SEG_S3_OFF       GPIOB-> ODR &= ~GPIO_PIN_9 //PB9---->0
#define SEG_S3_ON      GPIOB-> ODR |=  GPIO_PIN_9  //PB9---->1
#define SEG_S4_OFF       GPIOB-> ODR &= ~GPIO_PIN_8 //PB8---->0
#define SEG_S4_ON      GPIOB-> ODR |=  GPIO_PIN_8  //PB8---->1
#define SEG_S5_OFF       GPIOB-> ODR &= ~GPIO_PIN_5 //PB5---->0
#define SEG_S5_ON      GPIOB-> ODR |=  GPIO_PIN_5  //PB5---->1
```

12.6 불꽃 센서

12.6.1 불꽃 센서 회로도

YG1006 불꽃 센서는 NPN 포토 트랜지스터는 검은색 에폭시로 코팅되어 있어 적외선에 민감하다. 760nm - 1100nm 파장 범위의 불꽃이나 빛을 감지하고, 0V ~ 3.3V 범위로 출력되어 나온 전압은 노이즈를 줄이기 위해 Voltage Follower LM258와 RC 필터를 거쳐 ADC3_IN8으로 신호를 보내게 되어 ADC 변환을 한다.

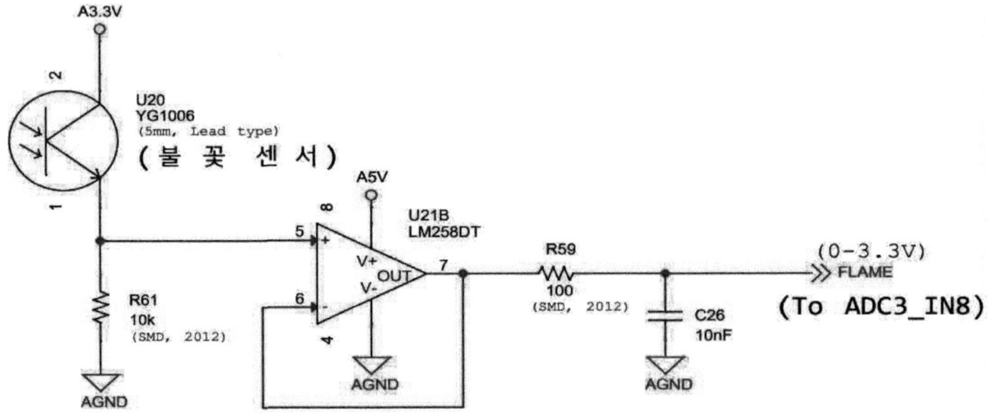

그림 12-6-1 불꽃 센서(YG1006) 회로도

12.6.2 불꽃 센서 CUBE_MX

그림 12-6-2 불꽃 센서(YG1006)에 대한 Cube 설정

12.6.3 불꽃 센서 활용

실험 1) 불꽃 센서를 활용하여 불꽃의 단계를 BAR_LED에 출력하며, AD 값을 7-Segment에 출력하는 프로그램을 작성하여 실험하였다.

1. main.c

```
#include "main.h“
#include "extern.h"//extern 헤더파일
#include "user_define.h“
ADC_HandleTypeDef hadc3;
TIM_HandleTypeDef htim1;
void SystemClock_Config(void);
static void MX_GPIO_Init(void);
static void MX_TIM1_Init(void);
static void MX_ADC3_Init(void);
byte SEG_font[10] = {0x3F, 0x06, 0x5B, 0x4F, 0x66, 0x6D, 0x7D, 0x27,
0x7F, 0x6F};
void SEG_Display(byte seg_num)
{
    byte seg_data;
    dword PG_data, PC_data;
    SEG_CLK_OFF;//PB3 LOW
    seg_data = SEG_font[seg_num];
    PG_data = GPIOG -> ODR;
    PC_data = GPIOC -> ODR;
    PG_data &= ~(0x0F << 5);//5번 왼쪽으로 시프트 (PG5~8 Data를 0으로)
    PC_data &= ~(0x0F << 6);//6번 왼쪽으로 시프트 (PC6~9 Data를 0으로)
    PG_data |= (seg_data & 0x0F) << 5;//5번 왼쪽으로 시프트
    PC_data |= (seg_data & 0xF0) << 2;//2번 왼쪽으로 시프트
    GPIOG -> ODR = PG_data;
    GPIOC -> ODR = PC_data;
    SEG_CLK_ON;//PB3 HIGH
}
int main(void)
{
```

```
    HAL_Init();
    SystemClock_Config();
    MX_GPIO_Init();
    MX_TIM1_Init();
    MX_ADC3_Init();
    HAL_TIM_Base_Start_IT(&htim1); //타이머2 인터럽트 활성화
    while (1)
    {
    }
}
```

2. stm32f7xx_it.c

```
#include "main.h"
#include "stm32f7xx_it.h"
#include "extern.h"//extern 헤더파일
#include "user_define.h“
extern ADC_HandleTypeDef hadc3;
extern TIM_HandleTypeDef htim1;
word Adc3_value=0, Adc_avr3, Tim2_1mcnt1=0;
dword Vr_sum = 0;
byte Seg_com=0, Cnt_1000=0, Cnt_100=0, Cnt_10=0, Cnt_1=0;
float Voltage=0, Lux=0;
void ADC_IRQHandler(void)
{
    Adc3_value = ADC3-> DR;
    HAL_ADC_IRQHandler(&hadc3);
}
```

3. extern.h

```
typedef unsigned char  byte;          //1byte
typedef unsigned short word;          //2byte
typedef unsigned long  dword;         //4byte
extern word Adc3_value;
extern void SEG_Display(byte seg_num);
```

4. user_define.h

```
#define LED1_ON        GPIOC-> ODR |=  GPIO_PIN_0  //PC0----->1
#define LED1_OFF       GPIOC-> ODR &= ~GPIO_PIN_0  //PC0---->0
#define LED2_ON        GPIOC-> ODR |=  GPIO_PIN_1  //PC1----->1
#define LED2_OFF       GPIOC-> ODR &= ~GPIO_PIN_1  //PC1---->0
#define LED3_ON        GPIOC-> ODR |=  GPIO_PIN_2  //PC2----->1
#define LED3_OFF       GPIOC-> ODR &= ~GPIO_PIN_2  //PC2---->0
#define LED4_ON        GPIOC-> ODR |=  GPIO_PIN_3  //PC3----->1
#define LED4_OFF       GPIOC-> ODR &= ~GPIO_PIN_3  //PC3---->0
#define LED5_ON        GPIOA-> ODR |=  GPIO_PIN_7  //PA7----->1
#define LED5_OFF       GPIOA-> ODR &= ~GPIO_PIN_7  //PA7---->0
#define LED6_ON        GPIOC-> ODR |=  GPIO_PIN_4  //PC4----->1
#define LED6_OFF       GPIOC-> ODR &= ~GPIO_PIN_4  //PC4---->0
#define LED7_ON        GPIOC-> ODR |=  GPIO_PIN_5  //PC5----->1
#define LED7_OFF       GPIOC-> ODR &= ~GPIO_PIN_5  //PC5---->0
#define LED8_ON        GPIOB-> ODR |=  GPIO_PIN_0  //PB0----->1
#define LED8_OFF       GPIOB-> ODR &= ~GPIO_PIN_0  //PB0---->0
#define LED9_ON        GPIOB-> ODR |=  GPIO_PIN_1  //PB1----->1
#define LED9_OFF       GPIOB-> ODR &= ~GPIO_PIN_1  //PB1---->0
#define LED10_ON       GPIOB-> ODR |=  GPIO_PIN_2  //PB2----->1
#define LED10_OFF      GPIOB-> ODR &= ~GPIO_PIN_2  //PB2---->0
#define SEG_CLK_ON     GPIOB-> BSRR = GPIO_PIN_3     //PB3---->1
#define SEG_CLK_OFF    GPIOB-> BSRR = GPIO_PIN_3<<16//PB3--->0
#define SEG_S1_OFF     GPIOE-> ODR &= ~GPIO_PIN_1 //PE1---->0
#define SEG_S1_ON      GPIOE-> ODR |=  GPIO_PIN_1  //PE1---->1
#define SEG_S2_OFF     GPIOE-> ODR &= ~GPIO_PIN_0 //PE0---->0
#define SEG_S2_ON      GPIOE-> ODR |=  GPIO_PIN_0  //PE0---->1
#define SEG_S3_OFF     GPIOB-> ODR &= ~GPIO_PIN_9 //PB9---->0
#define SEG_S3_ON      GPIOB-> ODR |=  GPIO_PIN_9  //PB9---->1
#define SEG_S4_OFF     GPIOB-> ODR &= ~GPIO_PIN_8 //PB8---->0
#define SEG_S4_ON      GPIOB-> ODR |=  GPIO_PIN_8  //PB8---->1
#define SEG_S5_OFF     GPIOB-> ODR &= ~GPIO_PIN_5 //PB5---->0
#define SEG_S5_ON      GPIOB-> ODR |=  GPIO_PIN_5  //PB5---->1
#define SEG_S6_OFF     GPIOB-> ODR &= ~GPIO_PIN_4 //PB4---->0
#define SEG_S6_ON      GPIOB-> ODR |=  GPIO_PIN_4  //PB4---->1
```

제13장 LCD를 이용한 표시

13.1 Text LCD

13.1.1 LC1622-BMDWH6-D Text LCD 개요

LCD는 액정 표시기(Liquid Crystal Display)의 약자로서, 산업용 표시장치에 많이 사용된다. 산업용 표시장치로는 도트 매트릭스(Dot matrix), LED(Light emitted diode) 모듈 그리고 7-Segment가 주로 사용되었지만, 산업이 고도화됨에 따라 많은 정보를 유연성 있게 표시해야 하기 때문에 LCD가 주로 사용되고 있다. 그러나 LCD는 다른 소자에 비해서 고가이고, 프로그램 작성이 까다롭다는 단점이 있다.

LCD는 LCD 표시부와 그 자체에 문자발생기(Character generator)를 내장하고 있고, 모든 표시 기능이 명령(instruction)으로 제어된다. LCD 모듈은 5×7 도트를 이용하여 하나의 문자를 표시한다. 또한 표시되는 문자의 수와 주의 수에 따라 8문자/1라인, 16문자/2라인, 20문자/2라인 등의 여러 가지의 종류가 있으며, 여기서는 16문자/2라인의 LCD를 사용하기로 한다. 그림 13-1-1은 LCD 모듈의 구조를 보여주고 있다.

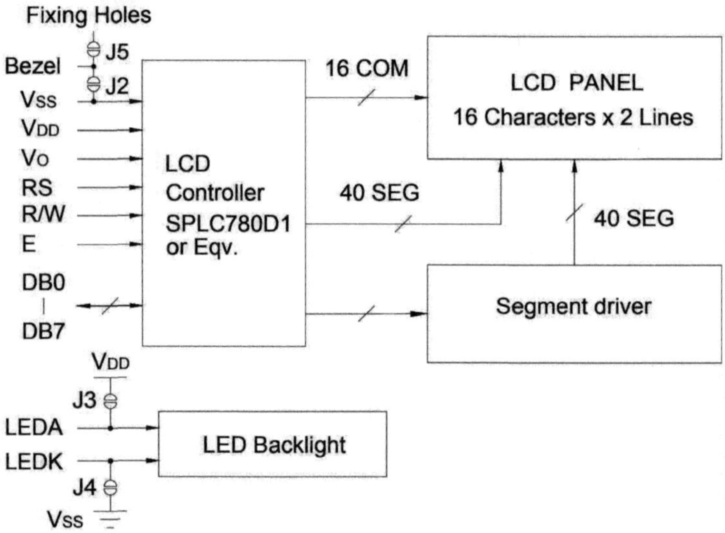

그림 13-1-1 LCD모듈의 내부 구조

여기서는 일반적으로 많이 사용되는 Laurel사의 LC1622-BMDWH6-D LCD를 사용하였다.

13.1.2 LC1622-BMDWH6-D 기능과 특징

1) 모듈 특징

Display Format	16문자/2라인
LCD 타입	파란 배경에 흰색 문자 출력
디스플레이 구동 방식	화면 활성화 비율 : 1/16 Duty, 구동 전압, 전류 1/5 Bias
LCD 컨트롤러	SPLC780D1-001A
인터페이스	4Bit 또는 8Bit (6800 series MPU)
작동 전압	2.7V - 5.5V

그림 13-1-2 LCD 모듈의 특징

2) LCD 모듈의 각 핀들의 구성과 기능

핀 숫자	Symbol	레벨	기능
1	VSS	0V	접지
2	VDD	2.7V to 5.5v	LCD 작동 전압의 범위
3	Vo	-	액정 표시 장치의 동작 전압을 조절하여 대조 조절
4	RS	H/L	H : Data(데이터 전송) L : Intruction(동작 제어)
5	R/W	H/L	R : 읽기 W : 쓰기
6	E	H, H->L	읽기에서는 'Enable' 신호가 활성화된 동안에 데이터를 Read 쓰기에서는 'Enable' 신호의 하강 에지에서 데이터가 래치 되어 Write
7	DB0	H/L	데이터 버스 동작 모드에 따라 데이터 비트가 사용되는 방식은 "8-bit mode", "4-bit mode" 두 가지다.
8	DB1	H/L	
9	DB2	H/L	
10	DB3	H/L	
11	DB4	H/L	
12	DB5	H/L	
13	DB6	H/L	
14	DB7	H/L	
15	LEDA	5V	LED 백라이트의 전원공급이며 xx참조하라
16	LEDK	0V	

그림 13-1-3 LCD 핀의 구성

3) LCD 모듈 회로도

■ 1번은 GND를 나타내며 2번은 5V 전원, 3번은 620옴과 270옴으로 전압 분배를 해주어 LCD의 휘도를 조절해 준다.

■ 4번 RS는 내부 레지스터 선택용 신호이며, 이 핀이 LOW이면 명령 레지스터(IR : Instruction register)가 선택되고, High이면 데이터 레지스터(DR : Data Register)가 선택된다.

■ 5번 RW는 High시 Read, Low시 Write를 나타낸다.

■ 6번 EN은 Chip Enable 핀이다. CLK과 같은 원리로 ON/OFF 하여 동작한다.

■ 7번(D0) ~ 14번(D7)은 데이터 버스이며, 4Bit 인터페이스의 경우에는 DB4 ~ DB7만 사용된다.

■ 15번 Anode, 16번 Kathode는 Back-Light용 LED이다. 항상 Back-Light가 켜진다.

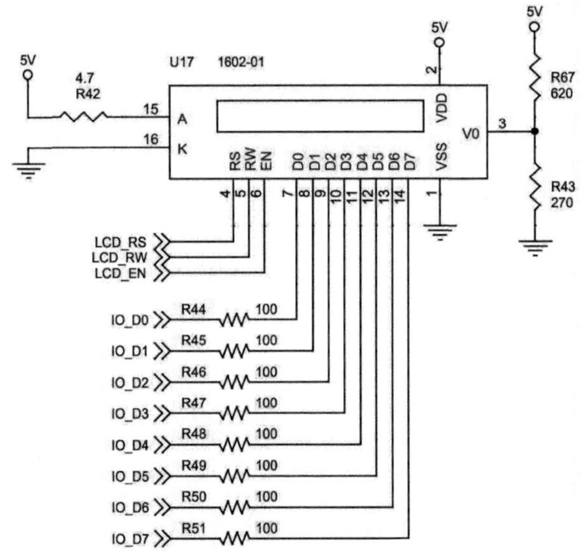

그림 13-1-4 LCD의 인터페이스 회로도

4) LCD 모듈의 동작 타이밍

그림 13-1-5, 6, 7은 읽기 동작과 쓰기와 읽기 동작에 대한 LCD 타이밍도를 나타내었으므로 이 조건에 맞도록 프로그램을 작성해야 한다.

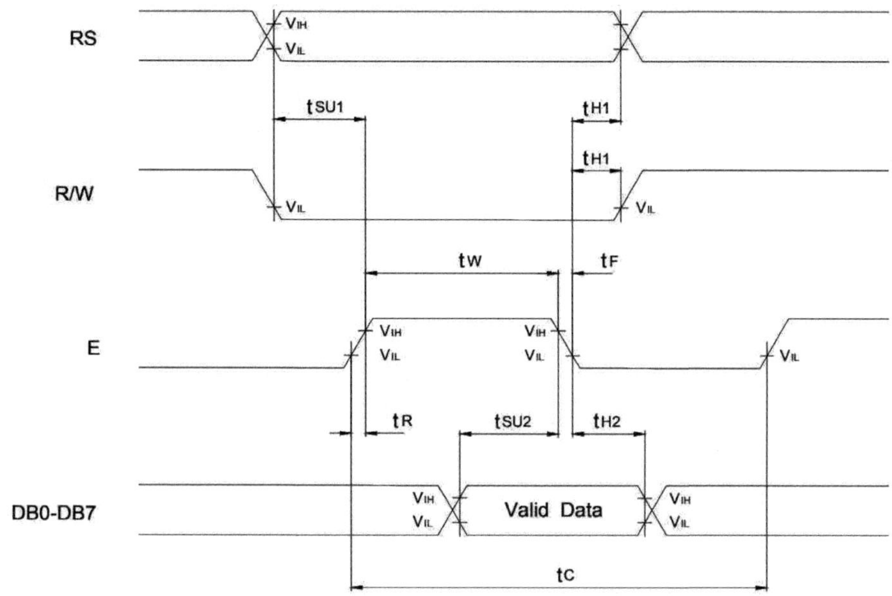

그림 13-1-5 LCD의 쓰기 동작에 대한 타이밍도(Timing Diagram)

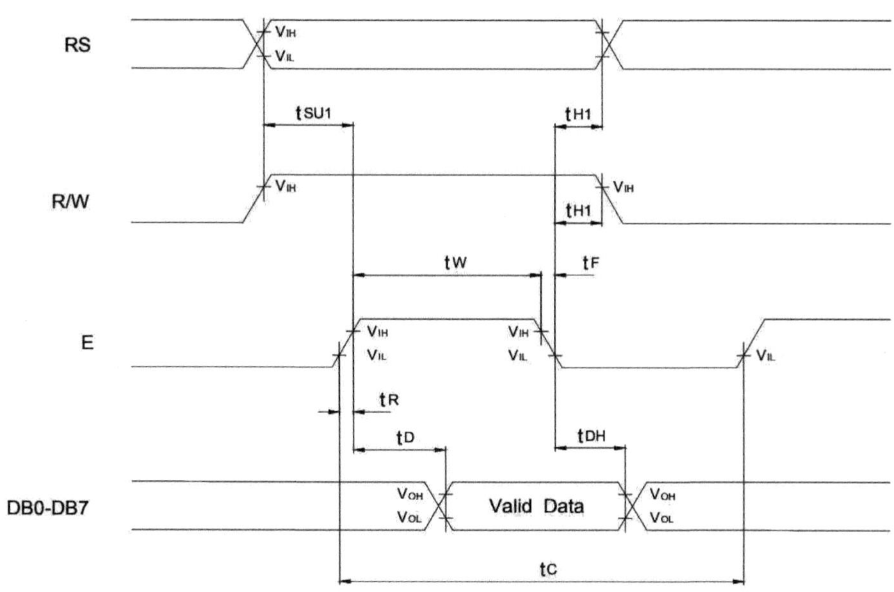

그림 13-1-6 LCD의 읽기 동작에 대한 타이밍도(Timing Diagram)

Mode	Characteristic	Symbol	VDD=4.5 to 5.5V		VDD=2.7 to 4.5V		Unit
			Min.	Max.	Min.	Max.	
Write Mode (Refer to MPU Write Timing)	E Cycle Time	t_C	400	-	1000	-	ns
	E Rise/Fall Time	t_R, t_F	-	25	-	25	
	E Pulse Width (High,Low)	t_W	150	-	450	-	
	R/W and RS Setup Time	t_{SU1}	30	-	60	-	
	R/W and RS Hold Time	t_{H1}	10	-	20	-	
	Data Setup Time	t_{SU2}	40	-	195	-	
	Data Hold Time	t_{H2}	10	-	10	-	
Read Mode (Refer to MPU Read Timing)	E Cycle Time	t_C	400	-	1000	-	ns
	E Rise/Fall Time	t_R, t_F	-	25	-	25	
	E Pulse Width (High,Low)	t_W	150	-	450	-	
	R/W and RS Setup Time	t_{SU}	30	-	60	-	
	R/W and RS Hold Time	t_H	10	-	20	-	
	Data Output Delay Time	t_D	-	100	-	360	
	Data Hold Time	t_{DH}	5	-	5	-	

그림 13-1-7 LCD의 쓰기 / 읽기 동작에 대한 AC특성

5) LCD 인스트럭션 설명

가. Clear Display(화면 지우기)

LCD를 지우기 위해서는 모든 DDRAM 어드레스에 00H를 쓴다. 여기서 문자 코드 00H는 Blank 패턴을 의미한다. 그 후 어드레스 카운터로 DDRAM 어드레스 0으로 설정하며 표시된 문자는 사라지고 커서와 깜빡임 위치는 가장 왼쪽으로 옮겨 간다. 또한 entry 모드에서 I/D로 되고 S는 변하지 않는다.

RS	R/$\overline{W}$	D7	D6	D5	D4	D3	D2	D1	D0
0	0	0	0	0	0	0	0	0	1

-실행 시간 : 1.52ms

나. Return Home(리턴 홈)

리턴 홈은 어드레스 카운터에 DDRAM 어드레스를 0으로 설정하며 DDRAM은 변하지 않는다. 커서와 깜빡임의 위치는 가장 왼쪽으로 옮겨간다.

RS	R/$\overline{W}$	D7	D6	D5	D4	D3	D2	D1	D0
0	0	0	0	0	0	0	0	1	-

-실행 시간 : 1.52ms

다. (Entry Mode Set(엔트리 모드 셋)

커서를 움직이는 방향과 디스플레이 시프트를 결정한다. 이런 동작은 데이터 읽기, 쓰기 동안에 수행된다.

- 데이터를 읽거나(Read), 쓸 때(Write) I/D=1은 어드레스 카운터를 증가시키고, I/D=0이면 어드레스 카운터를 감소시킨다.
- S=1, I/D=1이면 커서의 위치가 왼쪽으로 시프트 한다.
- S=1, I/D=0이면 커서의 위치가 오른쪽으로 시프트 한다.
- S=0이면 디스플레이는 시프트되지 않는다.

RS	R/$\overline{W}$	D7	D6	D5	D4	D3	D2	D1	D0
0	0	0	0	0	0	0	1	I/D	S

-실행 시간 : 38μs

라. 표시 On/Off 제어 (Display On/Off Control)

D : D=1일 때 LCD가 On되고 D=0일 때 LCD가 Off 된다. Off 되어 있더라도 DDRAM에 데이터는 남아 있고 D=1에 의하여 다시 LCD에 표시될 수 있다.

C : C=1일 때 커서가 표시되고 C=0일 때 커서가 표시되지 않는다. 커서가 사라지더라도 I/D 기능과 다른 특성은 데이터를 표시하는 동안 변하지 않는다. 커서는 5×8 도트 문자 폰트일 경우에는 8번째 줄에 5×10 도트 문자 폰트일 경우에는 11번째 줄에 표시된다.

B : B=1일 때 커서의 깜박거림에 의하여 문자를 가리킨다. 깜박거림은 공백 도트와 문자 사이에 번갈아 가면서 표시된다. 깜박거림의 속도는 LCD 모듈에 사용된 클럭 주파수에 의해 결정된다.

RS	R/$\overline{W}$	D7	D6	D5	D4	D3	D2	D1	D0
0	0	0	0	0	0	1	D	C	B

-실행 시간 : 38μs

마. 커서, 표시 시프트 (Cursor or Display Shift)

커서 또는 시프트 표시는 커서의 위치 또는 표시할 데이터의 읽기 또는 쓰기 없이 오른쪽/왼쪽으로 이동된다. 2줄 표시를 할 경우에는 커서는 첫 번째 줄에서 40번째를 넘어갈 경우에는 두 번째 줄로 이동한다. 주의해야 할 것은 첫 번째 줄과 두 번째 줄이 동시에 이동된다. 계속적으로 수평으로 데이터를 시프트 하더라도 두 번째 줄의 데이터는 첫 번째 줄에 표시될 수 없다. 시프트를 해도 어드레스 카운터(AC)는 변하지 않는다.

RS	R/$\overline{W}$	D7	D6	D5	D4	D3	D2	D1	D0
0	0	0	0	0	0	S/$\overline{C}$	R/$\overline{L}$	*	*

-실행 시간 : 38μs

S/$\overline{C}$	R/$\overline{L}$	동작
0	0	커서는 왼쪽으로 시프트 된다.(어드레스 카운터 하나 감소)
0	1	커서는 오른쪽으로 시프트 된다.(어드레스 카운터 하나 증가)
1	0	전체 디스플레이와 커서를 왼쪽으로 시프트 시킨다.
1	1	전체 디스플레이와 커서를 오른쪽으로 시프트 시킨다.

디스플레이의 시프트 동작만 할 때는 어드레스 카운터는 변하지 않는다.

바. 기능 설정(Function Set)

DL : 인터페이스 할 데이터 길이를 설정한다. DL=1로 할 경우 8비트 데이터(DB~7D80) 길이로 보내거나 받고 DL=0으로 할 경우 4비트 데이터(DB7~DB4) 길이로 보내거나 받는다. 4비트 데이터 길이로 선택할 경우 데이터는 2번에 거쳐서 보내거나 받아야 한다.

N : 표시 줄의 숫자. (0 : 1줄, 1 : 2줄)

F : 문자의 폰트 설정. (0 : 5×8, 1 : 5×10)

Function Set은 busy flag와 어드레스 명령을 제외한 다른 명령이 실행되기 전에 프로그램의 앞부분에서 실행해야 한다.

RS	R/$\overline{W}$	D7	D6	D5	D4	D3	D2	D1	D0
0	0	0	0	0	D/L	$\overline{N}$	$\overline{F}$	*	*

-실행 시간 : 38 μs

N	F	디스플레이 라인	글자 폰트	듀티비	참고
0	0	1	5*7	1/8	
0	1	1	5*10	1/11	
1	*	2	5*7	1/16	5*10도트는 2라인 디스플레이가 안 됨

사. CGRAM 어드레스(Set CGRAM Address)

CGRAM 어드레스 설정은 어드레스 카운터에 CGRAM 어드레스를 2진수 6비트(AAAAAA)로 설정한다. 그 후 MPU로부터 CGRAM으로 데이터를 쓰거나 읽는다. Retrun Home은 어드레스 카운터에 DDRAM 어드레스를 0으로 설정하고 만약 시프트 되었다면 원래의 상태로 표시한다. DDRAM은 변하지 않는다. 커서와 깜박임의 위치는 가장 왼쪽으로 옮겨간다.

RS	R/$\overline{W}$	D7	D6	D5	D4	D3	D2	D1	D0
0	0	0	1	AC(Address Counter)					

-실행 시간 : 38 μs

*AC(Adress Counter)는 6비트이므로 CGRAM 어드레스는 6비트까지 설정 가능하다.

아. DDRAM 어드레스(Set DDRAM Address)

DDRAM 어드레스를 설정할 수 있다. 어드레스 설정 후 CGRAM에 데이터를 읽고 쓸 수 있다. DDRAM 어드레스 설정은 어드레스 카운터에 DDRAM 어드레스를 2진수 7비트(AAAAAAA)로 설정한다. 그 후 데이터는 MPU에 의해 DDRAM에 쓰이거나 DDRAM으로부터 읽힌다. 그러나 LCD가 1줄(N=0)로 표시될 때 2진수 7비트(AAAAAAA)은 00H~4FH를 나타낼 수 있고 LCD가 2줄(N=1)로 표시될 때 2진수 7비트(AAAAAAA)은 첫 번째 줄에 00H~27H를, 두 번째 줄에 40H~67H를 나타낼 수 있다.

RS	R/$\overline{W}$	D7	D6	D5	D4	D3	D2	D1	D0
0	0	1	AC(Address Counter)						

-실행 시간 : 38μs

자. 비지체크와 어드레스(Read Busy Flag and Address)

LCD 내부의 동작 상태를 알아볼 수 있는 비지 플래그(busy Flag)와 어드레스 카운터의 내용을 읽어볼 수 있다.

Busy Flag와 어드레스를 읽는 것은 LCD 컨트롤러가 이전에 받은 명령어에 의하여 지금 내부적으로 동작 중인지를 알려주는 busy flag(BF)를 읽는다. BF=1 이면 내부적으로 동작 중인 것을 나타내고 BF=0이 될 때까지 다음 명령을 받을 수 없다는 것을 알려준다. 그래서 다음 명령어를 보내기 전에 반드시 busy flag(BF)를 체크해야 한다. BF(DB7)를 읽을 때 어드레스 카운터(DB6~DB0) 값도 읽힌다. 이 어드레스 카운터는 CGRAM과 DDRAM 어드레스로 사용된다.

즉, BF가 1이면 대기해야 하며 0일 때 다음 동작을 실행할 수 있다.

RS	R/$\overline{W}$	D7	D6	D5	D4	D3	D2	D1	D0
0	1	BF	AC(Address Counter)						

-실행 시간 : 0μs

차. 데이터 쓰기(Write Data to CGRAM or DDRAM)

CGRAM 또는 DDRAM에 데이터를 쓸 때 2진수 8비트(DB7~DB80) 데이터 형태로 쓴다. CGRAM 또는 DDRAM에 데이터를 쓰기 위해서 어드레스를 결정학 결정된 어드레스에 데이터를 쓴다. 쓰기 동작 이후에 어드레스 카운터는 Entry Mode set의 I/D의 설정에 의해 1씩 증가하거나 감소한다.

RS	R/$\overline{W}$	D7	D6	D5	D4	D3	D2	D1	D0
1	0	AC(Address Counter)							

-실행 시간 : 38μs

카. 데이터 읽기(Read Data from CGRAM or DDRAM)

CGRAM 또는 DDRAM에서부터 8비트 데이터를 읽는다. 읽기 동작에 들어가기 이전에 반드시 DDRAM 또는 CGRAM 어드레스 설정 명령을 실행해야 한다. 만약 어드레스 설정 명령이 읽기 동작 전에 실행되지 않으면 처음에 읽히는 데이터는 이상한 값을로 읽히게 되므로 처음 읽는 데이터는 버려야 한다. 그리고 두 번째 읽히는 데이터부터 진짜 데이터로 활용할 수 있다.

커서 시프트 명령에 의해서 커서를 시프트 시킨 후에는 어드레스 설정 명령이 "읽기" 명령 바로 전에 실행될 필요는 없다. 왜냐하면 커서 시프트 명령은 DDRAM 어드레스 설정 명령과 같기 때문이다.

읽기 명령이 실행된 후에 엔트리 모드(Entry Mode)에 따라서 어드레스가 +1 또는 -1이 된다.

RS	$R/\overline{W}$	D7	D6	D5	D4	D3	D2	D1	D0
1	1	Read Date							

-실행 시간 : 38μs

타. CGROM 문자 코드와 5×7 도트의 경우 CGRAM 작성, LCD 인스트럭션 설정 방법

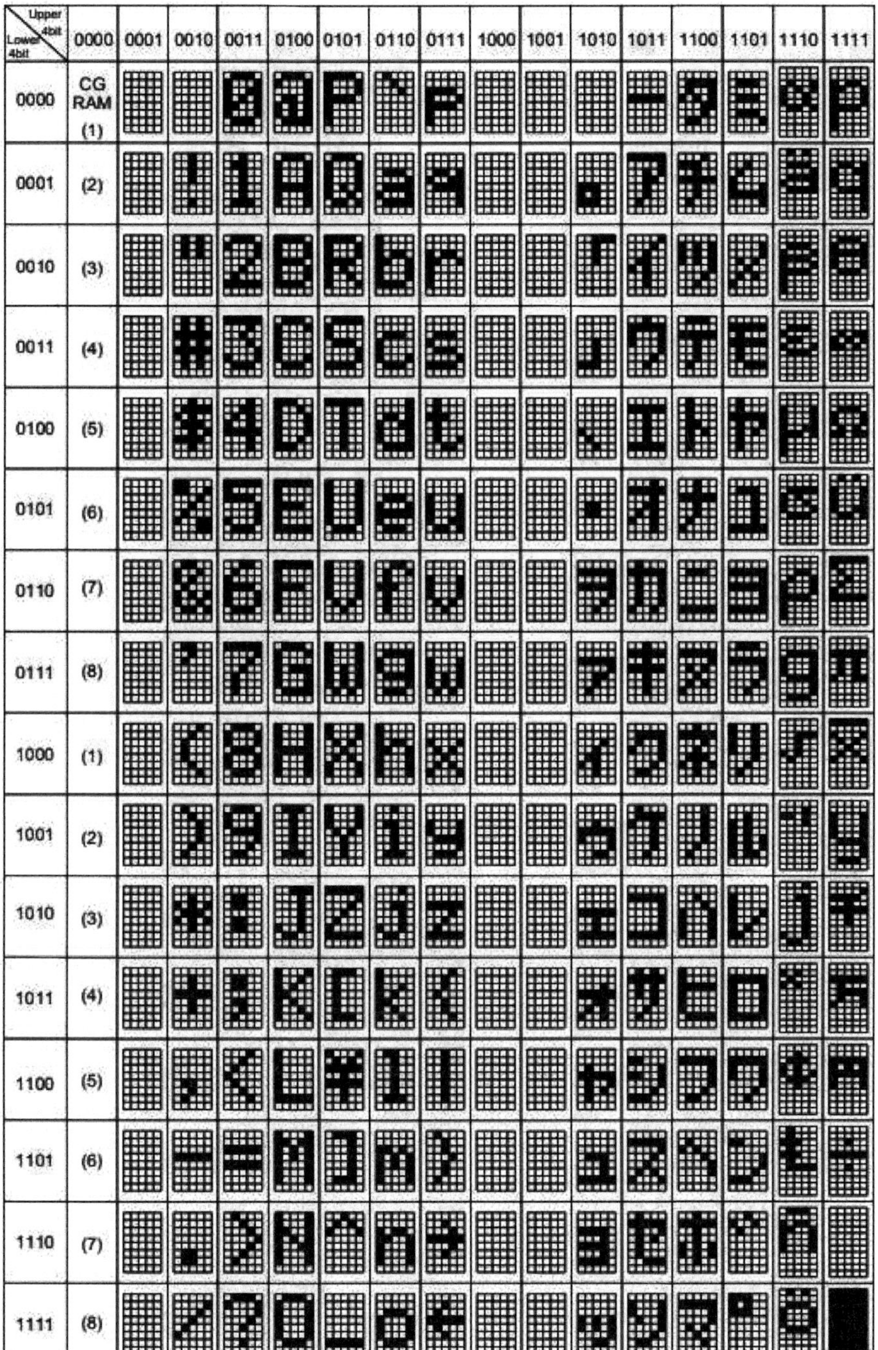

그림 13-1-8 CG 문자 코드

(5x8 dots character patterns)

Character Code (DDRAM Data)	CGRAM Address		CGRAM Data	Pattern No.
D7 D6 D5 D4 D3 D2 D1 D0	A5 A4 A3	A2 A1 A0	P7 P6 P5 P4 P3 P2 P1 P0	
0 0 0 0 x 0 0 0	0 0 0	0 0 0	x x x 0 1 1 1 0	Pattern 1
		0 0 1	x x x 1 0 0 0 1	
		0 1 0	x x x 1 0 0 0 1	
		0 1 1	x x x 1 1 1 1 1	
		1 0 0	x x x 1 0 0 0 1	
		1 0 1	x x x 1 0 0 0 1	
		1 1 0	x x x 1 0 0 0 1	
		1 1 1	x x x 0 0 0 0 0	Cursor
. . . . .	. . . . .		. . . . .	. . . . .
0 0 0 0 x 1 1 1	0 0 0	0 0 0	x x x 1 0 0 0 1	Pattern 8
		0 0 1	x x x 1 0 0 0 1	
		0 1 0	x x x 1 0 0 0 1	
		0 1 1	x x x 1 1 1 1 1	
		1 0 0	x x x 1 0 0 0 1	
		1 0 1	x x x 1 0 0 0 1	
		1 1 0	x x x 1 0 0 0 1	
		1 1 1	x x x 0 0 0 0 0	Cursor

그림 13-1-9 5×7 도트의 경우 CGRAM 작성

그림 13-1-9에서 특수한 문자를 문들 때 사용한 문자 코드는 다음과 같다.

```
unsigned char spc_font_A[8]={0x0E,0x11,0x11,0x1F,0x11,0x11,0x11,0x00 };
unsigned char spc_font_H[8]={0x11,0x11,0x11,0x1F,0x11,0x11,0x11,0x00 };
```

명령	명령	R/S	R/W	DB7	DB6	DB5	DB4	DB3	DB2	DB1	DB0	설명	실행 시간
명령 쓰기	화면 지우기	0	0	0	0	0	0	0	0	0	1	화면지우기, 커서홈	1.52ms
	커서홈	0	0	0	0	0	0	0	0	1	-	커서 처음 위치로 이동	1.52ms
	엔트리 모드 셋	0	0	0	0	0	0	0	1	I/D	S	어드레스자동증가/감소(I/D) 표시 시프트(S)	38 μS
	표시On/Off 제어	0	0	0	0	0	0	1	D	C	B	디스플레이(D), 커서(C), 표시 시프트(S)	38 μS
	표시, 커서 시프트	0	0	0	0	0	1	S/C	R/L	-	-	표시, 커서 이동	38 μS
	기능 셋	0	0	0	0	1	DL	N	F	-	-	인터페이스라인(D/L), 라인 수(N), 문자폰트(F)	38 μS
	CGRAM 어드레스	0	0	0	1	CGRAM 어드레스(ACG)						CGRAM 어드레스 설정	38 μS
	DDRAM 어드레스	0	0	1	DDRAM 어드레스(ADD)							DDRAM 어드레스 설정	38 μS
명령 읽기	비지체크, 어드레스	0	1	BF	어드레스 카운터(AC)							비지플래그 읽기 어드레스 카운터 읽기	0 μS
데이터 쓰기	데이터 쓰기	1	0	write data								CGRAM 또는 DDRAM에서 데이터 쓰기	38 μS
데이터 읽기	데이터 읽기	1	1	read data								CGRAM 또는 DDRAM에서 데이터 읽기	38 μS

I/D=1 : 어드레스 자동 증가	I/D=0 : 어드레스 자동 감소	DDRAM : 표시 데이터 RAM
S=1 : 전체 시프트	S=0 : 시프트 하지 않음	CGRAM : 포트 제작 RAM
S/C=1 : 표시 시프트	S/C=0 : 커서 이동	ACG : CGRAM 어드레스
R/L=1 : 오른쪽 시프트	R/L=0 : 왼쪽으로 시프트	ADD : DDRAM 어드레스
DL=1 : 8비트	DL=0 : 4비트	AC : 어드레스 카운터
N=1 : 2라인	N=0 : 1라인	
F=1 : 5×10 dots	F=0 : 5×8 dots	
BF=1 : 내부 동작중	BF=0 : 명령/데이터 받기 가능	

그림 13-1-10 LCD 인스트럭션 설정

6) 4-Bit와 8-Bit 데이터를 사용하는 LCD 구동 절차

Power on

↓

Wait for more than 30ms after VDD stabilized

↓

Function Set									
RS	R/W	DB7	DB6	DB5	DB4	DB3	DB2	DB1	DB0
0	0	0	0	1	1	1	0	X	X

↓

Wait for more than 38μs

↓

Display ON/OFF Control									
RS	R/W	DB7	DB6	DB5	DB4	DB3	DB2	DB1	DB0
0	0	0	0	0	0	1	1	1	0

↓

Wait for more than 38μs

↓

Display Clear									
RS	R/W	DB7	DB6	DB5	DB4	DB3	DB2	DB1	DB0
0	0	0	0	0	0	0	0	0	1

↓

Wait for more than 1.52ms

↓

Entry Mode Set									
RS	R/W	DB7	DB6	DB5	DB4	DB3	DB2	DB1	DB0
0	0	0	0	0	0	0	1	1	0

↓

End of initialization

그림 13-1-11 8-비트 초기화 절차

Power on

↓

Wait for more than 30ms after VDD stabilized

↓

Function Set									
RS	R/W	DB7	DB6	DB5	DB4	DB3	DB2	DB1	DB0
0	0	0	0	1	0	X	X	X	X
0	0	0	0	1	0	X	X	X	X
0	0	1	0	X	X	X	X	X	X

↓

Wait for more than 38μs

↓

Display ON/OFF Control									
RS	R/W	DB7	DB6	DB5	DB4	DB3	DB2	DB1	DB0
0	0	0	0	0	0	X	X	X	X
0	0	1	1	1	0	X	X	X	X

↓

Wait for more than 38μs

↓

Display Clear									
RS	R/W	DB7	DB6	DB5	DB4	DB3	DB2	DB1	DB0
0	0	0	0	0	0	X	X	X	X
0	0	0	0	0	1	X	X	X	X

↓

Wait for more than 1.52ms

↓

Entry Mode Set									
RS	R/W	DB7	DB6	DB5	DB4	DB3	DB2	DB1	DB0
0	0	0	0	0	0	X	X	X	X
0	0	0	1	1	0	X	X	X	X

↓

End of initialization

그림 13-1-12 4-비트 초기화 절차

13.1.3 CubeMx 설정

PG5	n/a	Low	Output Pu...	No pull-up...	Low	n/a	IO_D0
PG6	n/a	Low	Output Pu...	No pull-up...	Low	n/a	IO_D1
PG7	n/a	Low	Output Pu...	No pull-up...	Low	n/a	IO_D2
PG8	n/a	Low	Output Pu...	No pull-up...	Low	n/a	IO_D3
PC6	n/a	Low	Output Pu...	No pull-up...	Low	n/a	IO_D4
PC7	n/a	Low	Output Pu...	No pull-up...	Low	n/a	IO_D5
PC8	n/a	Low	Output Pu...	No pull-up...	Low	n/a	IO_D6
PC9	n/a	Low	Output Pu...	No pull-up...	Low	n/a	IO_D7
PA8	n/a	Low	Output Pu...	No pull-up...	Low	n/a	LCD_RS
PA11	n/a	Low	Output Pu...	No pull-up...	Low	n/a	LCD_RW
PA12	n/a	Low	Output Pu...	No pull-up...	Low	n/a	LCD_EN

그림 13-1-13 CubeMX 설정

13.1.4 Text-LCD 응용

실험 1) LCD 위의 라인에는 " How do you do? "를 표시하고 아래의 라인에는 "Time : 00H00M00S"를 표시하여 시계 프로그램을 작성하여 실험하였다.
(Time1을 이용하여 1msec 카운트 사용)

1. main.c

```
#include "main.h"
#include "extern.h"
#include "user_define.h"
void LCD_data_out8(byte data)
{//8bit 형태의 데이터를 LCD로 데이터를 보내는 곳
    if(data & 0x01)//0000 0001
        IO_D0_ON;
    else
        IO_D0_OFF;
    if(data & 0x02)// 0000 0010
        IO_D1_ON;
    else
        IO_D1_OFF;
    if(data & 0x04)//0000 0100
        IO_D2_ON;
```

```
    else
        IO_D2_OFF;
    if(data & 0x08) //0000 1000
        IO_D3_ON;
    else
        IO_D3_OFF;
    if(data & 0x10)//0001 0000
        IO_D4_ON;
    else
        IO_D4_OFF;
    if(data & 0x20)//0010 0000
        IO_D5_ON;
    else
        IO_D5_OFF;
    if(data & 0x40)//0100 0000
        IO_D6_ON;
    else
        IO_D6_OFF;
    if(data & 0x80)//1000 0000
        IO_D7_ON; //busy
    else
        IO_D7_OFF;//non busy 1m 인터럽트를 사용하면 비지 체크가 필요 없다.
}
byte LCD_init_data[7]={0x38, 0x38, 0x38 ,0x08, 0x01, 0x06, 0x0c};
void lcd_1602_test()//8bit데이터 LCD 구동 절차
{
    byte i;
    for(i=0; i<7; i++)
    {//Rs : high=data register, low=instruction(control register)
        LCD_RS_OFF;
        HAL_Delay(1);
        LCD_RW_OFF;    // rw low = 쓰기, high = 읽기
        HAL_Delay(1);
        LCD_EN_ON;
```

```
        HAL_Delay(1);
        //enable H->L 사이에 데이터를 써야함 8bit, cursor=on, 5*7 dot
        LCD_data_out8(LCD_init_data[i]);
        HAL_Delay(1);
        LCD_EN_OFF;
        HAL_Delay(1);
    }
}
byte cursor=0, LCD_step1=0;
byte Lcd_Line1[16]= " How do you do? "; //문자 출력
byte one_ms_delay_f = 0;
byte line1_finish=0;
void LCD_display_at_1msec_line1(void)  //첫 번째 줄
{
    if(line1_finish==0)//2번째 줄의 Write가 끝나면 0이 됨.
    {
        if(LCD_step1==0) //처음진입
        {
            LCD_EN_ON;
            LCD_RS_OFF;
            LCD_data_out8(0x80);
            LCD_EN_OFF;
        }
        else
        {
            LCD_EN_ON;
            LCD_RS_ON;// __DSB();//RS_HIGH =data
            if(LCD_step1 <= 16)
            {//1번째 라인 0번표시 Texe : 800ns
                LCD_data_out8(Lcd_Line1[LCD_step1-1]);
            }
            LCD_EN_OFF;
        }
```

```
        LCD_step1++;
        if(LCD_step1 >=17)
        {//1번째 줄의 16글자 모두 출력하면 진입
            line1_finish = 1;//1번째 줄 출력 끝
            LCD_step1 = 0;//1번째 줄의 출력 step초기화
        }
    }
}
byte LCD_step2=0;
byte Lcd_Line2[16]="Time : h   m   s"; //시 분 초
byte Sec_arr[2] ={0}, Min_arr[2] ={0}, Hour_arr[2] ={0};
void LCD_display_at_1msec_line2(void)   //두 번째 줄
{
    if(line1_finish==1)
    {
        if(LCD_step2==0) //두 번째 라인 진입
        {
            LCD_EN_ON;
            LCD_RS_OFF;
            LCD_data_out8(0xc0);
            LCD_EN_OFF;
        }
    else
    {
        LCD_EN_ON;
        LCD_RS_ON;// __DSB();     //RS_HIGH =data
        if(LCD_step2 <= 16)//Lcd_Line2[16] 배열의 값 출력부
            LCD_data_out8(Lcd_Line2[LCD_step2-1]);
        if(LCD_step2 == 8) //시간의 10의 자리
        {
            Hour_arr[0] = Hour/10+0x30;
            LCD_data_out8(Hour_arr[0]);
```

```
        }
        if(LCD_step2 == 9) //시간의 1의 자리
        {
            Hour_arr[1] = Hour%10+0x30;
            LCD_data_out8(Hour_arr[1]);
        }
        if(LCD_step2 == 11) //분의 10의 자리
        {
            Min_arr[0] = Min/10+0x30;
            LCD_data_out8(Min_arr[0]);
        }
        if(LCD_step2 == 12)//분의 1의 자리
        {
            Min_arr[1] = Min%10+0x30;
            LCD_data_out8(Min_arr[1]);
        }
        if(LCD_step2 == 14) //초의 10의 자리
        {
            Sec_arr[0] = Sec/10+0x30;
            LCD_data_out8(Sec_arr[0]);
        }
        if(LCD_step2 == 15) //초의 1의 자리
        {
            Sec_arr[1] = Sec%10+0x30;
            LCD_data_out8(Sec_arr[1]);
        }
        LCD_EN_OFF;
    }
        LCD_step2++;
        if(LCD_step2 >17)
        {//2번째 줄의 16글자 출력 완료
            LCD_step2=0;//2번째 줄의 출력 step초기화
            //2번째 줄의 16글자 출력 완료 후 1번째 줄의 출력 시작
            line1_finish=0;
```

```
        }
    }
}
TIM_HandleTypeDef htim1;
void SystemClock_Config(void);
static void MX_GPIO_Init(void);
static void MX_TIM1_Init(void);
int main(void)
{
    HAL_Init();
    SystemClock_Config();
    MX_GPIO_Init();
    MX_TIM1_Init();
    HAL_TIM_Base_Start_IT(&htim1); //타이머 1인터럽트 시작
    lcd_1602_test();//lc1602 초기화
    while (1)
    {
    LCD_display_at_1msec_line1();
    HAL_Delay(1);
    LCD_display_at_1msec_line2();
    }
}
```

2. stm32f7xx_it.c

```
#include "main.h"
#include "stm32f7xx_it.h"
#include "extern.h"
#include "user_define.h“
word Time1_1mcnt=0;
byte Sec=0, Min=0, Hour=0;
extern TIM_HandleTypeDef htim1;
//아래는 타이머 인터럽트 핸들러 함수이며 main.c에 타이머1 시작 명령을 내리
는 함수를 호출해야 한다.
void TIM1_UP_TIM10_IRQHandler(void)
{//1ms 카운터
    Time1_1mcnt++;
    if(Time1_1mcnt >= 1000)
    {
        Time1_1mcnt =0;
        if(++Sec >= 60)
    {
        Sec=0;
        if(++Min >= 60)
        {
        Min = 0;
        if(++Hour>=24)
            Hour=0;
        }
    }
    }
    HAL_TIM_IRQHandler(&htim1);
}
```

3. extern.h

```
typedef unsigned char  byte;                    //1byte
typedef unsigned short word;                    //2byte
typedef unsigned long  dword;                   //4byte
void LCD_display_at_1msec_line1(void);
void LCD_display_at_1msec_line2(void);
extern byte Sec, Min, Hour;
```

4. user_define.h

```
//7 SEGMENT
#define IO_D0_ON      GPIOG-> ODR |=  GPIO_PIN_5  //PG5----->1
#define IO_D0_OFF     GPIOG-> ODR &= ~GPIO_PIN_5  //PG5---->0
#define IO_D1_ON      GPIOG-> ODR |=  GPIO_PIN_6  //PG6----->1
#define IO_D1_OFF     GPIOG-> ODR &= ~GPIO_PIN_6  //PG6---->0
#define IO_D2_ON      GPIOG-> ODR |=  GPIO_PIN_7  //PG7----->1
#define IO_D2_OFF     GPIOG-> ODR &= ~GPIO_PIN_7  //PG7---->0
#define IO_D3_ON      GPIOG-> ODR |=  GPIO_PIN_8  //PG8----->1
#define IO_D3_OFF     GPIOG-> ODR &= ~GPIO_PIN_8  //PG8---->0
#define IO_D4_ON      GPIOC-> ODR |=  GPIO_PIN_6  //PC6----->1
#define IO_D4_OFF     GPIOC-> ODR &= ~GPIO_PIN_6  //PC6---->0
#define IO_D5_ON      GPIOC-> ODR |=  GPIO_PIN_7  //PC7----->1
#define IO_D5_OFF     GPIOC-> ODR &= ~GPIO_PIN_7  //PC7---->0
#define IO_D6_ON      GPIOC-> ODR |=  GPIO_PIN_8  //PC8----->1
#define IO_D6_OFF     GPIOC-> ODR &= ~GPIO_PIN_8  //PC8---->0
#define IO_D7_ON      GPIOC-> ODR |=  GPIO_PIN_9  //PC9----->1
#define IO_D7_OFF     GPIOC-> ODR &= ~GPIO_PIN_9  //PC9---->0
#define SEG_CLK_ON    GPIOB-> ODR |=  GPIO_PIN_3  //PB3----->1
#define SEG_CLK_OFF   GPIOB-> ODR &= ~GPIO_PIN_3  //PB3---->0
#define SEG_S1_ON     GPIOE-> ODR |=  GPIO_PIN_1  //PE1----->1
#define SEG_S1_OFF    GPIOE-> ODR &= ~GPIO_PIN_1  //PE1---->0
#define SEG_S2_ON     GPIOE-> ODR |=  GPIO_PIN_0  //PE0----->1
#define SEG_S2_OFF    GPIOE-> ODR &= ~GPIO_PIN_0  //PE0---->0
#define SEG_S3_ON     GPIOB-> ODR |=  GPIO_PIN_9  //PB9----->1
#define SEG_S3_OFF    GPIOB-> ODR &= ~GPIO_PIN_9  //PB9---->0
```

```
#define SEG_S4_ON        GPIOB-> ODR |=  GPIO_PIN_8  //PB8----->1
#define SEG_S4_OFF       GPIOB-> ODR &= ~GPIO_PIN_8  //PB8---->0
#define SEG_S5_ON        GPIOB-> ODR |=  GPIO_PIN_5  //PB5----->1
#define SEG_S5_OFF       GPIOB-> ODR &= ~GPIO_PIN_5  //PB5---->0
#define SEG_S6_ON        GPIOB-> ODR |=  GPIO_PIN_4  //PB4----->1
#define SEG_S6_OFF       GPIOB-> ODR &= ~GPIO_PIN_4  //PB4---->0
//7 SEGMENT
//7segment와 dot led는 핀을 공유한다.

//LCD_1602
#define LCD_EN_ON       GPIOA-> ODR |=  GPIO_PIN_12  //PA12--->1
#define LCD_EN_OFF      GPIOA-> ODR &= ~GPIO_PIN_12  //PA12-->0
#define LCD_RW_ON       GPIOA-> ODR |=  GPIO_PIN_11  //PA11--->1
#define LCD_RW_OFF      GPIOA-> ODR &= ~GPIO_PIN_11  //PA11-->0
#define LCD_RS_ON       GPIOA-> ODR |=  GPIO_PIN_8  //PA8----->1
#define LCD_RS_OFF      GPIOA-> ODR &= ~GPIO_PIN_8  //PA8---->0
//LCD_1602
```

실험 2) LCD 위의 라인에는 " Hello New World" 를 1초마다 왼쪽으로 shift 시키고 아래의 라인에는 "Time : 00h00m00s" 문자열에서 숫자만 700ms마다 깜빡이는 프로그램을 작성하여 실험하였다.

1. main.c

```
#include "main.h"
#include "extern.h"
#include "user_define.h"
void LCD_data_out8(byte data)  //방법 2
{//8bit 형태의 데이터를 LCD로 데이터를 보내는 곳
    if(data & 0x01)//0000 0001
        IO_D0_ON;
    else
        IO_D0_OFF;
    if(data & 0x02)// 0000 0010
        IO_D1_ON;
    else
        IO_D1_OFF;
    if(data & 0x04)//0000 0100
        IO_D2_ON;
    else
        IO_D2_OFF;
    if(data & 0x08) //0000 1000
        IO_D3_ON;
    else
        IO_D3_OFF;
    if(data & 0x10)//0001 0000
        IO_D4_ON;
    else
        IO_D4_OFF;
    if(data & 0x20)//0010 0000
        IO_D5_ON;
    else
        IO_D5_OFF;
    if(data & 0x40)//0100 0000
```

```
        IO_D7_ON; //busy
    else
        IO_D7_OFF; //non busy 1m 인터럽트를 사용하면 비지 체크가 필요 없다.
}
byte LCD_init_data[7]={0x38, 0x38, 0x38 ,0x08, 0x01, 0x06, 0x0c};
void lcd_1602_test()//8bit데이터 LCD 구동 절차
{
    byte i;
    for(i=0; i<7; i++)
    {//Rs : high=data register, low=instruction(control register)
        LCD_RS_OFF;
        HAL_Delay(1);
        LCD_RW_OFF;    // rw low = 쓰기, high = 읽기
        HAL_Delay(1);
        LCD_EN_ON;
        HAL_Delay(1);
        LCD_data_out8(LCD_init_data[i]); //enable high->low 사이에 데이터
        를 써야 함 8bit, cursor=on, 5*7 dot
        HAL_Delay(1);
        LCD_EN_OFF;
        HAL_Delay(1);
    }
}
byte LCD_step1=0;
byte Lcd_Line1[16]= " Hello New World"; //문자 출력
byte line1_finish=0;
void LCD_display_at_1msec_line1(void)  //첫 번째 줄
{
    if(line1_finish==0)//2번째 줄의 Write가 끝나면 0이 됨.
    {
        if(LCD_step1==0) //처음 진입
        {
            LCD_EN_ON;
            LCD_RS_OFF;
```

```
            LCD_data_out8(0x80);//첫 번째 라인 첫 번째 칸 설정
            LCD_EN_OFF;
        }
        else
        {
            LCD_EN_ON;
            LCD_RS_ON;// __DSB();//RS_HIGH =data
            if(LCD_step1 <= 16)
            {//1번째 라인 0번 표시 Texe : 800ns
                LCD_data_out8(Lcd_Line1[LCD_step1-1]);
            }
            LCD_EN_OFF;
        }
        LCD_step1++;
        if(LCD_step1 >=17)
        {//1번째 줄의 16글자 모두 출력하면 진입
            line1_finish = 1;//1번째 줄 출력 끝
            LCD_step1 = 0;//1번째 줄의 출력 step 초기화
        }
    }
}
byte LCD_step2=0;
byte Lcd_Line2[16]="Time : h   m   s"; //시 분 초
byte Sec_arr[2] ={0}, Min_arr[2] ={0}, Hour_arr[2] ={0};
void LCD_display_at_1msec_line2(byte data1, byte data2, byte data3)
{//두 번째 줄 출력
    if(line1_finish==1)
    {
        if(LCD_step2==0) //두 번째 라인 진입
        {
            LCD_EN_ON;
            LCD_RS_OFF;
            LCD_data_out8(0xc0);
            LCD_EN_OFF;
```

```
else
{
    LCD_EN_ON;
    LCD_RS_ON;// __DSB();     //RS_HIGH =data
    if(LCD_step2 <= 16)//Lcd_Line2[16] 배열의 값 출력부
    {
        LCD_data_out8(Lcd_Line2[LCD_step2-1]); //1번째 라인 0
 번표시 Texe : 800ns
    }
    if(LCD_step2 == 8) //시간의 10의 자리
    {
        Hour_arr[0] = data1/10+0x30;
        LCD_data_out8(Hour_arr[0]);
        if(data1==' ')
            LCD_data_out8(' ');
    }
    if(LCD_step2 == 9) //시간의 1의 자리
    {
        Hour_arr[1] = data1%10+0x30;
        LCD_data_out8(Hour_arr[1]);
        if(data1==' ')
            LCD_data_out8(' ');
    }
    if(LCD_step2 == 11) //분의 10의 자리
    {
        Min_arr[0] = data2/10+0x30;
        LCD_data_out8(Min_arr[0]);
        if(data2==' ')
            LCD_data_out8(' ');
    }
    if(LCD_step2 == 12)//분의 1의 자리
    {
        Min_arr[1] = data2%10+0x30;
        LCD_data_out8(Min_arr[1]);
```

```
                if(data2==' ')
                    LCD_data_out8(' ');
            }
            if(LCD_step2 == 14) //초의 10의 자리
            {
                Sec_arr[0] = data3/10+0x30;
                LCD_data_out8(Sec_arr[0]);
                if(data3==' ')
                    LCD_data_out8(' ');
            }
            if(LCD_step2 == 15) //초의 1의 자리
            {
                Sec_arr[1] = data3%10+0x30;
                LCD_data_out8(Sec_arr[1]);
                if(data3==' ')
                    LCD_data_out8(' ');
            }
            LCD_EN_OFF;
        }
        LCD_step2++;
        if(LCD_step2 >17)
        {//2번째 줄의 16글자 출력 완료
            LCD_step2=0;//2번째 줄의 출력 step 초기화
            line1_finish=0;
        }
    }
}
byte gap=' ', temp_line1=0, i=0;
TIM_HandleTypeDef htim1;
void SystemClock_Config(void);
static void MX_GPIO_Init(void);
static void MX_TIM1_Init(void);
int main(void)
{
```

```
    HAL_Init();
    SystemClock_Config();
    MX_GPIO_Init();
    MX_TIM1_Init();
    HAL_TIM_Base_Start_IT(&htim1); //타이머 1인터럽트 시작
    lcd_1602_test();//lc1602 초기화
    while(1)
    {
        if(L_shift)//1초마다 진입
        {
            L_shift=0;
            temp_line1 = Lcd_Line1[0];
            for(i = 0; i<15; i++)
            Lcd_Line1[i] = Lcd_Line1[i+1];//1번 라인 왼쪽으로 시프트
            Lcd_Line1[i] = temp_line1;
        }
        HAL_Delay(1);
        LCD_display_at_1msec_line1();
        HAL_Delay(1);
        if(Flick)//Flick은 700ms마다 비트 반전
            LCD_display_at_1msec_line2(Hour, Min, Sec);//카운트 숫자 출력부
        else//공백문자 출력부
            LCD_display_at_1msec_line2(gap, gap, gap);
    }
}
```

2. extern.h

```
typedef unsigned char  byte;                    //1byte
typedef unsigned short word;                    //2byte
typedef unsigned long  dword;                   //4byte
void LCD_display_at_1msec_line1(void);
void LCD_display_at_1msec_line2(byte data1, byte data2, byte data3);
extern byte Sec, Min, Hour, L_shift,Flick;
```

3. stm32f7xx_it.c

```
#include "main.h"
#include "stm32f7xx_it.h"
#include "extern.h"
#include "user_define.h"
extern TIM_HandleTypeDef htim1;
word Tim1_1mcnt1=0, Tim1_1mcnt2=0;
byte Sec=0, Min=0, Hour=0, L_shift=0, Flick=0;
    if(++Tim1_1mcnt1 >= 1000)
    {
        L_shift=1;
        Tim1_1mcnt1 =0;
        if(++Sec >= 60)
        {
            Sec=0;
            if(++Min >= 60)
            {
                Min = 0;
                if(++Hour>=24)
                    Hour=0;
            }
        }
    }
    if(++Tim1_1mcnt2>=700)
    {
        Tim1_1mcnt2=0;
        Flick = !Flick;//반전
    }
    HAL_TIM_IRQHandler(&htim1);
}
```

4. user_define.h

```
#define IO_D0_ON       GPIOG-> ODR |=  GPIO_PIN_5   //PG5---->1
#define IO_D0_OFF      GPIOG-> ODR &= ~GPIO_PIN_5   //PG5---->0
#define IO_D1_ON       GPIOG-> ODR |=  GPIO_PIN_6   //PG6---->1
#define IO_D1_OFF      GPIOG-> ODR &= ~GPIO_PIN_6   //PG6---->0
#define IO_D2_ON       GPIOG-> ODR |=  GPIO_PIN_7   //PG7---->1
#define IO_D2_OFF      GPIOG-> ODR &= ~GPIO_PIN_7   //PG7---->0
#define IO_D3_ON       GPIOG-> ODR |=  GPIO_PIN_8   //PG8---->1
#define IO_D3_OFF      GPIOG-> ODR &= ~GPIO_PIN_8   //PG8---->0
#define IO_D4_ON       GPIOC-> ODR |=  GPIO_PIN_6   //PC6---->1
#define IO_D4_OFF      GPIOC-> ODR &= ~GPIO_PIN_6   //PC6---->0
#define IO_D5_ON       GPIOC-> ODR |=  GPIO_PIN_7   //PC7---->1
#define IO_D5_OFF      GPIOC-> ODR &= ~GPIO_PIN_7   //PC7---->0
#define IO_D6_ON       GPIOC-> ODR |=  GPIO_PIN_8   //PC8---->1
#define IO_D6_OFF      GPIOC-> ODR &= ~GPIO_PIN_8   //PC8---->0
#define IO_D7_ON       GPIOC-> ODR |=  GPIO_PIN_9   //PC9---->1
#define IO_D7_OFF      GPIOC-> ODR &= ~GPIO_PIN_9   //PC9---->0
#define SEG_CLK_ON     GPIOB-> ODR |=  GPIO_PIN_3   //PB3---->1
#define SEG_CLK_OFF    GPIOB-> ODR &= ~GPIO_PIN_3   //PB3---->0
#define SEG_S1_ON      GPIOE-> ODR |=  GPIO_PIN_1   //PE1---->1
#define SEG_S1_OFF     GPIOE-> ODR &= ~GPIO_PIN_1   //PE1---->0
#define SEG_S2_ON      GPIOE-> ODR |=  GPIO_PIN_0   //PE0---->1
#define SEG_S2_OFF     GPIOE-> ODR &= ~GPIO_PIN_0   //PE0---->0
#define SEG_S3_ON      GPIOB-> ODR |=  GPIO_PIN_9   //PB9---->1
#define SEG_S3_OFF     GPIOB-> ODR &= ~GPIO_PIN_9   //PB9---->0
#define SEG_S4_ON      GPIOB-> ODR |=  GPIO_PIN_8   //PB8---->1
#define SEG_S4_OFF     GPIOB-> ODR &= ~GPIO_PIN_8   //PB8---->0
#define SEG_S5_ON      GPIOB-> ODR |=  GPIO_PIN_5   //PB5---->1
#define SEG_S5_OFF     GPIOB-> ODR &= ~GPIO_PIN_5   //PB5---->0
#define SEG_S6_ON      GPIOB-> ODR |=  GPIO_PIN_4   //PB4---->1
#define SEG_S6_OFF     GPIOB-> ODR &= ~GPIO_PIN_4   //PB4---->0
```

```
//LCD_1602
#define LCD_EN_ON    GPIOA-> ODR |=  GPIO_PIN_12    //PA12---->1
#define LCD_EN_OFF   GPIOA-> ODR &= ~GPIO_PIN_12    //PA12---->0
#define LCD_RW_ON    GPIOA-> ODR |=  GPIO_PIN_11    //PA11---->1
#define LCD_RW_OFF   GPIOA-> ODR &= ~GPIO_PIN_11    //PA11---->0
#define LCD_RS_ON    GPIOA-> ODR |=  GPIO_PIN_8     //PA8----->1
#define LCD_RS_OFF   GPIOA-> ODR &= ~GPIO_PIN_8     //PA8----->0
//LCD_1602
```

13.2 Graphic Color LCD

13.2.1 LT043C-50A 4.3Inch TFT-LCD 개요

TFT-LCD는 "Thin-Film Transistor Liquid Crystal Display"의 약자로, 얇은 박막 트랜지스터 기술을 사용하여 만들어진 액정 디스플레이이다. TFT-LCD는 현대의 대부분의 평면 디스플레이 기술 중 하나로, 컴퓨터 모니터, 텔레비전, 스마트폰, 태블릿, 디지털 사이니지, 자동차 내비게이션 시스템 등 다양한 디바이스에서 사용된다.

TFT-LCD는 액정 분자의 정렬을 제어하기 위해 얇은 박막 트랜지스터를 사용하여 각 픽셀을 독립적으로 제어할 수 있다. 이는 높은 해상도, 선명한 이미지, 빠른 응답 속도 등을 가능하게 한다. TFT-LCD는 다양한 화면 크기와 해상도를 제공하며, 기술의 발전으로 더욱 향상된 성능을 가진 디스플레이가 개발되고 있다.

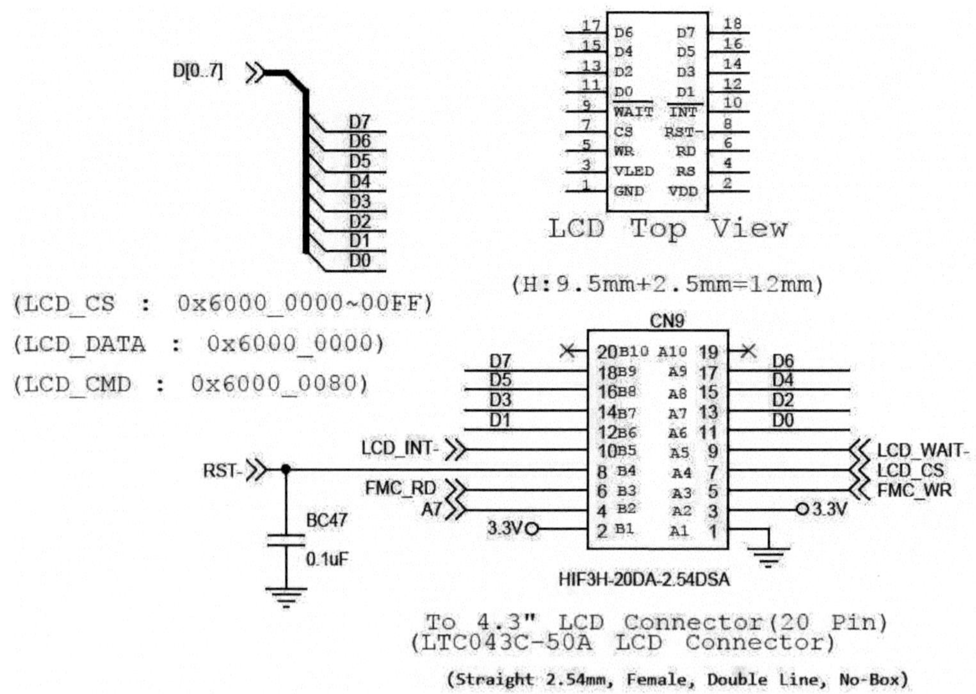

그림 13-2-1 TFT-LCD 회로도

1) LCD 특징 및 기능

종류	특징	단위
Digital Color	256/56K	-
화면크기	4.3(대각선 길이)	inch
Number of Dots	480(RGB) x 272	dot
LCD 컨트롤러	RA8875	-
Serial Font ROM	GT30L24T3Y	-
작동전압	3.3 to 5.0	V
interface	8/16-bit 8080/6800 or 4-wire SPI	-
Backlight	White LED	-
시야각	6	O'clock

그림 13-2-2 TFT-LCD의 사양

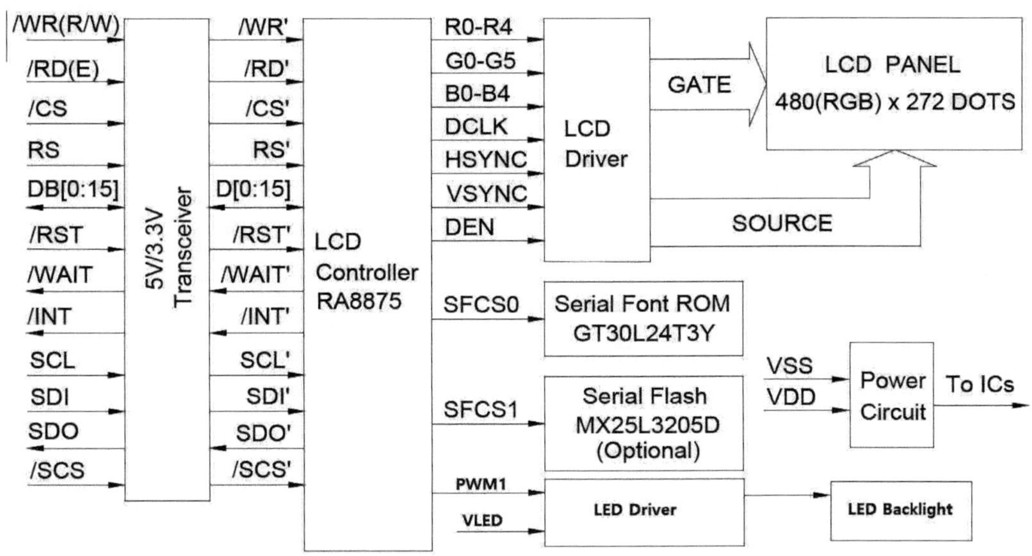

그림 13-2-3 TFT-LCD의 Block Diagram

PIN	Symbol	Level	기능
1	VSS	0V	Ground(접지)
2	VDD	3.3V to 5V	LCD 작동 전압
3	VLED	3.3V to 5V	LED Backlight 드라이버 동작 전압
4	RS	H/L	RS(H) : Command; RS(L) : Display data
5	/WR (/RW)	H/L	/WR(Write Signal for 8080 series MPU : 상승 에지에서 버스데이터가 래치 됨 R/W(Read/Write) signal for 6800 series MPU : R/W(H) : Read operation; R/W(L) : Write operation
6	/RD (E)	H/L	/WR(Write) Signal for 8080 series MPU : /RS(L) : Read bus data E(Enable) signal for 6800 series MPU : E(H) : Data Read; E(L) : Data Write
7	/CS	L	Chip selection signal. Active 'L'
8	/RST	L	Reset Signal. Active 'L'
9	/Wait	L	어떤 작업을 처리할 동안 /Wait = 'L'
10	INT	L	MCU에게 RA8875의 상태를 알려주는 인터럽트를 출력 ex) RA8875에 어떠한 이벤트 발생 -> LOW
11	DB0	H/L	Data Bus DB0 ~ DB15까지의 입력은 보드 상에 내장된 100KΩ 저항에 의해 HIGH로 풀업(Pulled-up) 되어있다.
12	DB1	H/L	
13	DB2	H/L	
14	DB3	H/L	
15	DB4	H/L	
16	DB5	H/L	
17	DB6	H/L	
18	DB7	H/L	
19	DB8	H/L	
20	DB9	H/L	
21	DB10	H/L	
22	DB11	H/L	
23	DB12	H/L	
24	DB13	H/L	
25	DB14	H/L	
26	DB15	H/L	

그림 13-2-4 TFT-LCD PIN 기능과 설명

2) LCD Red/Write 타이밍도

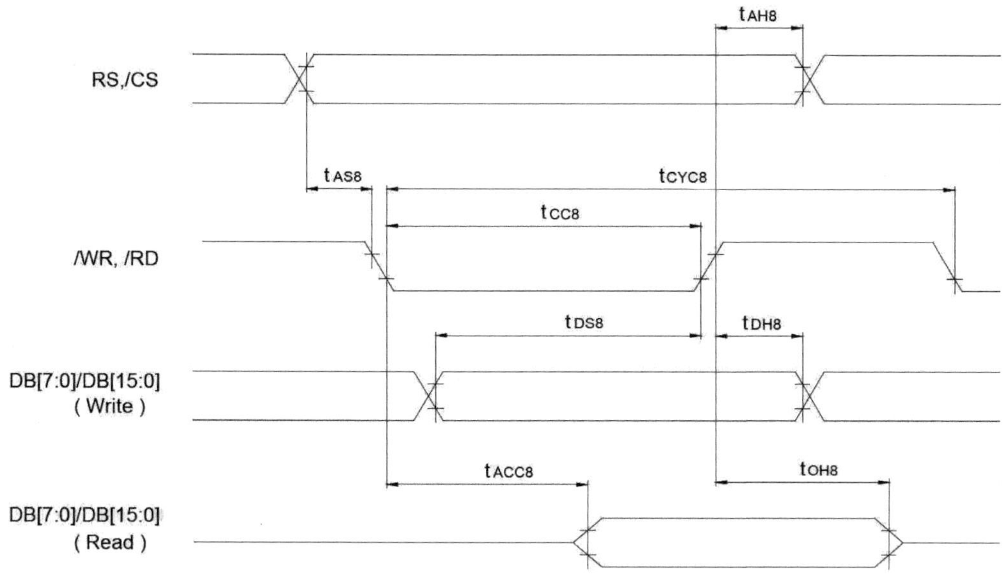

그림 13-2-5 8080 8/16-bit Interface Read/Write Timing

Characteristic	Symbol	Min.	Max.	Unit
Cycle time	t_{CYC8}	50	-	ns
Strobe Pulse width	t_{CC8}	20	-	ns
Address setup time	t_{AS8}	0	-	ns
Address hold time	t_{AH8}	10	-	ns
Data setup time	t_{DS8}	20	-	ns
Data hold time	t_{DH8}	10	-	ns
Data output access time	t_{ACC8}	0	20	ns
Data output hold time	t_{OH8}	0	20	ns

tc=1/SYS_CLK
External Crystal=24MH

그림 13-2-6 Bus Read/Write Timing(8080 Series MPU)

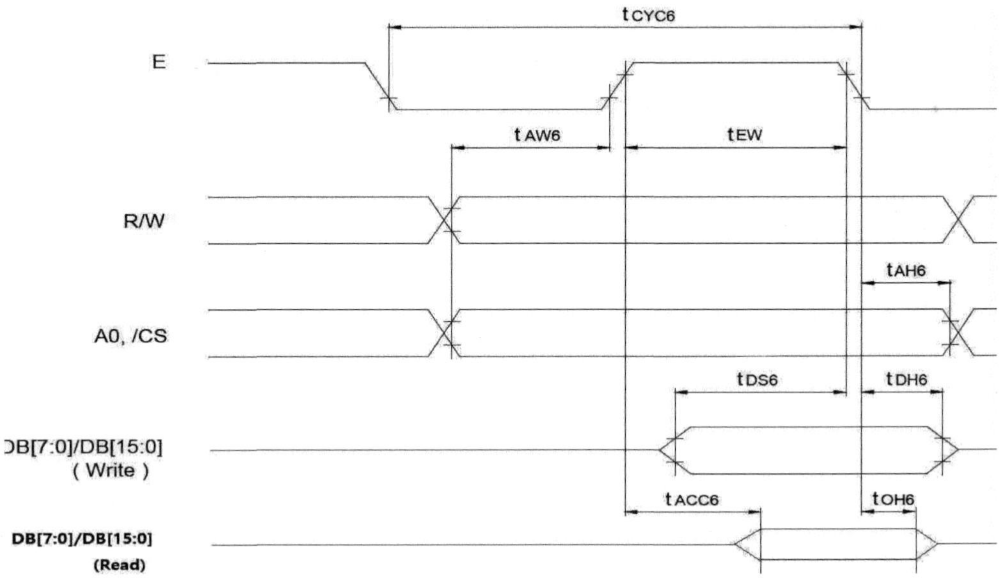

그림 13-2-7 6800 8/16-bit Interface Read/Write Timing

Characteristic	Symbol	Min.	Max.	Unit
Cycle time	t_{CYC6}	50	-	ns
Strobe Pulse width	t_{EW}	20	-	ns
Address setup time	t_{AW6}	0	-	ns
Address hold time	t_{AH6}	10	-	ns
Data setup time	t_{DS6}	20	-	ns
Data hold time	t_{DH6}	10	-	ns
Data output access time	t_{ACC6}	0	20	ns
Data output hold time	t_{OH6}	0	20	ns

t_C=1/SYS_CLK

External Crystal=24MH

그림 13-2-8 Bus Read/Write Timing(6800 Series MPU)

13.2.2 LT043C-50A CubeMX 설정

1) STM32F767 -> Cortex_M7 설정

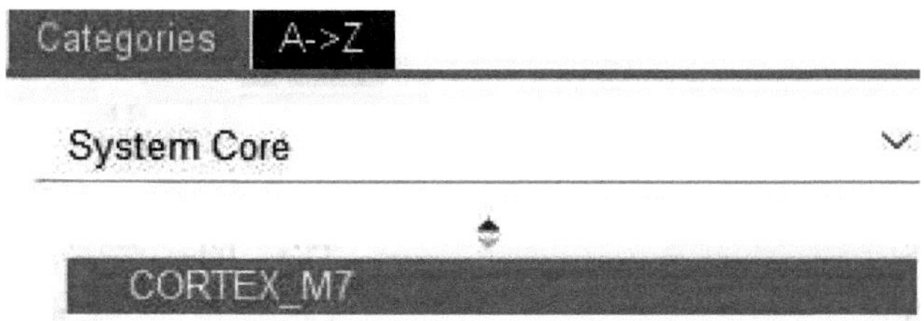

그림 13-2-9 'Categories' -> 'System Core' -> CORTEX_M7

2) Cortex Interface Settings 설정에서 캐시 메모리에 비해 빠른 액세스 속도가 빨라져 시간 지연을 최소화시켜주는 TCM Interface으로 설정

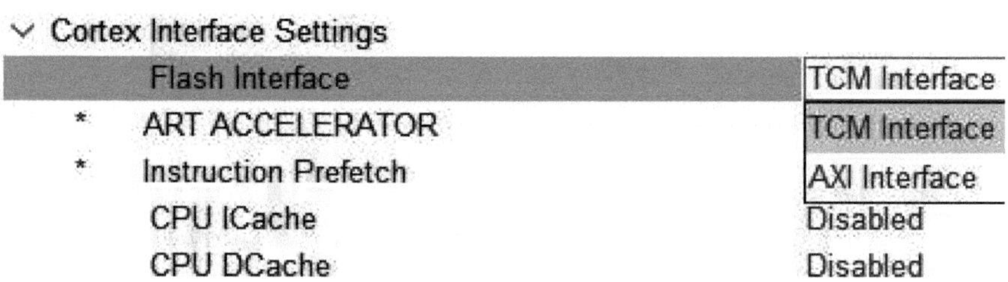

그림 13-2-10 'Flash Interface' -> 'TCM Interface' 로 설정

3) Memory Protection Unit(MPU) 및 예외처리 설정 -> BackGround Region Privileged accessed only + MPU Disabled during hard fault, NMI and FAULTMASK handlers로 설정

그림 13-2-11 'MPU Control Mode' -> 'BackGround Region Privileged..' 로 설정

■ Background Region Privileged Accesses Only : 백그라운드 리전에 대한 "Privileged Accesses Only" 설정은 일반적으로 특권 레벨에서만 해당 리전에 대한 접근이 허용되도록 하는 것을 의미

■ MPU Disabled During Hard Fault : Hard Fault가 발생했을 때 MPU를 비활성화하는 기능을 나타낸다. Hard Fault가 발생하면 MPU를 비활성화하여 디버깅이나 로깅 등을 용이하게 할 수 있다.

4) Cortex Memroy Protextion Unit Region 0 Settings

Cortex Memory Protection Unit Region 0 Settings	
MPU Region	Enabled
MPU Region Base Address	0x60000000
MPU Region Size	64MB
MPU SubRegion Disable	0x0
MPU TEX field level	level 0
MPU Access Permission	ALL ACCESS PERMITTED
MPU Instruction Access	ENABLE
MPU Shareability Permission	DISABLE
MPU Cacheable Permission	DISABLE
MPU Bufferable Permission	DISABLE

그림 13-2-12 Cortex Memory Protection Unit Region 0 Settings 설정

■ MPU Region Base Address : 메모리 시작 주소를 0x60000000으로 설정

■ MPU Region Size : 메모리의 영역 크기를 정의하는 설정이며, MPU의 주소 맵핑 및 접근 권한 설정에 영향을 미친다. 예로, 4MB의 MPU Region Size로 설정하면 해당 메모리 영역은 4MB 단위로 나누어지며, 설정된 크기의 배수로만 접근이 가능하다.

■ MPU Access Permission : 특정 메모리 영역에 대한 읽기, 쓰기, 실행 등의 접근 권한을 제어하여 시스템의 안전성과 보안성을 높여준다. 'Enable' 선택

■ MPU (Memory Protection Unit) Shareability Permission : Cortex-M 프로세서에서 메모리 접근을 관리하는 데 사용되는 기능 중 하나다. 이 기능은 여러 코어가 공유 메모리에 접근할 때의 동작을 제어하는 데 사용된다.

■ MPU (Memory Protection Unit) Cacheable Permission : 해당 옵션이 설정되면 해당 메모리 영역은 캐시 사용이 허용된다. 데이터를 읽거나 쓸 때 캐시를 통해 빠른 액세스가 가능하다.

5) FMC(Flexible Memory Controller) 설정

FMC는 외부 메모리 컨트롤러를 나타내는 약어이다. STM32 시리즈는 다양한 모델과 제품을 제공하며, 일부 모델은 외부 메모리를 사용하기 위해 특별히 FMC(Flexible Memory Controller)를 제공한다.

- FMC의 기능

■ 외부 메모리 지원 : FMC는 주로 SDRAM (Synchronous Dynamic Random Access Memory), NOR Flash, NAND Flash 등과 같은 외부 메모리 디바이스를 지원한다.

■ 메모리 인터페이스 및 제어 : FMC는 외부 메모리와의 통신을 위한 인터페이스를 제공하며, 데이터 및 주소 라인을 관리하고 외부 메모리 디바이스와의 통신을 제어

■ 다양한 외부 메모리 유형 지원 : FMC는 다양한 유형의 외부 메모리와 통합할 수 있도록 설계되어 있다. 이는 시스템에 따라 필요한 외부 메모리 유형을 선택하여 사용할 수 있음을 의미한다.

■ 데이터 및 명령 버스 관리 : FMC는 데이터 및 명령 버스를 관리하여 외부 메모리 디바이스와 효과적으로 통신할 수 있도록 한다.

■ RA8875와 STM32F767 MCU의 8080시리즈의 통신 프로토콜

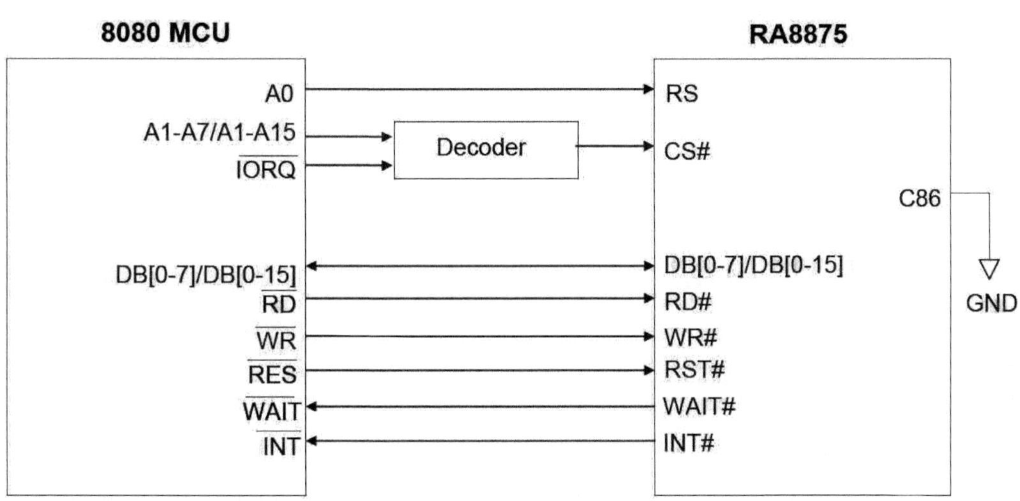

그림 13-2-13 8080MCU Interface 와 RA8875 Interface

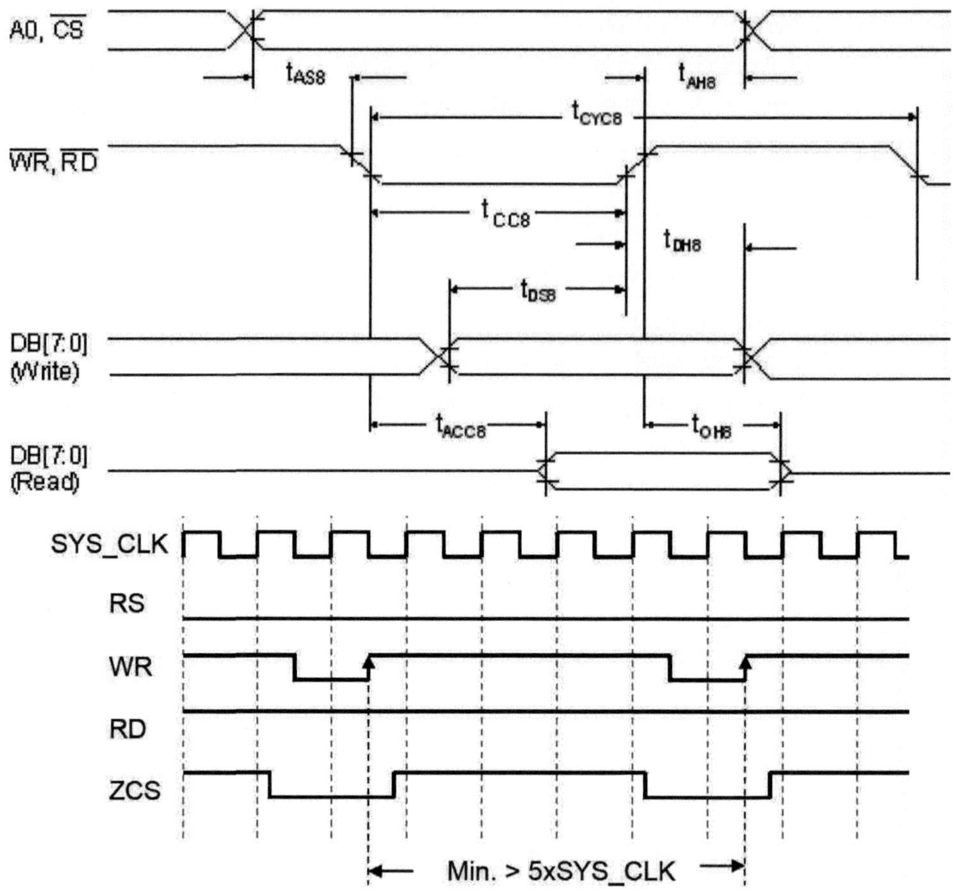

그림 13-2-14 8080 파형

Symbol	Parameter	Rating		Unit	Symbol
		Min.	Max.		
t_{CYC8}	Cycle time	50	--	ns	tc is one system clock period: tc = 1/SYS_CLK
t_{CC8}	Strobe Pulse width	20	--	ns	
t_{AS8}	Address setup time	0	--	ns	
t_{AH8}	Address hold time	10	--	ns	
t_{DS8}	Data setup time	20	--	ns	
t_{DH8}	Data hold time	10	--	ns	
t_{ACC8}	Data output access time	0	20	ns	
t_{OH8}	Data output hold time	0	20	ns	

그림 13-2-15 8080 MCU I/F 타이밍도

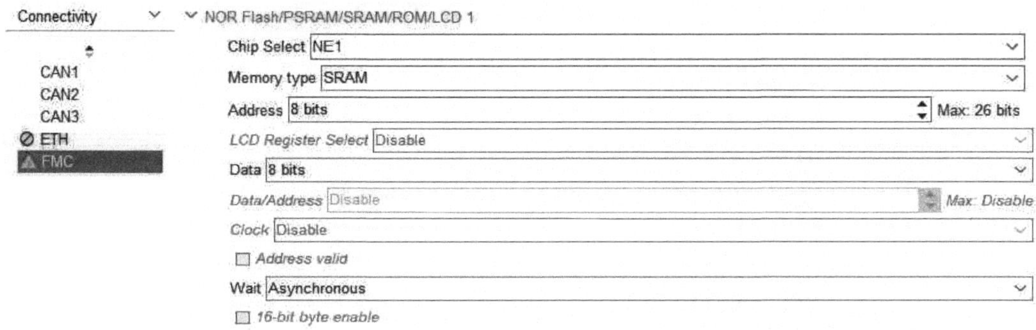

그림 13-2-16 FMC에서 NOR/Flash/PSRAM/SRAM/ROM/LCD 1 설정

■ Chip Select(LCD Register Select) : NE1
"NE1" 은 "Not Enable 1" 을 나타내며, 마이크로컨트롤러 또는 마이크로프로세서와 외부 디바이스 간의 통신에서 사용되는 제어 신호 중 하나다.

■ Memory Type : SRAM
FMC는 다양한 종류의 외부 메모리 디바이스를 지원하는데, 이 중 하나로 SRAM이 선택될 수 있다. 또한 SRAM은 기존의 DRAM(Dynamic RAM)과 달리 충전 및 방전과 같은 복잡한 프로세스 없이도 데이터를 보존할 수 있어 빠른 액세스 속도를 제공하며 전원이 꺼져도 데이터를 보존하는 휘발성 메모리이므로, 전원이 중단되더라도 데이터를 유지한다.

■ Address : 8Bit
"Address 8-bit" 는 FMC가 처리하는 주소 버스의 폭(Width)을 나타내며, 8-bit 주소 버스는 2^8(256) 개의 주소를 나타낼 수 있다.

■ Data : 8Bit
"Data 8-bit" 는 실제 데이터가 주고 받아지는 데이터 버스이며, 데이터 버스 폭이 8bit이면 한 번에 8bit의 데이터가 주고 받아지고, 16bit이면 한 번에 16bit의 데이터가 전달된다.

■ Wait : Asynchronous
"FMC wait 비동기"란, 메모리 액세스 중에 대기(wait) 신호가 동기적이 아니라 비동기적으로 동작한다는 것을 의미한다. 즉, 다른 작업이나 명령을 수행하는 동안 메모리 액세스가 완료되기를 기다리지 않고, 비동기적으로 계속 진행된다.

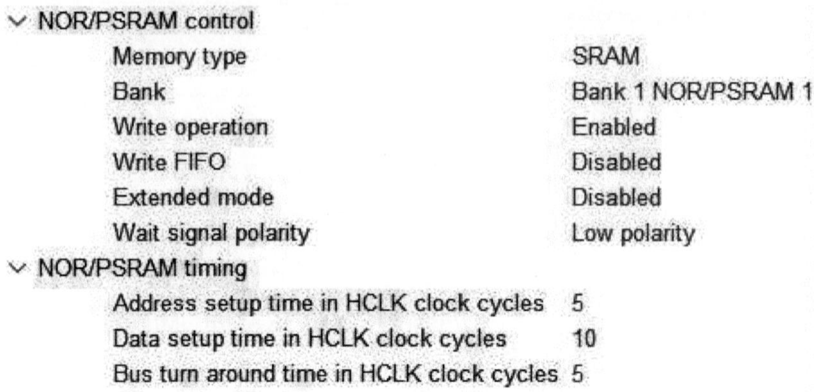

그림 13-2-17 NOR/PSRAM control, Timing 설정

■ Memory Type : SRAM
■ Bank : Bank 1 NOR/PSRAM 1
■ Write operation : Enabled
FMC가 외부 메모리 디바이스에 데이터를 쓸 수 있는 상태임을 의미

■ Write FIFO(First in First Out) : Disabled
FMC가 데이터를 메모리에 쓸 때 FIFO 버퍼를 사용하지 않는다는 것을 의미하며, FIFO는 일종의 버퍼로, 데이터가 먼저 들어간 순서대로 나가는 동작을 수행하는 메모리나 장치이다. FMC의 경우, 쓰기 FIFO가 활성화되면 쓰기 동작이 버퍼에 데이터를 쓴 후 메모리로 이동한다. 이를 통해 쓰기 속도의 향상과 성능 향상이 가능하다.

■ Extended mode : Disabled(확장 모드 미사용)
■ wait signal polarity : Low polarity(낮은 전압에서 활성화)

■ Address setup time in HCLK clock cycles : 5
메모리 주소가 변경되기 전에 최소 5개의 HCLK 클럭 주기 동안 안정된 상태로 유지되어야 한다는 것을 의미하며, 이것은 메모리 주소 전환의 안정성과 시스템의 타이밍을 고려하여 설정되는 값이다.

■ Data setup time in HCLK clock cycles : 10
데이터가 안정된 상태로 유지되어야 하는 최소 시간이 10개의 HCLK 클럭 주기 동안이어야 한다는 것을 의미한다. 이것은 데이터가 변화하기 전에 안정된 상태로 유지되어야 하는 시간을 나타내며, 이러한 설정은 메모리와의 안정한 통신 및 데이터 신호의 신뢰성을 보장하기 위해 조정된다.

■ Bus turn around time in HCLK clock cycles : 5
데이터 전송에서 디바이스 간에 전환 시간이 5개의 HCLK 클럭 주기 동안이어야 한다는 것을 의미한다. 이러한 설정은 버스의 안정성과 데이터 신호의 신뢰성을 보장하기 위해 조정되며, 특히 다중 디바이스 간 데이터 교환 시 필요한 타이밍을 나타낸다.

6) LCD_Init(void), LCD 초기화 함수 설명

LCD_Init(void) 함수는 TFT-LCD를 동작시키 위한 LCD 컨트롤 함수이다. Write_cmd_data(0x10, 0x0C) 함수 한가지 예만 들어서 설명하였다. LCD의 레지스터에 대한 자세한 설명은 LCD 드라이버인 RA8875의 데이터 시트를 참고해야 한다.

```
#define LCD_CMD    *(byte *)0x60000080
#define LCD_DATA  *(byte *)0x60000000
void Write_cmd_data(byte cmd, byte data)
{
    LCD_CMD = cmd;
    LCD_DATA = data;
}
```

```
void LCD_Init(void)
{
    Write_cmd_data(0x10, 0x0C);
    //여기서 0x10은 그림 13-2-18에서 LCD 색상의 정도를 설정할 수 있다.
    //LCD_CMD = 0x10;  //write_cmd(0x10);//SYSR  bit[4 : 3]=00  256
color  bit[2 : 1]= 00 8bit MPU interface
    //write_data(0x0c); // if 8bit MCU interface and 65k color display
    //write_data(0x0F); // if 16bit MCU interface and 65k color display
}
```

REG[10h] System Configuration Register (SYSR)

Bit	Description	Default	Access
7-4	N/A	0	RO
3-2	**Color Depth Setting** 00b : 8-bpp generic TFT, i.e. 256 colors. 1xb : 16-bpp generic TFT, i.e. 65K colors.	0	RW
1-0	**MCUIF Selection** 00b : 8-bit MCU Interface. 1xb : 16-bit MCU Interface.	0	RW

그림 13-2-18 System Configuration Register

13.2.3 이미지 - 비트맵 변환 프로그램

1) 원하는 이미지 선정 -> 그림판으로 이미지의 비율을 480×272로 설정

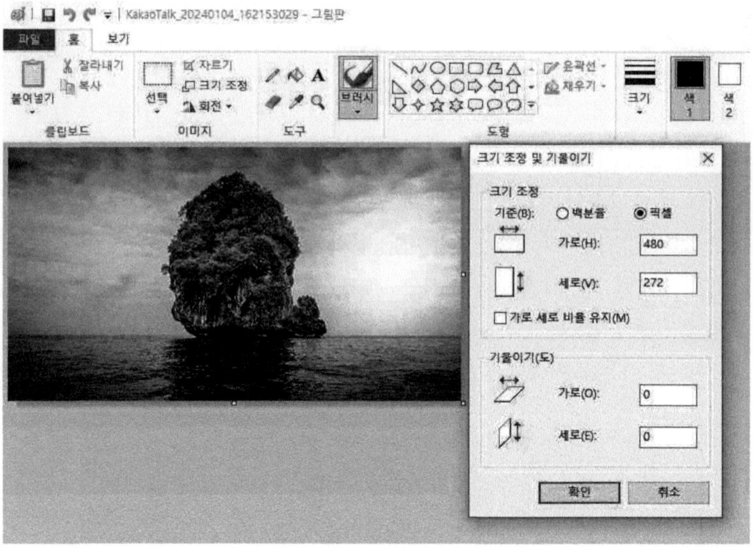

그림 13-2-19 이미지 파일 비율 설정

2) 편집한 이미지를 ezBMP 프로그램으로 읽기 -> Color RGB565 16bit로 설정 후, 변환 및 저장

그림 13-2-20 이미지 파일 변환

3) 변환된 비트맵 data를 dog_image.h 파일에 복사 + 붙여넣기 한다.

```
/*
 typedef struct {
     const uint8_t *data;
     uint16_t width;
     uint16_t height;
     uint8_t dataSize;
     } tImage;
*/
/*
    C-file generated by ezCircuit Image Converter ezBMP
*/
/*
        Image size H = 480   V = 272
        Convert to Color RGB565 16bit/pixel  Total : 261120 Bytes
*/
const unsigned char dog_image[261120] = {
0x08,0x41,0x08,0x61,0x08,0x61,0x08,0x61,0x08,0x61,0x08,0x61,0x08,
x42,0x08,0x42,0x08,0x62,0x08,0x62,0x08,0x41,0x08,0x41,0x08,0x61,0x
08,0x41,0x08,0x41,0x08,0x41,0x08,0x62,0x08,0x42,0x08,0x42,0x08,0x
```

그림 13-2-21 이미지가 변환된 코드

```
dog_image.h* × extern.h main.c user_define.h lcd_define.h lcd_function.h consolas_Alphabet_32x41.h stm32f7xx_it.c stm32f7xx_hal_sram.c stm32f7xx_hal_msp.c stm32f7xx_hal_gpio.c

     } tImage;
*/
/*
    C-file generated by ezCircuit Image Converter ezBMP
*/
/*
        Image size H = 480   V = 272
        Convert to Color RGB565 16bit/pixel  Total : 261120 Bytes
*/
const unsigned char dog_image[261120] = {
0x08,0x41,0x08,0x61,0x08,0x61,0x08,0x61,0x08,0x61,0x08,0x61,0x08,
0x08,0x61,0x08,0x61,0x08,0x61,0x08,0x61,0x08,0x61,0x08,0x61,0x08,
```

그림 13-2-22 헤더파일에 입력한 코드

13.2.4 폰트 - 비트맵 변환 프로그램

1) 그림 대로 폰트를 설정 : 글꼴 'Consolas', 글꼴 스타일 '보통', 크기 '60pt'
(※ 위 설정 그대로 하지 않을 경우, 출력이 제대로 되지 않을 수 있다.)

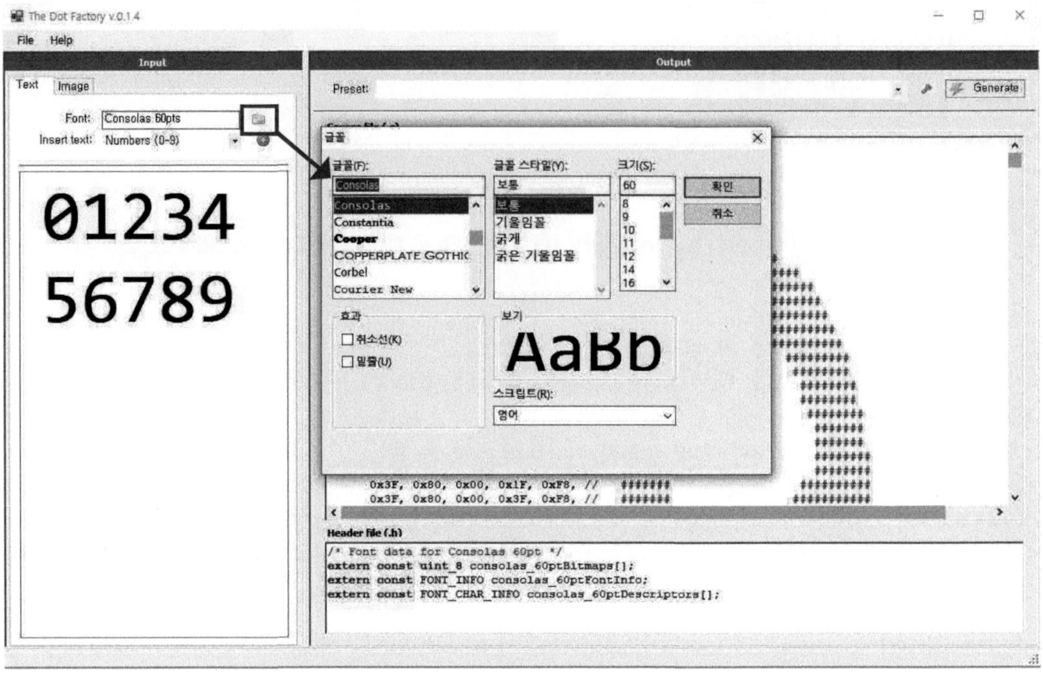

그림 13-2-23 폰트 - 비트맵 변환 프로그램 글꼴 설정

2) Insert text : Numbers (0-9)로 설정

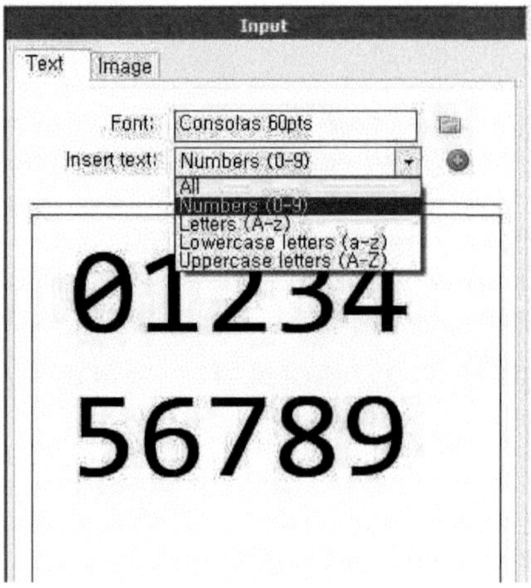

그림 13-2-24 폰트 - 비트맵 변환 프로그램 Insert text 설정

3) Modify Output Configuration 설정

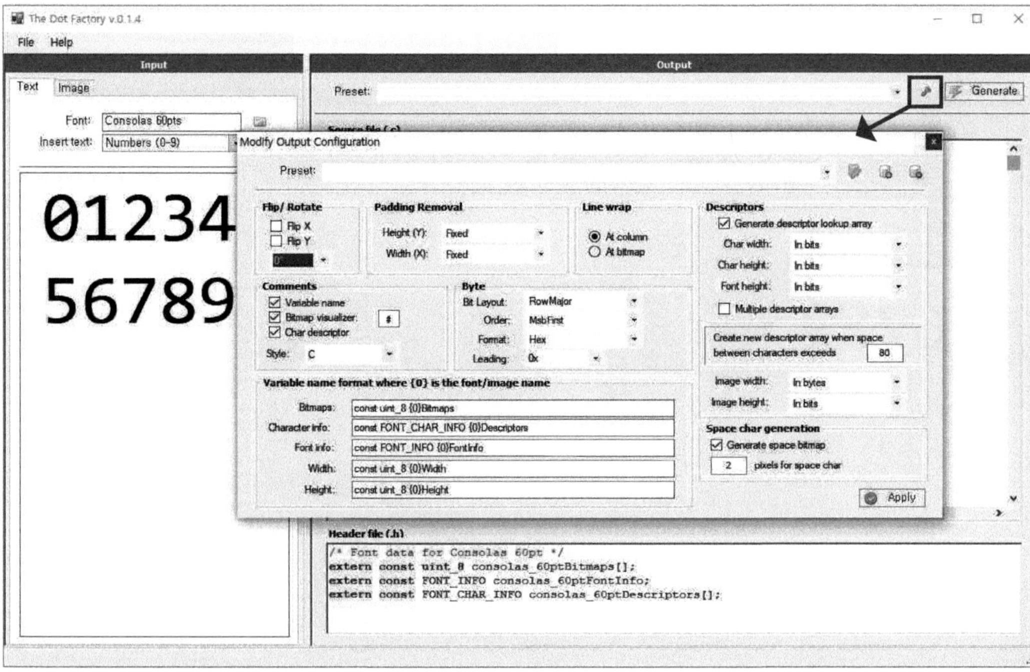

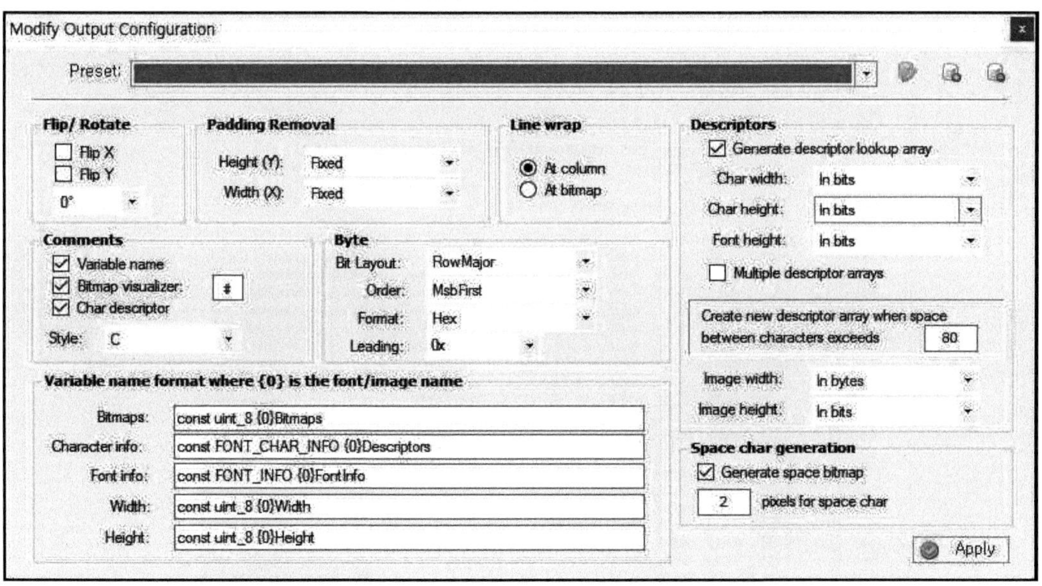

그림 13-2-25 폰트 - 비트맵 변환 프로그램 Insert text 설정

4) Generate 클릭 -> Source file(.c)에 있는 텍스트를 전체 복사 후 펌웨어의 lcd_function.h에 붙여넣기

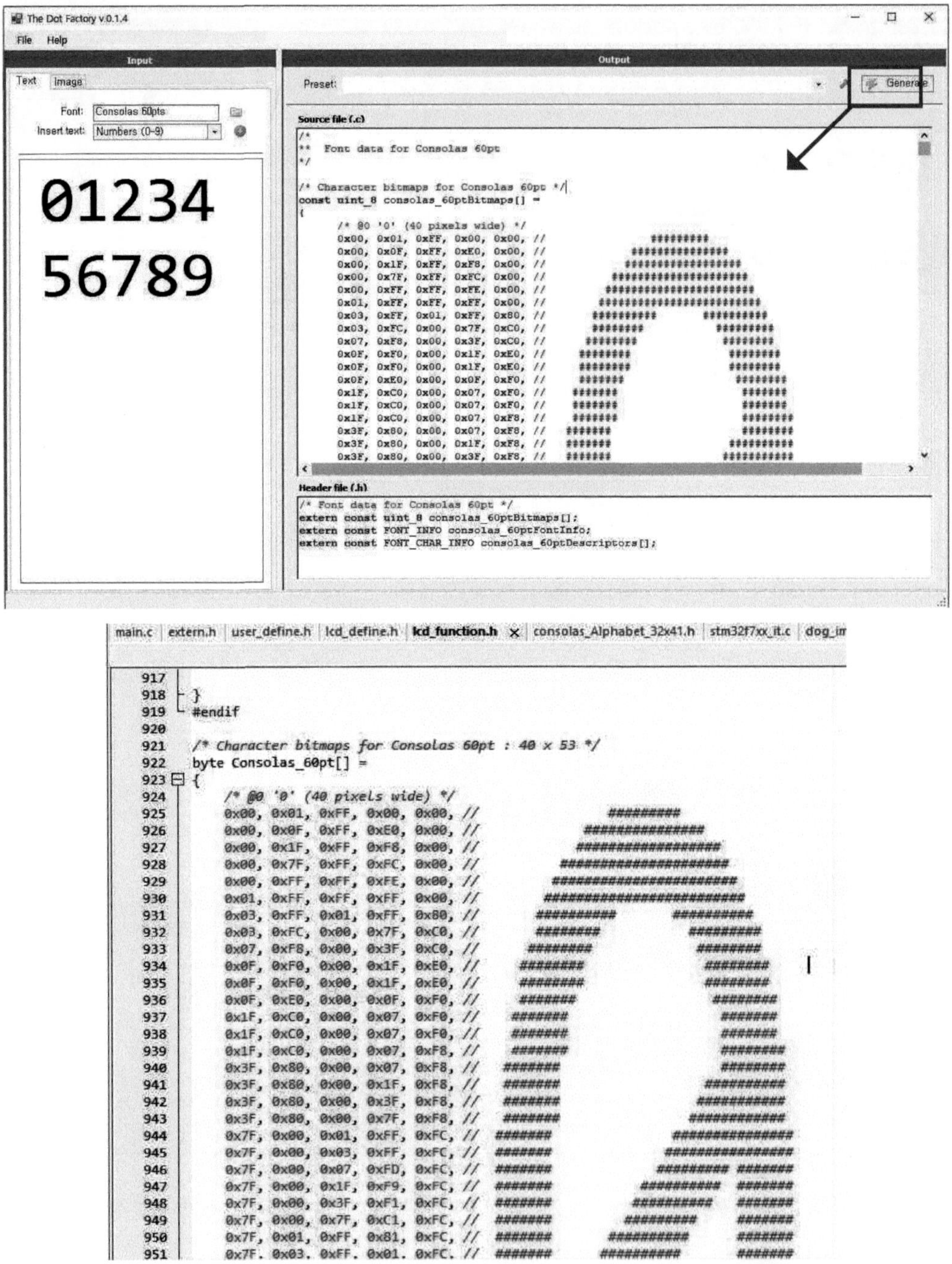

그림 13-2-26 폰트 - 비트맵 변환 프로그램 Generate

13.2.5 LT043C-50A 4.3Inch TFT-LCD 응용

실험 1) 사용자가 원하는 이미지를 그래픽 LCD에 출력하는 프로그램을 작성하여 실험하였다. (사진 파일 -> 비트맵 변환프로그램을 이용한다.)

1. main.c

```
#include "main.h"
#include "extern.h"
#include <stdint.h>
#include "dog_image.h" //사진이 변환된 비트맵 데이터가 들어있는 헤더파일
#include "consolas_Alphabet_32x41.h"
#include "user_define.h"
#include "4.3tft_lcd.h"
#include "lcd_define.h"
#include "lcd_function.h"
TIM_HandleTypeDef htim1;
SRAM_HandleTypeDef hsram1;
void SystemClock_Config(void);
static void MPU_Config(void);
static void MX_GPIO_Init(void);
static void MX_FMC_Init(void);
static void MX_TIM1_Init(void);
int main(void)
{
    HAL_Init();
    MPU_Config();
    SystemClock_Config();
    MX_GPIO_Init();
    MX_FMC_Init();
    MX_TIM1_Init();
    HAL_TIM_Base_Start_IT(&htim1); //타이머 1인터럽트 시작
    LCD_Init();//TFT_LCD 초기화 함수이며 main문에 작성
    Clear_all(white);//TFT_LCD 출력 테스트
    dis_picture(&dog[0], 0, 0, 480, 272); //강아지 사진 출력 테스트
    while
    {
        dis_picture(&dog[0], 0, 0, 480, 272); // 실제 사진 출력
    }
}
```

2. lcd_define.h

```
#define black   0x0000
#define white   0xffff
#define red  0xf800
#define green   0x07e0
#define blue    0x001f
#define gray    0x8410 //0x18c3
#define yellow  0xffe0  //color_red|color_green
#define violet  0xf81f  //color_red|color_blue
#define orange  0xFD00
#define cyan    0x07ff //color_green|color_blue
#define LCD_CMD *(byte*)0x60000080//A16 : 1(RS : 1-->Command Selection)
#define LCD_DATA *(byte *)0x60000000//A16 : 0(RS : 0-->Data Selection)
```

3. lcd_function.h

```
void Write_cmd_data(byte cmd, byte data)
{
    LCD_CMD = cmd;//CS Command Selection
    LCD_DATA = data;//RS Data Selection
}
byte Test_LCD_data1=0, Test_LCD_data2=0, Test_LCD_cmd=0;
word Test_wdata;
void RA8875_PLL_Init(void)
{
    Write_cmd_data(0x88, 0x0a);
    Test_LCD_data1 = LCD_DATA;
    HAL_Delay(10);
    Write_cmd_data(0x89, 0x02);
    Test_LCD_data2 = LCD_DATA;
```

```
    Test_LCD_cmd=LCD_CMD;
    HAL_Delay(10);
}
void Active_Window(word XL, word XR, word YT, word YB)
{
    Write_cmd_data(0x30, XL);
    Write_cmd_data(0x31, XL>>8);
    Write_cmd_data(0x34, XR);
    Write_cmd_data(0x35, XR>>8);
    Write_cmd_data(0x32, YT);
    Write_cmd_data(0x33, YT>>8);
    Write_cmd_data(0x36, YB);
    Write_cmd_data(0x37, YB>>8);
}
uint8_t read_data = 0;
void LCD_Init(void)//LCD초기화 함수
{
    Write_cmd_data(0x10, 0x0C);
    RA8875_PLL_Init();
    Write_cmd_data(0x10, 0x0C);
    Write_cmd_data(0x04, 0x82);
    Write_cmd_data(0x14, 0x3B);
    Write_cmd_data(0x15, 0x00);
    Write_cmd_data(0x16, 0x01);
    Write_cmd_data(0x17, 0x00);
    Write_cmd_data(0x18, 0x05);
    Write_cmd_data(0x19, 0x0f);
    Write_cmd_data(0x1A, 0x01);
    Write_cmd_data(0x1B, 0x02);
    Write_cmd_data(0x1C, 0x00);
    Write_cmd_data(0x1D, 0x07);
    Write_cmd_data(0x1E, 0x00);
    Write_cmd_data(0x1F, 0x09);
    Active_Window(0, 479, 0, 271);
```

```
    Write_cmd_data(0x8A, 0xC8);
    Write_cmd_data(0x8B, 0xFF);
    Write_cmd_data(0x01, 0x80);
}
void dis_picture(const byte *p, unsigned int x, unsigned int y, word
width, word height) //x 좌표, y 좌표, 가로 크기, 세로 크기
{
    dword i = 0;
    dword j = 0;
    word *ptr;
    word row, column; //row(행, 가로), column(열, 세로)
    row = x;
    column = y;
    Active_Window(0, 479, 0, 271); //화면 출력 사이즈
    ptr = (word *)p;
    for(i = 0; i < height; i++)
    {
        XY_Coordinate(row,column);      //시작 x,y 좌표 지정 함수
        for(j = 0; j < width; j++)
        {
            *(word *)0x60000000 = *(word *)ptr++;
            row = row + 8;
            if(row >= 480)
                row = x;
            if(column >= 272)
                column = y;
        }
        column ++;
        row = x;
    }
}
```

```
void XY_Coordinate(word X, word Y)
{
    Write_cmd_data(0x40, 0x00);
    Write_cmd_data(0x46, X);
    Write_cmd_data(0x47, X>>8);
    Write_cmd_data(0x48, Y);
    Write_cmd_data(0x49, Y>>8);
    LCD_CMD = 0x02;
}
void Clear_all(word bot_color)
{
    Background_Color(bot_color);
    Write_cmd_data(0x8E, 0x80);
    Busy_check();
    Write_cmd_data(0x8E, 0x00);
    Write_cmd_data(0x40, 0x00);
}
void Busy_check(void)
{
    dword busy_cnt;
    byte temp;
    busy_cnt = 0;
    while(1)
    {
        temp = LCD_CMD & 0x80;//*(byte *)0x6400_0100//A8 : 1(RS : 1
        ---> Command Selection)
        if(temp==0) //Non-busy(0x00), Busy(0x80)
            break;
        if(++busy_cnt >= 1000000)   //비정상적인 경우 exit
            break;
    }
}
```

4. dog_image.h

```
const unsigned char dog_image[261120] = {
    //사진파일을 비트맵으로 변환하여 사용자가 원하는 사진파일을 넣는다.
    //Image size H = 480     V = 272
    //Convert to Color RGB565 16bit/pixel       Total : 261120 Bytes
}
```

5. extern.h

```
typedef unsigned char  byte;  //1byte
typedef unsigned short word;  //2byte
typedef unsigned long  dword; //4byte
extern void Write_cmd_data(byte cmd, byte data);
extern void RA8875_PLL_Init(void);
extern void Active_Window(word XL, word XR, word YT, word YB);
extern void LCD_Init(void);
extern void XY_Coordinate(word X, word Y);
extern void dis_picture(const byte *p, unsigned int x, unsigned int y, word width, word height);
```

실험 2) LCD에 12345를 띄우는 프로그램을 작성하여 실험하였다. 폰트의 사이즈는 40×53이다. (글자의 폰트를 비트맵으로 만들어주는 프로그램을 이용한다.)

1. main.c

```
#include "main.h“
#include "extern.h"
#include <stdint.h>
#include "dog_image.h"
#include "consolas_Alphabet_32x41.h"
#include "user_define.h"
#include "4.3tft_lcd.h"
#include "lcd_define.h"
#include "lcd_function.h“
TIM_HandleTypeDef htim1;
SRAM_HandleTypeDef hsram1;
void SystemClock_Config(void);
static void MPU_Config(void);
static void MX_GPIO_Init(void);
static void MX_FMC_Init(void);
static void MX_TIM1_Init(void);
byte arr[5]={0x01, 0x02, 0x03, 0x04, 0x05};//LCD 출력용 배열
int main(void)
{
    HAL_Init();
    MPU_Config();
    SystemClock_Config();
    MX_GPIO_Init();
    MX_FMC_Init();
    MX_TIM1_Init();
    HAL_TIM_Base_Start_IT(&htim1); //타이머 1인터럽트 시작
    LCD_Init();//TFT_LCD 초기화 함수이며 main문에 작성
    Clear_all(white);//TFT_LCD 흰색 바탕 출력 테스트
    while
    {
        LCD_puts40x53(10, 10, arr, blue, white);//파랑 바탕에 흰글씨
    }//while 닫힘
}//main 닫힘
```

2. lcd_define.h

```
#define black    0x0000
#define white    0xffff
#define red 0xf800
#define green    0x07e0
#define blue     0x001f
#define gray     0x8410 //0x18c3
#define yellow   0xffe0   //color_red|color_green
#define violet   0xf81f   //color_red|color_blue
#define orange   0xFD00
#define cyan     0x07ff //color_green|color_blue
#define LCD_CMD *(byte*)0x60000080//A16 : 1(RS : 1-->Command Selection)
#define LCD_DATA *(byte *)0x60000000//A16 : 0(RS : 0-->Data Selection)
```

3. lcd_function.h

```
void Write_cmd_data(byte cmd, byte data)
{
    LCD_CMD = cmd;//CS Command Selection
    LCD_DATA = data;//RS Data Selection
}
byte Test_LCD_data1=0, Test_LCD_data2=0, Test_LCD_cmd=0;
word Test_wdata;
void RA8875_PLL_Init(void)
{
    Write_cmd_data(0x88, 0x0a);
    Test_LCD_data1 = LCD_DATA;
    HAL_Delay(10);
    Write_cmd_data(0x89, 0x02);
    Test_LCD_data2 = LCD_DATA;
```

```
    Test_LCD_cmd=LCD_CMD;
    HAL_Delay(10);
}
void Active_Window(word XL, word XR, word YT, word YB)
{
    Write_cmd_data(0x30, XL);
    Write_cmd_data(0x31, XL>>8);
    Write_cmd_data(0x34, XR);
    Write_cmd_data(0x35, XR>>8);
    Write_cmd_data(0x32, YT);
    Write_cmd_data(0x33, YT>>8);
    Write_cmd_data(0x36, YB);
    Write_cmd_data(0x37, YB>>8);
}
uint8_t read_data = 0;
void LCD_Init(void)//LCD초기화 함수
{
    Write_cmd_data(0x10, 0x0C);
    RA8875_PLL_Init();
    Write_cmd_data(0x10, 0x0C);
    Write_cmd_data(0x04, 0x82);
    Write_cmd_data(0x14, 0x3B);
    Write_cmd_data(0x15, 0x00);
    Write_cmd_data(0x16, 0x01);
    Write_cmd_data(0x17, 0x00);
    Write_cmd_data(0x18, 0x05);
    Write_cmd_data(0x19, 0x0f);
    Write_cmd_data(0x1A, 0x01);
    Write_cmd_data(0x1B, 0x02);
    Write_cmd_data(0x1C, 0x00);
    Write_cmd_data(0x1D, 0x07);
    Write_cmd_data(0x1E, 0x00);
    Write_cmd_data(0x1F, 0x09);
    Active_Window(0, 479, 0, 271);
```

```
    Write_cmd_data(0x8A, 0xC8);
    Write_cmd_data(0x8B, 0xFF);
    Write_cmd_data(0x01, 0x80);
}
void XY_Coordinate(word X, word Y)
{
    Write_cmd_data(0x40, 0x00);
    Write_cmd_data(0x46, X);
    Write_cmd_data(0x47, X>>8);
    Write_cmd_data(0x48, Y);
    Write_cmd_data(0x49, Y>>8);
    LCD_CMD = 0x02;
}
void LCD_putchar40x53(word x, word y, byte data, word back_color,
word text_color)
{
    byte  i, j, k, b;
    static word index;
    static byte my_temp;
    Active_Window(x, x+40, y, y+53);
    index = data * 40/8 * 53;
    for(i=0;i<53;i++)    //글자세로
    {
    for(k=0;k<40/8;k++)//글자 가로
    {//data*(64/8)*48 + k*(64/8)+i];
        my_temp = Consolas_60pt[index++];
        b = 0x80;
            XY_Coordinate(x+k*8,y+i);    //x : 20, y : 10
            for(j=0; j<8; j++)
            {
                if(my_temp & b)
                {//my_temp와 0x80이 1bit라도 같으면 if문 들어감
                    write_data(text_color>>8);//High Byte First
                    write_data(text_color & 0xFF);
```

```
                }
        else //my_temp와 0x80의모든 비트가 달라야 들어가짐
        {
            write_data(back_color>>8);//High Byte First
            write_data(back_color & 0xFF);
        }
        b = b>>1;
            }
        }
    }
}
void LCD_puts40x53(uint16_t x, uint16_t y, uint8_t *string, word
back_color, word text_color)
{
    uint8_t i=0;
    uint8_t font_w=40;
    uint8_t font_h=53;
    while(*(string+i)!='\0')
    {
        if(*(string+i)==0)
        {
            return;
        }
    if(*(string+i)=='\n')
    {
        x += font_h;
        y = 0;
        string++;
    }
    if(x > 480-font_w)
    {
        x = 0;
        y += font_h;
    }
```

```
    if(y > 272-font_h)
    {
        x = y = 0;
    }
    LCD_putchar40x53(x, y, *(string+i),back_color,text_color);
    x += font_w;
    i++;
    }
}
```

위의 프로그램을 입력하면 그림 13-2-27의 이미지가 출력된다. 사용자가 프로그램을 수정하여 원하는 문자열로 출력 가능하다.

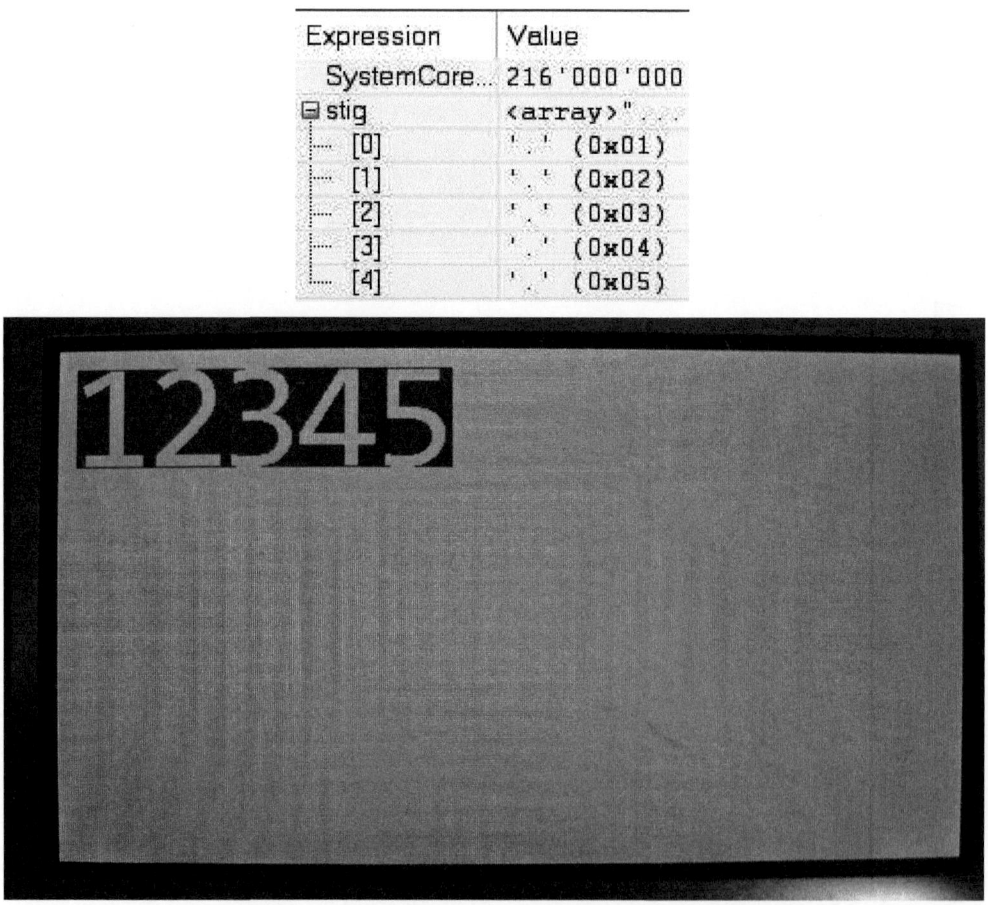

그림 13-2-27 TFT-LCD 12345 출력사진

제14장 DA변환기

14.1 DA 변환기의 개념과 특징

14.1.1 DA 변환기의 구조 및 기능

1) DAC 변환기의 구조

DA 변환기(DAC : Digital to Analog Converter)는 입력되는 디지털 신호를 아날로그 전압 신호로 변환하는 출력장치이다. STM32F767의 DAC 기능은 다음과 같다.

■ 두 개의 DAC 컨버터(DAC1, DAC2) : 각 출력 채널에 대한 하나의 DAC

■ 8Bit 또는 16Bit DAC 변환

■ 12Bit Mode에서의 LSB or MSB 선택

■ 삼각파 생성

■ DMA 기능 지원하여 CPU 개입 없이 데이터 전송 가능

■ 변환을 위한 외부 트리거 사용 가능

■ 8개의 DAC 트리거 입력을 사용하며, DAC 채널은 타이머 업데이트 출력을 트리거로 사용하고 다른 DMA 스트림에 연결됨

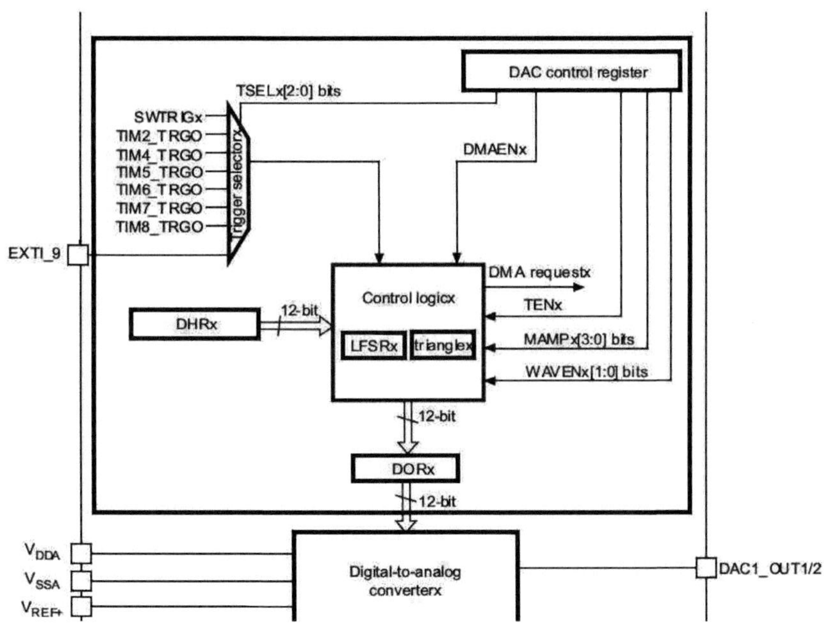

그림 14-1-1 DAC 채널 Block Diagram

Name	Signal type	Remarks
V_{REF+}	Input, analog reference positive	The higher/positive reference voltage for the DAC, 1.8 V ≤ V_{REF+} ≤ V_{DDA}
V_{DDA}	Input, analog supply	Analog power supply
V_{SSA}	Input, analog supply ground	Ground for analog power supply
DAC_OUTx	Analog output signal	DAC channelx analog output

그림 14-1-2 DAC 외부 입출력 핀

2) DAC 변환기의 데이터 형식

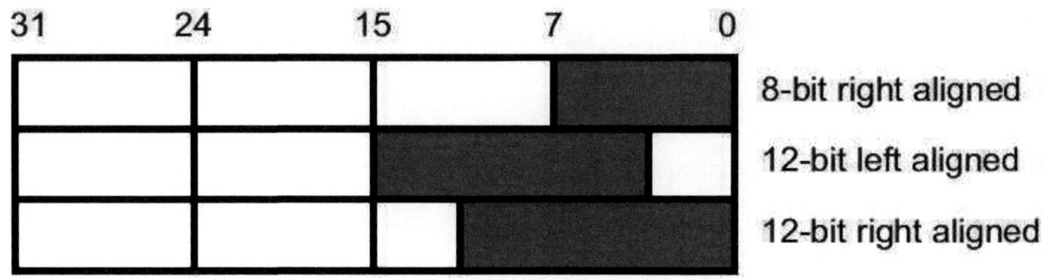

그림 14-1-3 DAC 데이터 레지스터 싱글 채널

- 8Bit 오른쪽 정렬 : DAC_DHR8Rx [7 : 0] 비트에 데이터 로드(저장 -> DHRx[11 : 4])
- 12Bit 왼쪽 정렬 : DAC_DHR12Lx [15 : 4] 비트에 데이터 로드(저장-> DHRx[11 : 0])
- 12Bit 오른쪽 정렬 : DAC_DHR12Rx [11 : 0]비트에 데이터 로드(저장->DHRx[11 : 0])

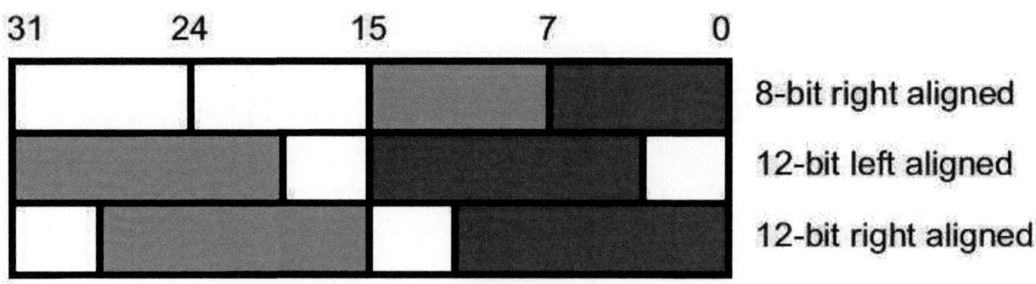

그림 14-1-4 DAC 데이터 레지스터 듀얼 채널

- 8Bit 오른쪽 정렬

채널 1 : DAC_DHR8RD [7 : 0] 비트에 데이터 로드(저장 -> DHR1[11 : 4])

채널 2 : DAC_DHR8RD [15 : 8] 비트에 데이터 로드(저장 -> DHR2[11 : 4])

- 12Bit 왼쪽 정렬

채널 1 : DAC_DHR12LD [15 : 4] 비트에 데이터 로드(저장-> DHR1[11 : 0])
채널 2 : DAC_DHR12LD [31 : 20] 비트에 데이터 로드(저장-> DHR2[11 : 0])
■ 12Bit 오른쪽 정렬
채널 1 : DAC_DHR12RD [11 : 0]비트에 데이터 로드(저장->DHR1[11 : 0])
채널 2 : DAC_DHR12RD [27 : 16]비트에 데이터 로드(저장->DHR2[11 : 0])

3) DAC 변환

데이터가 DAC_DORx 레지스터에 로드되면 DA 변환이 시작되며 $t_{SETTLING}$ 시간 이후에 아날로그 출력 값이 나오게 된다.

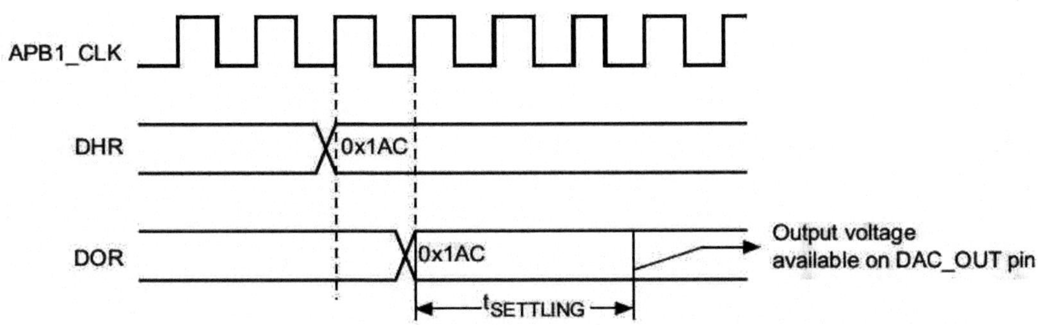

그림 14-1-5 DAC 동작 시간도

4) DAC 출력전압

$$\text{DAC 출력전압} = 0V \sim V_{ref} \times \frac{DOR}{4095}$$

14.1.2 DAC HAL 드라이버

1) ADC 시작 및 초기화 함수

- HAL_DAC_Init(DAC_HandleTypeDef *hdac) : 구조체를 선언하고 이를 초기화한다. 이 구조체는 DAC 모듈의 상태 및 구성을 관리한다.

- HAL_DAC_DeInit(DAC_HandleTypeDef *hdac) : DAC모듈을 초기화 이전의 상태로 되돌리는 역할을 수행하는 함수

2) DAC 입출력용 함수

- HAL_DAC_Start(DAC_HandleTypeDef *hdac, uint32_t Channel) : DAC 활성화

- HAL_DAC_Stop(DAC_HandleTypeDef *hdac, uint32_t Channel) : DAC 정지

- HAL_DAC_SetValue(DAC_HandleTypeDef *hdac, uint32_t Channel) : 선택된 DAC 채널의 최종 변환 결과 값을 읽어옴

- HAL_DAC_SetValue(DAC_HandleTypeDef *hdac, uint32_t Channel,uint32_t Alignment, uint32_t Data) : DAC 입력 값을 설정

```
Alignment : DAC_ALIGN_8B_R - 8Bit(오른쪽 정렬)
            DAC_ALIGN_12B_L - 12Bit(왼쪽 정렬)
            DAC_ALIGN_12B_R - 12Bit(오른쪽 정렬)
```

3) 주변장치 제어 함수

- HAL_DAC_GetState(DAC_HandleTypeDef *hdac) : DAC의 동작 상태를 읽어옴

4) 주변장치 상태 함수

- HAL_DAC_GetError(DAC_HandleTypeDef *hdac) : DAC 에러 상태를 읽어옴

14.2 DA를 이용한 LED 밝기 조절

14.2.1 DAC CubeMX설정

1) Tim1 0.01msec 카운트를 만들기 위해 그림 14-2-1과 같이 설정해준다.

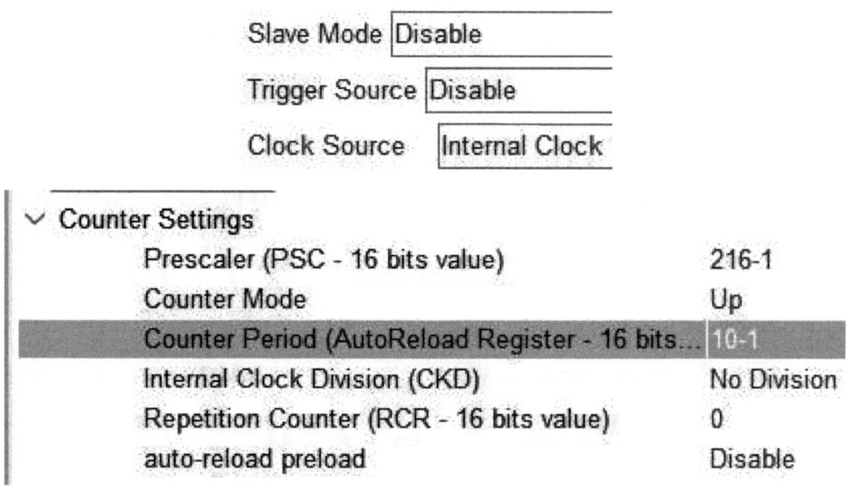

그림 14-2-1 Tim1 설정

2) 그림 14-2-2와 같이 DAC핀 2개를 활성화 시킨다.

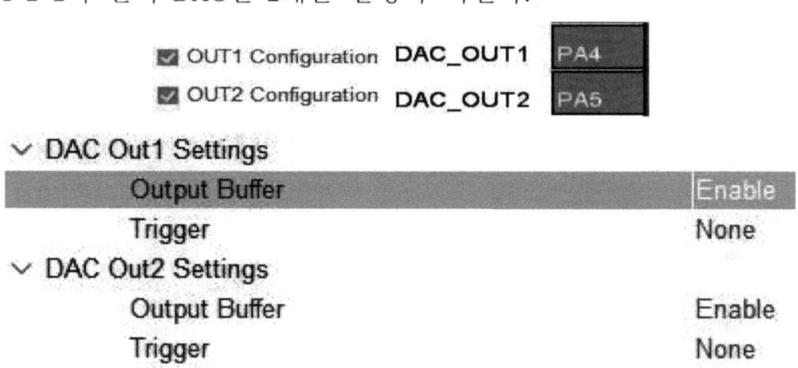

그림 14-2-2 DAC 설정

14.2.2 DAC 응용

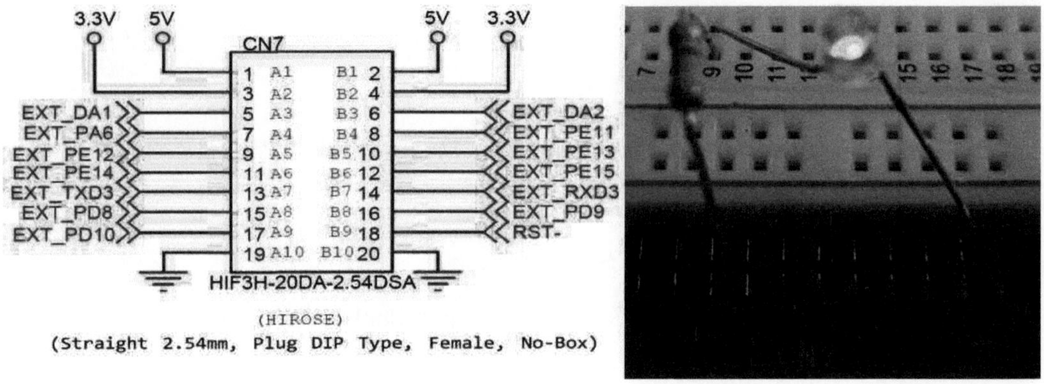

그림 14-2-3 DAC EXT_DA1, EXT_DA2 회로도와 330옴, 노란색 LED

실험 1) sel_cnt 타이머 변수값을 LiveWatch에서 조절하여 LED의 밝기를 조절하는 프로그램을 작성하여 실험하였다. (PA2 : 39Hz, PA1 : 2.4Hz, Tim1 0.01msec 타이머를 사용하였다.)

1. main.c

```
#include "main.h"
#include "extern.h"
#include "user_define.h"
DAC_HandleTypeDef hdac;
TIM_HandleTypeDef htim1;
SRAM_HandleTypeDef hsram1;
void SystemClock_Config(void);
static void MPU_Initialize(void);
static void MPU_Config(void);
static void MX_GPIO_Init(void);
static void MX_FMC_Init(void);
static void MX_TIM1_Init(void);
static void MX_DAC_Init(void);
byte arr[5]={0x01, 0x02, 0x03, 0x04, 0x05};
int main(void)
{
    HAL_Init();
```

```
    MPU_Config();
    SystemClock_Config();
    MX_GPIO_Init();
    MX_TIM1_Init();
    MX_DAC_Init();
    HAL_TIM_Base_Start_IT(&htim1); //타이머 1인터럽트 시작
    HAL_DAC_Start(&hdac, DAC_CHANNEL_1);
    HAL_DAC_Start(&hdac, DAC_CHANNEL_2);
    while (1)
    {
    }
}
```

2. stm32f7xx_it.c

```
#include "main.h"
#include "stm32f7xx_it.h"
#include "extern.h"
#include "user_define.h"
extern DAC_HandleTypeDef hdac;
extern TIM_HandleTypeDef htim1;
word Time1_1mcnt=0, sel_cnt=0;
uint32_t dac_value1=0;
uint32_t dac_value2=0;
float dac1_voltage=0;
float dac2_voltage=0;
void TIM1_UP_TIM10_IRQHandler(void)
{
    if(++Time1_1mcnt>=sel_cnt)
    {
    Time1_1mcnt=0;
        HAL_DAC_SetValue(&hdac, DAC_CHANNEL_1, DAC_ALIGN_12B_R,
         dac_value1);
        HAL_DAC_SetValue(&hdac,DAC_CHANNEL_2,DAC_ALIGN_8B_R,dac
         _value2);
```

```
        if(dac_value1 < 4096)//0.01m*4095=40.95msec -> 24.42Hz
            dac_value1++;
    else
            dac_value1=0;
    dac1_voltage = (float)(3.3*dac_value1)/4095;//전압계산
    if(dac_value2<256)//0.01m*256=2.56msec -> 390.625Hz
            dac_value2++;
    else
            dac_value2=0;
    dac2_voltage = (float)(3.3*dac_value2)/256;//전압계산
    }
    HAL_TIM_IRQHandler(&htim1);
}
```

3. sel_cnt타이머 변수값을 LiveWatch에서 조절하여 그림 14-2-4의 파형을 제어할 수 있다.(sel_cnt 값이 작으면 LED가 빠르게 토글되고 sel_cnt 값이 크면 LED가 느리게 토글됨.)

sel_cnt 값을 크게 설정하면 DAC_CHANNEL의 주기도 커지기 때문에 LED가 느리게 켜지는 것이다.

반대로 sel_cnt 값을 낮게 설정하면 DAC_CHANNEL의 주기가 작아지기 때문에 LED가 빠르게 켜지는 것이다.

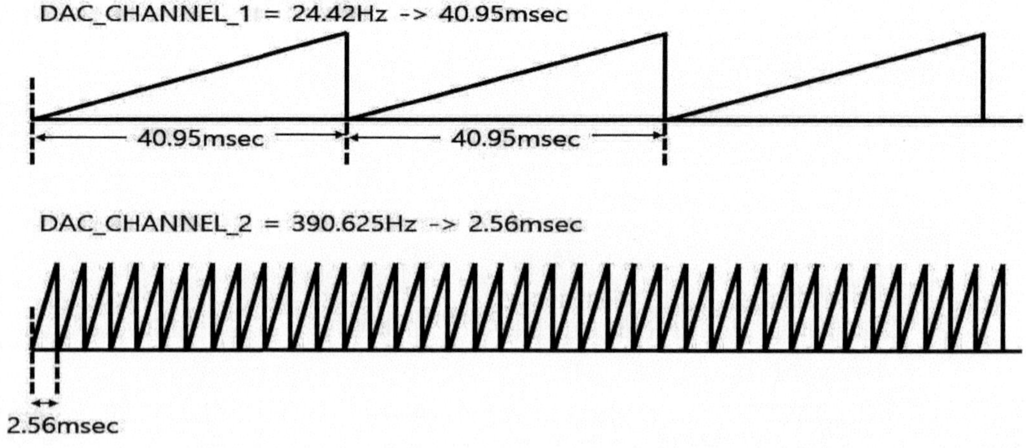

그림 14-2-4 DAC 생성된 파형

제15장 RTC(Real Time Clock)

15.1 Cortex-M 내장 RTC

15.1.1 RTC의 개요

RTC는 프로그램 가능한 알람 인터럽트가 있는 독립적인 BCD(Binary-Coded Deciaml) 타이머/카운터다. RTC에는 주기적인 프로그램 가능한 Wakeup 기능과 인터럽트 기능도 포함되어 있다.

두 개의 32비트 레지스터에는 초, 분, 시간(12 또는 24시간 형식), 요일, 날짜(월의 일), 월 및 연도가 BCD(Binary-Coded Decimal)로 표시된다. 서브 초 값도 이진 형식으로 사용할 수 있다. 28일, 29일(윤년), 30일 및 31일 월에 대한 보정이 자동으로 수행된다. 일광 절약 시간 보정도 수행할 수 있다.

추가적인 32비트 레지스터에는 프로그램 가능한 알람 서브초, 초, 분, 시간, 요일 및 날짜가 포함되어 있다. 크리스탈 발진기 정확도의 어떤 편차에 대한 보정을 위한 디지털 보정 기능이 있다.

이러한 RTC 기능은 타이머, 로그 기록, 이벤트 기반 제어 및 시간 기반 애플리케이션에 유용하게 사용될 수 있다. RTC는 MCU가 소비하는 전력을 최소화하면서도 정밀한 시간 기반 기능을 제공한다.

15.1.2 STM32F767 mBedkit RTC 회로도

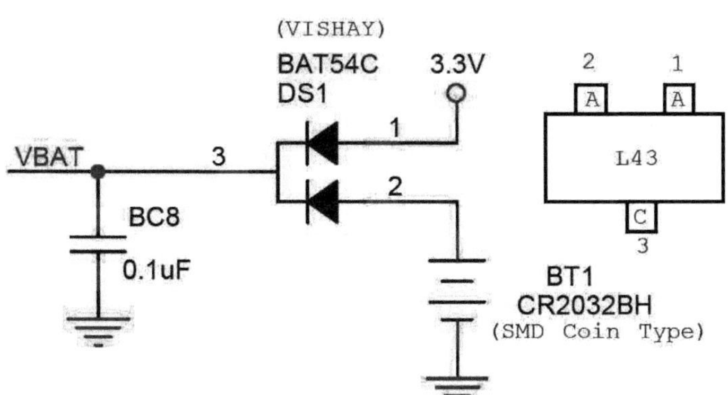

그림 15-1-1 VBAT 회로

VBAT은 일반적으로 시스템에서 메인 전원이 끊어지는 경우에도 RTC 및 백업 SRAM과 같은 백업 도메인의 기능들이 계속 동작할 수 있도록 Vbat 핀은 백업 전원을 유지한다. 이는 예를 들어 시스템이 전원 소실 또는 리셋 상태에서도 RTC가 정확한 시간을 유지하고 저장된 데이터가 손실되지 않도록 하는 데 사용된다.

15.1.3 RTC HAL드라이버

1) RTC 시간 및 날짜 설정 함수

- HAL_RTC_SetTime(RTC_HandleTypeDef *hrtc, RTC_TimeTypeDef *sTime, uint32_t Format) : RTC의 시, 분, 초 등을 지정된 값으로 설정할 수 있다.
- HAL_RTC_GetTime(RTC_HandleTypeDef *hrtc, RTC_TimeTypeDef *sTime, uint32_t Format) : RTC의 시간 정보를 얻을 수 있다.
- HAL_RTC_SetDate(RTC_HandleTypeDef *hrtc, RTC_DateTypeDef *sDate, uint32_t Format) : RTC의 연도, 월, 일 등을 지정된 값으로 설정할 수 있다.
- HAL_RTC_GetDate(RTC_HandleTypeDef *hrtc, RTC_DateTypeDef *sDate, uint32_t Format) : RTC의 연도, 월, 일 등의 날짜 정보를 얻을 수 있다.

2) RTC 알람 설정 함수

- HAL_RTC_SetAlarm : RTC에 특정 시간에 동작할 알람을 설정할 수 있다.
- HAL_RTC_SetAlarm_IT : 알람이 발생할 때 인터럽트가 발생하여 사용자가 처리할 수 있다.
- HAL_RTC_DeactivateAlarm : RTC 알람을 비활성화하고 설정된 알람 인터럽트를 해제할 수 있다.
- HAL_RTC_GetAlarm : RTC 알람의 설정된 값을 확인할 수 있다.
- HAL_RTC_AlarmIRQHandler : 알람 인터럽트가 발생했을 때 호출된다.
- HAL_RTC_PollForAlarmAEvent : 함수를 호출하면 알람 A 이벤트가 발생할 때까지 코드가 블록되며, 이벤트가 발생하면 함수가 반환된다.
- HAL_RTC_AlarmAEventCallback : HAL 라이브러리에서 알람 A 이벤트에 대한 기본 핸들링이 완료된 후 사용자에 의해 정의된 동작을 수행하는 데 사용된다.

15.1.4 CubeMX 설정

1) 클럭 설정 부분에서 RTC는 외부에 부착된 32.768KHz 크리스탈을 사용한다.

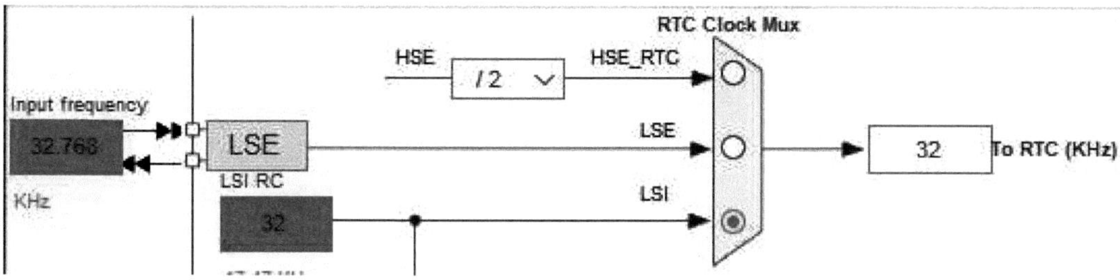

그림 15-1-2 32.768KHz 크리스탈 설정

2) 32KHz/125 = 256Hz, 256/256 = 1Hz(1초)와 시간, 날짜, 알람 설정

General	
Hour Format	Hourformat 24
Asynchronous Predivider value	125-1
Synchronous Predivider value	256-1
Calendar Time	
Data Format	BCD data format
Hours	0
Minutes	0
Seconds	0
Day Light Saving: value of hour adjustment	Daylightsaving None
Store Operation	Storeoperation Reset
Calendar Date	
Week Day	Monday
Month	January
Date	1
Year	1
Alarm A	
Hours	0
Minutes	2
Seconds	0
Sub Seconds	0
Alarm Mask Date Week day	Enable
Alarm Mask Hours	Enable
Alarm Mask Minutes	Enable
Alarm Mask Seconds	Enable
Alarm Sub Second Mask	All Alarm SS fields are masked.
Alarm Date Week Day Sel	Date
Alarm Date	1

그림 15-1-3 RTC 설정값

15.2 RTC를 이용한 알람기능구현

1) RTC를 이용하여 설정한 시간에 부저 알람이 울리는 프로그램을 작성하여 실험하였다.
(sAlarm.AlarmTime.Seconds,Minutes,Hours를 조정하여 알람 시간을 설정할 수 있다.)

1. main.c

```
#include "main.h"
#include "user_define.h"
#include "extern.h"
RTC_HandleTypeDef hrtc;
TIM_HandleTypeDef htim1;
RTC_TimeTypeDef sTime;
RTC_DateTypeDef sDate;
RTC_AlarmTypeDef sAlarm;
void SystemClock_Config(void);
static void MPU_Config(void);
static void MX_GPIO_Init(void);
static void MX_TIM1_Init(void);
static void MX_RTC_Init(void);
byte Alarm_flag=0;
dword sTime_total=0, sAlarm_total=0;
int main(void)
{
    HAL_Init();
    MPU_Config();
    SystemClock_Config();
    MX_GPIO_Init();
    MX_TIM1_Init();
    MX_RTC_Init();
    sTime.Hours = 0x0;//0시 시작
    sTime.Minutes = 0x0;//0분 시작
    sTime.Seconds = 0x0;//0초 시작
    sTime.TimeFormat = RTC_HOURFORMAT_24;//12시간 or 24시간
    sDate.Year = 0x24;//하루 24시간
    sDate.Month = 0x01;//1월
```

```
    sDate.Date = 0x01;//1일
    sDate.WeekDay = RTC_WEEKDAY_MONDAY;//요일설정
    sAlarm.AlarmTime.Seconds = 0x05; //05초
    sAlarm.AlarmTime.Minutes = 0x00; //00분
    sAlarm.AlarmTime.Hours = 0x00;    //00시
    sAlarm.AlarmMask =RTC_ALARMMASK_ALL;//(날짜, 시, 분, 초) all
    sAlarm.Alarm = RTC_ALARM_A;
    sAlarm_total = sAlarm.AlarmTime.Hours <<16| sAlarm.AlarmTime.Min
     utes<<8 | sAlarm.AlarmTime.Seconds;
    HAL_RTC_SetTime(&hrtc, &sTime, RTC_FORMAT_BCD);//시간설정
    HAL_RTC_SetDate(&hrtc, &sDate, RTC_FORMAT_BCD);//날짜설정
    HAL_RTC_SetAlarm_IT(&hrtc, &sAlarm, RTC_FORMAT_BCD);//알람설정
    HAL_TIM_Base_Start_IT(&htim1);//타이머 1 start
    while (1)
    {
        HAL_RTC_GetTime(&hrtc,&sTime,RTC_FORMAT_BCD);//시간값 읽음
        HAL_RTC_GetDate(&hrtc,&sDate,RTC_FORMAT_BCD);//날짜 값 읽음
        sTime_total = sTime.Hours<<16|sTime.Minutes <<8|sTime.Seconds;
        if(sTime_total == sAlarm_total)
        {//현재 RTC값, 알람 값 비교
            Alarm_flag=1;//타이머1 인터럽트에서 5초가 지나면 0
            BUZZER_ON;
        }
    }
}
```

2. user_define.h

```
#define BUZZER_ON   GPIOD-> BSRR |=  GPIO_PIN_11       //PD11---->1
#define BUZZER_OFF GPIOD-> BSRR =  GPIO_PIN_11<<16  //PD11---->0
```

3. stm32f7xx_it.c

```
#include "main.h"
#include "stm32f7xx_it.h"
#include "user_define.h"
#include "extern.h"
void TIM1_UP_TIM10_IRQHandler(void)
{//1msec 타이머
    if(Alarm_flag)//알람 콜백 함수에 진입하면 1
    {
        if(++tim1_1mcnt>5000)//5초
        {
            tim1_1mcnt=0;
            Alarm_flag=0;//RTC 시간과 설정한 알람 값이 일치하면 1
            BUZZER_OFF;
        }
    }
    HAL_TIM_IRQHandler(&htim1);
}
```

4. extern.h

```
typedef unsigned char  byte;            //1byte
typedef unsigned short word;            //2byte
typedef unsigned long  dword;           //4byte

extern byte Alarm_flag;
```

제16장 직렬통신

16.1 UART 기초

16.1.1 직렬통신(Serial communication)의 기본 개념

마이크로프로세서는 주변장치를 통해서 외부와 정보를 교환할 수 있으며 일반적으로 정보를 외부와 교환하는 방법으로는 크게 병렬통신과 직렬통신 2가지로 나눌 수가 있다.

직렬(Serial)통신 -> 1개의 입출력 핀을 통해 8개 비트를 한 번에 전송하는 방법

병렬(Parallel)통신 -> n비트의 데이터를 전송하기 위해 n개의 입출력 핀을 사용하는 방법

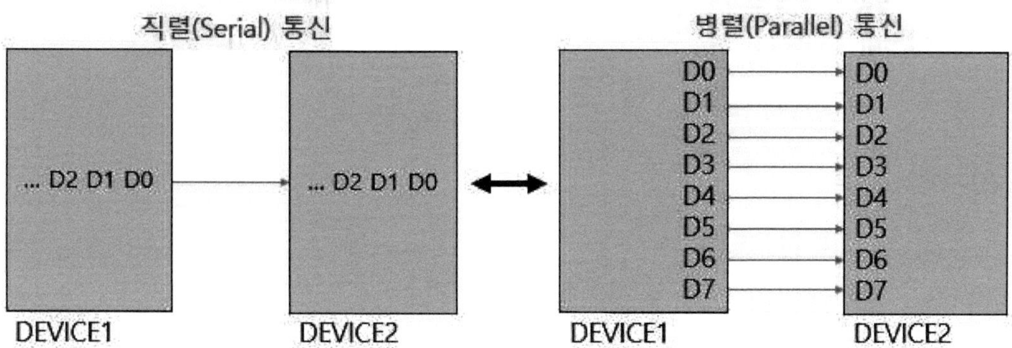

그림 16-1-1 직렬(Serial) 통신 & 병렬(Parallel) 통신

MCU에서는 흔히 직렬(Serial)통신 방식이며, 그중 많이 쓰이는 방법 중 하나가 UART이다.

시리얼 통신을 사용하기 위해서는 보내는 쪽(TX)와 받는 쪽(RX)에서 약속을 정해야 하는데, 이를 프로토콜(Protocol)이라고 한다.

MCU에서는 0과 1의 값만을 처리할 수 있으므로 0은 GND, 1은 VCC로 데이터를 전송하고, 받는 쪽에서는 GND와 VCC를 다시 0과 1의 이진값으로 변환하여 사용한다. 보내는 쪽(TX)와 받는 쪽(RX)이 원활하게 데이터를 교류하려면, 데이터를 보내는 속도에 대하여 프로토콜(Protocol)이 정해져 있어야 한다.

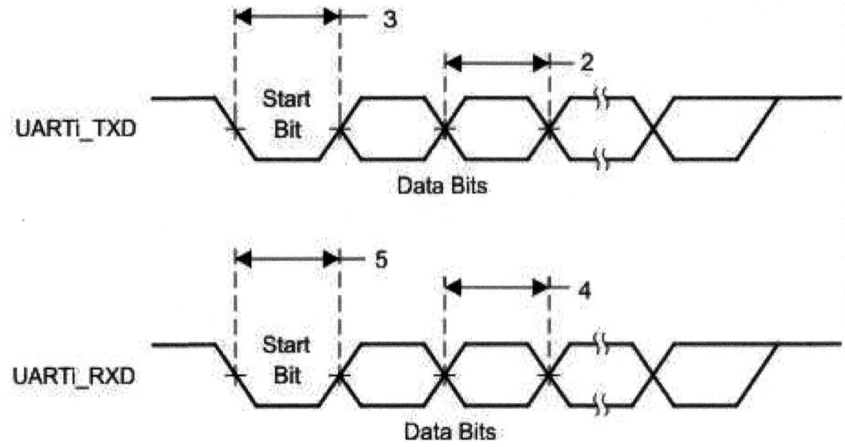

그림 16-1-2 UART 프로토콜(Protocol)

UART에서는 보내는 쪽(TX)와 받는 쪽(RX)에서 데이터를 보내는 속도를 Baud- Rate 라고 정하고 있다.

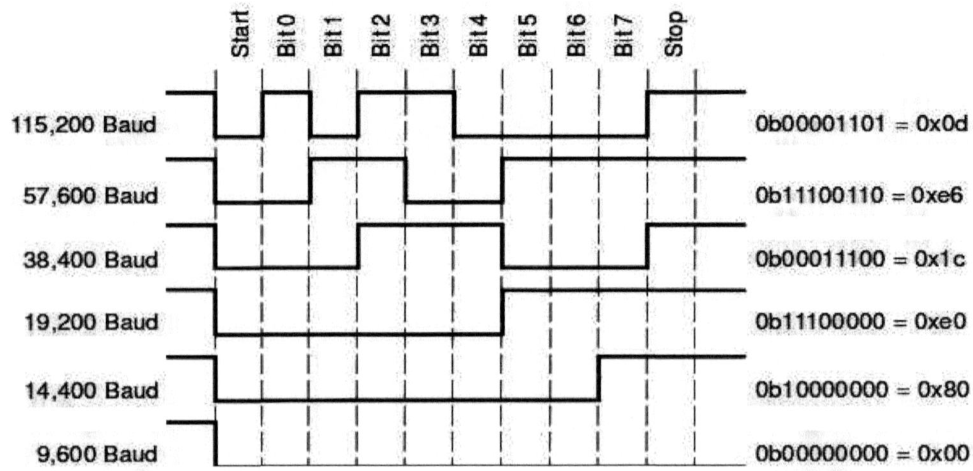

그림 16-1-3 Baud-Rate

보내는 쪽(TX)과 받는 쪽(RX)이 동일한 속도로 데이터를 주고받는다고 하여 정확하게 통신이 이루어지는 것은 아니다.

보내는 쪽(TX)은 항상 데이터를 보내는 것이 아니며, 필요한 경우에만 데이터를 보낸다. 따라서, 받는 쪽(RX)은 언제 보내는 쪽(TX)이 데이터를 보내는지, 그리고 어디서부터가 보내는 쪽(TX)에서 보낸 데이터의 시작인지 알아낼 수 있는 방법이 필요하다.

이를 위해서, UART에서는 '0' 의 시작비트(Start Bit)와 '1' 의 정지 비트(Stop Bit)를 사용한다.

UART는 바이트 단위 통신을 주로 사용하며, 시작 비트(Start Bit)와 정지 비트(Stop Bit)가 추가되어, 10비트 데이터를 전송하는 것이 일반적이다.(Parity Bit를 사용하지 않을 경우)
※[Parity Bit(패리티 비트) : Parity Bit란 전송 과정에서 1비트 오류를 검출하기 위한 것으로, Parity Bit를 포함해 1의 개수가 짝수나 홀수개가 되도록 한다. 데이터 전송 과정에서 1비트 오류가 발생하면 1의 개수가 홀수 개로 바뀐다.]

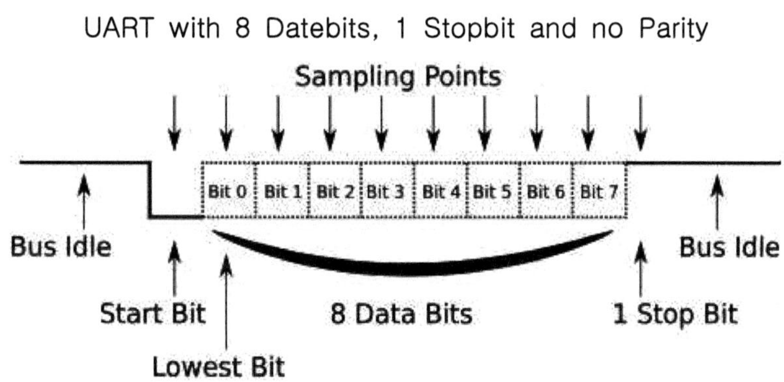

그림 16-1-4 8개의 데이터비트, 1개의 정지비트 및 패리티가 없는 UART

16.1.2 STM32 UART HAL 드라이버

1) UART 데이터 전송(TX) 함수

- HAL_UART_Transmit() : UART 통신을 사용하여 데이터를 전송하며, 데이터를 전송할 때, 함수가 반환되고 전송이 완료될 때까지 대기한다.

- HAL_UART_Transmit_DMA() : DMA(Direct Memory Access)를 사용하여 UART 통신을 통해 데이터를 전송한다. DMA를 사용하므로 CPU가 직접 데이터를 전송하는데 관여하지 않고, 다른 작업을 수행할 수 있다.

- HAL_UART_Transmit_IT() : UART 통신을 인터럽트 기반으로 처리하여 데이터를 전송한다. 전송이 완료될 때까지 기다리지 않고, 인터럽트를 사용하여 데이터를 전송한다.

2) UART 데이터 전송(RX) 함수

- HAL_UART_Receive() : UART 통신을 사용하여 데이터를 수신하며, 데이터를 수신할 때, 함수가 반환되고, 데이터를 받을 때까지 대기한다.

- HAL_UART_Receive_DMA() : DMA(Direct Memory Access)를 사용하여 UART통신을 통해 데이터를 비동기적으로 수신한다. DMA를 이용하여 데이터를 받으므로 CPU가 직접적으로 개입하지 않고, 다른 작업을 수행할 수 있다.

- HAL_UART_Receive_IT() : UART 통신을 인터럽트 기반으로 처리하여 데이터를 수신한다. 데이터가 수신되면 인터럽트 발생시켜 이벤트 핸들러(콜백 함수)를 호출한다.

16.2 USB 통신 기초 및 활용

16.2.1 USB 통신의 개요

USB(Universal Serial Bus)는 여러 가지 통신 기법 중의 하나로, 호환성이 좋고 기존의 통신들에 비해 빠르며, 차세대 통신 기법 중에 가장 각광받는 통신 기법이다. USB 통신도 블루투스 모듈과 동일하게 UART을 이용하여 PC와 MCU간 통신을 할 수 있다.

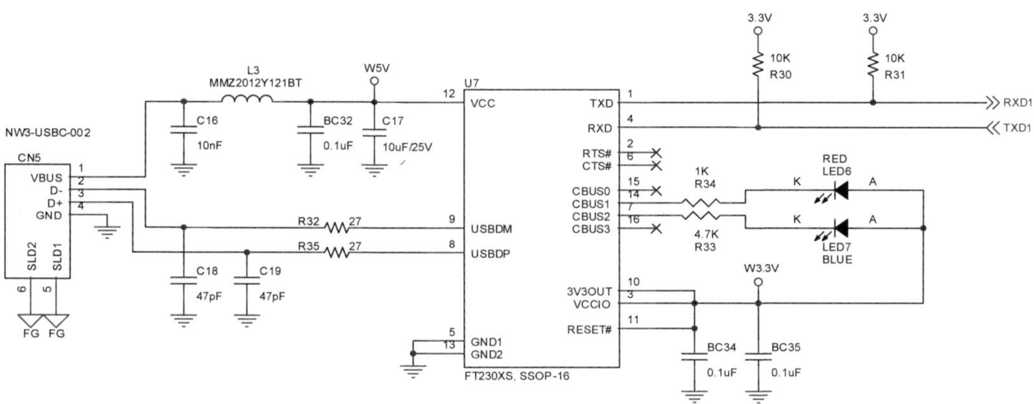

그림 16-2-1 FT230XS를 이용한 UART 통신

16.2.2 CubeMX에서 UART 핀 정의

1) CubeMX에서 Categories에서 Connectivity 클릭후 USART1를 선택한다. 선택후 USART1의 Mode를 Asynchronous(비동기식 모드)로 설정한다.

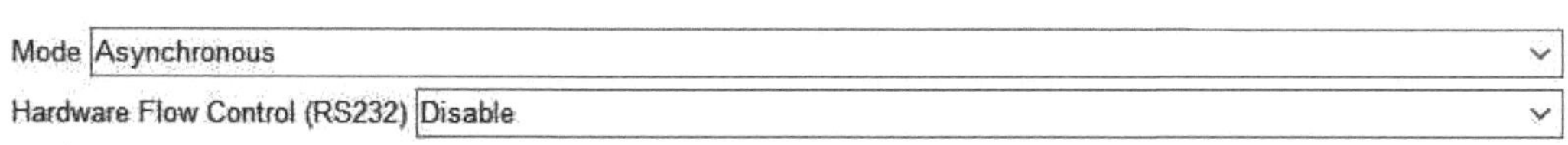

그림 16-2-2 CubeMX UART Mode 설정

2) Configuration에서 Parameter Settings 클릭 후 Baud Rate를 9600 Bits/s로 변경 후 NVIC Settings에서 USART1 global interrupt를 Enabled에 체크해 준다.

그림 16-2-3 CubeMX UART Baud-rate 설정 및 활성화

3) Pinout view에서 PA10, PA9를 선택해서 PA10은 USART1_RX로, PA9는 USART1_TX로 설정한다.

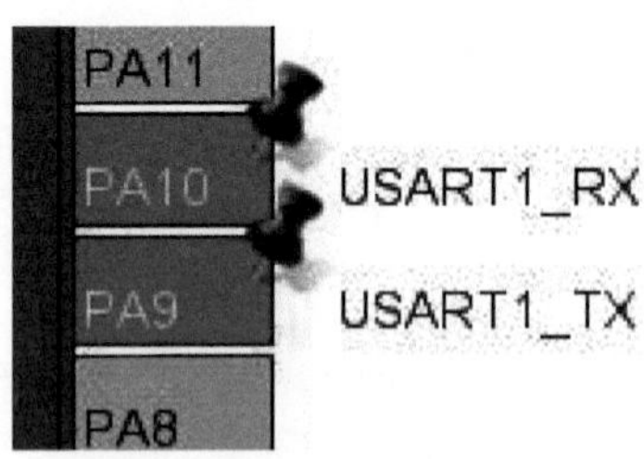

그림 16-2-4 CubeMX UART PA10, PA9 PIN 설정

16.2.3 Cool term 설치 및 환경 설정

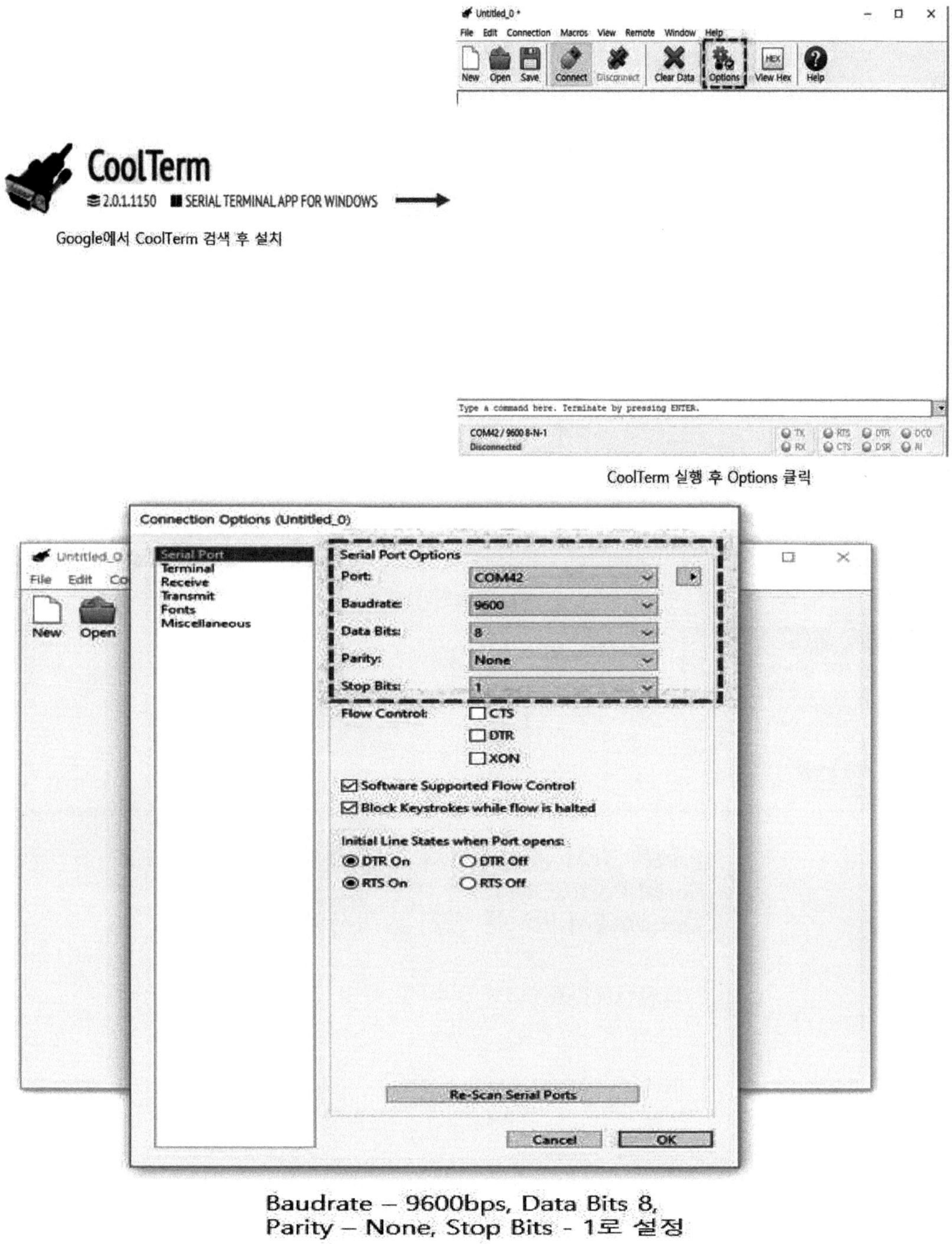

그림 16-2-5 CoolTerm 프로그램 기본 설정(Serial Port)

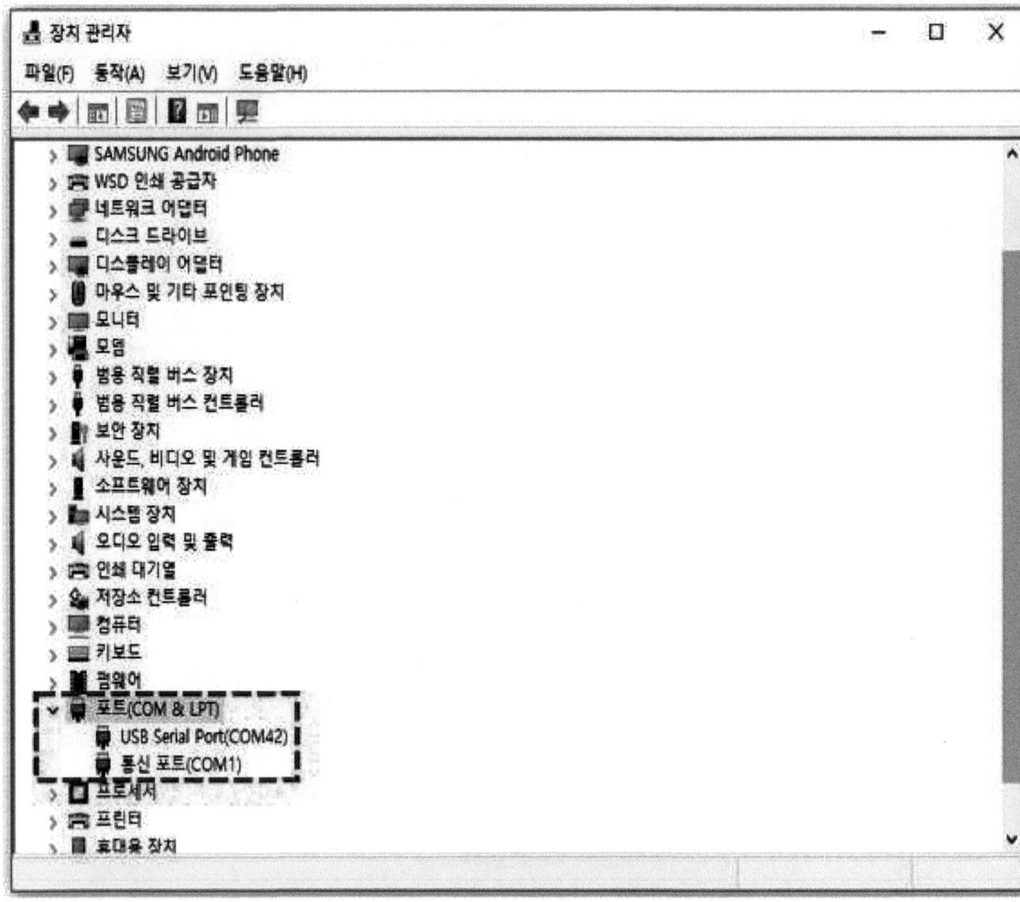

Port는 장치 관리자에서 포트 클릭후 USB Serial Port(COM42)를 확인하고 CoolTerm의 Option에서 Port를 장치 관리자와 같게 설정

그림 16-2-6 COM & LPT 설정 확인

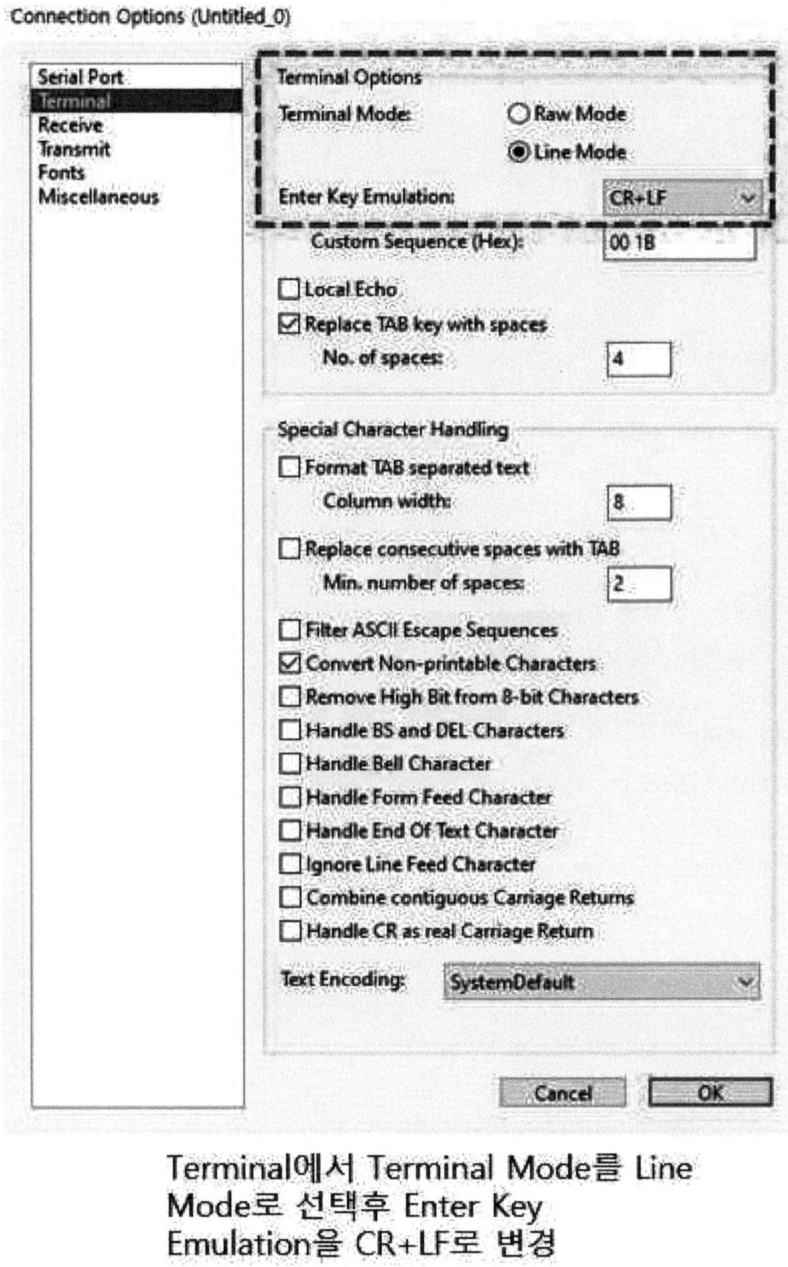

그림 16-2-7 CoolTerm 프로그램 기본 설정(Terminal)

16.2.4 UART를 이용한 USB 통신

실험 1) UART 통신을 이용하여 MCU에서 'Hello' 라는 값을 PC로 보냈을 때 해당 문자열을 COOL TERM 프로그램을 사용하여 PC에 띄우는 프로그램을 작성하여 실험하였다.
(전송속도는 9600bps, 통신방법은 Asynchronous Mode, 8bit as the data length, Parity bit 미사용, Stop Bit는 1 Stop Bit)

1. main.c

```
#include "main.h“

// usb_uart 변수 값이 1일 때 마다 "Hello'를 PC로 보냄
unsigned int usb_uart = 0;



// PC로 보내는 문자열 데이터
unsigned char hello[10] = "Hello\r\n";

// RX 버퍼 배열
unsigned char USB_re_1[100];

TIM_HandleTypeDef htim2;
UART_HandleTypeDef huart1;

int main(void)
{
  MX_GPIO_Init();
  MX_USART2_UART_Init();
  MX_TIM2_Init();
  MX_USART1_UART_Init();

  HAL_TIM_Base_Start_IT(&htim2);

  while(1)
  {
```

```
    // usb_uart 변수값이 1일때 PC로 "Hello" 문자열 데이터를 한번 보낸다.
    if(usb_uart)
    {
     usb_uart = 0;
     HAL_UART_Transmit(&huart1,hello,strlen(hello),100);
    }

    HAL_UART_Receive(&huart1,USB_re_1,100,1000);
  }
}
```

2. 실험 1 결과 (Live Watch에서 usb_uart 값을 1로 수정해야지만 MCU에서 PC로 데이터가 송신된다.)

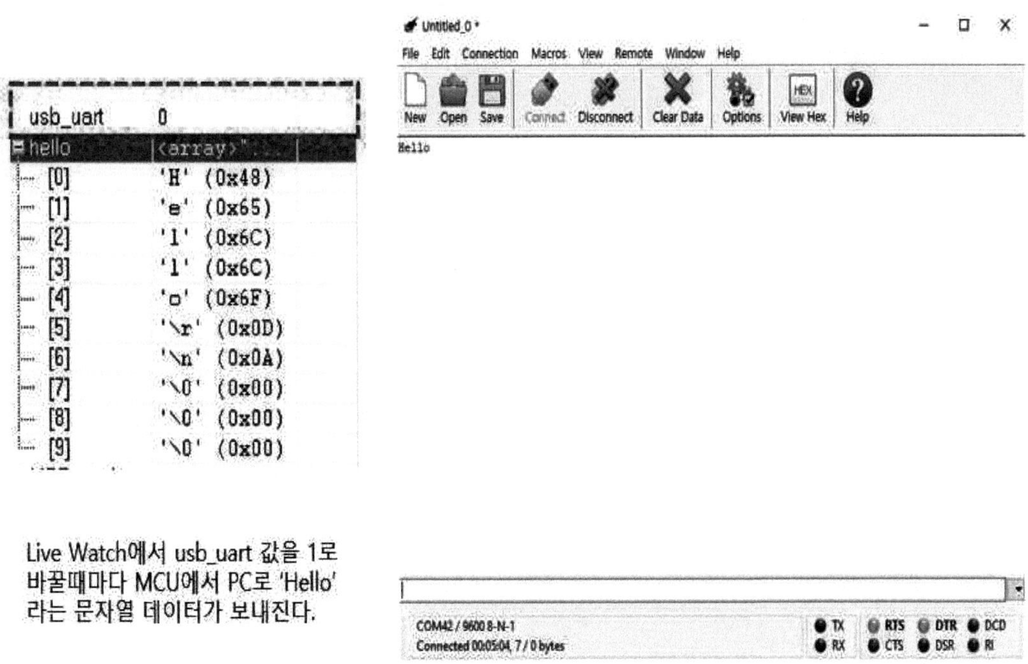

그림 16-2-8 실험 1 결과

실험 2) PC에서 MCU로 'cju' 라는 문자열을 송신하면 MCU에서 해당 문자열을 수신하여 다시 PC로 1씩 증가하는 값을 전송하고 PC에서 'reset' 문자열을 MCU로 송신하면 MCU에서 PC로 송신하는 부분을 중지하는 프로그램을 작성하여 실험하였다.
(전송속도는 9600bps, 통신방법은 Asynchronous Mode, 8bit as the data length, Parity bit 미사용, Stop Bit 는 1 Stop Bit)

1. main.c

```
#include "main.h“

// usb_uart 변수 값이 1일 때 마다 "Hello'를 PC로 보냄
unsigned int usb_uart = 0;



// usb_uart 변수 값이 1일 때 마다 "Hello'를 PC로 보냄, usb_cnt_flag가 1일
때 usb_time_count값이 1씩 증가
unsigned int usb_uart = 0,usb_cnt_flag = 0;

// MCU에서 PC로 보내는 문자열 데이터( " Hello " )
unsigned char hello[10] = "Hello\r\n";

// RX 버퍼 배열
unsigned char USB_re_1[100];

// MCU에서 PC로 보내는 데이터 배열 ( 1씩 증가하는 값 = usb_time_count을
담아서 PC로 전송 )
unsigned char USB_data_tr_1[5];

// PC로 보내는 데이터, 1초간격으로 1씩 증가한 값으로 데이터를 보냄
extern unsigned int usb_time_count;

TIM_HandleTypeDef htim2;
UART_HandleTypeDef huart1;
```

```
int main(void)
{
  MX_GPIO_Init();
  MX_USART2_UART_Init();
  MX_TIM2_Init();
  MX_USART1_UART_Init();

  HAL_TIM_Base_Start_IT(&htim2);

  while(1)
  {
// usb_uart 변수값이 1일때 PC로 "Hello" 문자열 데이터를 한번 보낸다.
    if(usb_uart)
    {
      usb_uart = 0;
      HAL_UART_Transmit(&huart1,hello,strlen(hello),100);
    }

    HAL_UART_Receive(&huart1,USB_re_1,100,1000);

    for(int rx_data = 0; rx_data <= 99; rx_data++)
    {
      // RX 버퍼에 cju가 있으면 1초마다 증가하는 데이터를 보낸다.
       if(USB_re_1[rx_data] == 'c' && USB_re_1[rx_data+1] == 'j' &&
       USB_re_1[rx_data+2] == 'u')
      {
        usb_cnt_flag = 1;
        sprintf(USB_data_tr_1,"%d\r",usb_time_count);
        HAL_UART_Transmit(&huart1,USB_data_tr_1,3,100);
      }
      // RX 버퍼에 reset이 있으면 데이터 전송을 중지한다.
       else if(USB_re_1[rx_data] == 'r' && USB_re_1[rx_data+1] == 'e' &&
USB_re_1[rx_data+2] == 's' && USB_re_1[rx_data+3] == 'e' &&
USB_re_1[rx_data+4] == 't')
```

```
        {
          usb_cnt_flag = 0;
          usb_time_count = 0;
          for(int usb_reset_flag = 0; usb_reset_flag <= 99;
          usb_reset_flag++)
          {
            USB_re_1[usb_reset_flag] = '\0';
          }
        }
    }
}
```

2. stm32f7xx_it.c

```
#include "main.h"
#include "stm32f7xx_it.h"

unsigned int T1000ms_cnt = 0,usb_time_count = 0;
extern unsigned int usb_cnt_flag;

extern TIM_HandleTypeDef htim2;
extern UART_HandleTypeDef huart1;
extern UART_HandleTypeDef huart2;

void TIM2_IRQHandler(void)
{
  HAL_TIM_IRQHandler(&htim2);

  if(++T1000ms_cnt >= 1000)
  {
    T1000ms_cnt = 0;
    if(usb_cnt_flag == 1)
    {
      usb_time_count++;
    }
  }
}
```

3. 실험 2 결과 (Coolterm을 이용하여 PC에서 MCU로 'cju' 라는 문자열 데이터를 송신하면 MCU가 그 문자열 데이터를 받아 다시 PC로 1씩 증가된 데이터를 1초 간격으로 송신한다. PC에서 MCU로 'reset' 이라는 문자열 데이터를 송신하면 MCU에서 PC로의 데이터 전송이 중단된다.)

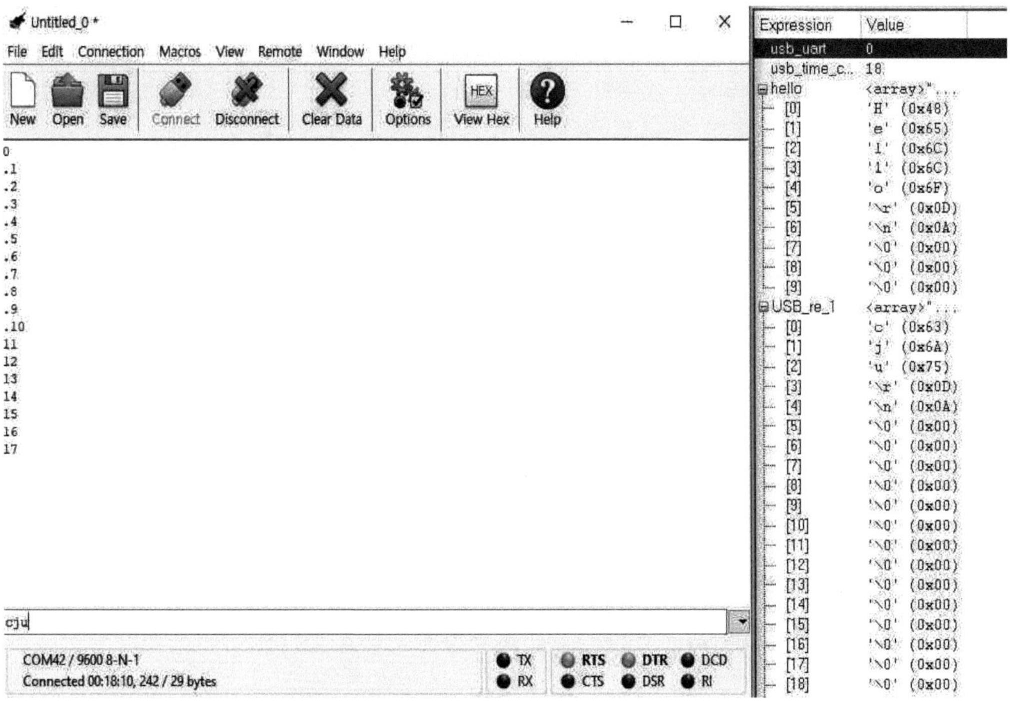

그림 16-2-9 실험 2 결과 (PC에서 1초 마다 데이터를 받아옴)

16.3 BlueTooth 통신

16.3.1 FB155BC_SMD (SPP) Bluetooth-Module 개요

Bluetooth란 해당 기능을 지원하는 기기의 주파수를 이용해 서로 연결시켜 저전력으로 데이터를 교환하는 근거리 무선 통신 기술이다. 예를 들어, 블루투스를 지원하는 핸드폰을 사용할 경우 유선 이어폰을 사용하지 않더라도 핸드폰과 블루투스를 이용해 무선으로 음악을 감상할 수 있듯이 이어폰부터 스피커, 핸드폰, 자동차, 스마트워치 등 이미 많은 블루투스 제품이 우리 생활에 활용 중이다.

FB155BC_SMD (SPP) Bluetooth_Module에서 SPP란 직렬 포트 프로필로, Bluetooth 장비(클라이언트와 서버 장비 모두에 있는)에 들어가고 나가는 연결을 가능하게 해주는 프로파일(Profile)이다.

※[프로파일(Profile) : 특정한 블루투스 기기 간의 통신 프로토콜과 응용을 정의한 것]

약자	프로파일	설명
A2DP	Advanced Audio Distribution Profile	오디오 스트리밍을 위한 프로파일
AVRCP	Audio/Video Remote Control Profile	A/V 장치를 원격 제어하기 위한 프로파일
FTP	File Transfer Profile	파일 전송을 위한 프로파일
HFP	Hands Free Profile	핸드프리를 위한 프로파일
HID	Human interface device Profile	HID 장치를 위한 프로파일
PAN	Personal area networking Profile	블루투스 테더링 등 네트워크 연결을 위한 프로파일
SDP	Service Discovery Profile	서비스 발견 프로파일
SPP	Serial Port Profile	직렬 포트 데이터 전송을 위한 프로파일
GAP(LE)	Generic Access Profile	BLE 에서 접근 프로파일
GATT(LE)	Generic Attribute Profile	BLE 에서 속성 프로파일
HOGP(LE)	HID over GATT profile	GATT 상에서 HID 장치를 위한 프로파일
HRP(LE)	Heart Rate Profile	심박 수 등의 전송을 위한 프로파일
PXP(LE)	Proximity Profile	근접 정보의 전송을 위한 프로파일
TIP(LE)	Time profile	시간 정보의 전송을 위한 프로파일

그림 16-3-1 주요 Bluetooth Profile

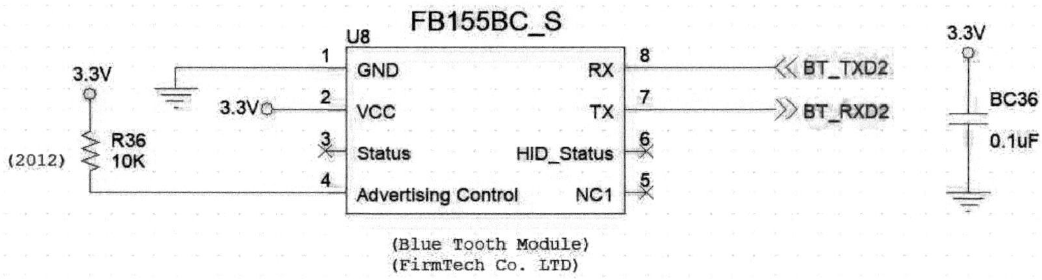

그림 16-3-2 Bluetooth_Module[FB155BC_SMD (SPP)] 회로도

1) Bluetooth_Module[FB155BC_SMD (SPP)] 기본 설정값 및 사양

구 분	설정값
Device Name	FB155vx.x.x
Pin Code(Pass Key)	btwin
UART (Baudrate-Data bit-Parity bit-Stop bit)	9600-8-N-1
Role	Slave
Connection Mode	Mode 4(AT Command)
Debug Char	0x02

그림 16-3-3 Bluetooth_Module[FB155BC_SMD (SPP)] 기본 설정값

블루투스 규격	V2.1
프로파일	GAP,SPP
주파수 대역	2.4GHz ISM Band
수신 감도	-83dBm (Typical)
송신 출력	+2dBm (Typical)
소비 전류	최대 43mA
입력 전원	3.3VDC +/- 0.2
통신 거리	10M 이상(Class2)
제품 크기	18 x 21 mm
통신 속도	F/W v1.3 - 1,200 ~ 115,200bps F/W v2.0 - 2,400 ~ 230,400bps
동작 온도	-10℃ ~ 50℃
안테나	칩 안테나(SMD Type)
인터페이스	UART(TTL Level)

그림 16-3-4 Bluetooth_Module[FB155BC_SMD (SPP)] 사양

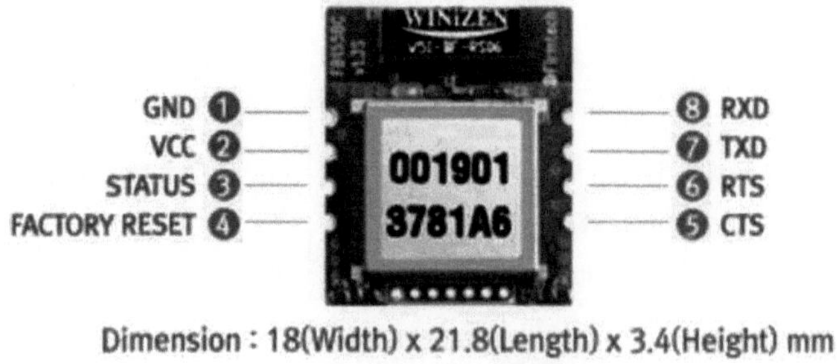

핀 번호	신호선	설명	신호 레벨	입/출력 방향
1	GND	Ground		
2	VCC	3.3V DC		입력
3	STATUS	Status LED	TTL	출력
4	FASET CONFIG SELECT	Factory Reset PC Configuration Select	TTL	입력
5	CTS	Clear To Send	TTL	입력
6	RTS	Ready To Send	TTL	출력
7	TXD	Transfer Data	TTL	출력
8	RXD	Received Data	TTL	입력

그림 16-3-5 Bluetooth_Module[FB155BC_SMD (SPP)] 핀 기능

16.3.2 FB155BC_SMD (SPP) Bluetooth-Module AT-명령어

명령어	기능
AT	통신 상태 확인
AT+BTCANCEL	Bluetooth_Module의 현재 진행 중인 작업 중지
AT+BTROLE=S (S= Slave, M = Master)	Bluetooth_Module의 MASTER, SLAVE를 선택한다.
ATZ	Bluetooth_Module을 초기화
AT+BTKEY=0000 (최대 12자리)	Bluetooth_Module의 비밀번호를 재설정
AT+BTNAME=name_test (최대 12자리)	Bluetooth_Module의 이름을 재설정
AT+BTSCAN	Bluetooth_Module이 주변 기기를 스캔

16.3.3 CubeMX에서 UART 핀 정의

1) CubeMX에서 Categories에서 Connectivity 클릭 후 USART2를 선택한다. 선택 후 USART2의 Mode를 Asynchronous(비동기식 모드)로 설정한다.

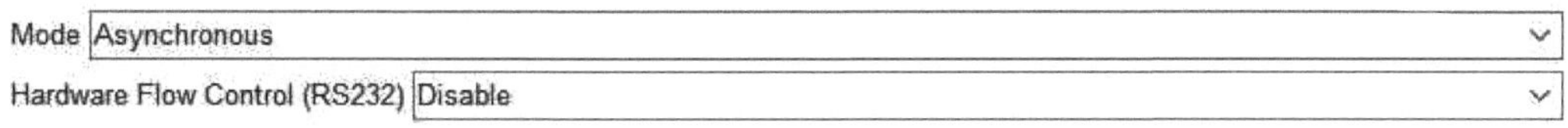

그림 16-3-6 CubeMX UART Mode 설정

2) Configuration에서 Parameter Settings 클릭후 Baud Rate를 9600 Bits/s로 변경후 NVIC Settings에서 USART2 global interrupt를 Enabled에 체크 해준다.

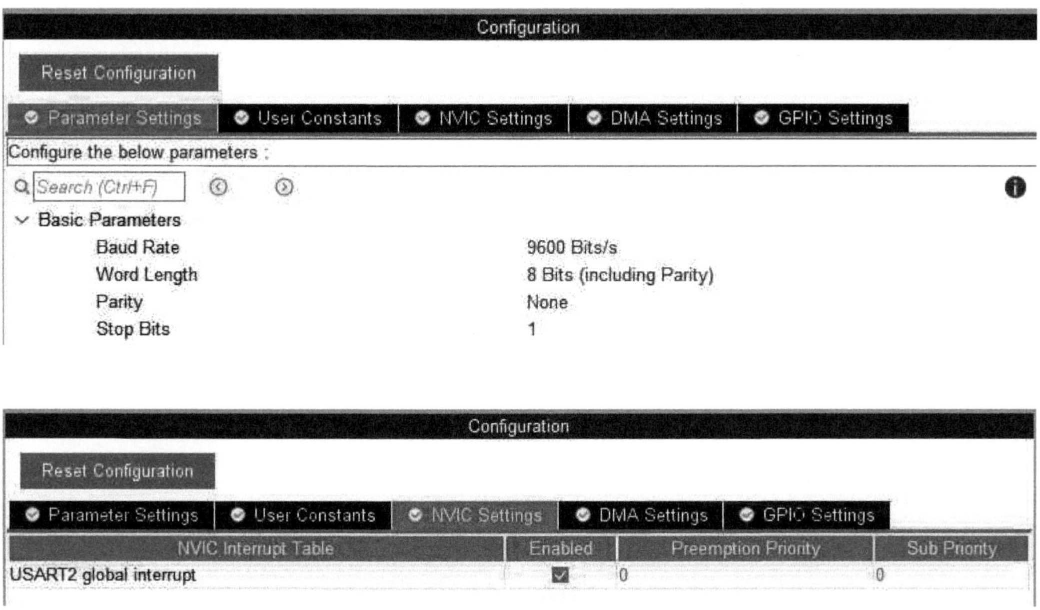

그림 16-3-7 CubeMX UART Baud-rate 설정 및 활성화

16.3.4 UART를 이용한 Bluetooth 통신

실험 1) UART를 이용하여 MCU와 애플리케이션 간 블루투스 무선 통신을 통해 MCU에서 1초 간격으로 애플리케이션으로 데이터를 전송하고 애플리케이션에서 데이터를 받아오는 프로그램을 작성하여 실험하였다.

1. main.c

```
#include "main.h“
unsigned int bluetooth_AT = 0,cnt_flag = 0;;
unsigned char AT_OK[10] = "AT\r";
unsigned char AT_BTSCAN_CANCEL[20] = "AT+BTCANCEL\r";
unsigned char AT_BTROLE[20] = "AT+BTROLE=S\r";
unsigned char ATZ[20] = "ATZ\r";
unsigned char AT_BTKEY[20] = "AT+BTKEY=0000\r";
unsigned char AT_BTNAME[20] = "AT+BTNAME=name_test\r";
unsigned char AT_BTSCAN[20] = "AT+BTSCAN\r";
unsigned char RE_re_1[100];
unsigned char RE_data_tr_1[5];
extern unsigned int time_count, at_tx_flag;
TIM_HandleTypeDef htim2;
UART_HandleTypeDef huart2;
void SystemClock_Config(void);
static void MPU_Config(void);
static void MX_GPIO_Init(void);
static void MX_USART2_UART_Init(void);
static void MX_TIM2_Init(void);
int main(void)
{
MPU_Config();
HAL_Init();
SystemClock_Config();
MX_GPIO_Init();
MX_GPIO_Init();
MX_USART2_UART_Init();
MX_TIM2_Init();
HAL_TIM_Base_Start_IT(&htim2);
bluetooth_AT = 1;
```

```
while (1)
{
    static unsigned int test_flag = 0;
    test_flag++;
    switch(bluetooth_AT)
    {
    case 1 :
        HAL_UART_Transmit(&huart2,AT_OK,strlen(AT_OK),100);
        HAL_UART_Receive(&huart2,RE_re_1,100,1000);
        bluetooth_AT = 2;
        break;
    case 2 :
        HAL_UART_Transmit(&huart2,AT_BTSCAN_CANCEL,strlen(AT_
        BTSCAN_CANCEL),100);
        HAL_UART_Receive(&huart2,RE_re_1,100,1000);
        bluetooth_AT = 3;
        break;
    case 3 :
        HAL_UART_Transmit(&huart2,AT_BTROLE,strlen(AT_BTROLE),100);
        HAL_UART_Receive(&huart2,RE_re_1,100,1000);
        bluetooth_AT = 4;
        break;
    case 4 :
        HAL_UART_Transmit(&huart2,ATZ,strlen(ATZ),100);
        HAL_UART_Receive(&huart2,RE_re_1,100,1000);
        bluetooth_AT = 5;
        break;
    case 5 :
        HAL_UART_Transmit(&huart2,AT_BTKEY,strlen(AT_BTKEY),100);
        HAL_UART_Receive(&huart2,RE_re_1,100,1000);
        bluetooth_AT = 6;
        break;
    case 6 :
        HAL_UART_Transmit(&huart2,AT_BTNAME,strlen(AT_BTNAME),100);
```

```
            HAL_UART_Receive(&huart2,RE_re_1,100,1000);
            bluetooth_AT = 7;
            break;
        case 7 :
            HAL_UART_Transmit(&huart2,AT_BTSCAN,strlen(AT_BTSCAN),100);
            HAL_UART_Receive(&huart2,RE_re_1,100,1000);
            bluetooth_AT = 8;
            break;
        default :
            HAL_UART_Receive(&huart2,RE_re_1,100,1000);
            break;
        }
        for(int rx_data = 0; rx_data <= 99; rx_data++)
        {
            if(RE_re_1[rx_data] == 'c' &&  RE_re_1[rx_data+1] == 'j' && RE_
            re_1[rx_data+2] == 'u')
            {
            cnt_flag = 1;
            sprintf(RE_data_tr_1,"%d\r",time_count);
            HAL_UART_Transmit(&huart2,RE_data_tr_1,3,100);
            }
            else if(RE_re_1[rx_data] == 'D' && RE_re_1[rx_data+1] == 'I'
            && RE_re_1[rx_data+2] == 'S')
            {
                cnt_flag = 0;
                time_count = 0;
                for(int reset_flag = 0; reset_flag <= 99; reset_flag++)
                {
                    RE_re_1[reset_flag] = '\0';
                }
            }
        }
    }
}
```

2. stm32f7xx_it.c

```
unsigned int T1000ms_cnt = 0,time_count = 0, at_tx_flag = 0;
extern unsigned int cnt_flag;

extern TIM_HandleTypeDef htim2;
extern UART_HandleTypeDef huart2;

void TIM2_IRQHandler(void) // 1ms 타이머
{
    HAL_TIM_IRQHandler(&htim2);

    if(++T1000ms_cnt >= 1000) // 1초 타이머
    {
        T1000ms_cnt = 0;
        if(cnt_flag == 1)
        {
            time_count++;
        }
    }
}
```

3. 블루투스 통신 실험 방법 및 결과
(Android = Serial Bluetooth Terminal 설치)

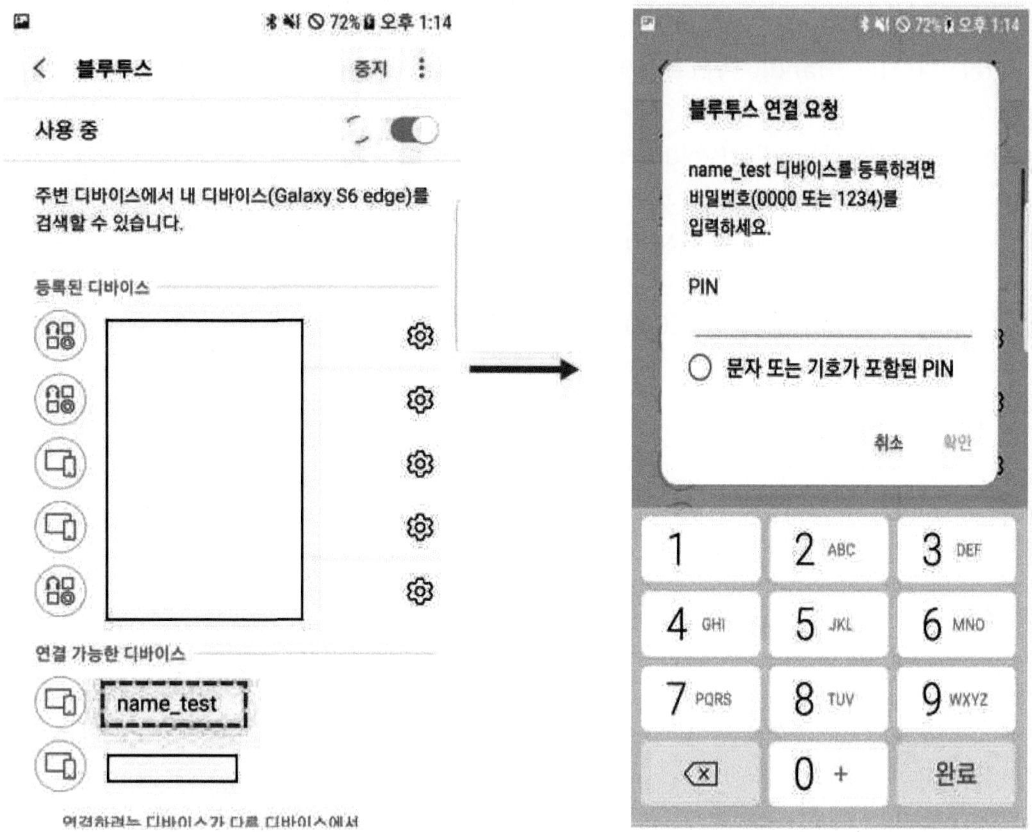

스마트폰의 블루투스 활성화 창에 들어가
Bluetooth-Module 이름을 찾고 연결하기

비밀번호 입력하기(초기 비밀번호 : 0000)

그림 16-3-8 블루투스 통신 실험 방법 및 결과(1/3)

Play Store에서
Serial Bluetooth Terminal 설치

Serial Bluetooth Terminal 실행 후 ≡ 클릭

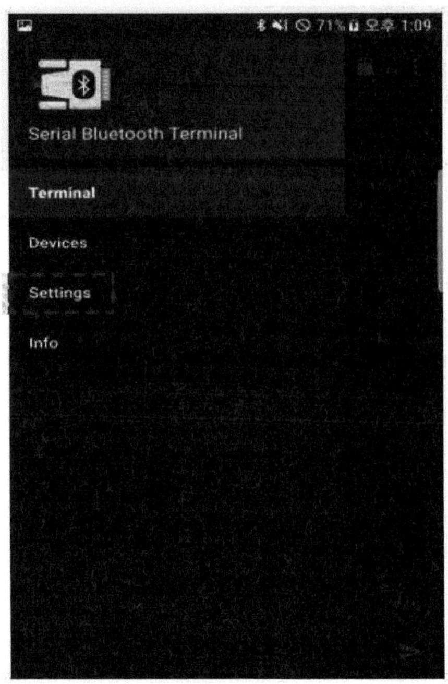

Settings로 들어가 Terminal에서 Display mode를 Terminal로 변경

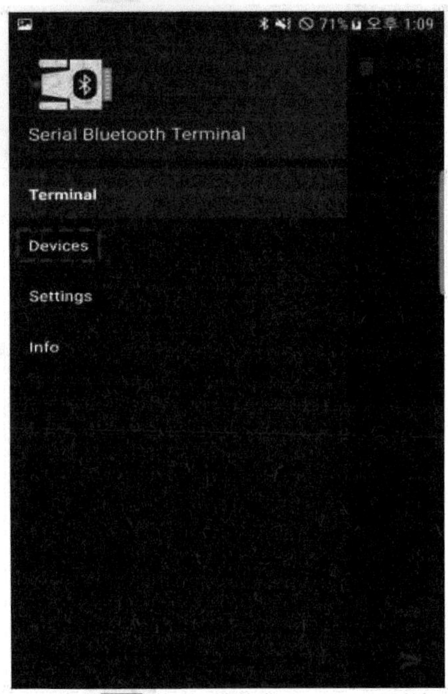

다시 ≡ 을 클릭하여 Devices 선택

그림 16-3-9 블루투스 통신 실험 방법 및 결과(2/3)

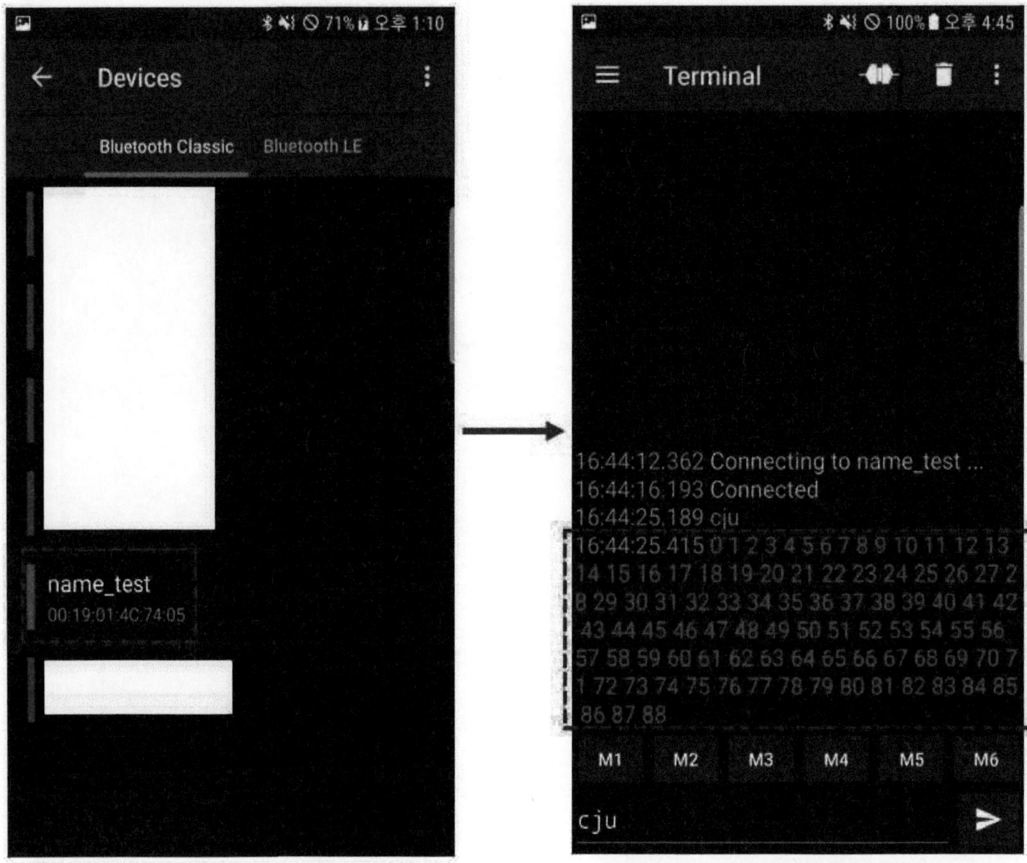

아까 블루투스 등록한 기기 이름을 찾아서 선택

블루투스 연결이 성공하면 cju를 입력하고 보내면 MCU에서 데이터를 받아온다(1초간격으로)

그림 16-3-10 블루투스 통신 실험 방법 및 결과(3/3)

제17장 SPI 통신

17.1 SPI 개요

17.1.1 SPI의 개요

SPI(Serial Peripheral Interface) 통신은 시리얼 통신과 비슷하면서도 다른 방식으로 동작한다. SPI는 CLK(클럭) 선을 두어서 양측에 완벽한 타이밍을 맞추며 통신한다. 따라서 SPI 통신은 단방향 통신에는 최적이다. 또한 SPI는 데이터를 전송하는 동시에 수신도 할 수 있는 전이중통신이다.

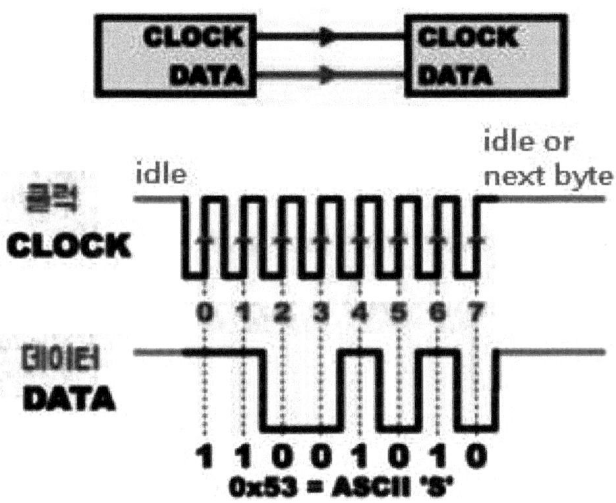

그림 17-1-1 SPI CLK, Data 전송 예시

1) 데이터 수신

SPI는 오직 한 쪽에서만 CLK 신호를 생성한다. 여기서 (CLK)클럭을 생성하는 쪽을 마스터라 부르며 받는 쪽인 수신부 측은 (Slave)슬레이브라 부른다. 또한 마스터의 수신부 측에서는 MOSI(Master Out/Slave IN)이라고 불리는 선에서 데이터를 송신하며 수신부 측의 MISO(Master In/Slave Out)라고 불리는 선에서 데이터를 수신한다.

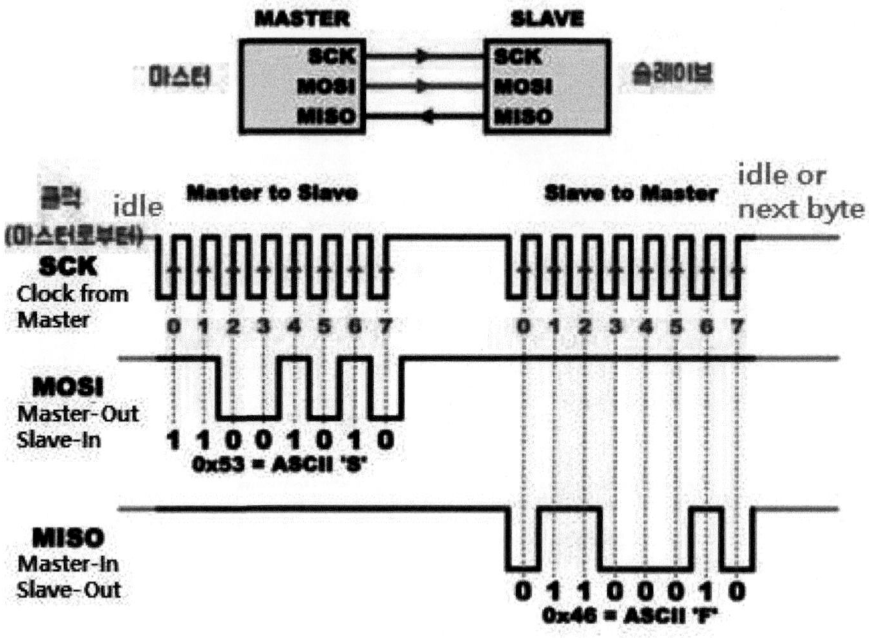

그림 17-1-2 SPI CLK, MOSI, MISO

마스터에서 MOSI를 통해 데이터를 송신하려면 데이터의 양과 송신 타이밍을 알아야 한다. 이러한 점은 클럭과 동기 하지 않아도 전송하는 비동기식과 차이점이 존재한다. 이러한 이유로 SPI는 센서와 한정적인 명령 구조를 가진 부품과 통신할 때 주로 사용된다.

2) 다중 슬레이브(Multiple Slave)

다수의 슬레이브 중 MISO((Master In/Slave Out) 원하는 슬레이브와 통신할 수 있도록 선택 가능하게 하도록 Slave(슬레이브)는 독립된 SS(Slave Select) 선을 가지게 된다. 슬레이브 선택은 평소에 HIGH를 유지하며 HIGH인 상태는 슬레이브로부터 해체된 상태이다. 통신 시작 시 슬레이브의 SS(슬레이브 선택선)의 신호를 LOW로 바꾸면 연결되어 있는 슬레이브가 활성화된다.

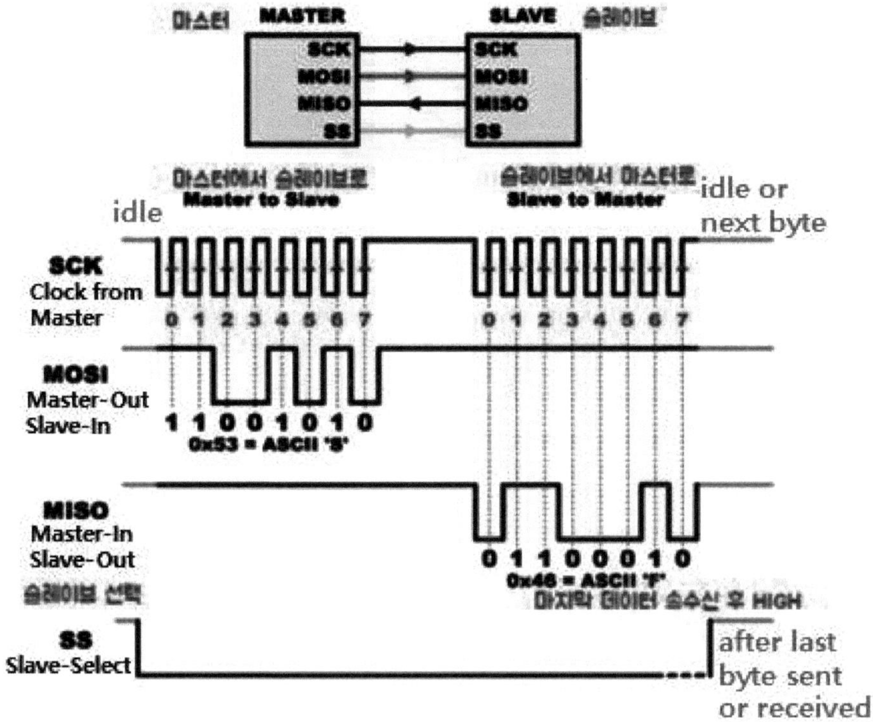

그림 17-1-3 SPI CLK, MOSI, MISO

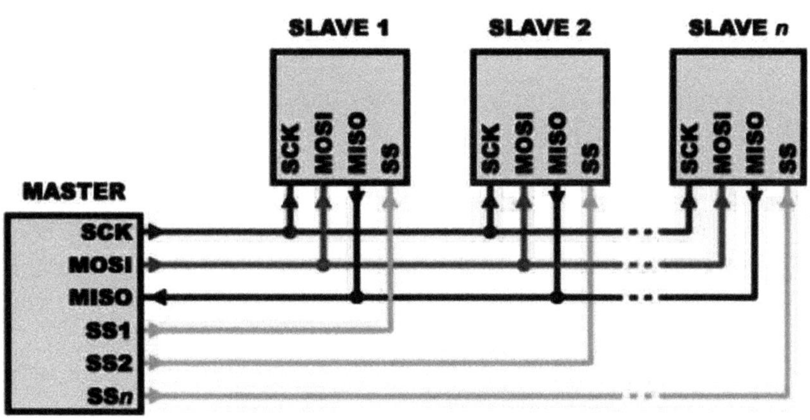

그림 17-1-4 SPI 다중 슬레이브

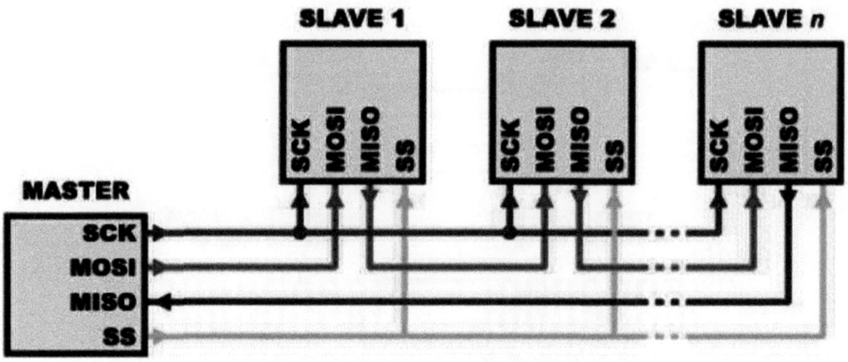

그림 17-1-5 SPI 다중 슬레이브

위의 그림 17-1-5처럼 하나의 SS(Slave Select)로 다중 슬레이브를 연결할 경우는 슬레이브로부터 정확하고 충분한 데이터를 전송받지 못하기에 LED구동과 같은 회로에서 사용된다.

17.1.2 SPI HAL 드라이버

1) hspi : SPI 핸들러 구조체에 대한 포인터다. 이 구조체에는 SPI 모듈의 구성 및 상태 정보가 포함되어 있다.

pData : 수신할 데이터를 저장할 버퍼의 포인터

Size : 수신할 데이터를 저장할 버퍼의 포인터

Timeout : 동작을 완료하는데 허용되는 최대 시간(밀리초)다. 이 시간을 초과하면 함수는 오류를 반환한다.

2) HAL_SPI_Transmit(SPI_HandleTypeDef *hspi, uint8_t *pData, uint16_t Size, uint32_t Timeout) : 마스터 장치에서 슬레이브 장치로 데이터를 전송하는 데 사용된다.

3) HAL_SPI_Receive(SPI_HandleTypeDef *hspi, uint8_t *pData, uint16_t Size, uint32_t Timeout) : 마스터 장치에서 슬레이브 장치로부터 데이터를 수신하는 데 사용된다.

4) HAL_SPI_TransmitReceive(SPI_HandleTypeDef *hspi, uint8_t *pTxData, uint8_t *pRxData, uint16_t Size, uint32_t Timeout) : 함수는 STM32 HAL 라이브러리에서 SPI 통신을 통해 데이터를 동시에 송신 및 수신하는 함수다. 이 함수는 마스터 장치에서 슬레이브 장치와의 전이 중 (full-duplex) 통신을 위해 사용된다.

5) HAL_SPI_Receive_IT(SPI_HandleTypeDef *hspi, uint8_t *pData, uint16_t Size) : SPI 통신을 통해 데이터를 비동기적으로 수신하는 함수다. 이 함수를 사용하면 데이터를 수신하는 동안 다른 작업을 수행할 수 있다. 데이터 수신이 완료되면 콜백 함수가 호출되어 알림을 받을 수 있다.

6) HAL_SPI_Transmit_DMA(SPI_HandleTypeDef *hspi, uint8_t *pData, uint16_t Size) : SPI 통신을 통해 데이터를 수신하며 DMA (Direct Memory Access)를 사용하여 수신 동작을 수행하는 함수다.

7) HAL_SPI_Receive_DMA(SPI_HandleTypeDef *hspi, uint8_t *pData, uint16_t Size) : SPI 통신을 통해 데이터를 수신하며 DMA (Direct Memory Access)를 사용하여 수신 동작을 수행하는 함수다. 수신이 완료되면 콜백 함수를 호출하여 알림을 받을 수 있다.

8) HAL_SPI_RxCpltCallback(SPI_HandleTypeDef *hspi) : SPI 통신에서 데이터 송신이 완료되었을 때 호출되는 콜백(callback) 함수다. SPI 통신에서 송신이 완료된 후 원하는 동작을 추가로 수행할 수 있도록 하는 역할을 한다.

9) HAL_SPI_RxCpltCallback(SPI_HandleTypeDef *hspi) : SPI 통신에서 데이터 수신이 완료되었을 때 호출되는 콜백(callback) 함수다. SPI 통신에서 수신이 완료된 후 원하는 동작을 추가로 수행할 수 있도록 하는 역할을 한다.

17.2 SPI 통신을 이용한 FRAM 읽기/쓰기

17.2.1 FRAM의 개요

F-RAM(Ferroelectric Random Access Memory)은 비휘발성이며 RAM과 유사한 방식으로 읽기 및 쓰기를 수행한다. 이는 직렬 플래시(Flash), EEPROM 및 기타 비휘발성 메모리에 의해 초래되는 복잡성, 오버헤드 및 시스템 레벨 신뢰성 문제를 제거하면서 151년 동안 안정적인 데이터 보존을 제공한다.

직렬 플래시 및 EEPROM과 달리 FM25CL64B는 버스 속도에서 쓰기 작업을 수행한다. 쓰기 지연이 발생하지 않으며 각 바이트가 장치로 성공적으로 전송된 후 데이터가 즉시 메모리 어레이에 기록된다. 데이터 폴링이 필요하지 않으므로 다음 버스 사이클을 시작할 수 있다. 또한 이 제품은 다른 비휘발성 메모리에 비해 상당한 쓰기 내구성을 제공한다. FM25CL64B는 1014회 읽기/쓰기 주기 또는 EEPROM보다 1억 배 더 많은 쓰기 주기를 지원할 수 있다.

이러한 기능으로 FM25CL64B는 빈번하거나 빠른 쓰기가 필요한 비휘발성 메모리 응용 프로그램에 이상적이다. 데이터 수집에서 쓰기 주기가 중요한 경우부터 직렬 플래시 또는 EEPROM의 긴 쓰기 시간이 데이터 손실을 일으킬 수 있는 분야에 장점이 있다.

FM25CL64B는 직렬 EEPROM 또는 플래시의 하드웨어 호환 대체품으로 사용자에게 상당한 이점을 제공한다. FM25CL64B는 고속 SPI 버스를 사용하며, 이는 F-RAM 기술의 고속 쓰기 기능을 향상시킨다. 장치 사양은 -40℃에서 +85℃의 산업 온도 범위에서 보장된다.

1) FM25CL64B F-RAM의 특징

■ 64-Kbit Ferroelectric 랜덤 액세스 메모리(F-RAM)은 논리적으로 8K × 8로 구성되어 있다.

- 고내구성의 100조회(10^{14})회 읽기/쓰기 지원
- 데이터 보존 기간 151년

■ 매우 빠른 직렬 주변 인터페이스(SPI) 지원

- 최대 20 MHz 주파수
- 직렬 플래시 및 EEPROM의 직접 하드웨어 대체품 지원

■ 정교한 쓰기 보호 체계

- Write Protect ($\overline{WP}$) 핀을 사용한 하드웨어 보호
- Write Disable 명령을 사용한 소프트웨어 보호
- 1/4, 1/2 또는 전체 어레이에 대한 소프트웨어 블록 보호

■ 저전력 소비, 8핀 소형 외형 통합 회로(SOIC)패키지
- 1MHz에서 200μA
- 대기 전류는 3μA (평균)

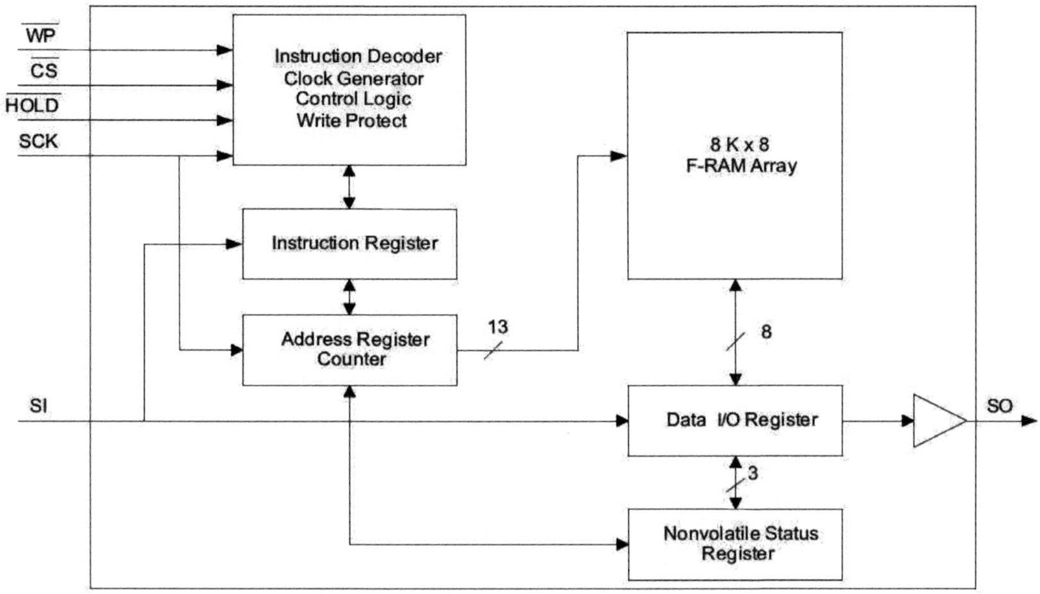

그림 17-2-1 FRAM Block Diagram

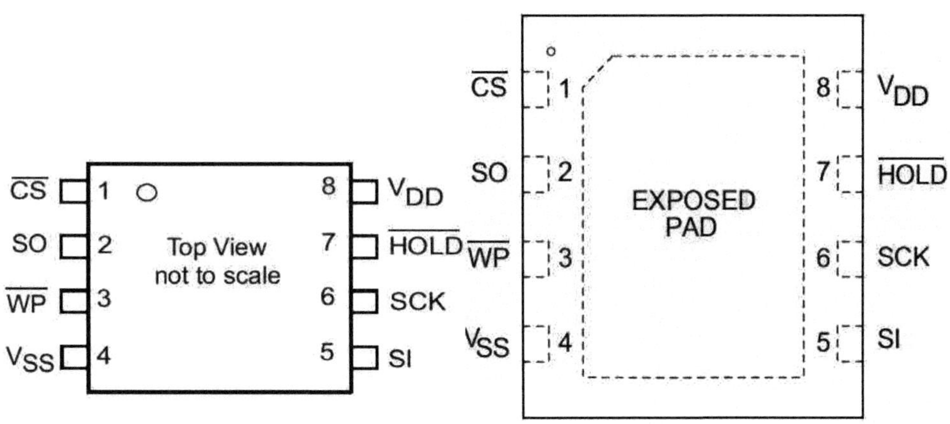

그림 17-2-2 8-Pin SOIC PIN 구성

2) FRAM 핀의 기능

Pin	I/O Type	설명
$\overline{CS}$	Input	"Chip Select" HGIH : 저전력 대기모드 LOW : 내부적으로 SCK 신호를 활성화(CS신호의 하강 에지)
SCK	Input	"Serial Clock" 은 입출력 활동이 클렉에 동기화 된다. 입력은 상승 에지, 출력은 하강 에지에서 발생 주파수 범위는 0 ~ 20MHz
SI	Input	SPI의 MOSI와 연결되어 데이터를 받는 핀인 "Serial Input" 은 SCK의 상승 에지에서 샘플링된다.
SO	Input	SPI의 MISO와 연결되어 데이터를 송신하는 "Serial Output" 은 HOLD가 LOW일 때 Tri-State이며, 데이터 전환은 클럭의 하강에지에서 발생
$\overline{WP}$	Input	"Write Protect" WPEN이 1일 경우 상태 레지스터에 대한 쓰기 작업을 방지한다. 이 핀은 사용하지 않을 경우 VDD에 연결
$\overline{HOLD}$	Input	"HOLD" 핀은 호스트 CPU가 다른 작업을 위해 메모리 작업을 중단해야 할 때 사용됨. 이 핀은 사용되지 않을 경우 VDD와 연결해야 한다.
V_{SS}	Power	Ground(접지)
V_{DD}	Power	2.7 V to 3.65 V

※Tri-State(세가지 상태) : 높은 임피던스 상태로 해당 핀이 외부 회로에 거의 영향을 미치지 않는 상태

그림 17-2-3 Pin 특징

3) FRAM의 SPI Write/Read Mode

이름	정의	명령 코드
WREN	쓰기 활성화 Latch 설정	0000 0110b
WRDI	쓰기 비활성화	0000 0100b
RDSR	읽기 상태 레지스터	0000 0101b
WRSR	쓰기 상태 레지스터	0000 0001b
READ	메모리 데이터 읽기	0000 0011b
WRITE	메모리 데이터 쓰기	0000 0010b

그림 17-2-4 FRAM의 6가지 명령어 옵코드

■ WREN(Set Write Enable Latch) : FRAM 전원을 켤 때 비활성화된 상태에서 시작된다. 어떠한 쓰기 작업(WRDI, WRSR 해당)도 수행하기 전 반드시 WREN(0x06) 명령어를 발행해야 한다. WREN 옵코드(0x06)를 전송하면 내부적으로 WEL(Write Enable Latch)설정된다. WEL은 (WRDI, WRSR) 쓰기 작업 후 CS의 상승 에지에서 자동으로 지워진다. 이로 인해 WREN 추가 명령 없이는 F-RAM 어레이에 대한 추가적

인 쓰기를 방지한다.

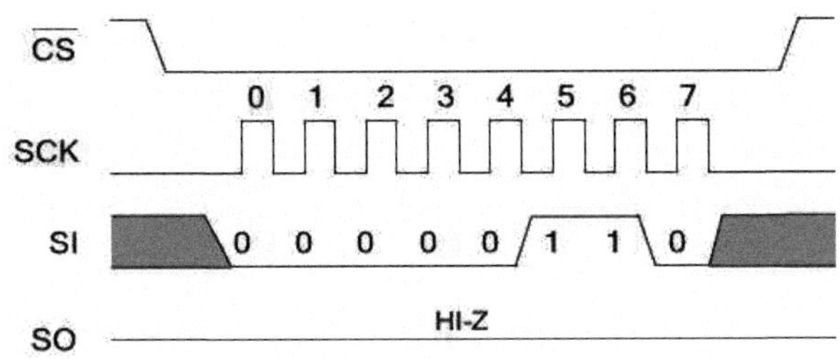

그림 17-2-5 쓰기허가(0x06) 타이밍도

■ WRDI(Write Disable) : WRDI 명령어는 쓰기 활성화 래치를 지우는 것을 통해 모든 쓰기 활동을 비활성화한다. 사용자는 상태 레지스터의 WEL 비트를 읽어 WEL이 '0'과 동일한지 확인하여 쓰기가 비활성화되었음을 검증할 수 있다.

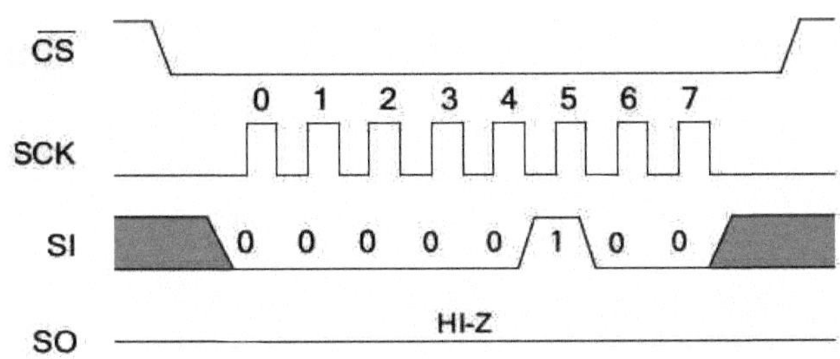

그림 17-2-6 쓰기금지(0x04) 타이밍도

■ RDSR(Read Status Register) : RDSR 명령어는 버스 마스터가 상태 레지스터의 내용을 확인할 수 있게 한다. 상태 레지스터를 읽으면 쓰기 보호 기능의 현재 상태에 대한 정보를 얻을 수 있다. RDSR 옵코드 이후에 FM25CL64B는 상태 레지스터의 내용을 담은 한 바이트를 반환한다.

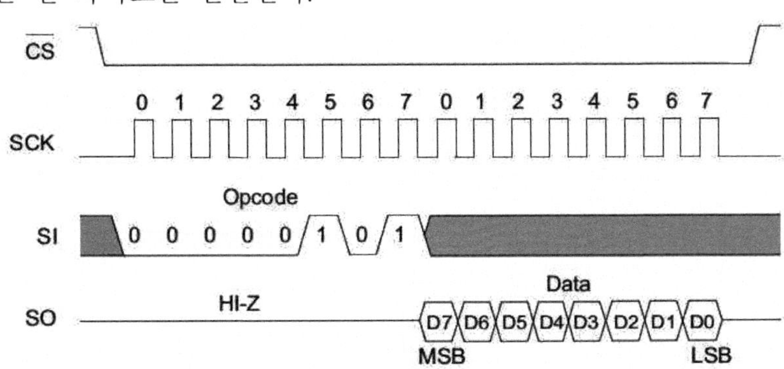

그림 17-2-7 상태읽기(0x03) 타이밍도

■ WRSR(Write Status Register) : WRSR 명령어는 SPI 버스 마스터가 상태 레지스

터에 쓰기를 허용하도록 하여 WPEN, BP0 및 BP1 비트를 설정하여 쓰기 보호 구성을 변경할 수 있게 한다. WRSR 명령어를 발행하기 전에 WP 핀은 HIGH 또는 비활성 상태여야 한다. FM25CL64B에서는 WP가 상태 레지스터에만 쓰기를 방지하고 메모리 어레이에는 영향을 미치지 않음에 주의해야 한다. WRSR 명령어를 전송하기 전에 사용자는 쓰기를 가능하게 하기 위해 WREN 명령을 보내야 한다. WRSR 명령을 실행하는 것은 쓰기 작업이므로 쓰기 활성화 래치를 지운다.

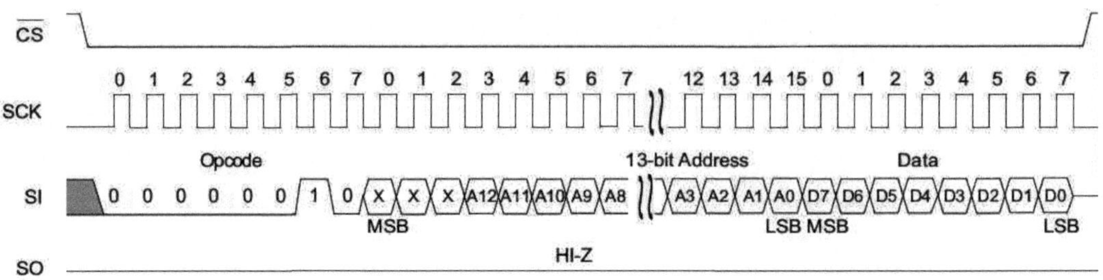

그림 17-2-8 메모리 쓰기 타이밍도(WREN는 표시 생략)

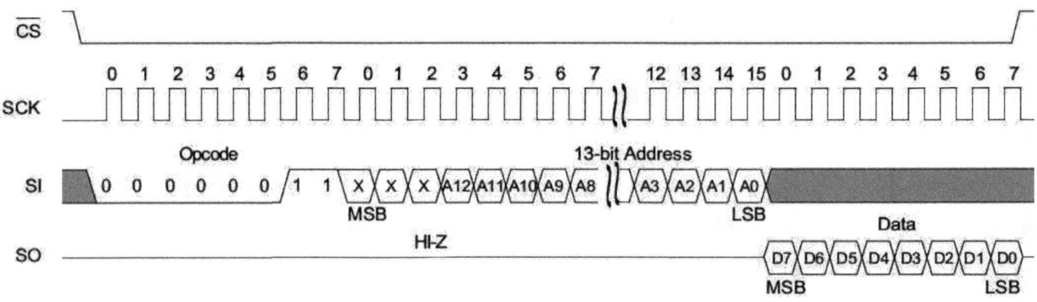

그림 17-2-9 메모리 읽기 타이밍도(WREN 표시 생략)

4) 동기식 데이터 송수신 타이밍도

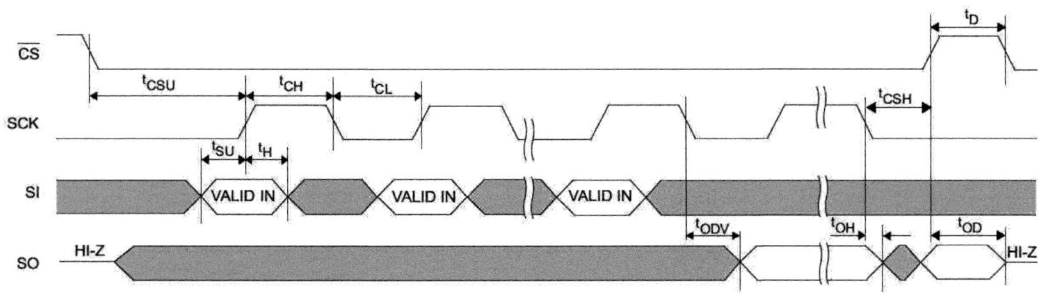

그림 17-2-10 동기식 데이터 타이밍

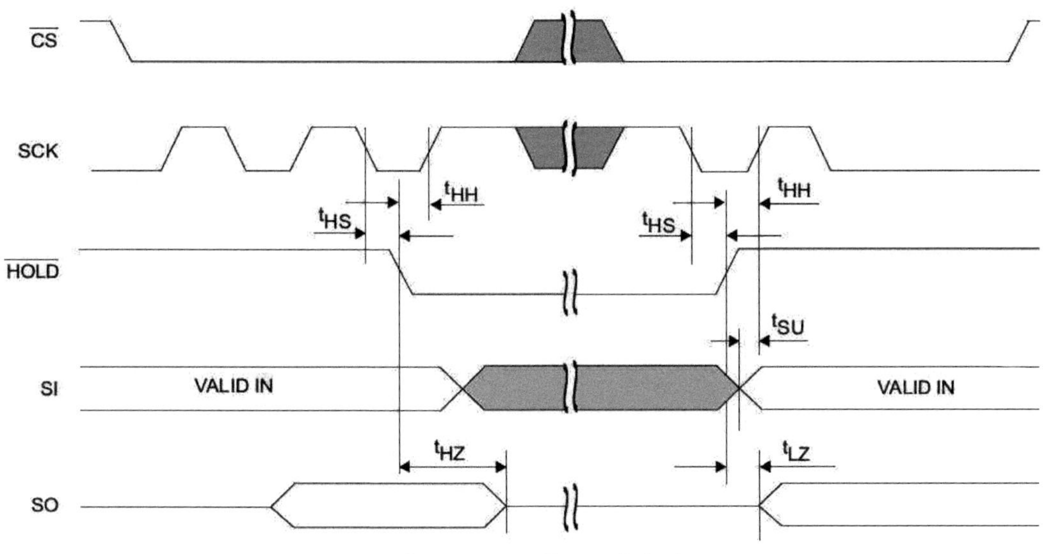

그림 17-2-11 홀드 타이밍

17.2.2 FRAM 회로도

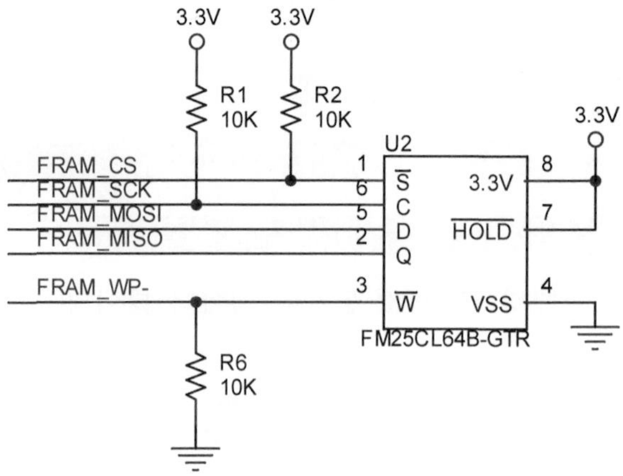

그림 17-2-12 FRAM 회로도

17.2.3 CubeMX 설정

1) SPI4 Mode는 마스터로 설정하였으며, HardWare NSS Signal NSS는 CS선을 의미하며 본 실험에서는 사용자가 직접 CS를 제어하므로 Disable로 선택하였다.

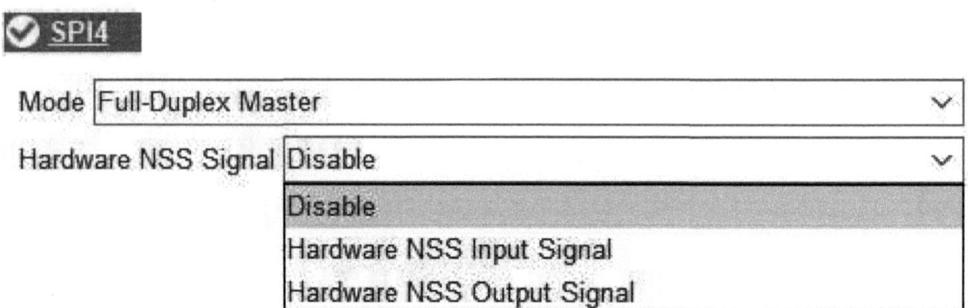

그림 17-2-13 SPI설정

2) NVIC 'Enable'

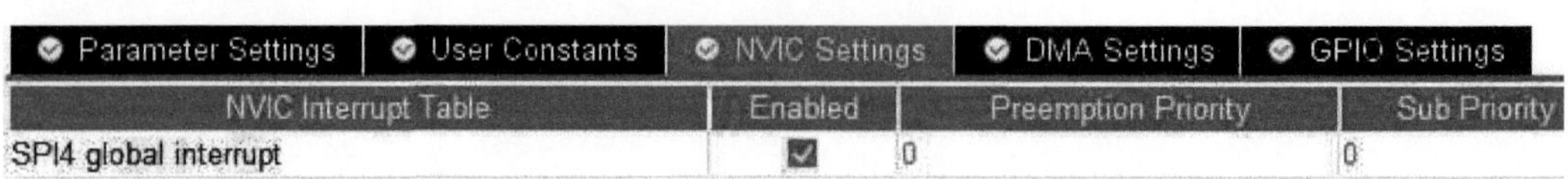

그림 17-2-14 SPI 'NVIC' 설정

3) 파라미터 세팅을 그림 17-2-15와 같이 설정한다.

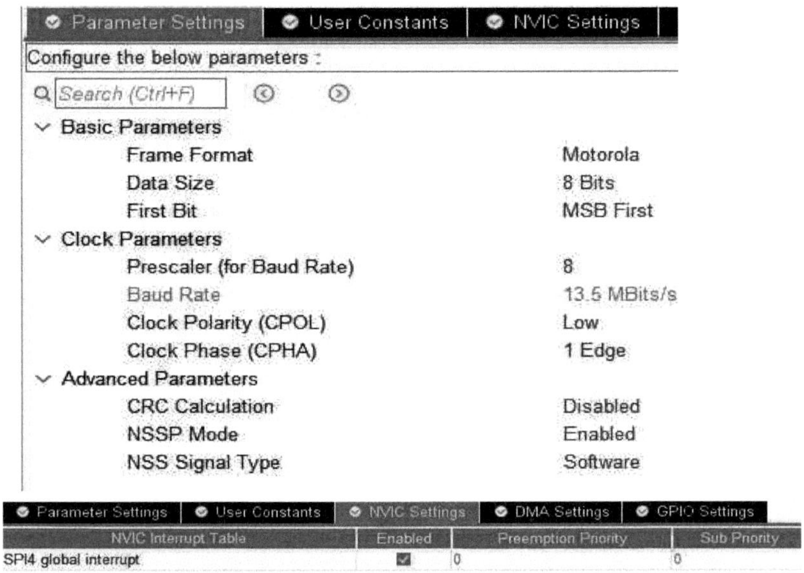

그림 17-2-15 SPI ‘Parameter Settings’, NVIC 세팅

4) 다음은 사용자가 직접 제어해야 하는 WP, CS핀에 대한 설정이다.

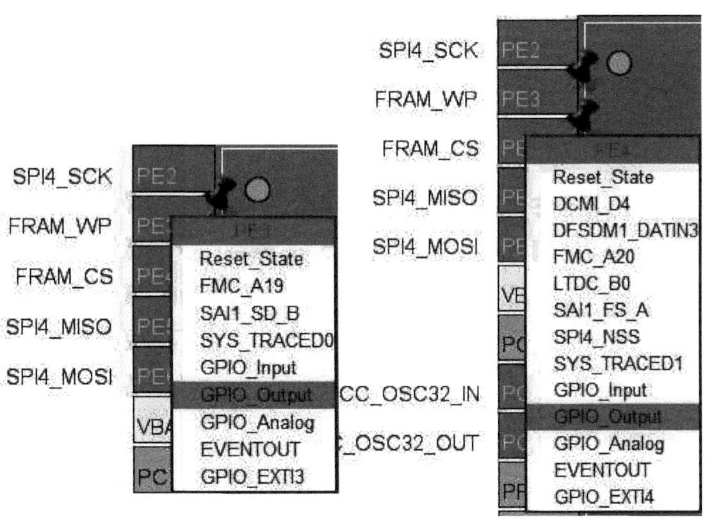

그림 17-2-16 SPI WP, CS 설정

5) WP핀과 CS핀은 사용자가 직접 제어해야 하므로 GPIO_OUTPUT -> 우클릭 -> 핀 이름 변경 -> 초기값 HIGH로 설정한다.

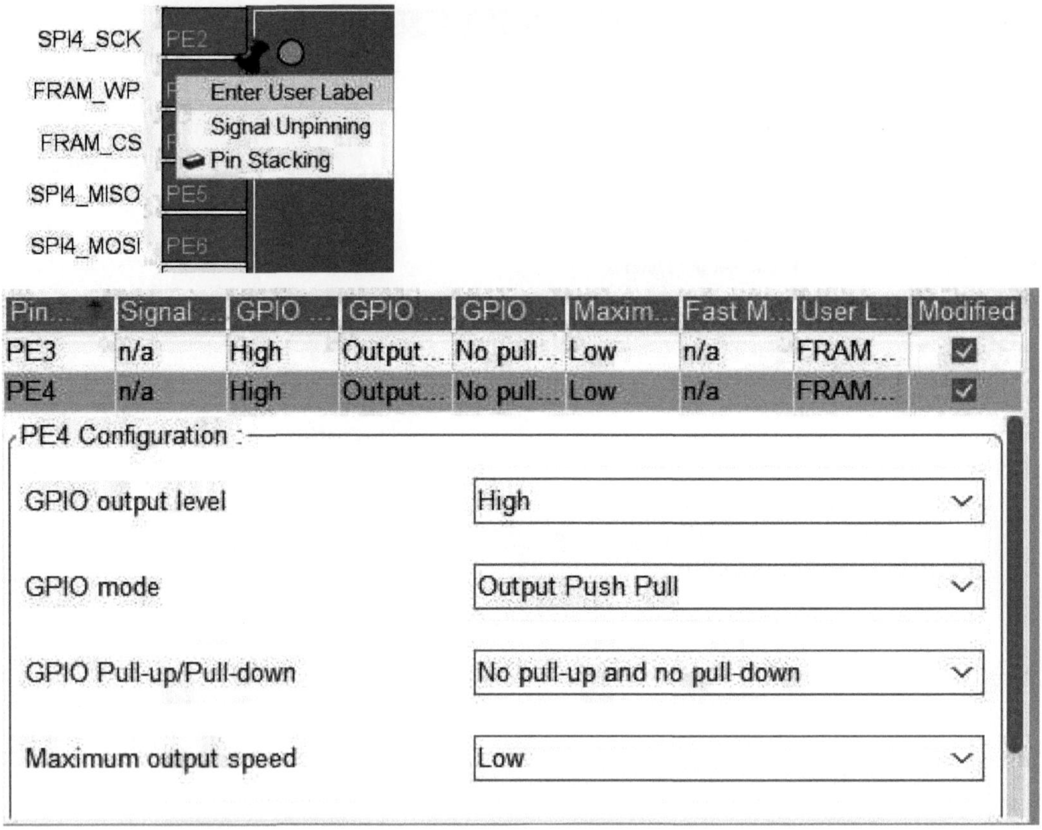

그림 17-2-17 SPI WP, CS 설정

6) MISO핀(PE5)을 GPIO Pull-UP으로 설정

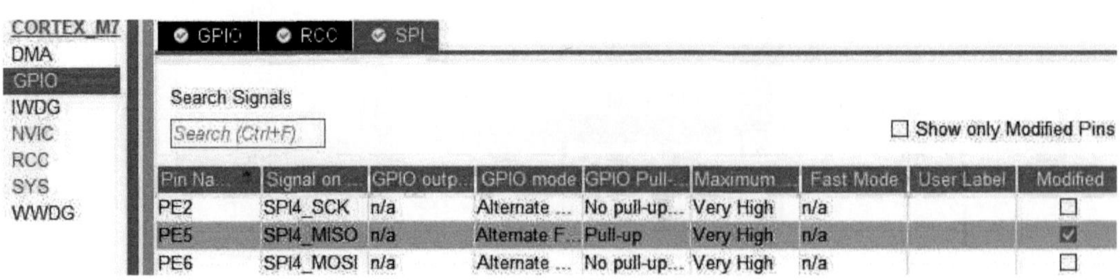

그림 17-2-18 SPI MOSI Pull-up 설정

실험 1) SPI를 사용하여 FRAM 데이터 쓰기, 읽기로 데이터를 비교해보는 프로그램을 작성하여 실험하였다.

1. main.c

```
#include "main.h“
#include "extern.h"//extern 해더 파일
#include "user_define.h"//user_define 헤더 파일
void SystemClock_Config(void);
static void MPU_Config(void);
static void MX_GPIO_Init(void);
static void MX_SPI4_Init(void);
byte test_wr=0, test_rd=0;
byte SPI_WR_buffer[256]={0x55,2,3,4,5,6,7,8,9,10,11,12,13,14,15,16};
byte SPI_RD_buffer[256];
byte SPI_tx_buf[256];
byte FR_Write_Wr(word fram_address, byte wr_buffer[], byte wr_length)
{//(fram의 주소,CPU주소에 입력할 데이터 ,데이터 갯수), 8kbyte  -> 0~1024번
   지가 8개 존재함.
    byte retry;
    byte i;
    for(retry=0; retry<2; retry++)
    {//확실하게 하기 위해 같은 값을 2번 write
        SPI_tx_buf[0] = 0x06; //Write Enable = 0x06
        Fram_CS_LOW;
        HAL_SPI_Transmit(&hspi4, SPI_tx_buf, 1, 10);
        // 0x06(Write EN), 1(1byte), 10(10ms Timeout)
        Fram_CS_HIGH;
        //Write
        SPI_tx_buf[0] = 0x02;               //Write_Command
        SPI_tx_buf[1] = fram_address>>8;    //8~24주소(0x1234) ==> 0x12
        SPI_tx_buf[2] = (byte)fram_address; //8~24주소(0x34)
        for(i=0; i < wr_length; i++)
        {//순수한 쓰기버퍼는 SPI_tx_buf[3]~
            SPI_tx_buf[3+i] = wr_buffer[i];
        }
```

```
        Fram_CS_LOW;
        HAL_SPI_Transmit(&hspi4, SPI_tx_buf, wr_length+3, 100);
        //Write_Tx[0]~Write_Tx[wr_length+3-1]개, 100ms timeout
        Fram_CS_HIGH;
    }
}
int main(void)
{
    HAL_Init();
    MPU_Config();
    SystemClock_Config();
    MX_GPIO_Init();
    MX_SPI4_Init();
    while()
    {
        if(test_wr)//쓰기
        {
            test_wr=0;
            FR_Write_Wr(0x0000, &SPI_WR_buffer[0], 10);
            //Fram의 주소, 데이터, 전송 byte개수
        }
        if(test_rd)//읽기
        {
            test_rd=0;
            FR_Read_Rd(0x0000, (byte*)(BACKUP_RAM_START+1), 10);
            //Fram의 주소, FRAM->CPU 데이터 저장할 위치, 읽을 byte개수
            if(*(byte*)(BACKUP_RAM_START+1) == SPI_WR_buffer[0])
            //0x20000021번지의 값과 0x55 비교한다.
                error_check=1;//FRAM 정상
            else
                error_check=0;//FRAM 오류
        }
    }
}
```

2. user_define.h

```
#define BACKUP_RAM_START 0x20000020//오류값이 저장될 MCU주소
#define Fram_CS_LOW      GPIOE->ODR &= ~(1<<4)//PE4 : 0
#define Fram_CS_HIGH GPIOE->ODR |=  (1<<4) //PE4 : 1
```

3. extern.h

```
typedef unsigned char  byte;
typedef unsigned short word;
typedef unsigned long  dword;
```

4. 실험 방법 및 결과

MCU에 저장되어 있는 값을 FRAM에 저장후 MCU에 다른 메모리 주소에 FRAM 데이터를 저장하여 FRAM에 데이터가 정확히 저장되었는지 확인한다.

먼저 Live Watch로 test_wr 변수값을 1로 변경하여 FRAM에 데이터를 저장하고 test_rd 변수값을 1로 변경하여 FRAM에 저장된 데이터를 MCU 내부 메모리 주소에 저장한다.

처음에 MCU에 저장되어 있는 메모리 주소값은 0x2000 0000이고
FRAM으로부터 데이터를 불러와서 저장한 MCU의 메모리 주소값은 0x2000 0021이다.

0x2000 0000와 0x2000 0021의 메모리 주소값을 비교하여 FRAM에 데이터가 제대로 써지고 읽어졌는지 확인할 수 있다.

0x2000 0000 주소 = MCU에 저장되어 있는 값
0x2000 0021 주소 = FRAM에 저장되어 있는 값(MCU에 저장되어 있는 값 10개만 저장)

```
0x2000'0000   55 02 03 04 05 06 07 08 09 0a 0b 0c 0d 0e 0f 10
0x2000'0010   00 00 00 00 00 00 00 00 00 00 00 00 00 00 00 00
0x2000'0020   00 55 02 03 04 05 06 07 08 09 0a 00 00 00 00 00
```

그림 17-2-19 FRAM 실험 방법 및 결과

제18장 I2C 통신

18.1 I2C 개요

18.1.1 I2C의 개요

I2C (Inter-Integrated Circuit) 버스 인터페이스는 마이크로컨트롤러와 시리얼 I2C 버스 간의 통신을 처리한다. 이는 멀티마스터 기능을 제공하며, I2C 버스에 특화된 순차, 프로토콜, 아비트레이션 및 타이밍을 제어한다. 표준 모드 (Sm), 패스트 모드 (Fm), 그리고 패스트 모드 플러스 (Fm+)를 지원한다.

또한, 이는 SMBus (시스템 관리 버스) 및 PMBus (전원 관리 버스)와 호환된다. DMA (Direct Memory Access)를 사용하여 CPU 부하를 줄일 수 있다.

1) I2C 주요특징

- 칩 간의 통신을 의미한다.
- I2C 통신은 2개의 선을 이용하는 통신 방식
- 하나의 마스터와 여러 개의 슬레이브 기기가 물려 통신이 가능
- 클럭 신호를 사용하는 동기식 통신 방식이라 시간에 자유로움
- 슬레이브 선택을 위해 항상 주소 데이터가 붙기에 긴 데이터를 전송하기엔 부적합
- I2C는 IC 사이 통신 링크를 제공하는 양방향 2와이어 직렬 버스이다.
- I2C는 1대 다수통신에 유리하다.

2) I2C 버스 사양 Rev. 03 호환성

- 슬레이브 및 마스터 지원
- 멀티마스터 기능
- 표준모드 : 100kHz
- 패스트 모드 : 최대 400kHz
- 패스트 모드+ : 1MHz
- 7Bit와 10Bit 주소
- 다중 7Bit 슬레이브 주소(2개의 주소이며 구성 가능한 마스크 포함이다.)

※여기서 "Rev. 03" 는 "Revision 03" 을 나타내며, I2C 통신을 정의하는 규격의 특정 버전을 가리킨다.

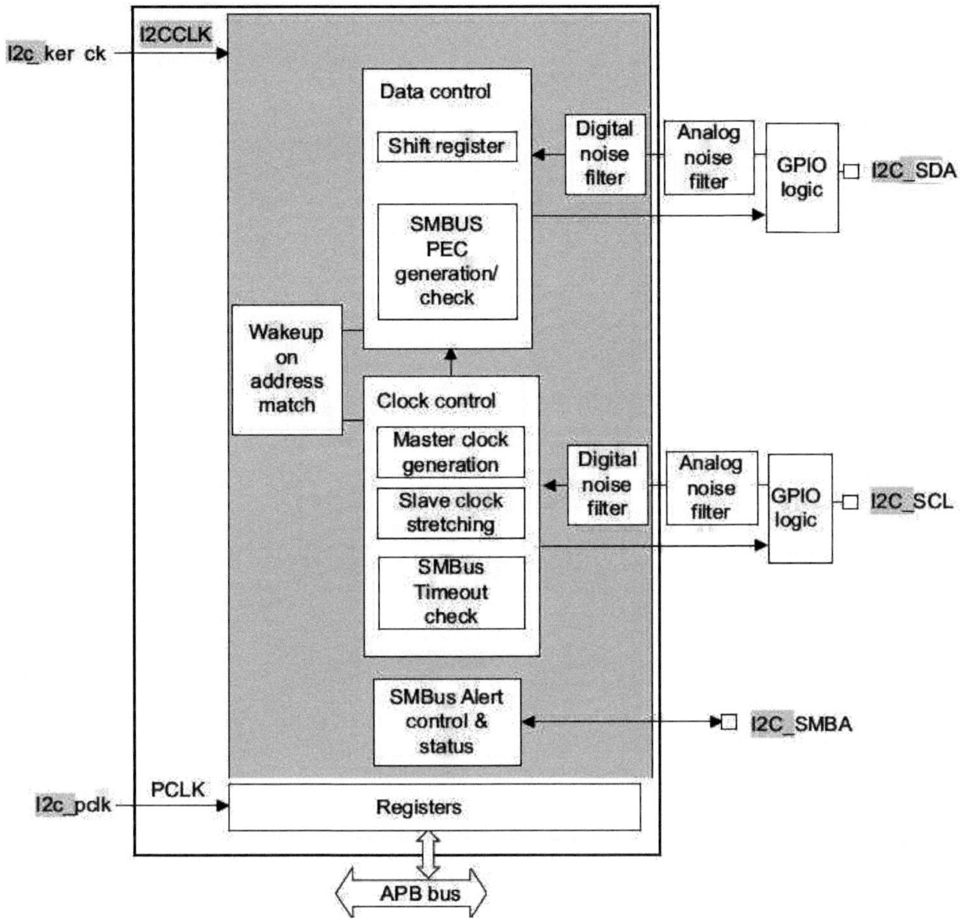

그림 18-1-1 I2C 블록다이어그램

3) I2C 양방향, 전이중 방식

I2C는 두 가닥의 선을 사용하므로 TWI(Two Wire Interface)라고 불린다. I2C는 양방향 오픈 드레인 선인 SCL(Serial Clock)과 SDA(Serial Data)로 이루어져 있고 앞서 말 한 Master와 Slave 형태로 동작한다.

SCL은 통신의 동기화를 위한 클럭 선이며, SDA는 데이터용이며, Master가 SCL로 동기를 위한 클럭을 출력하고 Slave가 SDA로 그 클럭에 맞춰 데이터를 출력하거나 입력 받는다.

이렇게 SDA선 하나로만 데이터를 주고받기 때문에 송수신이 동시에 이루어질 수 없어 양방향 통신이 필요한 경우에는 전송 속도가 느려진다.

이러한 방식을 반이중(Half-Duplex)방식이라 한다. 다음 그림18-1-2처럼 I2C는 다중 통신에 유리하다.

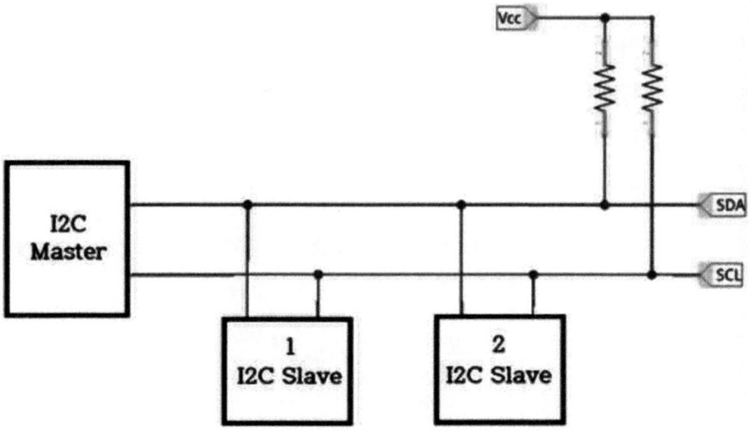

그림 18-1-2 I2C 블록다이어그램

4) 통신방식

1. Master Write

I2C는 통신할 때 8Bit씩 데이터를 보낼 수 있다. Master가 Slave에 Write 할 경우 시작 신호(Start) 뒤에 먼저 7Bit의 Slave의 주소가 나오며 그 뒤에 8번 8Bit는 Read/Write 구간이다. 이 구간의 값이 0이면 Write이며, Slave ACK 신호를 보내면 Master가 Slave에 Write할 8Bit 데이터를 보내고 Slave는 ACK를 보내게 된다. 마지막으로 SCL을 1로 유지하면서 통신을 종료하며, ACK로 수신 측의 데이터 응답 확인 신호를 나타낸다.(주로 오류 제어 및 흐름 제어)

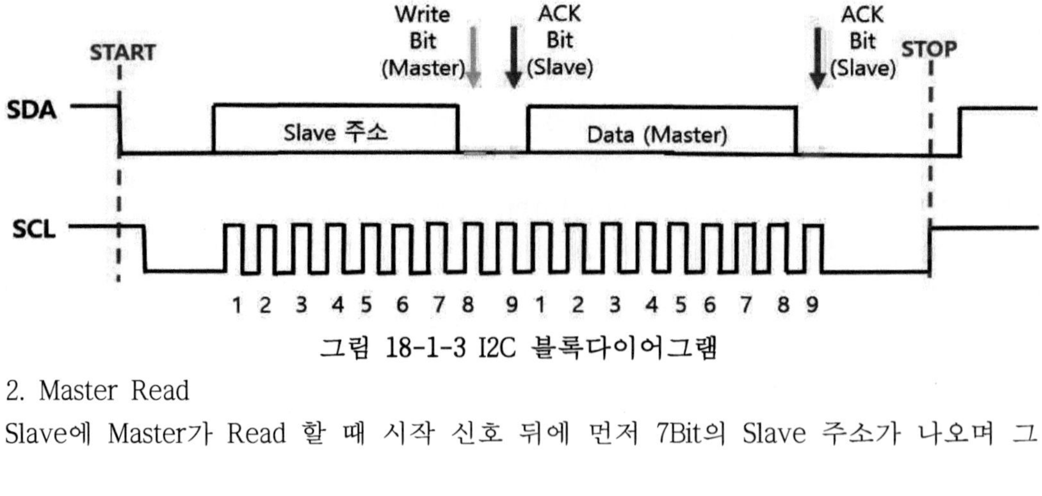

그림 18-1-3 I2C 블록다이어그램

2. Master Read

Slave에 Master가 Read 할 때 시작 신호 뒤에 먼저 7Bit의 Slave 주소가 나오며 그

뒤에 8번 Bit는 Read/Write 구간이며 이 구간의 값이 1이면 Read 신호이며, Slave가 ACK 신호를 Master에게 보내고 Slave가 자신이 가지고 있는 데이터를 Master에게 전송하기 시작한다. 데이터를 다 보내면 Master는 NACK('1')을 보내어 전송이 끝났다는 신호를 보내고 통신을 종료한다.

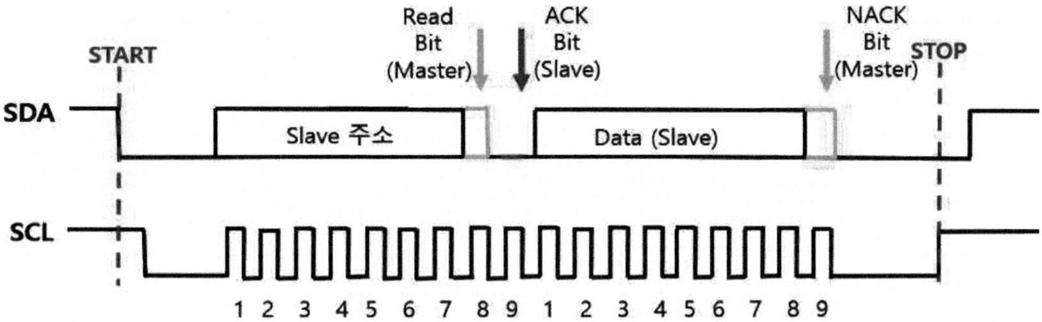

그림 18-1-4 I2C 블록다이어그램

18.1.2 I2C HAL 드라이버

1) 용어 정의

■ hi2c : I2C 통신을 수행하는데 필요한 I2C 핸들러(구조체).
■ DevAddress : 통신하려는 장치의 7비트 I2C 주소.
■ pData : 전송하려는 데이터를 담고 있는 버퍼의 포인터.
■ Size : 수신할 데이터의 크기.
■ Timeout : I2C 통신을 수행하는데 필요한 I2C 핸들러(구조체).

2) I2C 통신(Polling 방식 - CPU가 주기적으로 상태를 확인하여 작업을 직접 처리하므로 대기시간이 발생한다.)

- HAL_I2C_Master_Transmit(&hi2c, DevAddress, pData, Size, Timeout) : I2C 마스터 모드에서 데이터를 전송하는 데 사용된다. (Polling 방식)

- HAL_I2C_Master_Receive(&hi2c, DevAddress, pData, Size, Timeout) : I2C 마스터 모드에서 데이터를 수신하는 데 사용된다. (Polling 방식)

- HAL_I2C_Slave_Transmit(&hi2c, pData, Size, Timeout) : I2C 슬레이브 모드에서 데이터를 전송하는 데 사용된다. (Polling 방식)

- HAL_I2C_Slave_Receive(&hi2c, pData, Size, Timeout) : I2C 슬레이브 모드에서 데이터를 수신하는 데 사용된다. (Polling 방식)

3) I2C 통신(Interrupt 방식 - CPU는 이벤트가 발생하면 현재 실행 중인 작업을 중단하고 인터럽트 서비스 루틴을 실행한다. 인터럽트 방식은 대기 시간이 없으며, 작업이 발생할 때까지 CPU가 지속적으로 상태를 확인하지 않아도 된다.)

- HAL_I2C_Master_Transmit_IT(&hi2c, DevAddress, pData, Size) : I2C 마스터 모드에서 데이터를 전송하는 데 사용된다. (Interrupt 방식)

- HAL_I2C_Master_Receive_IT(&hi2c, DevAddress, pData, Size) : I2C 마스터 모드에서 데이터를 수신하는 데 사용된다. (Interrupt 방식)

- HAL_I2C_Slave_Transmit_IT(&hi2c, DevAddress, pData, Size) : I2C 슬레이브 모드에서 데이터를 전송하는 데 사용된다. (Interrupt 방식)

- HAL_I2C_Slave_Receive_IT(&hi2c, DevAddress, pData, Size) : I2C 슬레이브 모드에서 데이터를 수신하는 데 사용된다. (Interrupt 방식)

4) I2C 통신(DMA 방식 - CPU의 개입 없이 데이터를 전송하는 데 사용. DMA 컨트롤러가 CPU와 별개로 작동하여, 메모리 간 데이터 전송을 관리한다.)

- HAL_I2C_Master_Transmit_DMA(&hi2c, DevAddress, pData, Size) : I2C 마스터 모드에서 데이터를 전송하는 데 사용된다. (DMA 방식)

- HAL_I2C_Master_Receive_DMA(&hi2c, DevAddress, pData, Size) : I2C 마스터 모드에서 데이터를 전송하는 데 사용된다. (DMA 방식)

- HAL_I2C_Slave_Transmit_DMA(&hi2c, DevAddress, pData, Size) : I2C 마스터 모드에서 데이터를 전송하는 데 사용된다. (DMA 방식)

- HAL_I2C_Slave_Receive_DMA(&hi2c, DevAddress, pData, Size) : I2C 마스터 모드에서 데이터를 전송하는 데 사용된다. (DMA 방식)

18.2 I2C 통신을 이용한 온도센서 응용

18.2.1 TMP117A 온도센서 개요

그림 18-2-1 온도센서(TMP117AIDRVT)

1. 온도센서의 개요

TMP117AIDRVT는 고정밀 디지털 온도센서로 주로 정밀한 온도 측정을 위해 사용된다. 이 센서는 디지털 출력을 제공하여 I2C 인터페이스를 통해 온도 데이터를 전송하며, 이러한 디지털 출력은 마이크로컨트롤러 또는 다른 디지털 시스템과 쉽게 통합될 수 있다.

TMP117AIDRVT 온도센서는 일반적으로 -55℃ ~ +150℃ 범위에서 ±0.1℃의 높은 정확도를 제공한다. 또한 이 센서는 저전력 디자인으로써, 낮은 전력 소비를 가지고 있어서 배터리 작동 장치나 에너지 효율적인 응용 분야에 적합하며 온도 데이터의 무결성을 보장하기 위해 CRC 기능을 제공하여 제조 공정 및 칩 ID 등을 검증할 수 있다.

이러한 기능들로 인해 TMP117AIDRVT는 정밀한 온도 측정이 필요한 다양한 응용 분야에서 사용될 수 있으며, 이 센서는 산업 자동화, 의료 기기, 환경 모니터링, 기상 관측 등의 분야에서 널리 사용되며, 정확한 온도 모니터링이 필요한 다양한 상황에서 신뢰성 있고 효율적인 센서로 인정받고 있다.

온습도센서 유형	디지털, 로컬[온도(내부)]
감지온도-내부	-55℃ ~ +150℃
분해능	16bit
출력유형	I2C / SMBus
정확도-최고(최저)	±0.1℃(최고) , ±0.3℃(최저)
전압-공급	1.8V ~ 5.5V
작동온도	-55℃ ~ +150℃

그림 18-2-2 온도센서(TMP117AIDRVT) 주요 사양

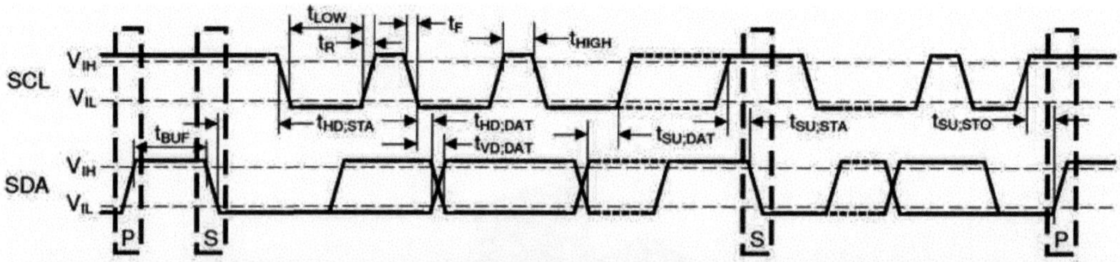

		FAST-MODE		UNIT
		MIN	MAX	
f_{SCL}	SCL 작동 주파수	1	400	KHz
t_{BUF}	STOP 및 START 조건 사이의 버스 자유 시간	1300		ns
$t_{HD;STA}$	반복된 시작 조건 후 유지 시간. 이 시간이 지나면 첫번째 Clock이 생성됨	600		ns
$t_{SU;STA}$	반복 시작 조건 설정 시간	600		ns
$t_{SU;STO}$	정지 조건 설정 시간	600		ns
$t_{HD;DAT}$	데이터 보유 시간	0		ns
$t_{VD;DAT}$	데이터 유효 시간		0.9	μs
$t_{SU;DAT}$	데이터 설정 시간	100		ns
t_{LOW}	SCL Clock Low 시간	1300		ns
t_{HIGH}	SCL Clock High 시간	600		ns
t_F – SDA	데이터 하강 시간	20 × (V+ /5.5)	300	ns
t_F, t_R – SCL	Clock 하강 및 상승 시간		300	ns
t_R	SCL의 상승 시간 ≤ 100 kHz		1000	ns
	직렬 버스 시간 초과(clock이 없으면 SDA버스가 해제됨)	20	40	ms

그림 18-2-3 온도센서(TMP117AIDRVT) 타이밍도

2. 온도센서의 데이터 형식

TMP117A 온도센서는 각 변환이 완료될 때마다 디바이스는 온도 레지스터를 변환결과로 업데이트한다. 이 결과 데이터는 16Bit의 2의 보수 형식으로 표현되며, 해상도는 1Bit당 7.8125m℃이다.

TEMPERATURE (°C)	TEMPERATURE REGISTER VALUE (0.0078125 °C RESOLUTION)	
	BINARY	HEX
–256	1000 0000 0000 0000	8000
–25	1111 0011 1000 0000	F380
–0.1250	1111 1111 1111 0000	FFF0
–0.0078125	1111 1111 1111 1111	FFFF
0	0000 0000 0000 0000	0000
0.0078125	0000 0000 0000 0001	0001
0.1250	0000 0000 0001 0000	0010
1	0000 0000 1000 0000	0080
25	0000 1100 1000 0000	0C80
100	0011 0010 0000 0000	3200
255.9921	0111 1111 1111 1111	7FFF

그림 18-2-4 온도센서(TMP117AIDRVT) 16Bit 온도 데이터

3. 레지스터 맵

이 레지스터는 현재 변환의 출력을 저장하는 16비트 읽기 전용 레지스터로, 1 LSB는 7.8125 m℃에 해당한다. 데이터는 2진법 형식으로 표현되며 리셋 이후, 온도 레지스터는 최초 변환(평균화 포함)이 완료될 때까지 -256℃로 표시된다.

ADDRESS	TYPE	RESET	ACRONYM	REGISTER NAME
00h	R	8000h	Temp_Result	Temperature result register
01h	R/W	0220h(1)	Configuration	Configuration register
02h	R/W	6000h(1)	THigh_Limit	Temperature high limit register
03h	R/W	8000h(1)	TLow_Limit	Temperature low limit register
04h	R/W	0000h	EEPROM_UL	EEPROM unlock register
05h	R/W	xxxxh(1)	EEPROM1	EEPROM1 register
06h	R/W	xxxxh(1)	EEPROM2	EEPROM2 register
07h	R/W	0000h(1)	Temp_Offset	Temperature offset register
08h	R/W	xxxxh(1)	EEPROM3	EEPROM3 register
0Fh	R	0117h	Device_ID	Device ID register

그림 18-2-5 온도센서(TMP117AIDRVT) 레지스터맵

8.2.2 TMP117A 회로도

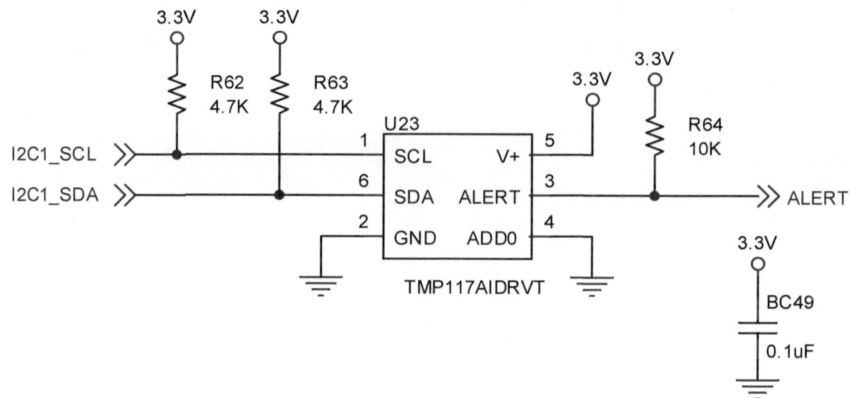

그림 18-2-6 온도센서(TMP117AIDRVT) 회로도

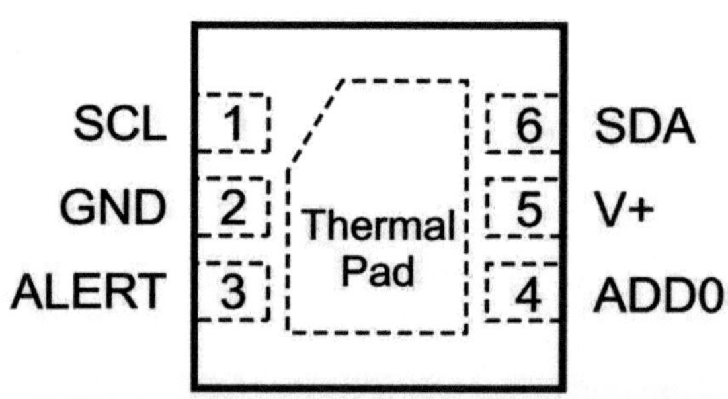

PIN			TYPE	DESCRIPTION
NAME	WSON	DSBGA		
ADD0	4	C1	I	주소 선택, GND, V+, SDA 또는 SCL에 연결
ALERT	3	C2	O	과열 경고 또는 데이터 준비 신호. Open-drain 출력에는 풀업 저항이 필요
GND	2	B2	—	GND
SCL	1	A2	I	Serial Clock
SDA	6	A1	I/O	Serial data 입력 및 Open-drain 출력. 풀업 저항이 필요
V+	5	B1	I	공급 전압

그림 18-2-7 온도센서(TMP117AIDRVT)의 핀 구성 및 기능

18.2.3 CubeMX 설정

1. I2C1 선택

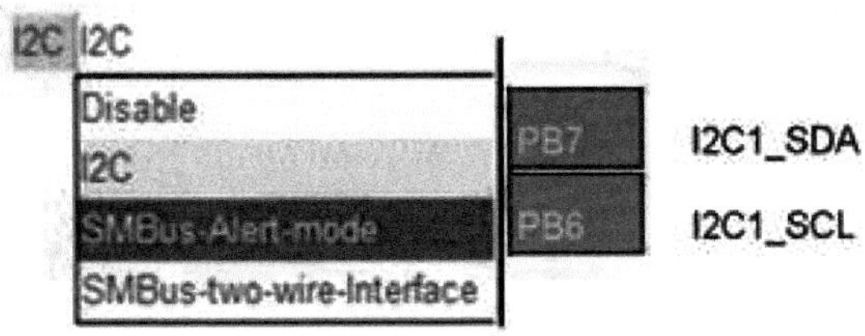

그림 18-2-8 CubeMX I2c설정

2. I2C타이밍 설정 -> CLK Speed 1 ~ 400KHz 범위 내에서 설정 -> Analog Filter 'Enable'

■ I2C Analog Filter : I2C 통신 라인에서 발생할 수 있는 높은 주파수의 노이즈를 필터링하는 데 사용된다. 이는 안정적이고 정확한 통신을 보장하기 위한 것이다.

∨ Timing configuration	
I2C Speed Mode	Standard Mode
I2C Speed Frequency (KHz)	100
Rise Time (ns)	0
Fall Time (ns)	0
Coefficient of Digital Filter	0
Analog Filter	Enabled
Timing	0x20404768

그림 18-2-9 CubeMX I2c설정

3. Slave 설정

∨ Slave Features	
Clock No Stretch Mode	Disabled
General Call Address Detection	Disabled
Primary Address Length selection	7-bit
Dual Address Acknowledged	Disabled
Primary slave address	0

그림 18-2-10 CubeMX I2c설정

■ Primary : 클럭 신호가 슬레이브 디바이스에 의해 끌어올려지지 않고 항상 마스터에 의해 생성된 클럭에 따라 진행되는 모드를 나타낸다.

■ Primary Slave Address : 이 주소를 사용하여 마스터는 특정 슬레이브 디바이스와 통신하고 명령을 전달할 수 있다. 만약 어떤 슬레이브 디바이스의 "I2C primary slave address" 가 0x50이라면, 마스터는 0x50 주소를 사용하여 해당 슬레이브 디바이스와 통신할 수 있다.

■ General Call Address Detection : I2C 통신에서 General Call을 사용하려면 0000000(7비트 주소) 또는 11110xx(10비트 주소)와 같은 특별한 주소를 사용한다. 여기서 "xx" 는 일반적으로 00로 설정된다. 이 주소는 모든 슬레이브 디바이스에게 보내진 명령이나 데이터를 수신할 수 있게 해준다.

4. NVIC 설정 -> Generate

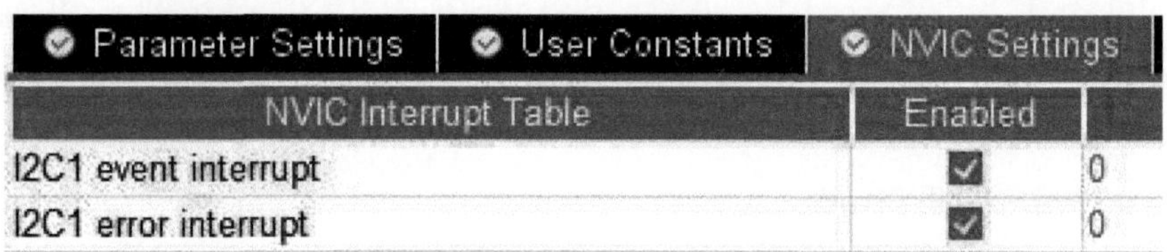

그림 18-2-11 I2C용 NVIC설정

실험 1) I2C를 사용하여 TMP117A 온도 센서의 데이터 값을 읽어오는 프로그램을 작성하여 실험하였다.(real_temp 변수가 실제 온도 센서 데이터이다.)

1. main.c

```
#include "main.h“
#include "extern.h"//extern 헤더파일
#include "user_define.h"
#define RESOLUTION 0.0078125 //분해능 : 0.0078125도씨
I2C_HandleTypeDef hi2c1;
void SystemClock_Config(void);
static void MX_GPIO_Init(void);
static void MX_I2C1_Init(void);
#define TMP117_DEV_ADDR 0x90
byte TMP117_read(uint8_t byRegAddr, uint8_t *pBuf, uint8_t byLen)
{
    if(HAL_I2C_Master_Transmit(&hi2c1,(uint16_t)TMP117_DEV_ADDR,
     &byRegAddr,1,1000)!= HAL_OK)
    return 0;
    return HAL_I2C_Master_Receive(&hi2c1, (uint16_t)TMP117_DEV_ADDR,
     pBuf, byLen, 1000);
}
byte buffer[256];
byte buf[8] = {0};
uint8_t tmp117_reg = 0x00;//0x00 : temperature register
float float_data = 0.0;
float real_temp = 0.0;
uint32_t test_data1, test_data2, test_data3;
byte TMP_I2C_result=0;
word TMP_error_cnt=0;
float Real_TEMP=0;
int main(void)
{
    HAL_Init();
    SystemClock_Config();
    MX_GPIO_Init();
```

```
    MX_I2C1_Init();
    HAL_Delay(2000);
    TMP117_read(0x0F, buffer, 2);//0x0F : Device ID Register
    while (1)
    {//읽어올 레지스터 주소,주소길이,버퍼,읽어올데이터길이,time out
        TMP_I2C_result = HAL_I2C_Mem_Read(&hi2c1, TMP117_DEV_ADDR,
        tmp117_reg, 1, buf, 2, 100);
        if(TMP_I2C_result == HAL_OK)//Read값 ok
        {//8Bit -> 16Bit 변환 과정
            test_data1 = (buf[0]*256);
            test_data2 = ((buf[1]>>4)*16);
            test_data3 = (buf[1]&0x0f);
            float_data = (buf[0]*256) + ((buf[1]>>4)*16) + (buf[1]&0x0f);
            //분해능 : 0.0078125℃, 1bit = 7.8125m℃
            real_temp = float_data*RESOLUTION;
            //#define RESOLUTION 0.0078125
        }
        else
            TMP_error_cnt++;
        TMP117_read(0x00, buffer, 2);
        {
            Real_TEMP = (buffer[0]*256 + buffer[1])/128.0;
        }
    }
}
```

2. extern.h

```
typedef unsigned char  byte;          //1byte
typedef unsigned short word;          //2byte
typedef unsigned long  dword;         //4byte
```

부록 1.1 Mbed Kit 구성도

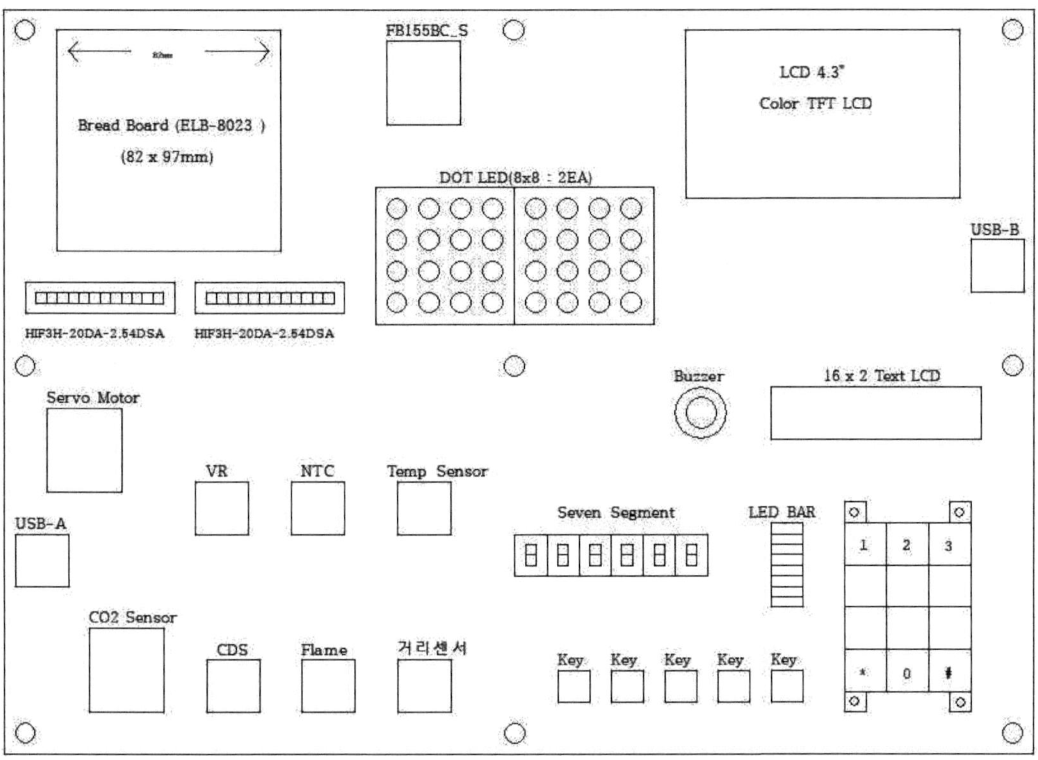

부록 1.2 Mbed Kit MCU 회로도

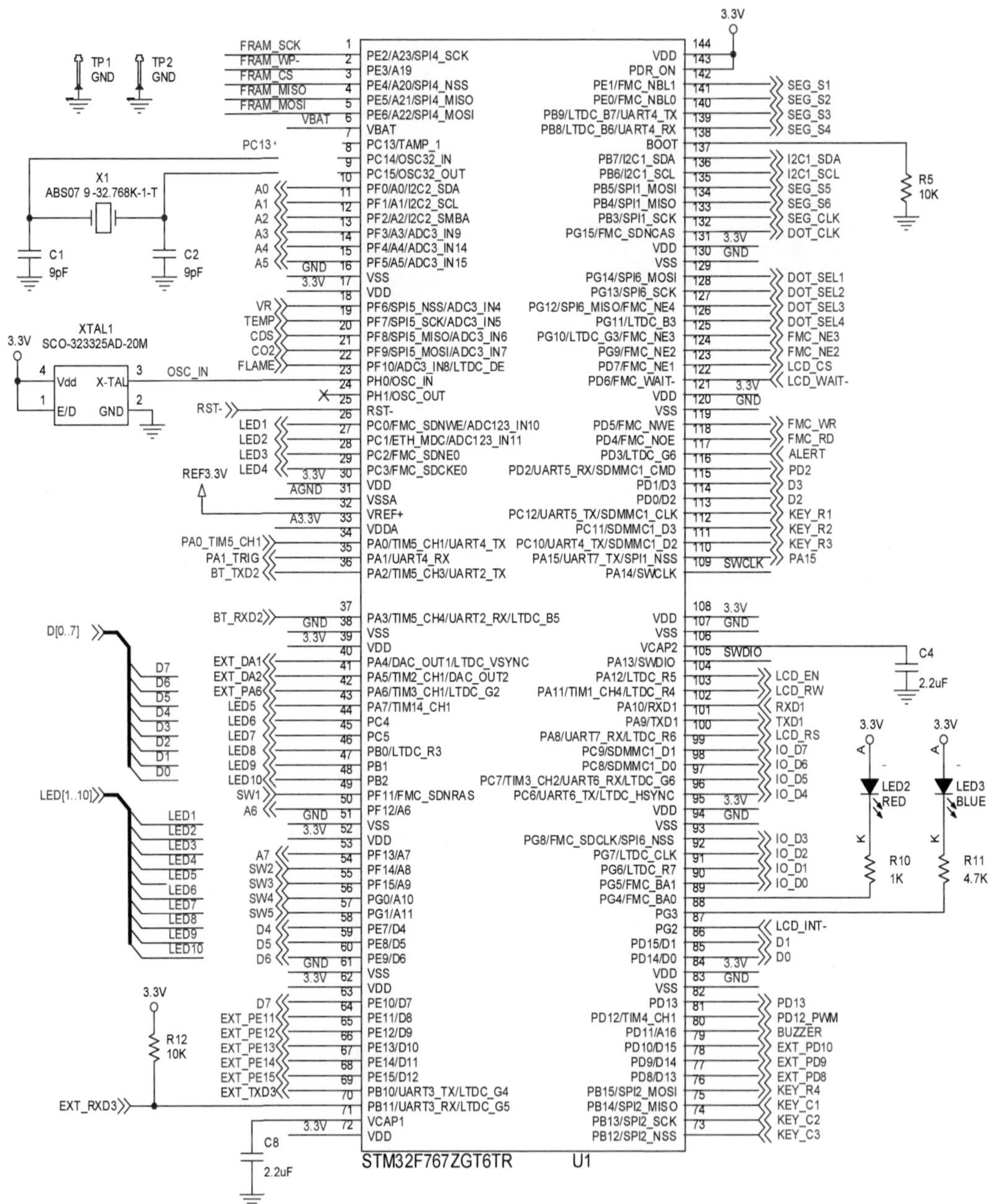

부록 1.3 Mbed Kit 시스템 FRAM, Reset IC 회로도

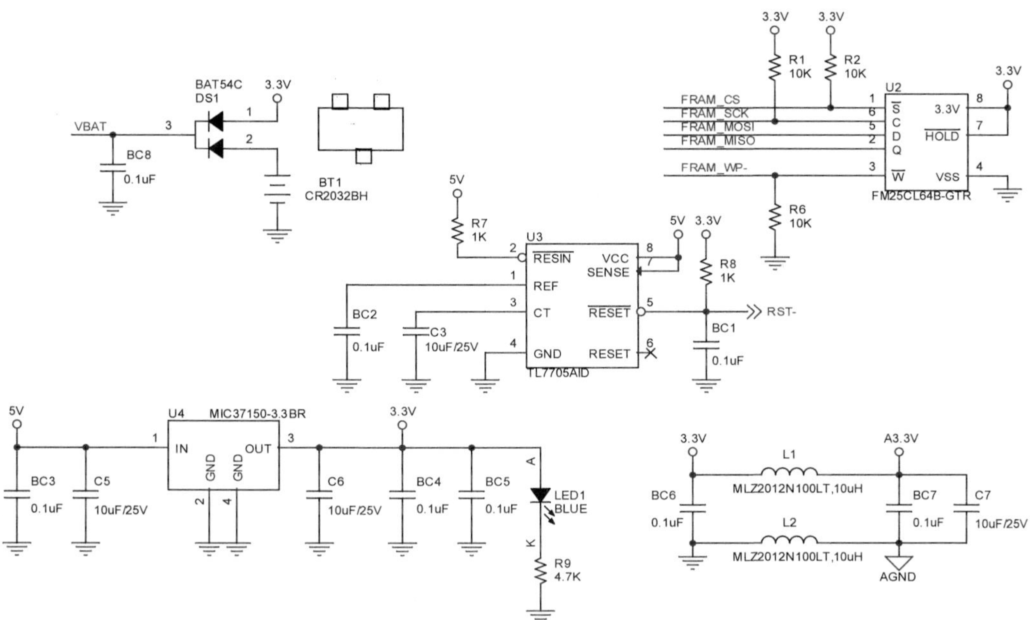

부록 1.4 Mbed Kit 시스템 DOT-LED 회로도

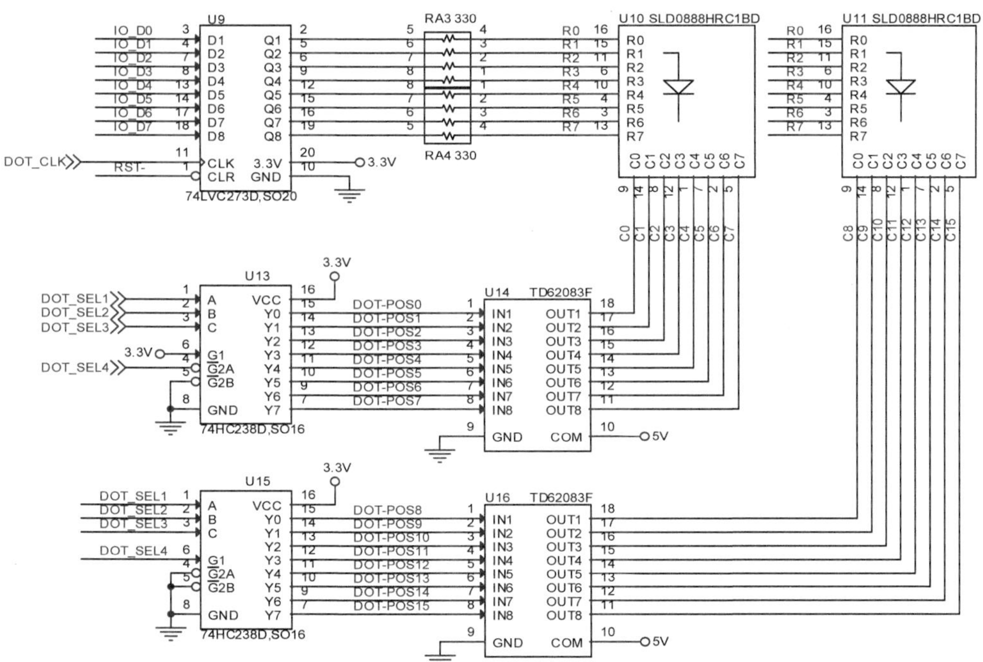

부록 1.5 Mbed Kit 시스템 LCD 및 7-Segment 회로도

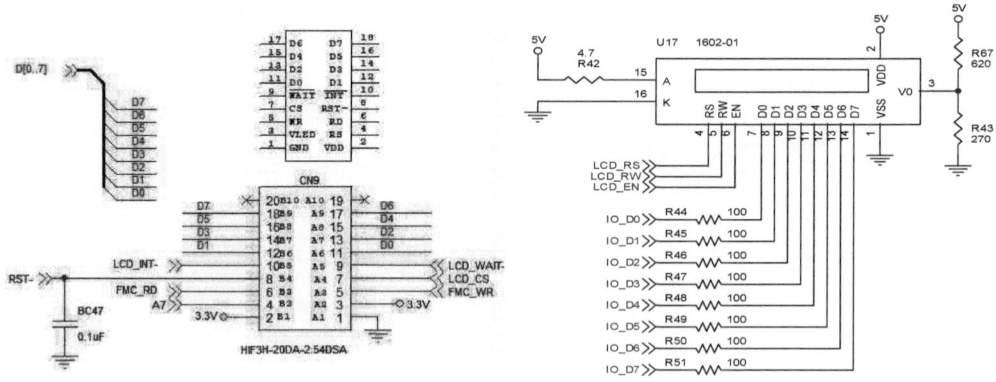

Mbed Kit 시스템 TFT-LCD 및 Text-LCD

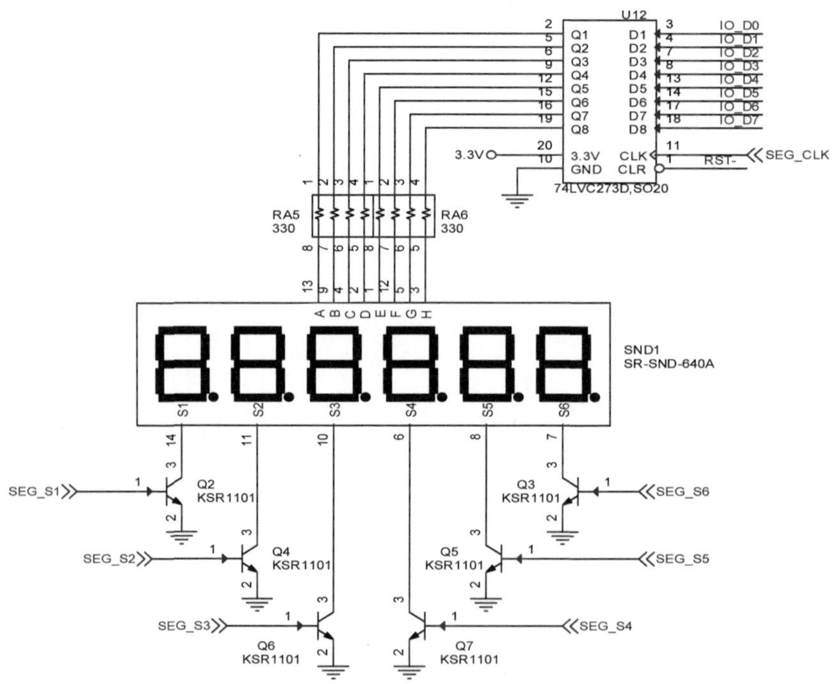

Mbed Kit 시스템 7-Segment

부록 1.6 Mbed Kit 시스템 Buzzer 및 ST-Link 회로도

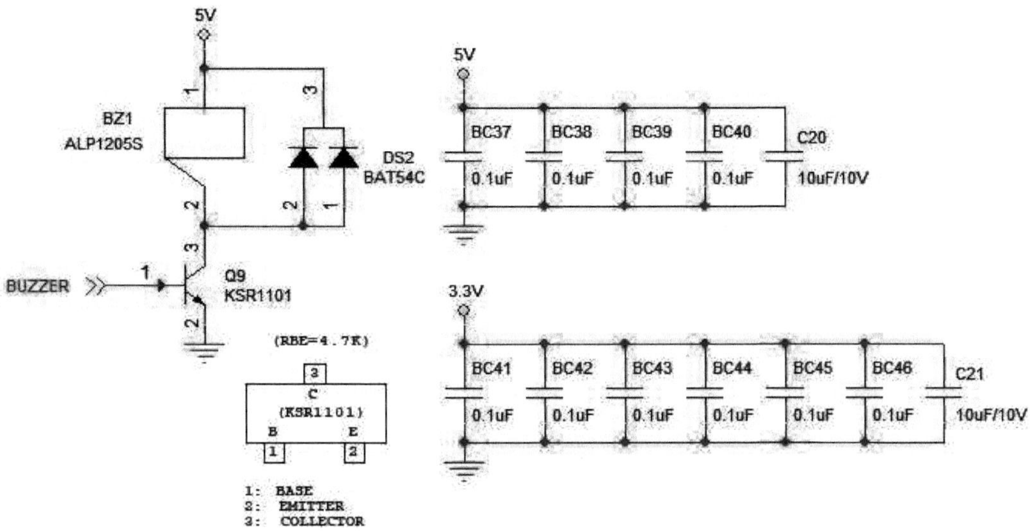

Mbed Kit 시스템 Buzzer 회로도

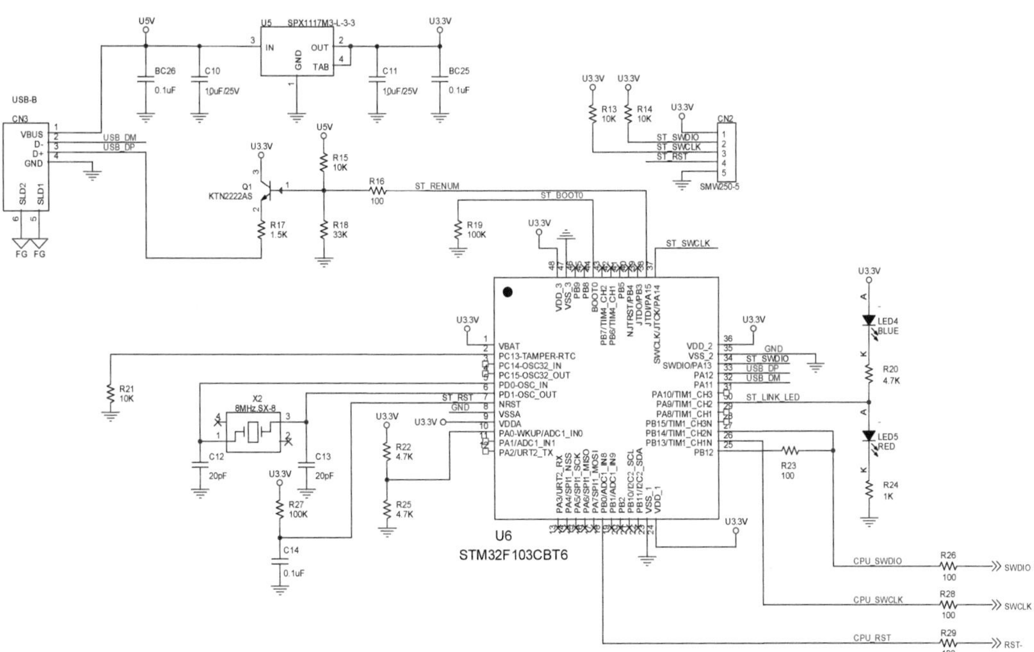

Mbed Kit 시스템 ST-Link 회로도

부록 1.7 Mbed Kit 시스템 Switch 및 KEY_PAD 회로도

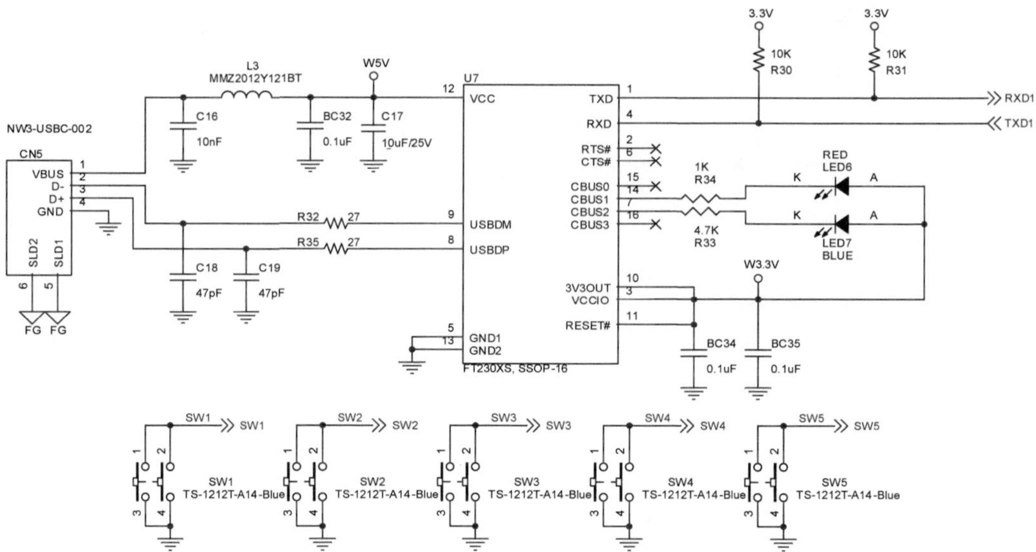

Mbed Kit 시스템 Switch, USB-A Type 회로도

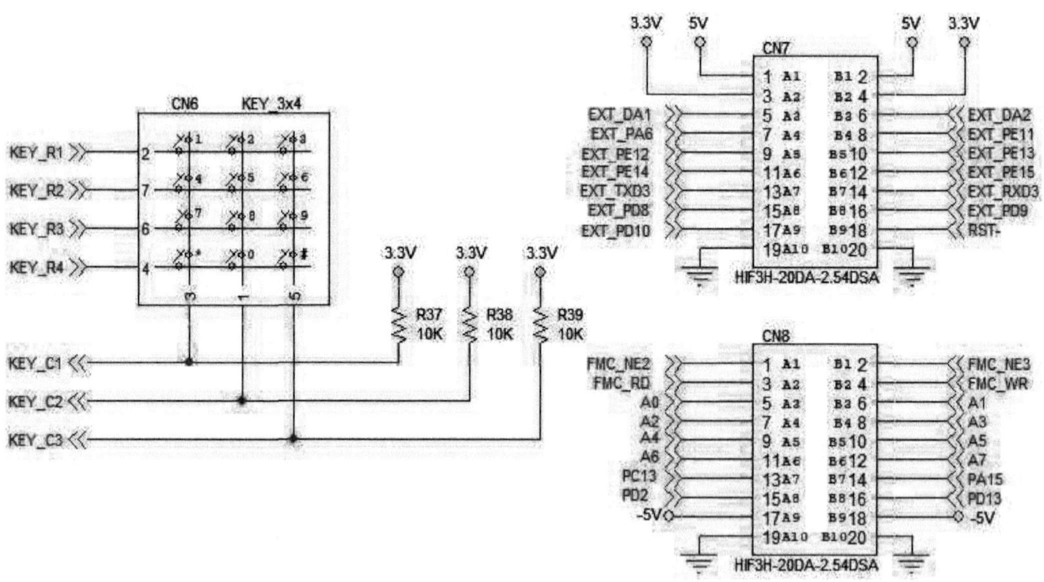

Mbed Kit 시스템 커넥터, KEY_PAD 회로도

부록 1.8 Mbed Kit 시스템 블루투스, 서보모터, Bar LED 회로도

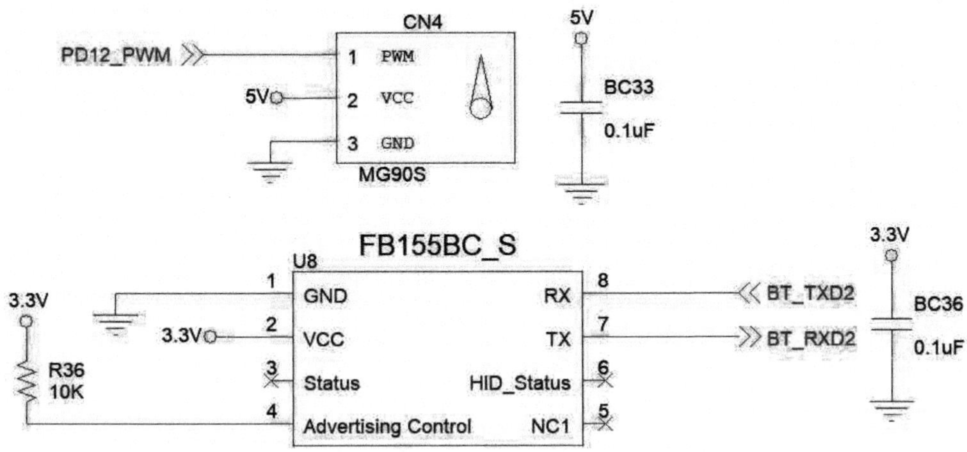

Mbed Kit 시스템 블루투스, 서보모터 회로도

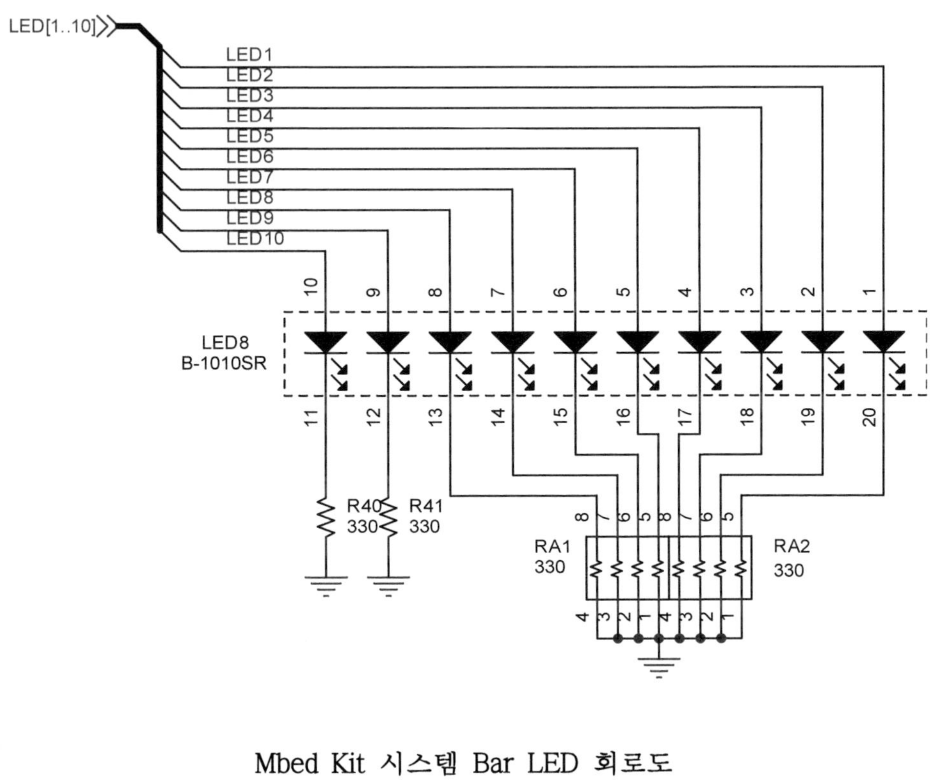

Mbed Kit 시스템 Bar LED 회로도

부록 1.9 Mbed Kit 시스템 Sensor 회로도(1/2)

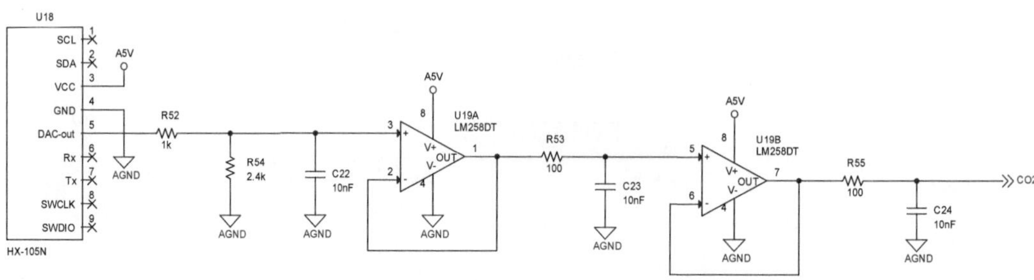

Mbed Kit 시스템 CO2 센서 회로도

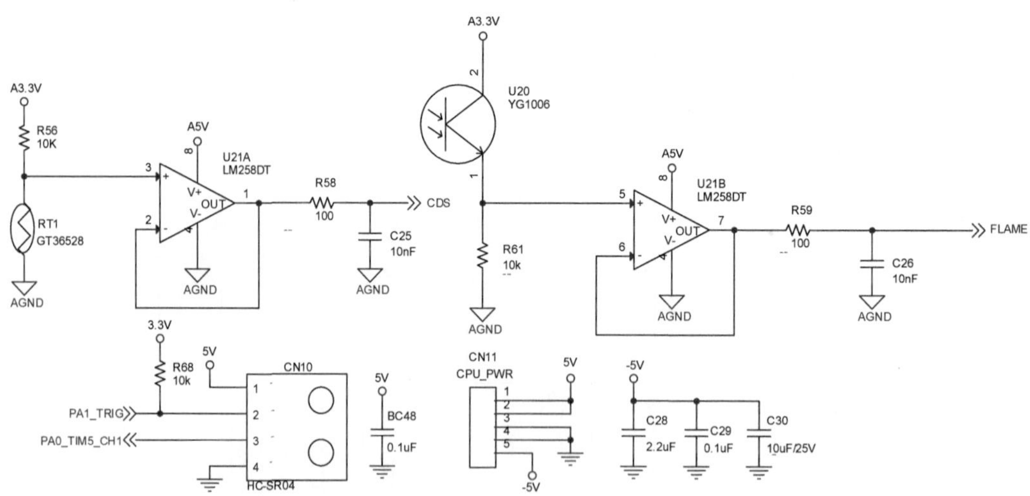

Mbed Kit 시스템 조도 센서, 불꽃 센서, 거리 센서, CPU Power 회로도

부록 1.9 Mbed Kit 시스템 Sensor 회로도(2/2)

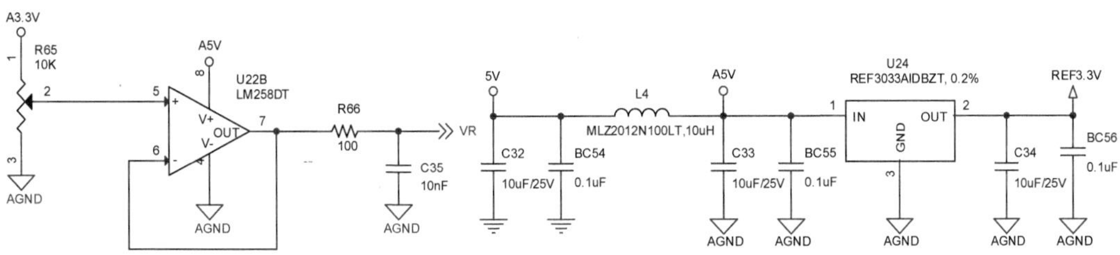

Mbed Kit 시스템 가변저항 회로도

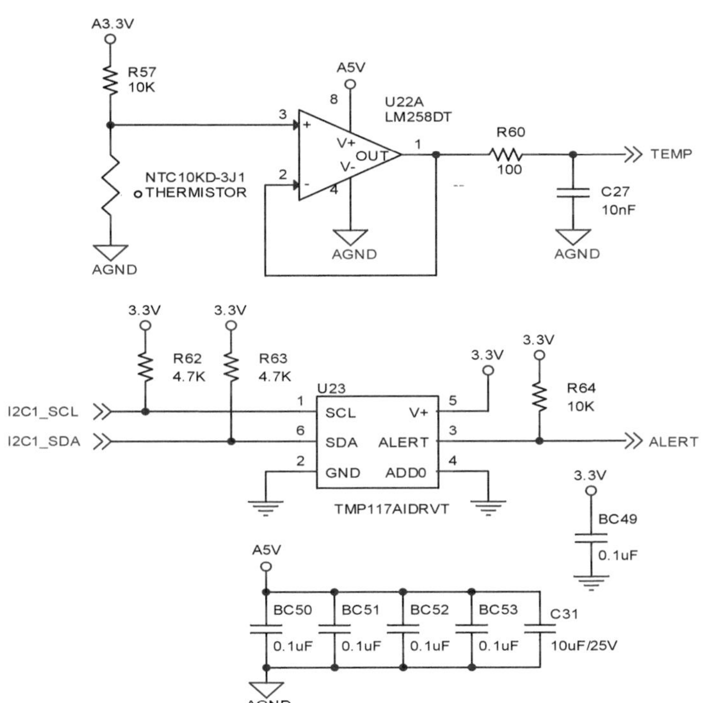

Mbed Kit 시스템 온도 센서 회로도

부록 2.1 FT230XS, SSOP-16

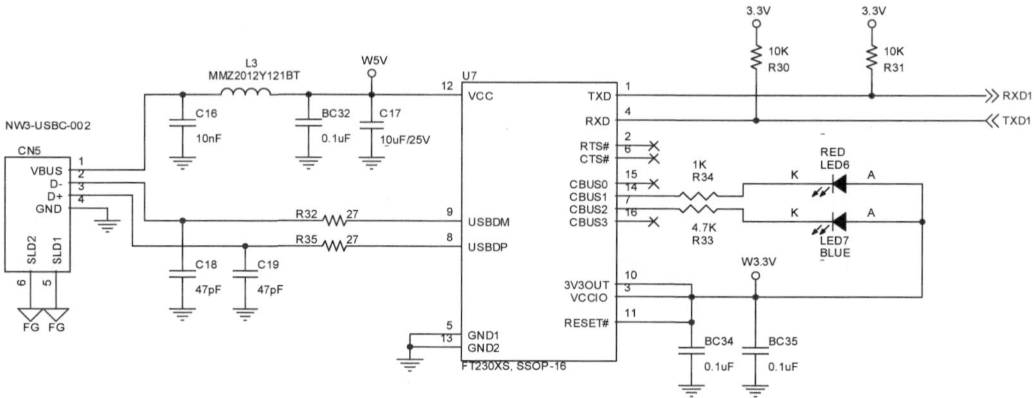

DC Characteristics (Ambient Temperature = -40°C to +85°C)

Parameter	Description	Minimum	Typical	Maximum	Units	Conditions
VCC	VCC Operating Supply Voltage	2.97	5	5.5	V	Normal Operation
VCC2	VCCIO Operating Supply Voltage	1.62	---	3.63	V	
Icc1	Operating Supply Current	8	8	8.4	mA	Normal Operation
Icc2	Operating Supply Current		125		μA	USB Suspend
3V3	3.3v regulator output	2.97	3.3	3.63	V	VCC must be greater than 3V3 otherwise 3V3OUT is an input which must be driven with 3.3V

Table 5.3 Operating Voltage and Current

Pin No.	Name	Type	Description
12	** VCC	POWER Input	5 V or 3V3 supply to IC
20	VCCIO	POWER Input	1V8 - 3V3 supply for the IO cells
10	** 3V3OUT	POWER Output	3V3 output at 50mA. May be used to power VCCIO. When VCC is 3V3; pin 10 is an input pin and should be connected to pin 12.
3, 13	GND	POWER Input	0V Ground input.

3.1 Power and Ground

Pin No.	Name	Type	Description
9	USBDM	INPUT	USB Data Signal Minus.
8	USBDP	INPUT	USB Data Signal Plus.
11	RESET#	INPUT	Reset input (active low).

3.2 Common Function pins

Pin No.	Name	Type	Description
17	TXD	Output	Transmit Asynchronous Data Output.
1	RXD	Input	Receiving Asynchronous Data Input.
19	RTS#	Output	Request to Send Control Output / Handshake Signal.
6	CTS#	Input	Clear To Send Control Input / Handshake Signal.
18	DTR#	Output	Data Terminal Ready Control Output / Handshake Signal.
4	DSR#	Input	Data Set Ready Control Input / Handshake Signal.
5	DCD#	Input	Data Carrier Detect Control Input.
2	RI#	Input	Ring Indicator input for remote wake up.
15	CBUS0	I/O	Configurable CBUS I/O Pin. Function of this pin is configured in the device MTP memory. The default configuration is TXDEN. See CBUS Signal Options, Table 3.7.
14	CBUS1	I/O	Configurable CBUS I/O Pin. Function of this pin is configured in the device MTP memory. The default configuration is RXLED#. See CBUS Signal Options, Table 3.7.
7	CBUS2	I/O	Configurable CBUS I/O Pin. Function of this pin is configured in the device MTP memory. The default configuration is TXLED#. See CBUS Signal Options, Table 3.7.
16	CBUS3	I/O	Configurable CBUS I/O Pin. Function of this pin is configured in the device MTP memory. The default configuration is SLEEP#. See CBUS Signal Options, Table 3.7.

UART Interface and CBUS Group (see note 1)

부록 2.2 TD62083F

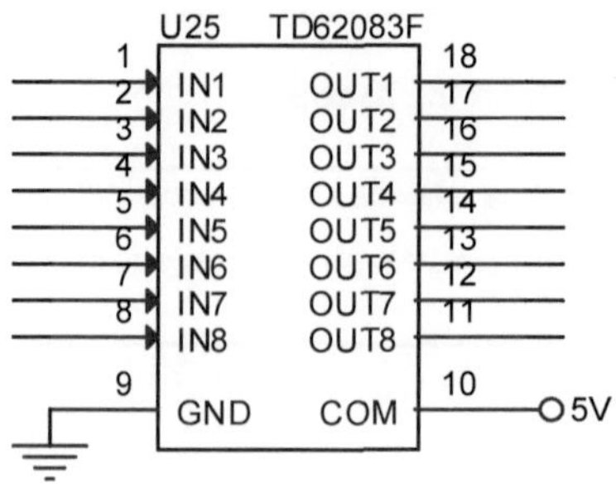

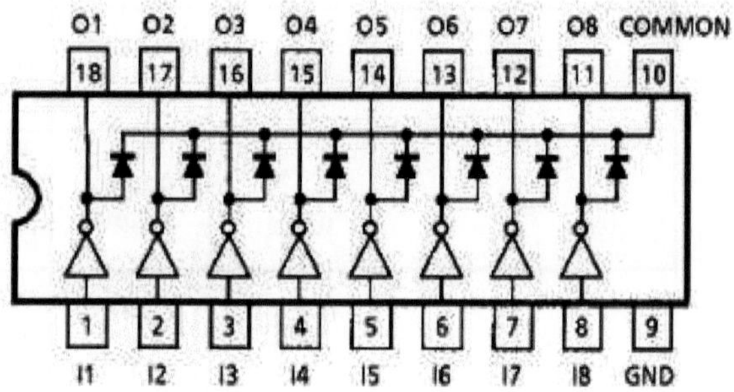

RECOMMENDED OPERATING CONDITIONS (Ta = −40~85°C)

CHARACTERISTIC		SYMBOL	TEST CONDITION	MIN	TYP.	MAX	UNIT
Output Sustaining Voltage	AP, AF	$V_{CE\ (SUS)}$		0	—	50	V
	CP			0	—	100	
	F			0	—	35	
Output Current	AP, CP	I_{OUT}	T_{pw} = 25 ms, Duty = 10% 8 Circuits	0	—	347	mA / ch
			T_{pw} = 25 ms, Duty = 50% 8 Circuits	0	—	123	
	F, AF		T_{pw} = 25 ms, Duty = 10% 8 Circuits	0	—	268	
			T_{pw} = 25 ms, Duty = 50% 8 Circuits	0	—	90	
Input Voltage	Except TD62081AP / CP / F / AF	V_{IN}		0	—	30	V
Input Voltage (Output On)	TD62082AP / CP / F / AF	$V_{IN\ (ON)}$		14	—	30	V
	TD62083AP / CP / F / AF			3.5	—	30	
	TD62084AP / CP / F / AF			8	—	30	
Input Voltage (Output Off)	TD62082AP / CP / F / AF	$V_{IN\ (OFF)}$		0	—	7.4	V
	TD62083AP / CP / F / AF			0	—	0.5	
	TD62084AP / CP / F / AF			0	—	1.0	
Input Current	Only TD62081AP / CP / F / AF	I_{IN}		0	—	5	mA
Clamp Diode Reverse Voltage	AP, AF	V_R		—	—	50	V
	CP			—	—	100	
	F			—	—	35	
Clamp Diode Forward Current		I_F		—	—	400	mA
	CP			—	—	320	
Power Dissipation	AP, CP	P_D		—	—	0.52	W
	F, AF			—	—	0.4	

부록 2.3 TL7705AID

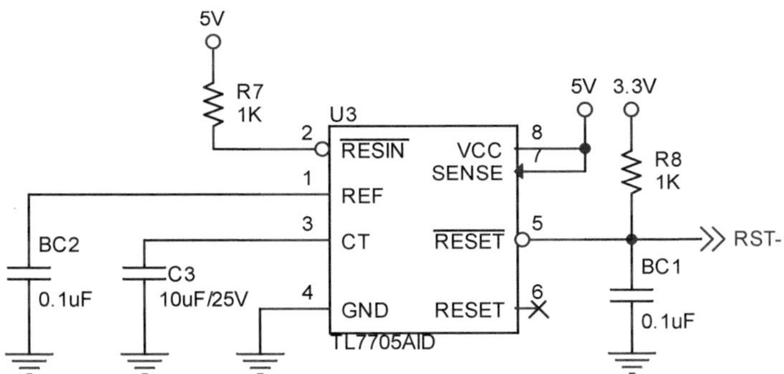

timing diagram

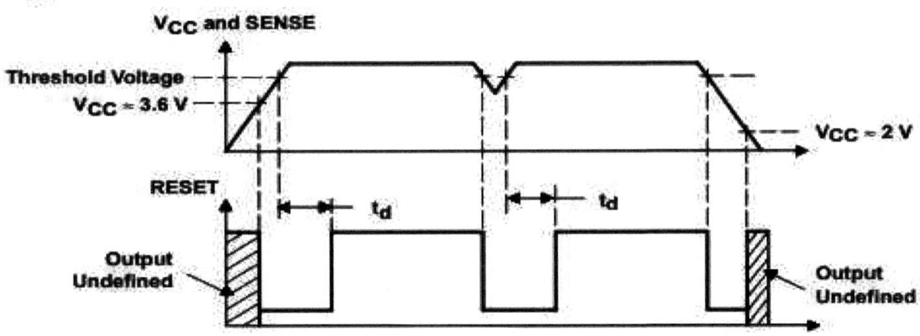

absolute maximum ratings over operating free-air temperature range (unless otherwise noted)†

Supply voltage, V_{CC} (see Note 1)		20 V
Input voltage range, V_I, $\overline{RESIN}$		–0.3 V to 20 V
Input voltage range, V_I, SENSE:	TL7702A (see Note 2)	–0.3 V to 6 V
	TL7705A	–0.3 V to 20 V
	TL7709A	–0.3 V to 20 V
	TL7712A, TL7715A	–0.3 V to 20 V
High-level output current, I_{OH}, RESET		–30 mA
Low-level output current, I_{OL}, $\overline{RESET}$		30 mA
Package thermal impedance, θ_{JA} (see Notes 3 and 4):	D package	97°C/W
	P package	85°C/W
	PS package	95°C/W
Operating virtual junction temperature, T_J		150°C
Lead temperature 1,6 mm (1/16 inch) from case for 10 seconds		260°C
Storage temperature range, T_{stg}		–65°C to 150°C

recommended operating conditions

			MIN	MAX	UNIT
V_{CC}	Supply voltage		3.5	18	V
V_{IH}	High-level input voltage at $\overline{\text{RESIN}}$		2		V
V_{IL}	Low-level input voltage at $\overline{\text{RESIN}}$			0.6	V
V_I	Input voltage, SENSE	TL7702A	0	See Note 2	V
		TL7705A	0	10	
		TL7709A	0	15	
		TL7712A	0	20	
		TL7715A	0	20	
I_{OH}	High-level output current, RESET			−16	mA
I_{OL}	Low-level output current, $\overline{\text{RESET}}$			16	mA
T_A	Operating free-air temperature range	TL77xxAC	0	70	°C
		TL77xxAI	−40	85	

electrical characteristics over recommended operating conditions (unless otherwise noted)

PARAMETER				TEST CONDITIONS†	TL77xxAC TL77xxAI MIN	TYP	MAX	UNIT
V_{OH}	High-level output voltage, RESET			$I_{OH} = -16$ mA	V_{CC}−1.5			V
V_{OL}	Low-level output voltage, $\overline{\text{RESET}}$			$I_{OL} = 16$ mA			0.4	V
V_{ref}	Reference voltage			$T_A = 25°C$	2.48	2.53	2.58	V
V_{IT-}	Negative-going input threshold voltage, SENSE		TL7702A	$T_A = 25°C$	2.48	2.53	2.58	V
			TL7705A		4.5	4.55	4.6	
			TL7709A		7.5	7.6	7.7	
			TL7712A		10.6	10.8	11	
			TL7715A		13.2	13.5	13.8	
V_{hys}	Hysteresis, SENSE ($V_{IT+} - V_{IT-}$)		TL7702A	$T_A = 25°C$		10		mV
			TL7705A			15		
			TL7709A			20		
			TL7712A			35		
			TL7715A			45		
I_I	Input current	$\overline{\text{RESIN}}$		V_I = 2.4 V to V_{CC}			20	μA
				V_I = 0.4 V			−100	
		SENSE	TL7702A	$V_{ref} < V_I < V_{CC} - 1.5$ V		0.5	2	
I_{OH}	High-level output current, $\overline{\text{RESET}}$			V_O = 18 V			50	μA
I_{OL}	Low-level output current, RESET			V_O = 0			−50	μA
I_{CC}	Supply current			All inputs and outputs open		1.8	3	mA

부록 2.4 FM25CL64B-GTR

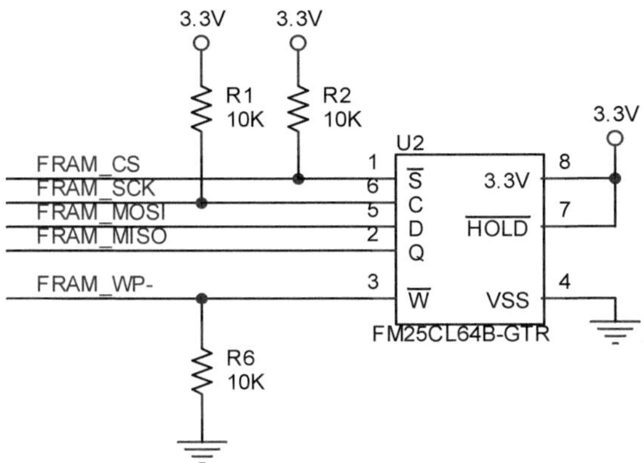

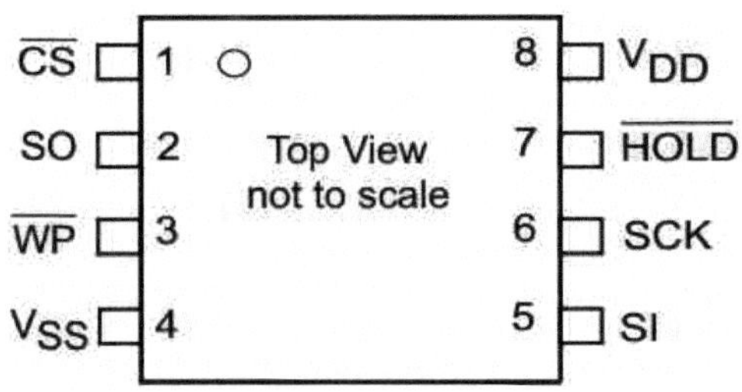

Pin	I/O Type	설명
$\overline{CS}$	Input	"Chip Select" HGIH : 저전력 대기모드 LOW : 내부적으로 SCK 신호를 활성화(CS신호의 하강 에지)
SCK	Input	"Serial Clock" 은 입출력 활동이 클렉에 동기화 된다. 입력은 상승 에지, 출력은 하강 에지에서 발생 주파수 범위는 0 ~ 20MHz
SI	Input	SPI의 MOSI와 연결되어 데이터를 받는 핀인 "Serial Input" 은 SCK의 상승 에지에서 샘플링된다.
SO	Input	SPI의 MISO와 연결되어 데이터를 송신하는 "Serial Output" 은 HOLD가 LOW일 때 Tri-State이며, 데이터 전환은 클럭의 하강에지에서 발생
$\overline{WP}$	Input	"Write Protect" WPEN이 1일 경우 상태 레지스터에 대한 쓰기 작업을 방지한다. 이 핀은 사용하지 않을 경우 VDD에 연결
$\overline{HOLD}$	Input	"HOLD" 핀은 호스트 CPU가 다른 작업을 위해 메모리 작업을 중단해야 할 때 사용됨. 이 핀은 사용되지 않을 경우 VDD와 연결해야 한다.
V_{SS}	Power	Ground(접지)
V_{DD}	Power	2.7 V to 3.65 V

Parameter	Description	Test Conditions		Min	Typ [4]	Max	Unit
V_{DD}	Power supply			2.7	3.3	3.65	V
I_{DD}	V_{DD} supply current	SCK toggling between V_{DD} – 0.3 V and V_{SS}, other inputs V_{SS} or V_{DD} – 0.3 V. SO = Open.	f_{SCK} = 1 MHz	–	–	0.2	mA
			f_{SCK} = 20 MHz	–	–	3	mA
I_{SB}	V_{DD} standby current	$\overline{CS}$ = V_{DD}. All other inputs V_{SS} or V_{DD}.		–	3	6	μA
I_{LI}	Input leakage current	$V_{SS} \le V_{IN} \le V_{DD}$		–	–	±1	μA
I_{LO}	Output leakage current	$V_{SS} \le V_{OUT} \le V_{DD}$		–	–	±1	μA
V_{IH}	Input HIGH voltage			0.7 × V_{DD}	–	V_{DD} + 0.3	V
V_{IL}	Input LOW voltage			– 0.3	–	0.3 × V_{DD}	V
V_{OH}	Output HIGH voltage	I_{OH} = –2 mA		V_{DD} – 0.8	–	–	V
V_{OL}	Output LOW voltage	I_{OL} = 2 mA		–	–	0.4	V
V_{HYS}[5]	Input Hysteresis ($\overline{CS}$ and SCK pin)			0.05 × V_{DD}	–	–	V

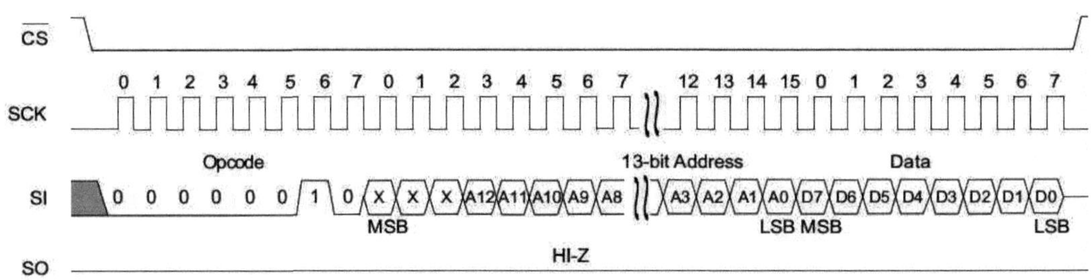

메모리 쓰기 타이밍도(WREN는 표시 생략)

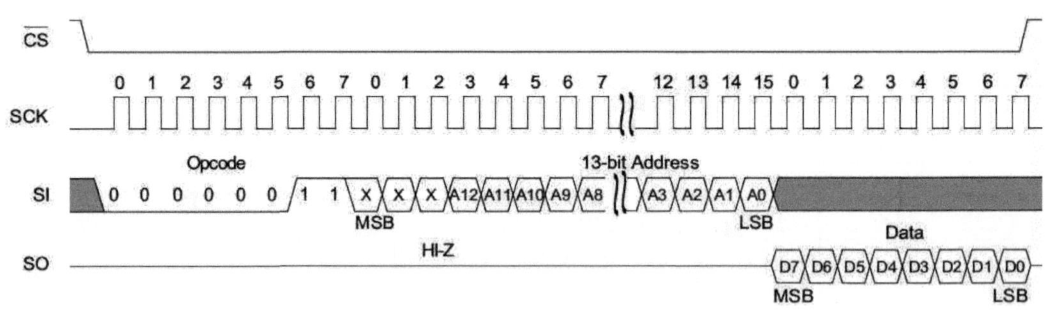

메모리 읽기 타이밍도(WREN 표시 생략)

부록 2.5 74LVC273D

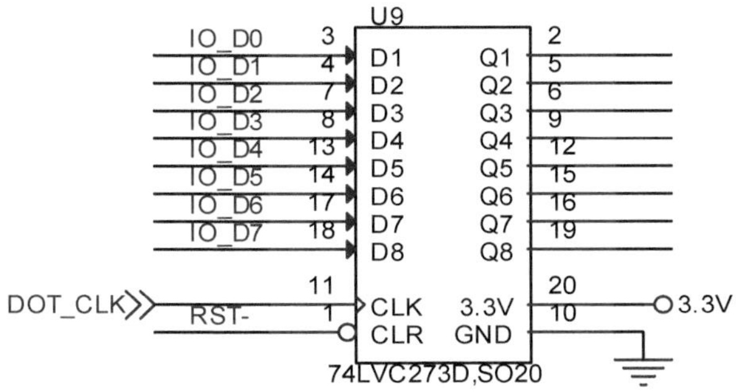

PIN DESCRIPTION

PIN NUMBER	SYMBOL	FUNCTION
1	$\overline{MR}$	Master reset input (active LOW)
2, 5, 6, 9, 12, 15, 16, 19	Q0 – Q7	Flip-flop outputs
3, 4, 7, 8, 13, 14, 17, 18	D0 – D7	Data inputs
10	GND	Ground (0V)
11	CP	Clock input (LOW-to-HIGH, edge-triggered)
20	V_{CC}	Positive power supply

RECOMMENDED OPERATING CONDITIONS

SYMBOL	PARAMETER	CONDITIONS	LIMITS		UNIT
			MIN	MAX	
V_{CC}	DC supply voltage (for max. speed performance)		2.7	3.6	V
	DC supply voltage (for low-voltage applications)		1.2	3.6	
V_I	DC Input voltage range		0	5.5	V
$V_{I/O}$	DC Input voltage range for I/Os		0	V_{CC}	V
V_O	DC output voltage range		0	V_{CC}	V
T_{amb}	Operating free-air temperature range		–40	+85	°C
t_r, t_f	Input rise and fall times	V_{CC} = 1.2 to 2.7V V_{CC} = 2.7 to 3.6V	0 0	20 10	ns/V

부록 2.6 74HC238D

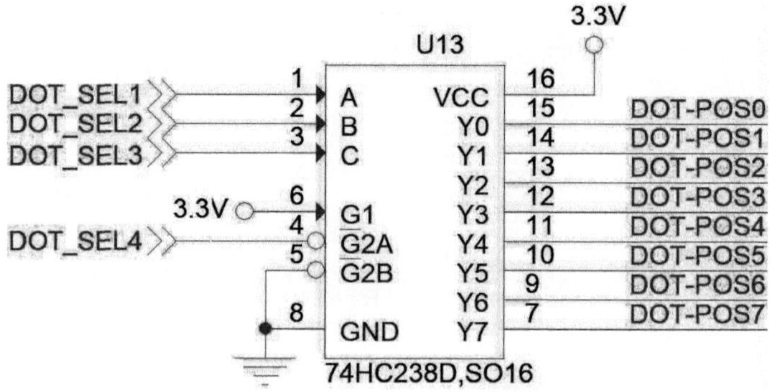

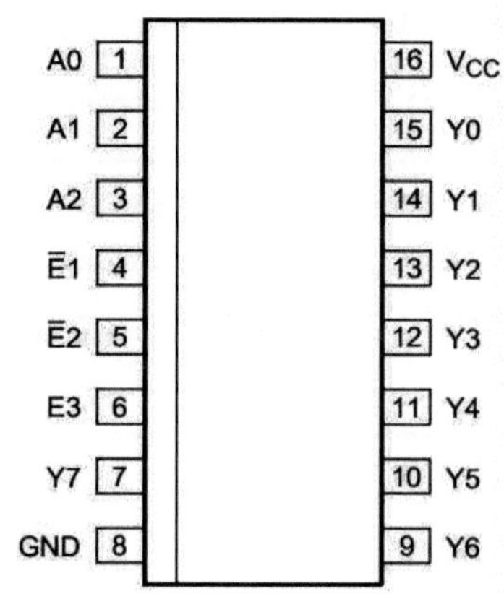

Symbol	Pin	Description
A0, A1, A2	1, 2, 3	address input
$\overline{E1}$, $\overline{E2}$	4, 5	enable input (active LOW)
E3	6	enable input (active HIGH)
Y0, Y1, Y2, Y3, Y4, Y5, Y6, Y7	15, 14, 13, 12, 11, 10, 9, 7	output
GND	8	ground (0 V)
V_{CC}	16	supply voltage

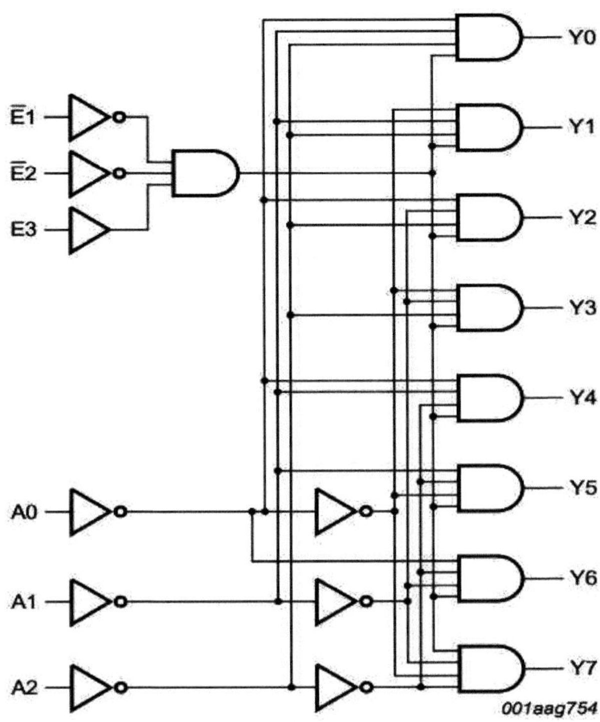

Function table

H = HIGH voltage level; L = LOW voltage level; X = don't care.

Inputs						Outputs							
$\overline{E}1$	$\overline{E}2$	E3	A0	A1	A2	Y0	Y1	Y2	Y3	Y4	Y5	Y6	Y7
H	X	X	X	X	X	L	L	L	L	L	L	L	L
X	H	X	X	X	X	L	L	L	L	L	L	L	L
X	X	L	X	X	X	L	L	L	L	L	L	L	L
L	L	H	L	L	L	H	L	L	L	L	L	L	L
L	L	H	H	L	L	L	H	L	L	L	L	L	L
L	L	H	L	H	L	L	L	H	L	L	L	L	L
L	L	H	H	H	L	L	L	L	H	L	L	L	L
L	L	H	L	L	H	L	L	L	L	H	L	L	L
L	L	H	H	L	H	L	L	L	L	L	H	L	L
L	L	H	L	H	H	L	L	L	L	L	L	H	L
L	L	H	H	H	H	L	L	L	L	L	L	L	H

부록 3 STM32F767ZGT6의 핀별 기능

다음은 STM32F767xxx의 각 핀에 대한 정의를 나타낸 그림이다. Mbed Kit에 사용된 MCU의 패키지는 LQFP144이며, 각 핀 번호별로 핀 이름과 핀별로 리셋 된 후에 디폴트로 실행되는 주 기능(main function)과 대체 기능(alternate function)은 Table 1에 표시되어 있다.

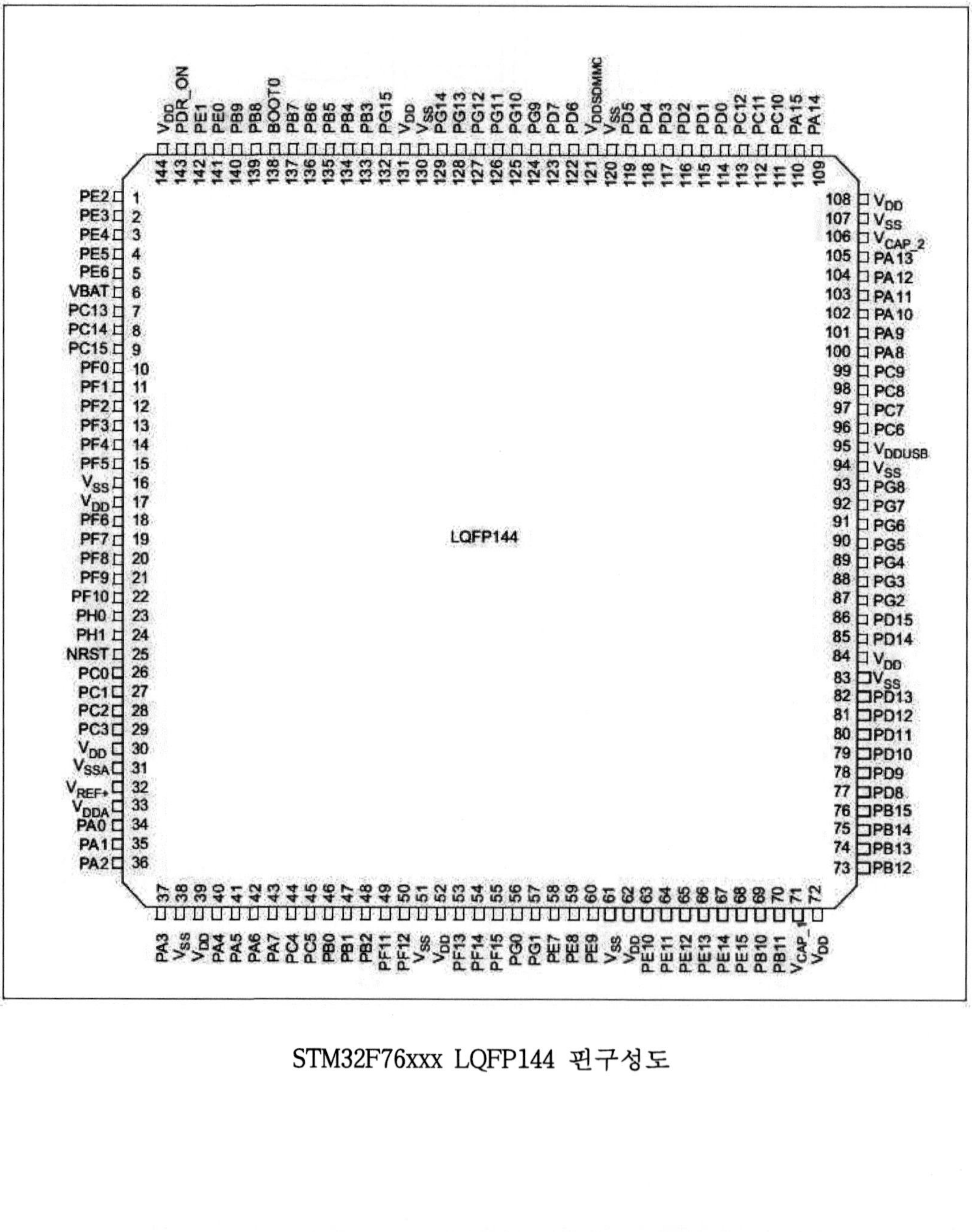

STM32F76xxx LQFP144 핀구성도

Table 1 STM32F767xx 핀 정의(LQFP144)

* 핀 유형 - S : 공급 전원 핀, I : 입력 핀, I/O : 입력 / 출력 핀,
FT : 5V 허용 I/O 핀, TTa : ADC에 직접 연결된 3.3V 허용 I/O 핀,
B : 전용 BOOT 핀, RST : 풀업 저항이 약한 양방향 리셋 핀

핀 번호	핀 명	핀 유형	핀 구조	기능
1	PE2	I/O	FT	SPI4_SCK, FMC_A23
2	PE3	I/O	FT	FMC_A19
3	PE4	I/O	FT	SPI4_NSS, FMC_A20, LCD_B0
4	PE5	I/O	FT	TIM9_CH1, SPI4_MISO, FMC_A21, LCD_G0
5	PE6	I/O	FT	TIM1_BKIN2, TIM9_CH2, SPI4_MOSI, FMC_A22, LCD_G1
6	VBAT	S	-	-
7	PC13	I/O	FT	RTC_TAMP1/RTC_TS/RTC_OUT/WKUP4
8	PC14	I/O	FT	OSC32_IN
9	PC15	I/O	FT	OSC32_OUT
10	PF0	I/O	FT	I2C2_SDA, FMC_A0
11	PF1	I/O	FT	I2C2_SCL, FMC_A1
12	PF2	I/O	FT	I2C2_SMBA, FMC_A2
13	PF3	I/O	FT	FMC_A3, ADC3_IN9
14	PF4	I/O	FT	FMC_A4, ADC_IN14
15	PF5	I/O	FT	FMC_A5, ADC3_IN15
16	VSS	S	-	-
17	VDD	S	-	-
18	PF6	I/O	FT	TIM10_CH1, SPI5_NSS, UART7_RX, ADC3_IN4
19	PF7	I/O	FT	TIM11_CH1, SPI5_SCK, UART_TX, ADC3_IN5
20	PF8	I/O	FT	SPI5_MISO, UART7_RTS, TIM13_CH1, ADC3_IN6
21	PF9	I/O	FT	SPI5_MOSI, UART7_CTS, TIM14_CH1, ADC3_IN7
22	PF10	I/O	FT	LCD_DE, ADC3_IN8
23	PH0	I/O	FT	OSC_IN
24	PH1	I/O	FT	OSC_OUT
25	NRST	I/O	RST	Active Low
26	PC0	I/O	FT	FMC_SDNWE, LCD_R5, ADC1_IN10, ADC2_IN10, ADC3_IN10
27	PC1	I/O	FT	SPI2_MOSI/I2S2_SD, ADC1_IN11, ADC2_IN11, ADC3_IN11, RTC_TAMP3/WKUP3
28	PC2	I/O	FT	SPI2_MISO, FMC_SDNE0, ADC1_IN12, ADC2_IN12, ADC3_IN12

핀 번호	핀 명	핀 유형	핀 구조	기능
29	PC3	I/O	FT	SPI2_MOSI/I2S2_SD, TX_CLK, FMC_SDCKE0, ADC1_IN13, ADC2_IN13, ADC3_IN13
30	VDD	S	-	-
31	VSSA	S	-	-
32	VREF+	S	-	-
33	VDDA	S	-	-
34	PA0	I/O	FT	TIM2_CH1/TIM2_ETR, TIM5_CH1, TIM8_ETR, USART2_CTS, UART4_TX, ADC1_IN0, ADC2_IN0, ADC3_IN0, WKUP1
35	PA1	I/O	FT	TIM2_CH2, TIM5_CH2, USART2_RTS, UART4_RX, LCD_R2, ADC1_IN1, ADC2_IN1, ADC3_IN1
36	PA2	I/O	FT	TIM2_CH3, TIm5_CH3, TIM9_CH1, USART2_TX, LCD_R1, ADC1_IN2, ADC2_IN2, ADC3_IN2, WKUP2
37	PA3	I/O	FT	TIM2_CH4, TIM5_CH4, TIM9_CH2, USART2_RX, LCD_B2, LCD_B5, ADC1_IN3, ADC2_IN3, ADC3_IN3
38	VSS	S	-	-
39	VDD	S	-	-
40	PA4	I/O	TTa	SPI1_NSS/I2S1_WS, SPI3_NSS/I2S3_WS, USART2_CK, SPI6_NSS, LCD_VSYNC, ADC1_IN4, ADC2_IN4, DAC_OUT1
41	PA5	I/O	TTa	TIM2_CH1/TIM2_ETR, TIM8_CH1N, SPI1_SCK/I2S1_CK, SPI6_SCK, ADC1_IN5, ADC2_IN5, DAC_OUT2
42	PA6	I/O	FT	TIM1_BKIN, TIM3_CH1, TIM8_BKIN, SPI1_MISO, SPI6_MISO, TIM13_CH1, LCD_G2, ADC1_IN6, ADC2_IN6
43	PA7	I/O	FT	TIM1_CH1N, TIM3_CH2, TIM8_CH1N, SPI_MOSI/I2S1_SD, SPI6_MOSI, TIM14_CH1, FMC_SDNWE, ADC1_IN7, ADC2_IN7
44	PC4	I/O	FT	I2S1_MCK, FMC_SDNE0, ADC1_IN14, ADC2_IN14
45	PC5	I/O	FT	FMC_SDCKE0, ADC1_IN15, ADC2_IN15

핀 번호	핀 명	핀 유형	핀 구조	기능
46	PB0	I/O	FT	TIM1_CH2N, TIM3_CH3, TIM8_CH2N, UART4_CTS, LCD_R3, RXD2_LCD_G1, ADC1_IN8, ADC2_IN8
47	PB1	I/O	FT	TIM1_CH3N, TIM3_CH4, TIM8_CH3N, LCD_R6, LCD_G0, ADC1_IN9, ADC2_IN9
48	PB2	I/O	FT	SPI3_MOSI/I2S3_SD
49	PF11	I/O	FT	SPI5_MOSI, FMC_SDNRAS
50	PF12	I/O	FT	FMC_A6
51	VSS	S	-	-
52	VDD	S	-	-
53	PF13	I/O	FT	I2C4_SMBA, FMC_A7
54	PF14	I/O	FT	I2C4_SCL, FMC_A8
55	PF15	I/O	FT	I2C4_SDA, FMC_A9
56	PG0	I/O	FT	FMC_A10
57	PG1	I/O	FT	FMC_A11
58	PE7	I/O	FT	TIM1_ETR, UART7_RX, FMC_D4
59	PE8	I/O	FT	TIM1_CH1N, UART7_TX, FMC_D5
60	PE9	I/O	FT	TIM1_CH1, UART7_RTS, FMC_D6
61	VSS	S	-	-
62	VDD	S	-	-
63	PE10	I/O	FT	TIM1_CH2N, UART7_CTS, FMC_D7
64	PE11	I/O	FT	TIM1_CH2, SPI4_NSS, FMC_D8, LCD_G3
65	PE12	I/O	FT	TIM1_CH3N, SPI4_SCK, FMC_D9, LCD_B4
66	PE13	I/O	FT	TIM1_CH3, SPI4_MISO, FMC_D10, LCD_DE
67	PE14	I/O	FT	TIM1_CH4, SPI4_MOSI, FMC_D11, LCD_CLK
68	PE15	I/O	FT	TIM1_BKIN, FMC_D12, LCD_R7
69	PB10	I/O	FT	TIM2_CH3, I2C2_SCL, SPI2_SCK/I2S2_CK, USART3_TX, LCD_G4
70	PB11	I/O	FT	TIM2_CH4, I2C2_SDA, USART3_RX, LCD_G5
71	VCAP_1	S	-	-
72	VDD	S	-	-
73	PB12	I/O	FT	TIM1_BKIN, I2C2_SMBA, SPI2_NSS/I2S2_WS, USART3_CK, UART5_RX
74	PB13	I/O	FT	TIM1_CH1N, SPI2_SCK/I2S2_CK, USART3_CTS, UART5_TX
75	PB14	I/O	FT	TIM1_CH2N, TIM8_CH2N, USART1_TX, SPI2_MISO, USART3_RTS, UART4_RTS, TIM12_CH1

핀 번호	핀 명	핀 유형	핀 구조	기능
76	PB15	I/O	FT	RTC_REFIN, TIM1_CH3N, TIM8_CH3N, USART1_RX, SPI2_MOSI/I2S2_SD, UART4_CTS, TIM12_CH2
77	PD8	I/O	FT	USART3_TX, FMC_D13
78	PD9	I/O	FT	USART3_RX, FMC_D14
79	PD10	I/O	FT	USART3_CK, FMC_D15, LCD_B3
80	PD11	I/O	FT	I2C4_SMBA, USART3_CTS, FMC_A16/FMC_CLE
81	PD12	I/O	FT	TIM4_CH1, I2C4_SCL, USART3_RTS, FMC_A17/FMC_ALE
82	PD13	I/O	FT	TIM4_CH2, I2C4_SDA, FMC_A18
83	VSS	S	-	-
84	VDD	S	-	-
85	PD14	I/O	FT	TIM4_CH3, UART8_CTS, FMC_D0
86	PD15	I/O	FT	TIM4_CH4, UART8_RTS, FMC_D1
87	PG2	I/O	FT	FMC_A12
88	PG3	I/O	FT	FMC_A13
89	PG4	I/O	FT	FMC-A14/FMC_BA0
90	PG5	I/O	FT	FMC_A15/FMC_BA1
91	PG6	I/O	FT	FMC_NE3, LCD_R7
92	PG7	I/O	FT	USART6_RTS, FMC_SDCLK, LCD_G7
93	PG8	I/O	FT	SPI6_NSS, USART6_RTS, FMC_SDCLK, LCD_G7
94	VSS	S	-	-
95	VDDUSB	S	-	-
96	PC6	I/O	FT	TIM3_CH1, TIM8_CH1, I2S2_MCK, USART6_TX, FMC_NWAIT, LCD_HSYNC
97	PC7	I/O	FT	TIM3_CH2, TIM8_CH2, I2S3_MCK, USART6_RX, FMC_NE1, LCD_G6
98	PC8	I/O	FT	TIM3_CH3, TIM8_CH3, UART5_RTS, USART6_CK, FMC_NE2/FMC_NCE
99	PC9	I/O	FT	TIM3_CH4, TIM8_CH4, I2C3_SDA, I2S_CKIN, UART5_CTS, LCD_G3, LCD_B2
100	PA8	I/O	FT	TIM1_CH1, TIM8_BKIN2, I2C3_SCL, USART1_CK, UART7_RX, LCD_B3, LCD_R6
101	PA9	I/O	FT	TIM1_CH2, I2C3_SMBA, SPI2_SCK/I2S2_CK, USART1_TX, LCD_R5
102	PA10	I/O	FT	TIM1_CH3, USART1_TX, LCD_B4, LCD_B1

핀 번호	핀 명	핀 유형	핀 구조	기능
103	PA11	I/O	FT	TIM1_CH4, SPI2_NSS/I2S2_WS, UART4_RX, USART1_CTS, LCD_R4
104	PA12	I/O	FT	TIM1_ETR, SPI2_SCK/I2S2_CK, UART4_TX, USART1_RTS, LCD_R5
105	PA13	I/O	FT	JTMS_SWDIO
106	VCAP_2	S	-	-
107	VSS	S	-	-
108	VDD	S	-	-
109	PA14	I/O	FT	JTCK-SWCLK
110	PA15	I/O	FT	JTDI, TIM2_CH1/TIM2_ETR, SPI1_NSS/I2S1_WS, SPI3_NSS/I2S3_WS, SPI6_NSS, UART4_RTS, UART7_TX
111	PC10	I/O	FT	SPI3_SCK/I2S3_CK, USART3_TX, UART4_TX, LCD_R2
112	PC11	I/O	FT	SPI3_MISO, USART3_RX, UART4_RX
113	PC12	I/O	FT	SPI3_MOSI/I2S3_SD, USART3_CK, UART5_TX
114	PD0	I/O	FT	UART4_RX, FMC_D2
115	PD1	I/O	FT	UART4_TX, FMC_D3
116	PD2	I/O	FT	TIM3_ETR, UART5_RX
117	PD3	I/O	FT	SPI2_SCK/I2S2_CK, USART2_CTS, FMC_CLK, LCD_G7
118	PD4	I/O	FT	USART2_RTS, FMC_NOE
119	PD5	I/O	FT	USART2_TX, FMC_NWE
120	VSS	S	-	-
121	VDDSD MMC	S	-	-
122	PD6	I/O	FT	SPI3_MOSI/I2S3_SD, USART2_RX, FMC_NWAIT, LCD_B2
123	PD7	I/O	FT	SPI1_MOSI/I2S1_SD, USART2_CK, FMC_NE1
124	PG9	I/O	FT	SPI1_MISO, USART6_RX, FFMC_NE2/FMC_NCE
125	PG10	I/O	FT	SPI1_NSS/12S1_WS, LCD_G3, FMC_NE3, LCD_B2
126	PG11	I/O	FT	SPI1_SCK/I2S1_CK, LCD_B3
127	PG12	I/O	FT	SPI6_MISO, USART6_RTS, LCD_B4, FMC_NE4, LCD_B1

핀 번호	핀 명	핀 유형	핀 구조	기능
128	PG13	I/O	FT	SPI6_SCK, USART6_CTS, FMC_A24, LCD_R0
129	PG14	I/O	FT	SPI6_MOSI, USART6_TX, FMC_A25, LCD_B0
130	VSS	S	-	-
131	VDD	S	-	-
132	PG15	I/O	FT	USART6_CTS, FMC_SDNCAS
133	PB3	I/O	FT	TIM2_CH2, SPI1_SCK/I2S1_CK, SPI3_SCK/I2S3_CK, SPI6_SCK, UART7_RX
134	PB4	I/O	FT	TIM3_CH1, SPI1_MISO, SPI3_MISO, SPI2_NSS/I2S2_WS, SPI6_MISO, UART7_TX
135	PB5	I/O	FT	UART5_RX, TIM3_CH2, I2C1_SMBA, SPI1_MOSI/I2S1_SD, SPI3_MOSI/I2S3_SD, SPI6_MOSI, FMC_SDCKE1, LCD_G7
136	PB6	I/O	FT	UART_TX, TIM4_CH1, I2C1_SCL, USART1_TX, I2C4_SCL, FMC_SDNE1
137	PB7	I/O	FT	TIM4_CH2, I2C1_SDA, USART1_RX, I2C4_SDA, FMC_NL
138	BOOT0	I	B	-
139	PB8	I/O	FT	I2C4_SCL, TIM4_CH3, TIM1_CH1, I2C1_SCL, UART5_RX, LCD_B6
140	PB9	I/O	FT	I2C4_SDA, TIM4_CH4, TIM11_CH1, I2C1_SDA, SPI2_NSS/I2S2_WS, UART5_TX, I2C4_SMBA, LCD_B7
141	PE0	I/O	FT	TIM4_ETR, UART8_RX, FMC_NBL0
142	PE1	I/O	FT	UART8_TX, FMC_NBL1
143	PDR_ON	S	-	-
144	VDD	S	-	-

Port		AF0	AF1	AF2	AF3	AF4	AF5	AF6	AF7	AF8	AF9	AF10	AF11	AF12	AF13	AF14	AF15
		SYS	I2C4/UART5/TIM1/2	TIM3/4/5	TIM8/9/10/11/LPTIM1/DFSDM1/CEC	I2C1/2/3/4/USART1/CEC	SPI1/I2S1/SPI2/I2S2/SPI3/I2S3/SPI4/5/6	SPI2/I2S2/SPI3/I2S3/SAI1/I2C4/UART4/DFSDM1	SPI2/I2S2/SPI3/I2S3/SPI6/USART1/2/3/UART5/DFSDM1/SPDIF	SPI6/SAI2/USART6/UART4/5/7/8/OTG_FS/SPDIF	CAN1/2/TIM12/13/14/QUADSPI/FMC/LCD	SAI2/QUADSPI/SDMMC2/DFSDM1/OTG2_HS/OTG1_FS/LCD	I2C4/CAN3/SDMMC2/ETH	UART7/FMC/SDMMC1/MDIOS/OTG2_FS	DCMI/LCD/DSI	LCD	SYS
Port A	PA0	-	TIM2_CH1/TIM2_ETR	TIM5_CH1	TIM8_ETR	-	-	-	USART2_CTS	UART4_TX	-	SAI2_SD_B	ETH_MII_CRS	-	-	-	EVENTOUT
	PA1	-	TIM2_CH2	TIM5_CH2	-	-	-	-	USART2_RTS	UART4_RX	QUADSPI_BK1_IO3	SAI2_MCK_B	ETH_MII_RX_CLK/ETH_RMII_REF_CLK	-	-	LCD_R2	EVENTOUT
	PA2	-	TIM2_CH3	TIM5_CH3	TIM9_CH1	-	-	-	USART2_TX	SAI2_SCK_B	-	-	ETH_MDIO	MDIOS_MDIO	-	LCD_R1	EVENTOUT
	PA3	-	TIM2_CH4	TIM5_CH4	TIM9_CH2	-	-	-	USART2_RX	-	LCD_B2	OTG_HS_ULPI_D0	ETH_MII_COL	-	-	LCD_B5	EVENTOUT
	PA4	-	-	-	-	-	SPI1_NSS/I2S1_WS	SPI3_NSS/I2S3_WS	USART2_CK	SPI6_NSS	-	-	-	OTG_HS_SOF	DCMI_HSYNC	LCD_VSYNC	EVENTOUT
	PA5	-	TIM2_CH1/TIM2_ETR	-	TIM8_CH1N	-	SPI1_SCK/I2S1_CK	-	-	SPI6_SCK	-	OTG_HS_ULPI_CK	-	-	-	LCD_R4	EVENTOUT
	PA6	-	TIM1_BKIN	TIM3_CH1	TIM8_BKIN	-	SPI1_MISO	-	-	SPI6_MISO	TIM13_CH1	-	-	MDIOS_MDC	DCMI_PIXCLK	LCD_G2	EVENTOUT
	PA7	-	TIM1_CH1N	TIM3_CH2	TIM8_CH1N	-	SPI1_MOSI/I2S1_SD	-	-	SPI6_MOSI	TIM14_CH1	-	ETH_MII_RX_DV/ETH_RMII_CRS_DV	FMC_SDNWE	-	-	EVENTOUT
	PA8	MCO1	TIM1_CH1	-	TIM8_BKIN2	I2C3_SCL	-	-	USART1_CK	-	-	OTG_FS_SOF	CAN3_RX	UART7_RX	LCD_B3	LCD_R6	EVENTOUT
	PA9	-	TIM1_CH2	-	-	I2C3_SMBA	SPI2_SCK/I2S2_CK	-	USART1_TX	-	-	-	-	-	DCMI_D0	LCD_R5	EVENTOUT
	PA10	-	TIM1_CH3	-	-	-	-	-	USART1_RX	-	LCD_B4	OTG_FS_ID	-	MDIOS_MDIO	DCMI_D1	LCD_B1	EVENTOUT

Port		AF0	AF1	AF2	AF3	AF4	AF5	AF6	AF7	AF8	AF9	AF10	AF11	AF12	AF13	AF14	AF15
		SYS	I2C4/UART5/TIM1/2	TIM3/4/5	TIM8/9/10/11/LPTIM1/DFSDM1/CEC	I2C1/2/3/4/USART1/CEC	SPI1/I2S1/SPI2/I2S2/SPI3/I2S3/SPI4/5/6	SPI2/I2S2/SPI3/I2S3/SAI1/I2C4/UART4/DFSDM1	SPI2/I2S2/SPI3/I2S3/SPI6/USART1/2/3/UART5/DFSDM1/SPDIF	SPI6/SAI2/USART6/UART4/5/7/8/OTG_FS/SPDIF	CAN1/2/TIM12/13/14/QUADSPI/FMC/LCD	SAI2/QUADSPI/SDMMC2/DFSDM1/OTG2_HS/OTG1_FS/LCD	I2C4/CAN3/SDMMC2/ETH	UART7/FMC/SDMMC1/MDIOS/OTG2_FS	DCMI/LCD/DSI	LCD	SYS
Port A	PA11	-	TIM1_CH4	-	-	-	SPI2_NSS/I2S2_WS	UART4_RX	USART1_CTS	-	CAN1_RX	OTG_FS_DM	-	-	-	LCD_R4	EVENTOUT
	PA12	-	TIM1_ETR	-	-	-	SPI2_SCK/I2S2_CK	UART4_TX	USART1_RTS	SAI2_FS_B	CAN1_TX	OTG_FS_DP	-	-	-	LCD_R5	EVENTOUT
	PA13	JTMS-SWDIO	-	-	-	-	-	-	-	-	-	-	-	-	-	-	EVENTOUT
	PA14	JTCK-SWCLK	-	-	-	-	-	-	-	-	-	-	-	-	-	-	EVENTOUT
	PA15	JTDI	TIM2_CH1/TIM2_ETR	-	-	HDMI-CEC	SPI1_NSS/I2S1_WS	SPI3_NSS/I2S3_WS	SPI6_NSS	UART4_RTS	-	-	CAN3_TX	UART7_TX	-	-	EVENTOUT
Port B	PB0	-	TIM1_CH2N	TIM3_CH3	TIM8_CH2N	-	-	DFSDM1_CKOUT	-	UART4_CTS	LCD_R3	OTG_HS_ULPI_D1	ETH_MII_RXD2	-	-	LCD_G1	EVENTOUT
	PB1	-	TIM1_CH3N	TIM3_CH4	TIM8_CH3N	-	-	DFSDM1_DATIN1	-	-	LCD_R6	OTG_HS_ULPI_D2	ETH_MII_RXD3	-	-	LCD_G0	EVENTOUT
	PB2	-	-	-	-	-	-	SAI1_SD_A	SPI3_MOSI/I2S3_SD	-	QUADSPI_CLK	DFSDM1_CKIN1	-	-	-	-	EVENTOUT
	PB3	JTDO/TRACESWO	TIM2_CH2	-	-	-	SPI1_SCK/I2S1_CK	SPI3_SCK/I2S3_CK	-	SPI6_SCK	-	SDMMC2_D2	CAN3_RX	UART7_RX	-	-	EVENTOUT
	PB4	NJTRST	-	TIM3_CH1	-	-	SPI1_MISO	SPI3_MISO	SPI2_NSS/I2S2_WS	SPI6_MISO	-	SDMMC2_D3	CAN3_TX	UART7_TX	-	-	EVENTOUT
	PB5	-	UART5_RX	TIM3_CH2	-	I2C1_SMBA	SPI1_MOSI/I2S1_SD	SPI3_MOSI/I2S3_SD	-	SPI6_MOSI	CAN2_RX	OTG_HS_ULPI_D7	ETH_PPS_OUT	FMC_SDCKE1	DCMI_D10	LCD_G7	EVENTOUT
	PB6	-	UART5_TX	TIM4_CH1	HDMI-CEC	I2C1_SCL	-	DFSDM1_DATIN5	USART1_TX	-	CAN2_TX	QUADSPI_BK1_NCS	I2C4_SCL	FMC_SDNE1	DCMI_D5	-	EVENTOUT

Port		AF0	AF1	AF2	AF3	AF4	AF5	AF6	AF7	AF8	AF9	AF10	AF11	AF12	AF13	AF14	AF15
		SYS	I2C4/UART5/TIM1/2	TIM3/4/5	TIM8/9/10/11/LPTIM1/DFSDM1/CEC	I2C1/2/3/4/USART1/CEC	SPI1/I2S1/SPI2/I2S2/SPI3/I2S3/SPI4/5/6	SPI2/I2S2/SPI3/I2S3/SAI1/I2C4/UART4/DFSDM1	SPI2/I2S2/SPI3/I2S3/SPI6/USART1/2/3/UART5/DFSDM1/SPDIF	SPI6/SAI2/USART6/UART4/5/7/8/OTG_FS/SPDIF	CAN1/2/TIM12/13/14/QUADSPI/FMC/LCD	SAI2/QUADSPI/SDMMC2/DFSDM1/OTG2_HS/OTG1_FS/LCD	I2C4/CAN3/SDMMC2/ETH	UART7/FMC/SDMMC1/MDIOS/OTG2_FS	DCMI/LCD/DSI	LCD	SYS
Port B	PB7	-	-	TIM4_CH2	-	I2C1_SDA	-	DFSDM1_CKIN5	USART1_RX	-	-	-	I2S4_SDA	FMC_NL	DCMI_VSYNC	-	EVENTOUT
	PB8	-	I2C4_SCL	TIM4_CH3	TIM10_CH1	I2C1_SCL	-	DFSDM1_CKIN7	UART5_RX	-	CAN1_RX	SDMMC2_D4	ETH_MII_TXD3	SDMMC_D4	DCMI_D6	LCD_B6	EVENTOUT
	PB9	-	I2C4_SDA	TIM4_CH4	TIM11_CH1	I2C1_SDA	SPI2_NSS/I2S2_WS	DFSDM1_DATIN7	UART5_TX	-	CAN1_TX	SDMMC2_D5	I2C4_SMBA	SDMMC_D5	DCMI_D7	LCD_B7	EVENTOUT
	PB10	-	TIM2_CH3	-	-	I2C2_SCL	SPI2_SCK/I2S2_CK	DFSDM1_DATIN7	USART3_TX	-	- QUADSPI_BK1_NCS	OTG_HS_ULPI_D3	ETH_MII_RX_ER	-	-	LCD_G4	EVENTOUT
	PB11	-	TIM2_CH4	-	-	I2C2_SDA	-	DFSDM1_CKIN7	USART3_RX	-	-	OTG_HS_ULPI_D4	ETH_MII_TX_EN/ETH_RMII_TX_EN	-	DSI_TE	LCD_G5	EVENTOUT
	PB12	-	TIM1_BKIN	-	-	I2C2_SMBA	SPI2_NSS/I2S2_WS	DFSDM1_DATIN1	USART3_CK	UART5_RX	CAN2_RX	OTG_HS_ULPI_D5	ETH_MII_TXD0/ETH_RMII_TXD0	OTG_HS_ID	-	-	EVENTOUT
	PB13	-	TIM1_CH1N	-	-	-	SPI2_SCK/I2S2_CK	DFSDM1_CKIN1	USART3_CTS	UART5_TX	CAN2_TX	OTG_HS_ULPI_D6	ETH_MII_TXD1/ETH_RMII_TXD1	-	-	-	EVENTOUT
	PB14	-	TIM1_CH2N	-	TIM8_CH2N	USART1_TX	SPI2_MISO	DFSDM1_DATIN2	USART3_RTS	UART4_RTS	TIM12_CH1	SDMMC2_D0	-	OTG_HS_DM	-	-	EVENTOUT
	PB15	RTC_REFIN	TIM1_CH3N	-	TIM8_CH3N	USART1_RX	SPI2_MOSI/I2S2_SD	DFSDM1_CKIN2	-	UART4_CTS	TIM12_CH2	SDMMC2_D1	-	OTG_HS_DP	-	-	EVENTOUT

Port		AF0	AF1	AF2	AF3	AF4	AF5	AF6	AF7	AF8	AF9	AF10	AF11	AF12	AF13	AF14	AF15
		SYS	I2C4/UART5/TIM1/2	TIM3/4/5	TIM8/9/10/11/LPTIM1/DFSDM1/CEC	I2C1/2/3/4/USART1/CEC	SPI1/I2S1/SPI2/I2S2/SPI3/I2S3/SPI4/5/6	SPI2/I2S2/SPI3/I2S3/SAI1/I2C4/UART4/DFSDM1	SPI2/I2S2/SPI3/I2S3/SPI6/USART1/2/3/UART5/DFSDM1/SPDIF	SPI6/SAI2/USART6/UART4/5/7/8/OTG_FS/SPDIF	CAN1/2/TIM12/13/14/QUADSPI/FMC/LCD	SAI2/QUADSPI/SDMMC2/DFSDM1/OTG2_HS/OTG1_FS/LCD	I2C4/CAN3/SDMMC2/ETH	UART7/FMC/SDMMC1/MDIOS/OTG2_FS	DCMI/LCD/DSI	LCD	SYS
Port C	PC0	-	-	-	DFSDM1_CKIN0	-	-	DFSDM1_DATIN4	-	SAI2_FS_B	-	OTG_HS_ULPI_STP	-	FMC_SDNWE	-	LCD_R5	EVENTOUT
	PC1	TRACED0	-	-	DFSDM1_DATAIN0	-	SPI2_MOSI/I2S2_SD	SAI1_SD_A	-	-	-	DFSDM1_CKIN4	ETH_MDC	MDIOS_MDC	-	-	EVENTOUT
	PC2	-	-	-	DFSDM1_CKIN1	-	SPI2_MISO	DFSDM1_CKOUT	-	-	-	OTG_HS_ULPI_DIR	ETH_MII_TXD2	FMC_SDNE0	-	-	EVENTOUT
	PC3	-	-	-	DFSDM1_DATAIN1	-	SPI2_MOSI/I2S2_SD	-	-	-	-	OTG_HS_ULPI_NXT	ETH_MII_TX_CLK	FMC_SDCKE0	-	-	EVENTOUT
	PC4	-	-	-	DFSDM1_CKIN2	-	I2S1_MCK	-	-	SPDIF_RX2	-	-	ETH_MII_RXD0/ETH_RMII_RXD0	FMC_SDNE0	-	-	EVENTOUT
	PC5	-	-	-	DFSDM1_DATAIN2	-	-	-	-	SPDIF_RX3	-	-	ETH_MII_RXD1/ETH_RMII_RXD1	FMC_SDCKE0	-	-	EVENTOUT
	PC6	-	-	TIM3_CH1	TIM8_CH1	-	I2S2_MCK	-	DFSDM1_CKIN3	USART6_TX	FMC_NWAIT	SDMMC2_D6	-	SDMMC_D6	DCMI_D0	LCD_HSYNC	EVENTOUT
	PC7	-	-	TIM3_CH2	TIM8_CH2	-	-	I2S3_MCK	DFSDM1_DATAIN3	USART6_RX	FMC_NE1	SDMMC2_D7	-	SDMMC_D7	DCMI_D1	LCD_G6	EVENTOUT
	PC8	TRACED1	-	TIM3_CH3	TIM8_CH3	-	-	-	UART5_RTS	USART6_CK	FMC_NE2/FMC_NCE	-	-	SDMMC_D0	DCMI_D2	-	EVENTOUT
	PC9	MCO2	-	TIM3_CH4	TIM8_CH4	I2C3_SDA	I2S_CKIN	-	UART5_CTS	-	QUADSPI_BK1_IO0	LCD_G3	-	SDMMC_D1	DCMI_D3	LCD_B2	EVENTOUT
	PC10	-	-	-	DFSDM1_CKIN5	-	-	SPI3_SCK/I2S3_CK	USART3_TX	UART4_TX	QUADSPI_BK1_IO1	-	-	SDMMC_D2	DCMI_D8	LCD_R2	EVENTOUT

Port		AF0	AF1	AF2	AF3	AF4	AF5	AF6	AF7	AF8	AF9	AF10	AF11	AF12	AF13	AF14	AF15
		SYS	I2C4/UART5/TIM1/2	TIM3/4/5	TIM8/9/10/11/LPTIM1/DFSDM1/CEC	I2C1/2/3/4/USART1/CEC	SPI1/I2S1/SPI2/I2S2/SPI3/I2S3/SPI4/5/6	SPI2/I2S2/SPI3/I2S3/SAI1/I2C4/UART4/DFSDM1	SPI2/I2S2/SPI3/I2S3/SPI6/USART1/2/3/UART5/DFSDM1/SPDIF	SPI6/SAI2/USART6/UART4/5/7/8/OTG_FS/SPDIF	CAN1/2/TIM12/13/14/QUADSPI/FMC/LCD	SAI2/QUADSPI/SDMMC2/DFSDM1/OTG2_HS/OTG1_FS/LCD	I2C4/CAN3/SDMMC2/ETH	UART7/FMC/SDMMC1/MDIOS/OTG2_FS	DCMI/LCD/DSI	LCD	SYS
Port C	PC11	-	-	-	DFSDM1_DATAIN5	-	-	SPI3_MISO	USART3_RX	UART4_RX	QUADSPI_BK2_NCS	-	-	SDMMC_D3	DCMI_D4	-	EVENTOUT
	PC12	TRACED3	-	-	-	-	-	SPI3_MOSI/I2S3_SD	USART3_CK	UART5_TX	-	-	-	SDMMC_CK	DCMI_D9	-	EVENTOUT
	PC13	-	-	-	-	-	-	-	-	-	-	-	-	-	-	-	EVENTOUT
	PC14	-	-	-	-	-	-	-	-	-	-	-	-	-	-	-	EVENTOUT
	PC15	-	-	-	-	-	-	-	-	-	-	-	-	-	-	-	EVENTOUT
Port D	PD0	-	-	-	DFSDM1_CKIN6	-	-	DFSDM1_DATAIN7	-	UART4_RX	CAN1_RX	-	-	FMC_D2	-	-	EVENTOUT
	PD1	-	-	-	DFSDM1_DATAIN6	-	-	DFSDM1_CKIN7	-	UART4_TX	CAN1_TX	-	-	FMC_D3	-	-	EVENTOUT
	PD2	TRACED2	-	TIM3_ETR	-	-	-	-	-	UART5_RX	-	-	-	SDMMC_CMD	DCMI_D11	-	EVENTOUT
	PD3	-	-	-	DFSDM1_CKOUT	-	SPI2_SCK/I2S2_CK	DFSDM1_DATAIN0	USART2_CTS	-	-	-	-	FMC_CLK	DCMI_D5	LCD_G7	EVENTOUT
	PD4	-	-	-	-	-	-	DFSDM1_CKIN0	USART2_RTS	-	-	-	-	FMC_NOE	-	-	EVENTOUT
	PD5	-	-	-	-	-	-	-	USART2_TX	-	-	-	-	FMC_NWE	-	-	EVENTOUT
	PD6	-	-	-	DFSDM1_CKIN4	-	SPI3_MOSI/I2S3_SD	SAI1_SD_A	USART2_RX	-	-	DFSDM1_DATAIN1	SDMMC2_CK	FMC_NWAIT	DCMI_D10	LCD_B2	EVENTOUT
	PD7	-	-	-	DFSDM1_DATAIN4	-	SPI1_MOSI/I2S1_SD	DFSDM1_CKIN1	USART2_CK	SPDIF_RX0	-	-	SDMMC2_CMD	FMC_NE1	-	-	EVENTOUT

Port		AF0	AF1	AF2	AF3	AF4	AF5	AF6	AF7	AF8	AF9	AF10	AF11	AF12	AF13	AF14	AF15
		SYS	I2C4/UART5/TIM1/2	TIM3/4/5	TIM8/9/10/11/LPTIM1/DFSDM1/CEC	I2C1/2/3/4/USART1/CEC	SPI1/I2S1/SPI2/I2S2/SPI3/I2S3/SPI4/5/6	SPI2/I2S2/SPI3/I2S3/SAI1/I2C4/UART4/DFSDM1	SPI2/I2S2/SPI3/I2S3/SPI6/USART1/2/3/UART5/DFSDM1/SPDIF	SPI6/SAI2/USART6/UART4/5/7/8/OTG_FS/SPDIF	CAN1/2/TIM12/13/14/QUADSPI/FMC/LCD	SAI2/QUADSPI/SDMMC2/DFSDM1/OTG2_HS/OTG1_FS/LCD	I2C4/CAN3/SDMMC2/ETH	UART7/FMC/SDMMC1/MDIOS/OTG2_FS	DCMI/LCD/DSI	LCD	SYS
Port D	PD8	-	-	-	DFSDM1_CKIN3	-	-	-	USART3_TX	SPDIF_RX1	-	-	-	FMC_D13	-	-	EVENTOUT
	PD9	-	-	-	DFSDM1_DATAIN3	-	-	-	USART3_RX	-	-	-	-	FMC_D14	-	-	EVENTOUT
	PD10	-	-	-	DFSDM1_CKOUT	-	-	-	USART3_CK	-	-	-	-	FMC_D15	-	LCD_B3	EVENTOUT
	PD11	-	-	-	-	I2C4_SMBA	-	-	USART3_CTS	-	QUADSPI_BK1_IO0	SAI2_SD_A	-	FMC_A16/FMC_CLE	-	-	EVENTOUT
	PD12	-	-	TIM4_CH1	LPTIM1_IN1	I2C4_SCL	-	-	USART3_RTS	-	QUADSPI_BK1_IO1	SAI2_FS_A	-	FMC_A17/FMC_ALE	-	-	EVENTOUT
	PD13	-	-	TIM4_CH2	LPTIM1_OUT	I2C4_SDA	-	-	-	-	QUADSPI_BK1_IO3	SAI2_SCK_A	-	FMC_A18	-	-	EVENTOUT
	PD14	-	-	TIM4_CH3	-	-	-	-	-	UART8_CTS	-	-	-	FMC_D0	-	-	EVENTOUT
	PD15	-	-	TIM4_CH4	-	-	-	-	-	UART8_RTS	-	-	-	FMC_D1	-	-	EVENTOUT
Port E	PE0	-	-	TIM4_ETR	LPTIM1_ETR	-	-	-	-	UART8_Rx	-	SAI2_MCK_A	-	FMC_NBL0	DCMI_D2	-	EVENTOUT
	PE1	-	-	-	LPTIM1_IN2	-	-	-	-	UART8_Tx	-	-	-	FMC_NBL1	DCMI_D3	-	EVENTOUT
	PE2	TRACECLK	-	-	-	-	SPI4_SCK	SAI1_MCLK_A	-	-	QUADSPI_BK1_IO2	-	ETH_MII_TXD3	FMC_A23	-	-	EVENTOUT
	PE3	TRACED0	-	-	-	-	-	SAI1_SD_B	-	-	-	-	-	FMC_A19	-	-	EVENTOUT

Port		AF0	AF1	AF2	AF3	AF4	AF5	AF6	AF7	AF8	AF9	AF10	AF11	AF12	AF13	AF14	AF15
		SYS	I2C4/UART5/TIM1/2	TIM3/4/5	TIM8/9/10/11/LPTIM1/DFSDM1/CEC	I2C1/2/3/4/USART1/CEC	SPI1/I2S1/SPI2/I2S2/SPI3/I2S3/SPI4/5/6	SPI2/I2S2/SPI3/I2S3/SAI1/I2C4/UART4/DFSDM1	SPI2/I2S2/SPI3/I2S3/SPI6/USART1/2/3/UART5/DFSDM1/SPDIF	SPI6/SAI2/USART6/UART4/5/7/8/OTG_FS/SPDIF	CAN1/2/TIM12/13/14/QUADSPI/FMC/LCD	SAI2/QUADSPI/SDMMC2/DFSDM1/OTG2_HS/OTG1_FS/LCD	I2C4/CAN3/SDMMC2/ETH	UART7/FMC/SDMMC1/MDIOS/OTG2_FS	DCMI/LCD/DSI	LCD	SYS
Port E	PE4	TRACED1	-	-	-	-	SPI4_NSS	SAI1_FS_A	-	-	-	DFSDM1_DATAIN3	-	FMC_A20	DCMI_D4	LCD_B0	EVENTOUT
	PE5	TRACED2	-	-	TIM9_CH1	-	SPI4_MISO	SAI1_SCK_A	-	-	-	DFSDM1_CKIN3	-	FMC_A21	DCMI_D6	LCD_G0	EVENTOUT
	PE6	TRACED3	TIM1_BKIN2	-	TIM9_CH2	-	SPI4_MOSI	SAI1_SD_A	-	-	-	SAI2_MCK_B	-	FMC_A22	DCMI_D7	LCD_G1	EVENTOUT
	PE7	-	TIM1_ETR	-	-	-	-	DFSDM1_DATAIN2	-	UART7_Rx	-	QUADSPI_BK2_IO0	-	FMC_D4	-	-	EVENTOUT
	PE8	-	TIM1_CH1N	-	-	-	-	DFSDM1_CKIN2	-	UART7_Tx	-	QUADSPI_BK2_IO1	-	FMC_D5	-	-	EVENTOUT
	PE9	-	TIM1_CH1	-	-	-	-	DFSDM1_CKOUT	-	UART7_RTS	-	QUADSPI_BK2_IO2	-	FMC_D6	-	-	EVENTOUT
	PE10	-	TIM1_CH2N	-	-	-	-	DFSDM1_DATAIN4	-	UART7_CTS	-	QUADSPI_BK2_IO3	-	FMC_D7	-	-	EVENTOUT
	PE11	-	TIM1_CH2	-	-	-	SPI4_NSS	DFSDM1_CKIN4	-	-	-	SAI2_SD_B	-	FMC_D8	-	LCD_G3	EVENTOUT
	PE12	-	TIM1_CH3N	-	-	-	SPI4_SCK	DFSDM1_DATAIN5	-	-	-	SAI2_SCK_B	-	FMC_D9	-	LCD_B4	EVENTOUT
	PE13	-	TIM1_CH3	-	-	-	SPI4_MISO	DFSDM1_CKIN5	-	-	-	SAI2_FS_B	-	FMC_D10	-	LCD_DE	EVENTOUT
	PE14	-	TIM1_CH4	-	-	-	SPI4_MOSI	-	-	-	-	SAI2_MCK_B	-	FMC_D11	-	LCD_CLK	EVENTOUT
	PE15	-	TIM1_BKIN	-	-	-	-	-	-	-	-	-	-	FMC_D12	-	LCD_R7	EVENTOUT

Port		AF0	AF1	AF2	AF3	AF4	AF5	AF6	AF7	AF8	AF9	AF10	AF11	AF12	AF13	AF14	AF15
		SYS	I2C4/UART5/TIM1/2	TIM3/4/5	TIM8/9/10/11/LPTIM1/DFSDM1/CEC	I2C1/2/3/4/USART1/CEC	SPI1/I2S1/SPI2/I2S2/SPI3/I2S3/SPI4/5/6	SPI2/I2S2/SPI3/I2S3/SAI1/I2C4/UART4/DFSDM1	SPI2/I2S2/SPI3/I2S3/SPI6/USART1/2/3/UART5/DFSDM1/SPDIF	SPI6/SAI2/USART6/UART4/5/7/8/OTG_FS/SPDIF	CAN1/2/TIM12/13/14/QUADSPI/FMC/LCD	SAI2/QUADSPI/SDMMC2/DFSDM1/OTG2_HS/OTG1_FS/LCD	I2C4/CAN3/SDMMC2/ETH	UART7/FMC/SDMMC1/MDIOS/OTG2_FS	DCMI/LCD/DSI	LCD	SYS
Port F	PF0	-	-	-	-	I2C2_SDA	-	-	-	-	-	-	-	FMC_A0	-	-	EVENTOUT
	PF1	-	-	-	-	I2C2_SCL	-	-	-	-	-	-	-	FMC_A1	-	-	EVENTOUT
	PF2	-	-	-	-	I2C2_SMBA	-	-	-	-	-	-	-	FMC_A2	-	-	EVENTOUT
	PF3	-	-	-	-	-	-	-	-	-	-	-	-	FMC_A3	-	-	EVENTOUT
	PF4	-	-	-	-	-	-	-	-	-	-	-	-	FMC_A4	-	-	EVENTOUT
	PF5	-	-	-	-	-	-	-	-	-	-	-	-	FMC_A5	-	-	EVENTOUT
	PF6	-	-	-	TIM10_CH1	-	SPI5_NSS	SAI1_SD_B	-	UART7_Rx	QUADSPI_BK1_IO3	-	-	-	-	-	EVENTOUT
	PF7	-	-	-	TIM11_CH1	-	SPI5_SCK	SAI1_MCLK_B	-	UART7_Tx	QUADSPI_BK1_IO2	-	-	-	-	-	EVENTOUT
	PF8	-	-	-	-	-	SPI5_MISO	SAI1_SCK_B	-	UART7_RTS	TIM13_CH1	QUADSPI_BK1_IO0	-	-	-	-	EVENTOUT
	PF9	-	-	-	-	-	SPI5_MOSI	SAI1_FS_B	-	UART7_CTS	TIM14_CH1	QUADSPI_BK1_IO1	-	-	-	-	EVENTOUT
	PF10	-	-	-	-	-	-	-	-	-	QUADSPI_CLK	-	-	-	DCMI_D11	LCD_DE	EVENTOUT
	PF11	-	-	-	-	-	SPI5_MOSI	-	-	-	-	SAI2_SD_B	-	FMC_SDNRAS	DCMI_D12	-	EVENTOUT

Port		AF0	AF1	AF2	AF3	AF4	AF5	AF6	AF7	AF8	AF9	AF10	AF11	AF12	AF13	AF14	AF15
		SYS	I2C4/UART5/TIM1/2	TIM3/4/5	TIM8/9/10/11/LPTIM1/DFSDM1/CEC	I2C1/2/3/4/USART1/CEC	SPI1/I2S1/SPI2/I2S2/SPI3/I2S3/SPI4/5/6	SPI2/I2S2/SPI3/I2S3/SAI1/I2C4/UART4/DFSDM1	SPI2/I2S2/SPI3/I2S3/SPI6/USART1/2/3/UART5/DFSDM1/SPDIF	SPI6/SAI2/USART6/UART4/5/7/8/OTG_FS/SPDIF	CAN1/2/TIM12/13/14/QUADSPI/FMC/LCD	SAI2/QUADSPI/SDMMC2/DFSDM1/OTG2_HS/OTG1_FS/LCD	I2C4/CAN3/SDMMC2/ETH	UART7/FMC/SDMMC1/MDIOS/OTG2_FS	DCMI/LCD/DSI	LCD	SYS
Port F	PF12	-	-	-	-	-	-	-	-	-	-	-	-	FMC_A6	-	-	EVENTOUT
	PF13	-	-	-	-	I2C4_SMBA	-	DFSDM1_DATAIN6	-	-	-	-	-	FMC_A7	-	-	EVENTOUT
	PF14	-	-	-	-	I2C4_SCL	-	DFSDM1_CKIN6	-	-	-	-	-	FMC_A8	-	-	EVENTOUT
	PF15	-	-	-	-	I2C4_SDA	-	-	-	-	-	-	-	FMC_A9	-	-	EVENTOUT
Port G	PG0	-	-	-	-	-	-	-	-	-	-	-	-	FMC_A10	-	-	EVENTOUT
	PG1	-	-	-	-	-	-	-	-	-	-	-	-	FMC_A11	-	-	EVENTOUT
	PG2	-	-	-	-	-	-	-	-	-	-	-	-	FMC_A12	-	-	EVENTOUT
	PG3	-	-	-	-	-	-	-	-	-	-	-	-	FMC_A13	-	-	EVENTOUT
	PG4	-	-	-	-	-	-	-	-	-	-	-	-	FMC_A14/FMC_BA0	-	-	EVENTOUT
	PG5	-	-	-	-	-	-	-	-	-	-	-	-	FMC_A15/FMC_BA1	-	-	EVENTOUT
	PG6	-	-	-	-	-	-	-	-	-	-	-	-	FMC_NE3	DCMI_D12	LCD_R7	EVENTOUT
	PG7	-	-	-	-	-	-	SAI1_MCLK_A	-	USART6_CK	-	-	-	FMC_INT	DCMI_D13	LCD_CLK	EVENTOUT

Port		AF0	AF1	AF2	AF3	AF4	AF5	AF6	AF7	AF8	AF9	AF10	AF11	AF12	AF13	AF14	AF15
		SYS	I2C4/UART5/TIM1/2	TIM3/4/5	TIM8/9/10/11/LPTIM1/DFSDM1/CEC	I2C1/2/3/4/USART1/CEC	SPI1/I2S1/SPI2/I2S2/SPI3/I2S3/SPI4/5/6	SPI2/I2S2/SPI3/I2S3/SAI1/I2C4/UART4/DFSDM1	SPI2/I2S2/SPI3/I2S3/SPI6/USART1/2/3/UART5/DFSDM1/SPDIF	SPI6/SAI2/USART6/UART4/5/7/8/OTG_FS/SPDIF	CAN1/2/TIM12/13/14/QUADSPI/FMC/LCD	SAI2/QUADSPI/SDMMC2/DFSDM1/OTG2_HS/OTG1_FS/LCD	I2C4/CAN3/SDMMC2/ETH	UART7/FMC/SDMMC1/MDIOS/OTG2_FS	DCMI/LCD/DSI	LCD	SYS
Port G	PG8	-	-	-	-	-	SPI6_NSS	-	SPDIF_RX2	USART6_RTS	-	-	ETH_PPS_OUT	FMC_SDCLK	-	LCD_G7	EVENTOUT
	PG9	-	-	-	-	-	SPI1_MISO	-	SPDIF_RX3	USART6_RX	QUADSPI_BK2_IO2	SAI2_FS_B	SDMMC2_D0	FMC_NE2/FMC_NCE	DCMI_VSYNC	-	EVENTOUT
	PG10	-	-	-	-	-	SPI1_NSS/I2S1_WS	-	-	-	LCD_G3	SAI2_SD_B	SDMMC2_D1	FMC_NE3	DCMI_D2	LCD_B2	EVENTOUT
	PG11	-	-	-	-	-	SPI1_SCK/I2S1_CK	-	SPDIF_RX0	-	-	SDMMC2_D2	ETH_MII_TX_EN/ETH_RMII_TX_EN	-	DCMI_D3	LCD_B3	EVENTOUT
	PG12	-	-	-	LPTIM1_IN1	-	SPI6_MISO	-	SPDIF_RX1	USART6_RTS	LCD_B4	-	SDMMC2_D3	FMC_NE4	-	LCD_B1	EVENTOUT
	PG13	TRACED0	-	-	LPTIM1_OUT	-	SPI6_SCK	-	-	USART6_CTS	-	-	ETH_MII_TXD0/ETH_RMII_TXD0	FMC_A24	-	LCD_R0	EVENTOUT
	PG14	TRACED1	-	-	LPTIM1_ETR	-	SPI6_MOSI	-	-	USART6_TX	QUADSPI_BK2_IO3	-	ETH_MII_TXD1/ETH_RMII_TXD1	FMC_A25	-	LCD_B0	EVENTOUT
	PG15	-	-	-	-	-	-	-	-	USART6_CTS	-	-	-	FMC_SDNCAS	DCMI_D13	-	EVENTOUT

Port		AF0	AF1	AF2	AF3	AF4	AF5	AF6	AF7	AF8	AF9	AF10	AF11	AF12	AF13	AF14	AF15
		SYS	I2C4/UART5/TIM1/2	TIM3/4/5	TIM8/9/10/11/LPTIM1/DFSDM1/CEC	I2C1/2/3/4/USART1/CEC	SPI1/I2S1/SPI2/I2S2/SPI3/I2S3/SPI4/5/6	SPI2/I2S2/SPI3/I2S3/SAI1/I2C4/UART4/DFSDM1	SPI2/I2S2/SPI3/I2S3/SPI6/USART1/2/3/UART5/DFSDM1/SPDIF	SPI6/SAI2/USART6/UART4/5/7/8/OTG_FS/SPDIF	CAN1/2/TIM12/13/14/QUADSPI/FMC/LCD	SAI2/QUADSPI/SDMMC2/DFSDM1/OTG2_HS/OTG1_FS/LCD	I2C4/CAN3/SDMMC2/ETH	UART7/FMC/SDMMC1/MDIOS/OTG2_FS	DCMI/LCD/DSI	LCD	SYS
Port H	PH0	-	-	-	-	-	-	-	-	-	-	-	-	-	-	-	EVENTOUT
	PH1	-	-	-	-	-	-	-	-	-	-	-	-	-	-	-	EVENTOUT
	PH2	-	-	-	LPTIM1_IN2	-	-	-	-	-	QUADSPI_BK2_IO0	SAI2_SCK_B	ETH_MII_CRS	FMC_SDCKE0	-	LCD_R0	EVENTOUT
	PH3	-	-	-	-	-	-	-	-	-	QUADSPI_BK2_IO1	SAI2_MCK_B	ETH_MII_COL	FMC_SDNE0	-	LCD_R1	EVENTOUT
	PH4	-	-	-	-	I2C2_SCL	-	-	-	-	LCD_G5	OTG_HS_ULPI_NXT	-	-	-	LCD_G4	EVENTOUT
	PH5	-	-	-	-	I2C2_SDA	SPI5_NSS	-	-	-	-	-	-	FMC_SDNWE	-	-	EVENTOUT
	PH6	-	-	-	-	I2C2_SMBA	SPI5_SCK	-	-	-	TIM12_CH1	-	ETH_MII_RXD2	FMC_SDNE1	DCMI_D8	-	EVENTOUT
	PH7	-	-	-	-	I2C3_SCL	SPI5_MISO	-	-	-	-	-	ETH_MII_RXD3	FMC_SDCKE1	DCMI_D9	-	EVENTOUT
	PH8	-	-	-	-	I2C3_SDA	-	-	-	-	-	-	-	FMC_D16	DCMI_HSYNC	LCD_R2	EVENTOUT
	PH9	-	-	-	-	I2C3_SMBA	-	-	-	-	TIM12_CH2	-	-	FMC_D17	DCMI_D0	LCD_R3	EVENTOUT
	PH10	-	-	TIM5_CH1	-	I2C4_SMBA	-	-	-	-	-	-	-	FMC_D18	DCMI_D1	LCD_R4	EVENTOUT
	PH11	-	-	TIM5_CH2	-	I2C4_SCL	-	-	-	-	-	-	-	FMC_D19	DCMI_D2	LCD_R5	EVENTOUT
	PH12	-	-	TIM5_CH3	-	I2C4_SDA	-	-	-	-	-	-	-	FMC_D20	DCMI_D3	LCD_R6	EVENTOUT
	PH13	-	-	-	TIM8_CH1N	-	-	-	-	UART4_TX	CAN1_TX	-	-	FMC_D21	-	LCD_G2	EVENTOUT

Port		AF0	AF1	AF2	AF3	AF4	AF5	AF6	AF7	AF8	AF9	AF10	AF11	AF12	AF13	AF14	AF15
		SYS	I2C4/UART5/TIM1/2	TIM3/4/5	TIM8/9/10/11/LPTIM1/DFSDM1/CEC	I2C1/2/3/4/USART1/CEC	SPI1/I2S1/SPI2/I2S2/SPI3/I2S3/SPI4/5/6	SPI2/I2S2/SPI3/I2S3/SAI1/I2C4/UART4/DFSDM1	SPI2/I2S2/SPI3/I2S3/SPI6/USART1/2/3/UART5/DFSDM1/SPDIF	SPI6/SAI2/USART6/UART4/5/7/8/OTG_FS/SPDIF	CAN1/2/TIM12/13/14/QUADSPI/FMC/LCD	SAI2/QUADSPI/SDMMC2/DFSDM1/OTG2_HS/OTG1_FS/LCD	I2C4/CAN3/SDMMC2/ETH	UART7/FMC/SDMMC1/MDIOS/OTG2_FS	DCMI/LCD/DSI	LCD	SYS
Port H	PH14	-	-	-	TIM8_CH2N	-	-	-	-	UART4_RX	CAN1_RX	-	-	FMC_D22	DCMI_D4	LCD_G3	EVENTOUT
	PH15	-	-	-	TIM8_CH3N	-	-	-	-	-	-	-	-	FMC_D23	DCMI_D11	LCD_G4	EVENTOUT
Port I	PI0	-	-	TIM5_CH4	-	-	SPI2_NSS/I2S2_WS	-	-	-	-	-	-	FMC_D24	DCMI_D13	LCD_G5	EVENTOUT
	PI1	-	-	-	TIM8_BKIN2	-	SPI2_SCK/I2S2_CK	-	-	-	-	-	-	FMC_D25	DCMI_D8	LCD_G6	EVENTOUT
	PI2	-	-	-	TIM8_CH4	-	SPI2_MISO	-	-	-	-	-	-	FMC_D26	DCMI_D9	LCD_G7	EVENTOUT
	PI3	-	-	-	TIM8_ETR	-	SPI2_MOSI/I2S2_SD	-	-	-	-	-	-	FMC_D27	DCMI_D10	-	EVENTOUT
	PI4	-	-	-	TIM8_BKIN	-	-	-	-	-	-	SAI2_MCK_A	-	FMC_NBL2	DCMI_D5	LCD_B4	EVENTOUT
	PI5	-	-	-	TIM8_CH1	-	-	-	-	-	-	SAI2_SCK_A	-	FMC_NBL3	DCMI_VSYNC	LCD_B5	EVENTOUT
	PI6	-	-	-	TIM8_CH2	-	-	-	-	-	-	SAI2_SD_A	-	FMC_D28	DCMI_D6	LCD_B6	EVENTOUT
	PI7	-	-	-	TIM8_CH3	-	-	-	-	-	-	SAI2_FS_A	-	FMC_D29	DCMI_D7	LCD_B7	EVENTOUT
	PI8	-	-	-	-	-	-	-	-	-	-	-	-	-	-	-	EVENTOUT
	PI9	-	-	-	-	-	-	-	-	UART4_RX	CAN1_RX	-	-	FMC_D30	-	LCD_VSYNC	EVENTOUT
	PI10	-	-	-	-	-	-	-	-	-	-	-	ETH_MII_RX_ER	FMC_D31	-	LCD_HSYNC	EVENTOUT
	PI11	-	-	-	-	-	-	-	-	-	LCD_G6	OTG_HS_ULPI_DIR	-	-	-	-	EVENTOUT

Port		AF0	AF1	AF2	AF3	AF4	AF5	AF6	AF7	AF8	AF9	AF10	AF11	AF12	AF13	AF14	AF15
		SYS	I2C4/UART5/TIM1/2	TIM3/4/5	TIM8/9/10/11/LPTIM1/DFSDM1/CEC	I2C1/2/3/4/USART1/CEC	SPI1/I2S1/SPI2/I2S2/SPI3/I2S3/SPI4/5/6	SPI2/I2S2/SPI3/I2S3/SAI1/I2C4/UART4/DFSDM1	SPI2/I2S2/SPI3/I2S3/SPI6/USART1/2/3/UART5/DFSDM1/SPDIF	SPI6/SAI2/USART6/UART4/5/7/8/OTG_FS/SPDIF	CAN1/2/TIM12/13/14/QUADSPI/FMC/LCD	SAI2/QUADSPI/SDMMC2/DFSDM1/OTG2_HS/OTG1_FS/LCD	I2C4/CAN3/SDMMC2/ETH	UART7/FMC/SDMMC1/MDIOS/OTG2_FS	DCMI/LCD/DSI	LCD	SYS
Port I	PI12	-	-	-	-	-	-	-	-	-	-	-	-	-	-	LCD_HSYNC	EVENTOUT
	PI13	-	-	-	-	-	-	-	-	-	-	-	-	-	-	LCD_VSYNC	EVENTOUT
	PI14	-	-	-	-	-	-	-	-	-	-	-	-	-	-	LCD_CLK	EVENTOUT
	PI15	-	-	-	-	-	-	-	-	-	LCD_G2	-	-	-	-	LCD_R0	EVENTOUT
Port J	PJ0	-	-	-	-	-	-	-	-	-	LCD_R7	-	-	-	-	LCD_R1	EVENTOUT
	PJ1	-	-	-	-	-	-	-	-	-	-	-	-	-	-	LCD_R2	EVENTOUT
	PJ2	-	-	-	-	-	-	-	-	-	-	-	-	-	DSI_TE	LCD_R3	EVENTOUT
	PJ3	-	-	-	-	-	-	-	-	-	-	-	-	-	-	LCD_R4	EVENTOUT
	PJ4	-	-	-	-	-	-	-	-	-	-	-	-	-	-	LCD_R5	EVENTOUT
	PJ5	-	-	-	-	-	-	-	-	-	-	-	-	-	-	LCD_R6	EVENTOUT
	PJ6	-	-	-	-	-	-	-	-	-	-	-	-	-	-	LCD_R7	EVENTOUT
	PJ7	-	-	-	-	-	-	-	-	-	-	-	-	-	-	LCD_G0	EVENTOUT
	PJ8	-	-	-	-	-	-	-	-	-	-	-	-	-	-	LCD_G1	EVENTOUT
	PJ9	-	-	-	-	-	-	-	-	-	-	-	-	-	-	LCD_G2	EVENTOUT
	PJ10	-	-	-	-	-	-	-	-	-	-	-	-	-	-	LCD_G3	EVENTOUT

Port		AF0	AF1	AF2	AF3	AF4	AF5	AF6	AF7	AF8	AF9	AF10	AF11	AF12	AF13	AF14	AF15
		SYS	I2C4/UART5/TIM1/2	TIM3/4/5	TIM8/9/10/11/LPTIM1/DFSDM1/CEC	I2C1/2/3/4/USART1/CEC	SPI1/I2S1/SPI2/I2S2/SPI3/I2S3/SPI4/5/6	SPI2/I2S2/SPI3/I2S3/SAI1/I2C4/UART4/DFSDM1	SPI2/I2S2/SPI3/I2S3/SPI6/USART1/2/3/UART5/DFSDM1/SPDIF	SPI6/SAI2/USART6/UART4/5/7/8/OTG_FS/SPDIF	CAN1/2/TIM12/13/14/QUADSPI/FMC/LCD	SAI2/QUADSPI/SDMMC2/DFSDM1/OTG2_HS/OTG1_FS/LCD	I2C4/CAN3/SDMMC2/ETH	UART7/FMC/SDMMC1/MDIOS/OTG2_FS	DCMI/LCD/DSI	LCD	SYS
Port J	PJ11	-	-	-	-	-	-	-	-	-	-	-	-	-	-	LCD_G4	EVENTOUT
	PJ12	-	-	-	-	-	-	-	-	-	LCD_G3	-	-	-	-	LCD_B0	EVENTOUT
	PJ13	-	-	-	-	-	-	-	-	-	LCD_G4	-	-	-	-	LCD_B1	EVENTOUT
	PJ14	-	-	-	-	-	-	-	-	-	-	-	-	-	-	LCD_B2	EVENTOUT
	PJ15	-	-	-	-	-	-	-	-	-	-	-	-	-	-	LCD_B3	EVENTOUT
Port K	PK0	-	-	-	-	-	-	-	-	-	-	-	-	-	-	LCD_G5	EVENTOUT
	PK1	-	-	-	-	-	-	-	-	-	-	-	-	-	-	LCD_G6	EVENTOUT
	PK2	-	-	-	-	-	-	-	-	-	-	-	-	-	-	LCD_G7	EVENTOUT
	PK3	-	-	-	-	-	-	-	-	-	-	-	-	-	-	LCD_B4	EVENTOUT
	PK4	-	-	-	-	-	-	-	-	-	-	-	-	-	-	LCD_B5	EVENTOUT
	PK5	-	-	-	-	-	-	-	-	-	-	-	-	-	-	LCD_B6	EVENTOUT
	PK6	-	-	-	-	-	-	-	-	-	-	-	-	-	-	LCD_B7	EVENTOUT
	PK7	-	-	-	-	-	-	-	-	-	-	-	-	-	-	LCD_DE	EVENTOUT

참고문헌

1) "ARM CMSIS 관련 사이트" , ARM사 홈페이지(www.arm.com).
http://www.arm.com/products/processors/cortex-m/cortex-microcontroller-software-interface-standard.php

2) "ARM Cortex-M3 Technical Reference Manual" ARM사, ARM사 홈페이지(www.arm.com).

3) "ARM v7-M Architecture Reference Manual" ARM사, ARM사 홈페이지(www.arm.com).

4) "STM32F767xx Datasheet" , ST사 홈페이지(www.st.com).

5) SMT32Cube USB device library User manual, "UM1734 User manual STM32Cube USB device library" , ST사 홈페이지(www.st.com).

6) SMT32Cube USB host library User manual, "UM1720 User manual STM32Cube USB host library" , ST사 홈페이지(www.st.com).

7) HAL 라이브러리 매뉴얼, "UM1725, User manual : Description of STM32F4xx HAL drivers" , ST사 홈페이지(www.st.com).

8) HAL 라이브러리 매뉴얼, "UM1905, User manual : Description of STM32F7 HAL drivers" , ST사 홈페이지(www.st.com).

9) "STM32F 시리즈 이용한 ARM Cortex-M3/M4 구조와 응용[개정판], 홍릉과학출판사.

10) "IOT 구현을 위한 마이크로프로세스 AVR Atmega128A" , 공감북스.

찾아보기

S

T

U

7

저자 **양오(梁吾)**

한양대학교 전기공학과 공학박사
LG 산전 연구소 책임 연구원 (1985. 1 ~ 1997. 8)
IDEC Working Group 참여 교수
현재 청주대학교 공과대학 시스템반도체공학과 교수
E-mail Address : ohyang@cju.ac.kr

STM32F767을 이용한

임베디드시스템 기초와 응용

2024년 2월 8일 1판 1쇄 인쇄
2024년 2월 20일 1판 1쇄 발행

지은이 • 양　오
발행자 • 이영애
발행처 • 공감북스
주　소 • 02011 서울시 중랑구 중랑천로 256
전　화 • 02-971-9683
팩　스 • 02-972-9683
등　록 • 제 25100-2015-18호
등록일 • 2015년 7월 15일
e-mail • sympathybook@naver.com

ISBN　979-11-86898-71-0 (93560)
정　가　35,000원